1000MW超超临界火电机组系列培训教材

DIANCHANG HUAXUE FENCE

电厂化学分册

长沙理工大学　华能秦煤瑞金发电有限责任公司　组编

中国电力出版社
CHINA ELECTRIC POWER PRESS

内 容 提 要

为确保 1000MW 火电机组的安全、稳定和经济运行，提高运行、检修和技术管理人员的技术素质和管理水平，适应员工岗位培训工作的需要，华能秦煤瑞金发电有限责任公司和长沙理工大学组织编写了《1000MW 超超临界火电机组系列培训教材》。

本书是《1000MW 超超临界火电机组系列培训教材》中的《电厂化学分册》。全书共十七章，详细介绍了电厂化学专业承担的水（汽）、煤、油、气等的处理和监督任务。全书分为两篇，第一篇为电厂化学设备及运行，主要介绍了电厂化学水处理的相关知识、设备、系统及其运行和监督；第二篇为电厂化学监督及检测，主要介绍电厂化学专业的运行监督任务及检测分析工作。

本套教材适用于 1000MW 及其他大型火电机组的岗位培训和继续教育，供从事 1000MW 及其他大型火电机组设计、安装、调试、运行、检修等工作的工程技术人员和管理人员阅读，也可供高等院校相关专业师生参考。

图书在版编目（CIP）数据

1000MW 超超临界火电机组系列培训教材．电厂化学分册/长沙理工大学，华能秦煤瑞金发电有限责任公司组编．—北京：中国电力出版社，2023.7

ISBN 978-7-5198-7451-3

Ⅰ．①1…　Ⅱ．①长…②华…　Ⅲ．①火电厂-超临界机组-电厂化学-技术培训-教材　Ⅳ．①TM621.3

中国国家版本馆 CIP 数据核字（2023）第 081718 号

出版发行：中国电力出版社

地　　　址：北京市东城区北京站西街 19 号（邮政编码 100005）

网　　　址：http：//www.cepp.sgcc.com.cn

责任编辑：赵鸣志

责任校对：黄　蓓　王小鹏

装帧设计：赵丽媛

责任印制：吴　迪

印　　刷：固安县铭成印刷有限公司

版　　次：2023 年 7 月第一版

印　　次：2023 年 7 月北京第一次印刷

开　　本：787 毫米×1092 毫米　16 开本

印　　张：23.25

印　　数：0001—1000 册

字　　数：533 千字

定　　价：118.00 元

《1000MW 超超临界火电机组系列培训教材》

编写委员会

主　　任　洪源渤

副 主 任　李海滨　　何　胜

委　　员　郭志健　吕海涛　宋　慷　陈　相　孙兆国　石伟栋

　　　　　钟　勇　张建忠　刘亚坤　林卓驰　范贵平　邱国梁

　　　　　夏文武　赵　斌　黄　伟　王运民　魏继龙　李　鸿

编写工作组

组　　长　陈小辉

副 组 长　罗建民　朱剑峰

成　　员　胡建军　胡向臻　范存鑫　汪益华　陈建华

电厂化学分册编审人员

主　　编　杨晓焱

参编人员　张　芳　王　琼　刘志卿　王　峰　刘海锋

　　　　　易　翔　付志龙　于　君　王　起

审核人员　袁新民

序

电力行业是国民经济的支柱行业。2006 年，首台单机百万千瓦机组投产发电，标志着中国火力发电正式步入百万千瓦级时代。目前，中国的火力发电技术已经达到世界先进水平，在低碳、节能、环保方面取得了举世瞩目的成就。

习近平总书记在党的二十大报告中指出："深入实施人才强国战略，培养造就大批德才兼备的高素质人才，是国家和民族长远发展大计。"随着科技的进一步发展和电力体制改革的深入推进，大容量、高参数的火力发电机组因其较低的能耗和污染物排放成为行业发展的主流，火电企业迎来了转型发展升级的新时代，既需要高层次的管理和研究人才，更需要专业素质过硬的技能人才。因此，编写一套专业对口、针对性强的火力发电专业技术培训丛书，将有助于火力发电机组生产人员学践结合，有效提升专业技术技能水平，这也是我们编写出版《1000MW 超超临界火电机组系列培训教材》的初衷。

华能秦煤瑞金发电有限责任公司（以下简称瑞金电厂）通过科学论证、缜密规划、辛苦建设，于 2021 年 12 月成功投运了 2 台 1000MW 超超临界高效二次再热燃煤机组，各项性能指标在同类型机组中处于先进行列，成为我国 1000MW 级燃煤机组"清洁、安全、高效、智慧"生产的标杆。尤其重要的是，瑞金电厂发挥"敢为人先、追求卓越"的精神，实现了首台（套）全国产 DCS/DEH/SIS 一体化技术应用的历史性突破，为机组装上了"中国大脑"；并集成应用了 BEST 双机回热带小发电机系统、智慧电厂示范、HT700T 高温新材料、锅炉管内壁渗铝涂层技术、烟气脱硫及废水一体化协同治理、全国产 SIS 系统等"十大创新"技术。瑞金电厂不断探索电力企业教育培训的科学管理模式与人才评价有效方法，形成了以员工职业生涯规划为引领的科学完备的培训体系，培养出了一支高素质、高水平的生产技能人才队伍，为机组的稳定运行提供了保障。

为更好地总结电厂运行与人才培养的经验，瑞金电厂和长沙理工大学通力合作，编写了《1000MW 超超临界火电机组系列培训教材》。本套培训教材的编撰立足电厂实际，注重科学性、针对性和实用性，历时两年，经过反复修改和不断完善，力求在内容上理论联系实际，在表述上做到通俗易懂。本套培训教材包括《锅炉分册》《汽轮机分册》《电气设备分册》《热工控制分册》《电厂化学分册》《燃料分册》《脱硫分册》和《除灰分册》等 8 个分册，以机组设备及系统的组成为基础，着重于提高生产人员对机组设备及系统的运行、维护、故障处理的技术水平，从而达到提高实际操作能力的目的。

我们希望本套培训教材的出版，能有效促进 1000MW 超超临界火力发电机组生产人员技术技能水平的提高，为火电企业生产技能人才队伍的建设提供帮助；更希望其能够作为一个契机和交流的载体，为推动低碳、节能、环保的 1000MW 超超临界火力发电机组在中国更好更快地发展增添一份力量。

2023 年 4 月

当前，加快转变经济发展方式已成为影响我国经济社会领域各个层面的一场深刻变革。在火力发电行业，大容量、高参数、高度自动化的大型火电机组不断增加，1000MW超超临界燃煤机组因其较低的能耗和超低污染物排放，成为行业发展的主流。为确保1000MW 超超临界燃煤机组的安全、可靠、经济及环保运行，机组生产人员的岗位技术技能培训显得十分重要。

2021 年 12 月，国家能源局首台（套）示范项目——华能秦煤瑞金发电有限责任公司二期扩建工程全国产 DCS/DEH/SIS 一体化智慧火电机组成功投运，实现了我国发电领域"卡脖子"核心技术自主可控的重大突破。为将实践和理论相结合并进一步升华，更好地服务于火电企业生产技术人员培训，华能秦煤瑞金发电有限责任公司和长沙理工大学合作编写了《1000MW 超超临界火电机组系列培训教材》。本系列培训教材包括《锅炉分册》《汽轮机分册》《电气设备分册》《热工控制分册》《电厂化学分册》《燃料分册》《脱硫分册》《除灰分册》等 8 册，今后还将根据火力发电技术的发展，不断充实完善。

本系列培训教材适用于 1000MW 及其他大型火力发电机组的生产人员和技术管理人员的岗位培训和继续教育，可供从事 1000MW 及其他大型火力发电机组设计、安装、调试、运行、检修等工作的工程技术人员和管理人员阅读，也可供高等院校相关专业师生参考。

《电厂化学分册》分为两篇共十七章，第一篇主要介绍了电厂化学水处理的相关知识、设备、系统及其运行和监督，第二篇主要介绍电厂化学专业的运行监督任务及检测分析工作。

本书由长沙理工大学杨晓焱主编，袁新民审核。

本书在编写过程中参阅了同类型电厂、设备制造厂、设计院、安装单位等的技术资料、说明书、图纸，在此一并表示感谢。

由于编者水平所限和编写时间紧迫，疏漏之处在所难免，敬请读者批评指正。

编　者

2023 年 4 月

目录

序
前言

第一篇　电厂化学设备及运行

第一篇
电厂化学设备及运行

第一章 概　述

第一节　超超临界机组工作特点和水汽特性

一、超超临界机组发展概况

所谓超临界机组是指其主蒸汽压力和温度超过水的临界参数（水的临界点，临界压力22.12MPa、临界温度374.15℃）的发电机组，目前常规超临界机组蒸汽参数一般为24.2MPa/538℃/566℃或24.2MPa/566℃/566℃。超超临界机组是指其主蒸汽压力超过25MPa或温度超过566℃的发电机组。通常而言，火电机组随着蒸汽参数的提高，机组效率不断上升。据实际运行的燃煤机组统计结果表明，亚临界机组（17MPa/538℃/538℃）的净效率为37%~38%，一般超临界机组（24MPa/538℃/538℃）的净效率为40%~41%，超超临界机组（30MPa/566℃/566℃/566℃）的净效率为44%~45%。从供电煤耗来看，亚临界机组为330~340g/kWh，超临界机组为310~320g/kWh，超超临界机组则为290~300g/kWh。

超临界火力发电技术已十分成熟，美国于1957年投运了第一台125MW超临界试验机组，在20世纪六七十年代投运了一大批超临界机组。苏联、日本、德国、法国等国家也在20世纪60年代开始建设和投运了一大批超临界机组，各国开始进一步提高蒸汽参数来提高机组效率，如丹麦1998年投运的Ordjylland电厂，其机组参数为400MW、28.5MPa/580℃/580℃/580℃，机组效率高达47%；日本1989年川越电厂1号机组投运，其700MW机组的参数为31.0MPa/654℃/566℃/566℃。20世纪90年代以来，各国在超超临界机组的蒸汽参数和大容量化等有不同的发展方向。

我国从20世纪80年代后期起开始重视发展超临界火电机组，上海石洞口二厂引进的2台600MW、24.2MPa/538℃/566℃超临界变压运行机组分别于1991年和1992年投入运行。华能玉环电厂是国内第一个开始建设的国产百万千瓦超超临界燃煤机组项目，该机组商业运行半年后的现场测试表明锅炉效率为93.88%，汽轮机热耗为7295.8kJ/kWh，额定负荷下机组的发电煤耗为270.6g/kWh，二氧化硫排放浓度为17.6mg/m³，氮氧化物排放270mg/m³。供电煤耗为283.2g/kWh，机组热效率高达45.4%，达到国际先进水平。截至2017年10月，全国投产的火电机组中1000MW超超临界机组达到100台，2022年6月科技部数据显示百万千瓦级超超临界高效发电技术，占煤电总装机容量的26%。因此，研究超临界机组的化学技术问题，进一步提高机组的运行与安全水平，是一项十分迫切且具有现实意义的工作。

二、超超临界机组工作特点

理论上认为在纯水的临界点（22.12MPa、温度 374℃），水的汽化会在一瞬间完成，即在临界点时饱和水和饱和蒸汽之间不再有汽、水共存的两相区存在，两者的参数不再有区别。由于在临界参数下汽水密度相等，因此在临界压力下无法维持自然循环，不能再采用汽包锅炉，直流炉成为唯一的型式。直流锅炉没有汽包，又没有炉水小循环回路，给水是一次性流过加热区、蒸发区和过热区的，三段受热面没有固定的分界线。当给水流量及燃烧量发生变化时，三段受热面的吸热比率将发生变化，锅炉出口温度以及蒸汽流量和压力都将发生变化。因此给水、汽温、燃烧系统是密切相关的，不能独立控制，需要作为整体进行控制。直流锅炉随着蒸汽压力的升高，蒸发段的吸热比例逐渐减少，而加热段和过热段的吸热比例增加；同时强迫流动管内流速较高，受热面管径变小，管壁变厚，因此，随着蒸汽压力的升高，锅炉分离器出口汽温和锅炉出口汽温的惯性增加，时间常数和延迟时间增加。为了保持锅炉汽水行程中各点的温度、湿度及水汽各区段的位置为一规定的范围，要求燃水比、风燃比及减温水等的调节品质相当高。

在超超临界直流炉中，由于没有汽包，汽水容积小，所用金属也少，锅炉蓄能显著减小且呈分布特性。蓄能以两种形式存在——工质储量和热量储量。工质储量是整个锅炉管道长度中工质总质量，它随着压力而变化，压力越高，工质的比容越小，必须泵入锅炉更多的给水量。在工质和金属中存在一定数量的蓄热量，它随着负荷非线性增加。由于锅炉的蓄质量和蓄热量整体较小，负荷调节的灵敏性好，可实现快速启停和调节负荷。另一方面，也因为锅炉蓄热量小，汽压对被动负荷变动反应敏感，这种情况下机组变负荷性能差，保持汽压比较困难。机组的可用蓄热主要来源于锅炉汽水流程中的金属吸热部件与汽水工质在温度变化时的热惯性，由于与汽水工质相比，金属部件的比热要小许多，因此在锅炉蓄热能力中起主要作用的是在锅炉管道与联箱中流动与混合的汽水工质，而处于蒸发区的饱和水的比热最大，蓄热能力最强。与汽包炉相比，直流锅炉没有重型汽包、较粗的下降管，水容积也小许多，尤其是蒸发区容积很小。因此，在相同的汽压条件下，其蓄热能力仅为汽包炉的 1/4～1/3。汽水工质的热力学特性决定了锅炉蓄热特性将受机组热力参数的影响。锅炉蓄热系数随汽压变化的规律是机组滑压运行下蓄热系数与汽压成反比关系。在汽压较高工况下工质汽温下降快，平衡时间短，锅炉蓄热所产生的蒸汽流量少，过程汽压下降快。机组蓄热能力的这一变化特性导致了滑压运行机组在高负荷段负荷对调门响应相对较弱，而汽压对调门响应则相对敏感，易产生偏离。对于超超临界机组，在达到临界压力附近时，随着汽压升高，蒸发段变短，蓄热能力快速下降，过临界后蒸发段消失，热水直接转化为蒸汽，汽压的下降将不能直接导致相变发生，蓄热利用对蒸汽流量影响很小，仅由于给水推动原相变区物理位置后移，吸热升温后转化为少量蒸汽。因此在超临界、超超临界区域，机组的蓄热利用能力迅速减弱，负荷与汽压的调门响应特性发生了更为显著的变化。

在超超临界锅炉中，各区段工质的比热容、比体积变化剧烈，工质的传热与流动规律复杂。变压运行时随着负荷的变化，工质压力将在超超临界到亚临界的广泛压力范围内变化，随之工质物性变化巨大，这些都使得超临界机组表现出严重非线性。具体体现为汽水的比热容、比体积、热焓与它的温度、压力的关系是非线性的，传热特性、流量特性是非线性的，各参数间存在非相关的多元函数关系，使得受控对象的增益和时间常数等动态特性参数在负荷变化时大幅度变化。需要大量采用变参数 PID，变结构控制策略，以保证在各个负荷点上控制系统具有良好的效果。

三、水的结构与性质

在水分子的结构中，O—H 的键长为 0.096nm，H—H 的键长为 0.154nm，H—O—H 的夹键角为 104.4°，两个氢原子核排列成以氧原子为顶的等腰三角形。从而使氧的一端带负电荷，氢的一端带正电荷，因此水分子是一个极性很强的分子，这样就使每一个水分子都可以把自己的两个氢核交出与其他两个水分子共有，而同时氧的两对孤对电子又可以接受第三个、第四个氧核，这种现象称为水分子的缔合现象，所以水是单个分子 H_2O 和 $(H_2O)_n$ 的混合物，$(H_2O)_n$ 称为水分子的集聚体或聚合物。

由于水分子的上述结构特点，呈现出以下几种特性：

（1）水的状态。水在常温下有三态。水的凝点为 0℃，沸点为 100℃，在自然环境中可以固体存在，也可以液体存在，并有相当部分变为水蒸汽。图 1-1 是水的物态图（或称三相图），图中表明了冰—水—汽、冰—汽、水—汽和冰—水共存的温度、压力条件。火力发电厂生产工艺中的能量转换过程就是以水和汽为工质来实现的。

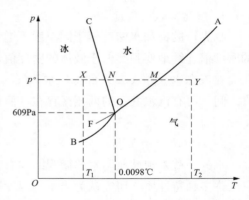

图 1-1　水的物态图（或称三相图）

（2）水的密度。一般物质的密度均随温度上升而减小，而水的密度是 3.98℃时最大，为 1g/cm³，这通常由水分子之间的缔合现象来解释，即在 3.98℃时，水分子缔合后的聚合物结构最密实。

（3）水的比热容。几乎在所有的液体和固体物质中，水的比热容最大，同时有很大的蒸发热和溶解热。所以，在火力发电厂和其他工业中，常以水作为传送热量的介质。

（4）水的溶解能力。水有很大的介电常数，溶解能力极强，是一种很好的无机溶剂。

（5）水的表面张力。水有最大的表面张力，达到 72.75×10^{-5}N/cm，表现出异常的毛细、润湿、吸附等特性。

（6）水的黏度。表示水体运动过程中所发生的内摩擦力，其大小与内能损失有关。纯水的黏度取决于温度，与压力几乎无关。

（7）水的电导。因为水是一种很弱的两性电解质，能电离出少量的 H^+ 和 OH^-，所以即使是理想的纯水也有一定的导电能力，25℃时纯水的电阻率为 $1.83\times10^7\Omega\cdot cm$。

（8）水的沸点与蒸汽压。水的沸点与蒸汽压力有关。

（9）水的化学性质。水具有稳定性，在 2000℃以上才会分解，可电解；溶解于水中的物质可以进行许多化学反应，而且能与许多金属的氧化物、非金属的氧化物及活泼金属产生化合作用。

四、超临界水的特性

水放在一个密闭容器中，当水的蒸发速度与蒸汽的凝结速度相等时，水面的水分子数量不再改变，即达到动态平衡。当气体高于某一温度时，不管加多大压力都不能将气体液化，这一温度称为气体的临界温度，在临界温度下，使气体液化的压力称为临界压力。纯水的温度和压力超过临界点以上的水就称为超临界水（SCW）。在超临界条件下，水的性质发生了极大的变化，其密度、介电常数、黏度、扩散系数、电导率和溶解性能都不同于普通状态下的水。这种看似气体的液体有很多性质，比如具有极强的氧化能力和催化作用，烃类等非极性有机物与极性有机物一样可完全与超临界水互溶，氧气、氮气、一氧化碳、二氧化碳等气体也都能以任意比例溶于超临界水中，无机物尤其是盐类在超临界水中的溶解度很小，还具有很好的传质、传热性质。这些特性使得超临界水成为一种优良的反应介质。

1. 超临界水的密度

临界点的饱和水密度等于同温度下饱和蒸汽的密度，超临界水的密度可从类似于蒸汽的密度值连续地变到类似于液体的密度值，即临近临界点时，水的密度随温度和压力的变化而在液态水（$1g/cm^3$）和低压水蒸气（小于 $0.0011g/cm^3$）之间变化，饱和水和饱和蒸汽之间不再有汽水共存的两相区存在，而且在临界点附近，密度对温度和压力的变化十分敏感。

2. 超临界水的氢键

水的一些宏观性质与水的微观结构有密切联系，水分子之间的氢键的键合性质决定了它的许多独特性质。研究认为当水的温度达到临界点时，水中的氢键相比亚临界区时有一个显著的降低（Walrafen 研究认为临界温度时液相中的氢键约占总量的 17%），但在较高的温度下，氢键在水中仍可以存在。

3. 超临界水的介电常数

在常温、常压水中，由于存在强的氢键作用，水的介电常数较大，约为 80；但随着温度、压力的升高，水的介电常数急剧下降；在临界点，水的介电常数约为 5，与己烷等弱极性溶剂的值相当；在超临界高温区域内，相对介电常数降低了一个数量级。总的来说，水的介电常数随密度的增加而增大，随压力的升高而增加，随温度的升高而减少。介电常数的变化会引起超临界水溶解能力的变化。超临界水表现出更近似于非极性有机化合物，根据相似相溶原理，在临界温度以上，几乎全部非极性有机化合物都能溶解；相反，无机物在超临界水中的溶解度急剧下降，导致原来溶解在水中的无机物从水中析出或以浓缩盐水的形式存在。

4. 超临界水的离子积

水的离子积随温度和压力的变化（如图 1-2 所示），是由于水分子氢键、介电常数和溶剂化离子的偏摩尔体积的变化而造成的。密度对离子积影响更大，密度越大水的离子积越大。在标准条件下，水的离子积是 1.0×10^{-14}；在超临界点附近，由于温度的升高，使水的密度迅速下降，如在 450℃ 和 25MPa 时，密度为 $0.17g/cm^3$，此时离子积为 $1.0 \times 10^{-21.6}$，远小于标准条件下的值；而在 100℃ 和密度为 $1g/cm^3$ 时，水将是高度导电的电解质溶液。

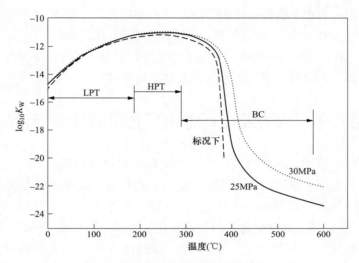

图 1-2　离子积随温度和压力变化

LPT—低温给水段，包括凝汽器、凝结水精处理装置、低压加热器、除氧器；

HPT—高温给水段，包括高压加热器、省煤器前段；BC—锅炉受热面，包括过热器、再热器

5. 超临界水的黏度

一般情况下，液体的黏度随温度的升高而减小，气体的黏度随温度的升高而增大。超临界水（450℃、27MPa）的黏度约为 $0.298 \times 10^{-2} Pa \cdot s$，这使得超临界水成为高流动性物质，溶质分子很容易在超临界水中扩散，从而使超临界水成为一种很好的反应媒介。

6. 超临界水的扩散系数

根据 Stocks 方程，水在密度较高的情况下，扩散系数与黏度存在反比关系。高温、高压下水的扩散系数除与水的黏度有关外，还与水的密度有关。对于高密度水，扩散系数随压力的增加而增加，随温度的增加而减少；对低密度水，扩散系数随压力的增加而减少，随温度的增加而增加，并且在超临界区内，水的扩散系数出现最小值。

超临界水的扩散系数虽然比过热蒸汽的小，但比常态水的大得多，如常态水和过热蒸汽（450℃、1.35MPa）的扩散系数分别为 $7.74 \times 10^{-6} cm^2/s$ 和 $1.79 \times 10^{-3} cm^2/s$，而超临界水（450℃、27MPa）的扩散系数为 $7.67 \times 10^{-4} cm^2/s$。

7. 超临界水的热导率

液体的热导率在一般情况下随温度的升高略有减小，常温常压下水的热导率为 $0.598W/(m \cdot K)$，临界点时的热导率约为 $0.418W/(m \cdot K)$，变化不是很大。

热导率与动力黏度具有相似的函数形式，温度变化影响比较显著，但热导率的发散特征比动力黏度强，且没有局部最小值。

8. 超临界水的溶解度

无机盐在超临界水中的溶解度与有机物的高溶解度相比非常低，随水的介电常数减小而减小，当温度大于 475℃时，无机物在超临界水中的溶解度急剧下降，无机盐类化合物则析出或以浓缩盐水的形式存在。

在临界点附近，有机化合物在水中的溶解度随水的介电常数减小而增大。在 25℃时，苯在水中的溶解度为 0.07%（质量分数），在 295℃时上升为 35%，在 300℃即超越苯—水混合物的临界点，只存在一个相，任何比例的组分都是互溶的。同时，在 375℃以上，超临界水可与气体（如氮气、氧气或空气）及有机物以任意比例互溶。

第二节　火力发电厂中电厂化学的任务与目的

通过燃料（煤、石油、天然气及核能）燃烧将水加热成过热蒸汽，蒸汽冲转汽轮机，汽轮机带动发电机发电，作过功的蒸汽凝结成水重新利用，这就是火力发电厂工作的基本原理（即化学能→热能→机械能→电能）。因此电厂化学专业的工作任务包括了水、汽、气（氢气、六氟化硫等）、油及燃料等的处理及化学监督。

化学监督应坚持以"预防为主"的方针，实行全方位、全过程的管理。通过对水、汽、气（氢气、六氟化硫等）、油及燃料等的质量监督，防止和减缓热力设备腐蚀、结垢、积集沉积物及油（气）质量劣化，及时发现变压器等充油（气）电气设备潜伏性故障，提高设备的安全性，延长使用寿命，而燃料的监督对锅炉机组的安全经济运行及降低发电成本具有显著作用。

电厂水处理系统及水汽质量监督是化学专业的重要工作任务之一，因此本节以火力发电厂化学水处理相关工作为重点论述。

一、电厂化学的处理目的

锅炉机组的参数越高，热能利用率越高，发电的经济性越好，但对水处理技术的要求也越严格。首先，锅炉参数高，局部热负荷也高，局部浓缩倍率更高，对水中残余杂质更敏感；其次，与之配套的汽轮机中采用的合金材料，在经热处理提高强度后，对蒸汽纯度更敏感，更易引起腐蚀问题；再者，随着蒸汽参数的提高，盐类与腐蚀产物在蒸汽中的溶解度大幅升高，汽轮机的积盐、腐蚀问题也更为突出。

机组的汽水品质是影响热力设备安全、经济运行的重要因素之一，蒸汽的品质是指蒸汽中杂质含量的多少，也就是指蒸汽的清洁程度。蒸汽中的杂质包括气体杂质和非气体杂质。蒸汽中常见的气体杂质有 O_2、N_2、CO_2、NH_3 等，气体杂质若处理不当，可能会引起金属腐蚀，且 CO_2 还可参与沉淀过程。蒸汽中的非气体杂质主要有钠盐、硅酸盐等，蒸汽含有非气体杂质又称蒸汽含盐。含有杂质的蒸汽通过过热器时，一部分杂质可能沉积在过热器管内，影响蒸汽的流动与传热，使管壁温度升高，加速钢材蠕变甚至超温爆管。蒸汽中携带的盐类还可能沉积在管道、阀门、汽轮机叶片上，若沉积发生在蒸汽阀门处，则会使阀门动作失灵；若沉积发生在汽轮机叶片上，则会使叶片表面粗糙、叶型改变和通流截面减小，导致汽轮机效率和出力降低，轴向推力增大，严重时还会影响转子的平衡而发生更大的事故。

（一）机组水汽系统中微量杂质的来源

1. 锅炉补给水中带入的杂质

锅炉补给水虽经多级处理，但仍有微量杂质残留，如 K^+、Na^+、Ca^{2+}、Mg^{2+}、Al^{3+}、Fe^{3+}、Cl^-、SO_4^{2-}、HCO_3^-、$HSiO_3^-$ 等。有些杂质含量低于一般分析方法与仪器的检测限而测不出，但在垢样成分中却能检测到（可能因为杂质浓缩所致）。另外，当水源中有机物含量高而处理手段不足以有效去除时，会有有机物及其分解产物进入热力系统；当预处理设备不完备或运行不良时，胶体硅会漏入热力系统而影响水汽品质。

2. 凝汽器管泄漏带入的杂质

凝汽器管泄漏是一种比较常见的现象，随着冷却水污染的日益严重，凝汽器管的腐蚀与穿孔问题更加突出，由此将冷却水中的各种盐类及非活性硅、有机物、微生物和 O_2、CO_2 等气态杂质带入凝结水中，这是影响机组水汽质量、引起炉管结垢与汽轮机结盐的重要原因之一。即使有凝结水精处理装置的机组，除延缓机组停机时间外，也不能根本消除凝汽器泄漏带来的问题（凝结水精处理装置不能去除胶体硅，交换容量也有限）。

3. 水汽系统自身的腐蚀产物

机组在停用、运行时，因腐蚀而产生铜、铁及其他金属氧化物。通常而言，机组运行时的腐蚀程度低且稳定，而机组停备用期间的腐蚀较为严重；另外，水中腐蚀产物还有 Ni、Co、Zn、Al、Sn 等一些一直被忽略的微量杂质。

4. 水处理装置带入的微量杂质

离子交换装置运行过程中，一方面，树脂结构上的一些基团降解脱落后会进入补给水或凝结水中；另一方面，也会有一定量的树脂破碎，一些树脂粉末会进入给水中，随后在高温水下分解，产生低分子有机酸，对炉管与汽轮机产生酸腐蚀。

5. 水质调节药品带入的杂质

水质调节中要加入化学药剂，如挥发性处理时加入 NH_3、N_2H_4 等，这些药剂的纯度直接影响水汽品质。有时这些药剂本身也会成为有害物质，对设备造成损害，如 NH_3 的浓缩会对凝汽器空抽区铜管造成腐蚀。

6. 其他因素

凝结水箱、除盐水箱密封不严而带入的 O_2、CO_2 等气态杂质，凝结水泵、疏水泵等不严密带入的气态杂质，疏水回收带入的杂质，特种转动设备密封水的回收有时因设备故障而受到润滑油的污染，设备检修带来的污染，化学清洗后未冲洗干净即投入运行系统等都会带来杂质，对水汽系统带来不利影响。

（二）热力设备的结垢

如果进入锅炉的水中有易于沉积的杂质，则在其运行过程中水冷壁管会发生结垢现象。由于垢的导热性仅为金属的 $1/100 \sim 1/10$，且它又极易在热负荷很高的部位生成，故垢对锅炉的危害性极大，如会使炉管金属的壁温过高，引起金属强度下降，造成局部变形、鼓包，甚至爆管；垢还会降低锅炉的传热效率，从而影响机组的经济性。而直流炉对给水中杂质的含量要求，主要与其在蒸汽中的溶解度（即被蒸汽溶解携带）相关，因为随给水进入锅炉的杂质，除了被蒸汽溶解携带的部分外，其余的都沉积在炉管中。各种杂质在过热蒸汽中的溶解度差别很大，随温度、压力等的变化规律复杂，另外，有些杂质在高温下还会发生化学反应，如 $CaCl_2$ 发生水解反应生成 $Ca(OH)_2$，后者在过热蒸汽中失水变成溶解度很小的 CaO。因此，水冷壁的热负荷、锅炉的允许工况、炉管的表面状态等也能影响到沉积和结垢状况。

（三）热力设备的腐蚀

机组热力系统设备如给水管道、加热器、省煤器、水冷壁、过热器和汽轮机凝汽器等，都会因水质不良而发生不同程度的腐蚀。碱性或酸性介质的形成、杂质含量浓缩（可至百分数级）、对腐蚀成分敏感、拉应力等一种或几种因素是造成热力设备腐蚀的根本原因。腐蚀不仅会缩短设备本身的服役期，而且会因金属腐蚀产物转入水中，成为水冷壁管上新的腐蚀源，由此导致锅炉给水中杂质增多，促进炉管内的结垢与腐蚀过程，形成恶性循环。当金属腐蚀产物被蒸汽带到汽轮机时，会严重地影响汽轮机的安全性及运行的经济性。而高参数机组蒸汽温度升高，烟侧管壁温度相应提高，金属的腐蚀也会加剧。

（四）过（再）热器和汽轮机内积盐

蒸汽携带的杂质可能沉积在过热器管内导致积盐，引起金属管壁温度过高或爆管，也可能沉积在汽轮机的通流部位而降低其出力和效率；当汽轮机积盐严重时，还会引起推力轴承负荷增加、隔板弯曲，降低汽轮机的工作效率或造成事故停机。

随着机组向超临界和超超临界参数发展，由于气温升高，蒸汽通流部件表面氧化层的形成与剥离，在我国火力发电厂发生过许多大机组过热器和再热器管的堵塞爆管、主汽门卡塞和汽轮机部件的固体颗粒侵蚀问题。这类问题造成了机组可用率的降低和经济损失。虽然各机组在检修时采用不同方式进行了处理，但就其产生原因和规律及防治措施虽然进行了相应的研究，但还没有公认的完整系统的结论。

二、电厂化学的任务

为了减轻锅炉及其热力系统的结垢、腐蚀和积盐等问题，要求锅炉补给水、给水、锅炉水、凝结水、蒸汽、发电机内冷水及氢气等质量达到一定的标准，需要进行相应的处理和监督，确保机组运行的安全性和可靠性。因此电厂化学专业的水处理主要任务有以下方面：

（1）原水预处理。制备热力系统所需要的补给水工艺，包括除去原水中的悬浮物和胶体颗粒的澄清、过滤等预处理，除去水中全部溶解性盐类的除盐处理。制备补给水的处理通常称为炉外水处理。

（2）给水处理。对于给水，进行除去水中溶解氧或加氧、提高 pH 值等加药处理，以保证给水的质量。

（3）凝结水处理。对直流炉机组及高参数机组，要进行汽轮机凝结水的除铁、除盐等净化处理。

（4）冷却水处理。对于直流冷却的循环水，要采用加药的方式进行防止微生物滋生等的处理，也叫循环水处理。

（5）水汽监督。对热力系统各部分、各阶段的水汽质量进行监督，并在水汽质量劣化时进行的处理，也是水处理工作的内容之一。

（6）机组停运保养。随着机组容量的增加和参与调峰，机组停运保养工作愈显重要，而且它与水处理工作也密切相关。它包括机组停运前对热力系统进行加药处理等工作。

（7）化学清洗。当锅炉水冷壁结垢量超过部颁标准时，必须对锅炉本体进行化学清洗。在化学清洗过程中，要求在不同阶段提供不同质量的水，因此水处理工作是保证化学清洗效果的重要因素之一。

除此之外，火力发电厂水处理工作还包括发电机冷却水处理、发电机转子氢冷系统供氢和来自各种渠道的废水处理等。

第三节　电厂水源及水质监测指标

锅炉补给水水源通常取自江、河、湖、海、地下水等天然水，为了获得高品质的补给水，通常采用包括预处理、预除盐和深度二次除盐的水净化处理工艺，除去水中的悬浮物、胶体和溶解物质，而水源水质和净化处理工艺的选择不同，影响了最终提供的补给水品质和携带杂质的差异。

一、常用补给水水源

天然水是分布在自然界的水体，根据分布的区域不同，由于它们接触的环境的差异，其水质各具有较明显的特点。

1. 大气水

大气水来自地表水的蒸发，大气降水因为经过蒸发的过程，理应十分纯净，但实际上由于它和低空大气相接触，仍然有一定程度的污染。大气水中会夹带大气中的尘埃，且有可能与低空的气体建立起溶解平衡。SO_2和CO_2在大气中的含量虽然不大，但它们在水中的溶解度比大气的组成物O_2和N_2的溶解度高许多。所以，当大气受这些气体污染程度大时，常常可使大气降水具有一定的酸性。大气降水中还有一些会因地区不同而变化的组分。

2. 地表水

当降水到达地面后，由于它与地面上动植物、土壤、岩石等相接触，会发生一系列物理和化学作用，从而使水中的杂质量大为增加。而且，由于各地区的地理条件、地质组分和生物活动等情况不同，当水与这些环境接触之后就会形成杂质组成不同的各种类型天然水。地表水通常含有中等程度的硬度、碱度和含盐量。地球上生态循环中每个环节几乎都影响着天然水水质的变化，水—大气—陆地—生物相互作用的结果，不仅使水中溶解性的矿物质量发生变化，而且还会使水中夹带许多分散态的黏土和砂粒等杂质。因此天然水水质的变化又反作用于生态环境。与此同时，人类的活动会对水质产生很大影响。通常地表水来源水质差别分为以下几类：

（1）江河水。由于降雨而落在地表的水，通过地表或经地下汇入河流。流经地表的水通常含有较多的悬浊物质，而流经地下的水则含有较多的溶解性无机盐，因此江河水受分布地区地质结构和季节的影响明显。特别是大雨过后，大量的水流入河流时，河水中的悬浊物质会变得非常之多，而雨水含盐量低，江河水的含盐量也随之降低。反之，河水到了雨少的季节就会变得相对清澄，含盐量也增高。由于自身的降解和水生生物的消耗，江河水中的有机物含量在正常情况下很低。其最大的缺点是易受人类活动的影响，排放至河流中的废水造成水质变坏，有机物种类和含量也差异较大。

（2）湖泊水和水库水。江河水在湖泊或水库中发生长时间的滞留后，由于沉降，悬浮物质含量会变少，又容易受微生物的影响。湖泊水和水库水容易发生富营养化，致使藻类过度繁殖，更会因为消耗水中的溶解二氧化碳，造成湖水的 pH 值升高。这对净化处理过程中的膜处理设备运行条件不利。

（3）海水。标准海水中 NaCl 的含量在 3.5％左右，还含有镁、钙、钾、硫酸、碳酸、溴、硼和氟等十余种成分。不同区域的海水含盐量由于入海口、降水、潮汐和水温影响有所不同，在我国不同海域的海水水质有很大的不同。目前国内由于很多取水点离河流入海口较近，河水将近海的海水稀释，因此水源含盐量普遍低于外海的平均含盐量，但是河流在稀释海水的同时会带入大量的泥沙，这对海水淡化的预处理系统的要求就更加严格。

3．地下水

地下水主要是由雨水和地表水渗入地下而成的。当它通过土壤时，由于过滤作用而将水中的悬浮物去除，所以地下水常常是清澈透明的，全年的水温也比较稳定，但水中离子含量受流经地层的影响十分明显。比如，流经石灰盐带水中钙的浓度就非常高，通过火山地带的地下水中，硅的浓度也会变高。通常地下水由于含氧量不足，略显还原性，地层的影响可能还会导致硫化氢、钡和锶等成分的变化。

4．市政给水

一些地区电厂也常采用市政给水作为补充水源，虽然不是天然水，也在此进行说明。

（1）自来水。自来水厂经过处理产出的用于饮用的自来水，因为自来水厂的水源不同、采取的处理工艺不同，水质状况也会有所不同。有时由于自来水厂在原水中添加部分絮凝或助凝药剂，导致超滤膜或反渗透膜发生污堵。还需要注意的是，一些超滤膜或反渗透膜的耐氯性有限，而为了保证市政供水不会在管网中被细菌和微生物污染，通常要求自来水管网的末梢要保持一定的余氯浓度，这就需要以自来水作为水源的处理工艺中，必须采用活性炭吸附或者亚硫酸氢钠（还原剂）等对残余的氧化性物质进行去除。

（2）城市中水。中水利用也称作污水回用。一些严重缺水的地区，为减少水源压力，节能减排，也采用城市中水作为水源供水，但中水中不易生物降解的有机物含量高，含盐量也较高，废水中的杂质也会造成在水处理设备中沉积、结垢、腐蚀等问题，采用膜处理设备处理时，膜污堵的情况比较严重。

二、天然水中的主要杂质

天然水中杂质有多种分类方法。在水处理中，因为属于同一分散体系的杂质其处理工艺往往相同，因此常以颗粒大小和混合形态不同，按杂质的颗粒粒径由大到小分为悬浮物、胶体、溶解物质三类。

（1）悬浮物就是平常我们看到的飘浮在水中的物质，指颗粒直径不小于 100nm 以上的微粒。特征是在水中不稳定，可以通过静止沉淀去除，也是导致水浑浊的原因。

（2）胶体物质指颗粒直径在 $1\sim100nm$ 之间的微粒。特征是能吸附大量离子而带电，由于同种电荷相斥，所以不能聚合成大颗粒而沉淀，所以在水中呈稳定存在状态，光照下浑浊。利用沉淀方法费时且不易除去，通常通过混凝沉淀或过滤处理去除。

（3）溶解物质是指颗粒直径不大于 1nm 的颗粒以离子或分子状态稳定存在于水中，通常包括无机盐和溶解气体，水体外观澄清，因此不能用一般的过滤方法除掉，只能用除盐技术去除。

需要特别注意的是天然水中含有各种形态的有机物质，有机物的种类很多，每类有机物又是多种有机分子组成的混合物，从而有多种分类方法。从生物降解的角度，可以划分为可降解和不可降解有机物；从有机物存在形态按颗粒大小，有可分为悬浮态、胶体态和溶解态的有机物；按其来源还可分为天然有机物和工业合成有机物，因此有机物的组成更为复杂。

三、水质特性指标

水处理中，水所具有的种种性质和状态会对设备的分离特性产生影响，因此为了得到稳定的、符合要求的产水水质，被处理原水的水质特性就成为必不可少的条件，常用的表征指标都和水处理紧密相关。在设计前应取得这些数据，这样可以使得系统设计更加合理、准确。

1. 水温

水温会影响水的黏度（黏性系数），水温过高或过低还会影响混凝效果、离子交换平衡和树脂与膜的使用寿命。在处理硅和难溶解硫酸盐含量较高的水体时，温度降低使这些无机物的溶解度降低，会影响离子交换设备的除硅效果，造成反渗透膜上硅化合物结垢加重。

2. pH 值

地表水因碳酸氢根的平衡，基本上显弱碱性或中性，工业污染严重的地区，当大气水中含有酸性物质或气体时，pH 值就会偏低，呈中性或弱酸性。pH 值会影响混凝剂的作用效果，也会影响弱型离子和溶解态有机物电离形态，最终影响膜处理设备去除效果和污堵情况。

3. 悬浮物

水中的悬浮物质是颗粒直径约在 $0.1\sim100\mu m$ 之间的微粒，肉眼可见。这些微粒主要是由泥沙、黏土、原生动物、藻类、细菌、病毒，以及高分子有机物等组成，常常悬浮在水流之中。水产生的浑浊和异味等现象，也都是由此类物质所造成。悬浮物含量高会缩短过滤设备运行周期，加大反洗水量，也会造成离子交换设备运行周期缩短污堵和反渗透和纳滤系统很快发生严重的堵塞，影响系统的产水量和产水水质。

悬浮物测定标准方法为 100mL 水样全部通过孔径为 $0.45\mu m$ 的滤膜，将截留在滤膜上并于 $103\sim105℃$ 烘干至恒重的物质称重，所以实验时间较长。也可以根据光线或者激光的散射，可以把悬浮物用浊度定量化并读取出来，比较方便快捷还可以进行在线监测。淤泥密度指数（SDI）值是评价不溶解物质的量的另一个方法，SDI 的测定方法是依据 ASTM D4189-07，采用直径 47mm，过滤孔径 $0.45\mu m$ 的微滤膜片，在 0.21MPa 的恒压下进行，常用来作为进入反渗透或超（微）滤系统的水质指标。也有厂家推荐污染指数（FI）值作为评价指数，使用有效直径 42.7mm，平均孔径 $0.45\mu m$ 的微孔滤膜过滤测得。

4. 总溶解固体（TDS）

又称溶解性固体总量，测量单位为毫克/升（mg/L），它表明 1L 水中溶有多少毫克溶解性固体。总溶解固体的测量方法为量取 100mL 慢速滤纸过滤后的水样置于蒸发皿中，水浴蒸干后，烘箱中控温 105～110℃烘干恒重称其含量。TDS 值越高，表示水中含有的溶解物越多，包括无机物和有机物两者的含量。一般可用电导率值大概了解溶液中的盐分，一般情况下，电导率越高，盐分含量越高，TDS 越高。因为电导率的测定可以在现场比较简单完成，相比于总溶解固体的测定简单很多，因此电导率经常被用来替代总溶解固体表征脱盐性能。在大多数情况下，采用电导率计算的系统脱盐率要低于采用总溶解固体计算的系统脱盐率。水的导电性也可以用电极间阻抗（$\Omega\cdot m$）的倒数来表示。

需要注意的是常用的 TDS 测试仪是测量水电导率的数字，乘以一定的换算系数来表征每升水中所含有溶解物的毫克数，一般用于衡量纯净水的纯净度，测得的 TDS 值与电导率值意义相似，只是总溶解固体（TDS）的估算值。

5. 离子成分

自然界的水常含有钠离子、钾离子、钙离子、镁离子、氯离子、硫酸根、重碳酸根以及硅酸根等，其中阳离子和阴离子在水中的摩尔浓度是平衡的。在设计补给水处理系统前应做的水质中离子分析指标如下：

阳离子（mg/L）：Ca^{2+}、Mg^{2+}、Na^+、K^+、NH_4^+、Ba^{2+}、Sr^{2+}；

阴离子（mg/L）：HCO_3^-、CO_3^{2-}、Cl^-、SO_4^{2-}、NO_3^-、F^-。

其他检测项目：总铁（TFe，mg/L）、锰（Mn，mg/L）、全硅（mg/L）、活性硅（mg/L）、总硬度、总碱度、总溶解固体（TDS，mg/L）等。一些重要项目的基本概念介绍如下：

（1）硬度。广义的硬度是指水中二价及以上金属阳离子的浓度，如铁、铝、钙、镁、钡、锶等阳离子和硅酸、重碳酸根等阴离子超过其溶解度后会析出形成垢。对于大部分天然水水中硬度除钙离子和镁离子外其他离子总含量小于 3‰，因此通常把水中钙镁离子的浓度称为硬度。硬度可以按水中存在的阴离子情况划分为碳酸盐硬度和非碳酸盐硬度两类。碳酸盐硬度主要指水中钙与镁的重碳酸盐所形成的硬度。当把这种水煮沸时可以生成沉淀，所以习惯上称为暂时硬度，其反应为：

$$Ca(HCO_3)_2 \xrightarrow{\text{加热}} CaCO_3\downarrow + H_2O + CO_2\uparrow$$

$$Mg(HCO_3)_2 \xrightarrow{\text{加热}} Mg(OH)_2\downarrow + 2CO_2\uparrow$$

非碳酸盐硬度主要指水中钙镁的硫酸盐、氯化物、硝酸盐和硅酸盐形成的硬度，非碳酸盐硬度不能用煮沸法除去，故习惯上又称永久硬度。碳酸盐硬度和非碳酸盐硬度的总和，称为总硬度。

（2）碱度。碱度表示水中 OH^-、CO_3^{2-}、HCO_3^- 及其他弱酸盐类的总和，因为这些盐类在水溶液中都呈碱性，需要用酸来中和，因此称为碱度。

在天然水中，碱度主要由 HCO_3^- 的盐类组成，在锅炉水中，碱度主要由 OH^- 和 CO_3^{2-} 的盐类组成，当锅内加磷酸盐处理时，还有 PO_4^{3-} 的盐类。在同一水中，OH^- 和 HCO_3^- 不能共存，因为：

$$HCO_3^- + OH^- \Longrightarrow CO_3^{2-} + H_2O$$

碱度根据滴定终点不同可分为酚酞碱度和甲基橙碱度。酚酞碱度即将 OH^- 中和为 H_2O，将 CO_3^{2-} 中和为 HCO_3^-，终点的 pH 值为 8.3。在酚酞碱度的基础上，继续滴定即可测出甲基橙碱度。全碱度为酚酞碱度与甲基橙碱度之和。即将 OH^- 中和为 H_2O，CO_3^{2-} 中和为 HCO_3^-，将全部的 HCO_3^- 中和为 CO_2 和 H_2O，终点的 pH 值为 4.2，由此可见全碱度中包括酚酞碱度，我们可根据二者的相对大小来判断水中各种碱度的组分和含量。与前面硬度定义相对应，水中含有钠钾的碳酸盐、重碳酸盐和氢氧化物称为负硬度，又称过剩碱度。

（3）另外，水中铁、铝、钙、镁、钡、锶等阳离子和硅酸、重碳酸根等阴离子超过其溶解度后会析出形成垢。因此在补给水处理过程中尽量少引入此类离子，且出水中的硅含量必须准确测定。反渗透处理时溶于水的硅被浓缩并硅的溶解度随水温降低而降低，因此在同样的回收率条件下，在冬季比较容易出现硅垢的问题。此外，除了溶于水中的这些离子，还有胶体态的也和垢体的生成有关联。因此对于离子交换除盐系统，胶体态杂质去除效果差，不能满足超临界机组补给水水质要求。

6. 金属成分

铁、锰、铜和镍等金属物质在水中的含量虽然很少，但是作为可能导致氧化反应进而造成膜性能劣化的触媒，因此特别指出。还要注意的是，具有触媒机能的胶体状不溶解物质是无法用分析可溶解离子的方法检出的。因此铁、锰等具有催化氧化作用的金属物质必须在预处理过程中尽力去除。特别是在进水中曾使用次氯酸钠之类的强氧化剂时，就必须更加严格地限制给水中铁和锰的含量，通常控制膜系统进水中三价铁（Fe^{3+}）的浓度不高于 $20\mu g/L$，在特殊的场合也应尽量避免超过 $0.1mg/L$。有时投加含铝絮凝剂时，铝是一种两性金属，在碱性条件下以氢氧化物的形式存在，氢氧化铝不易溶于水，这时残留在原水中的铝就会污染反渗透膜元件。因此选择加入何种絮凝剂和严格控制加药量，以免人为带入对反渗透和纳滤膜有影响的化学物质。

7. 有机物

水体中的有机成分主要有细菌、油脂、腐殖酸、表面活性剂、农药或/和其他人为排放出的化学物质。微生物及其代谢产物是有机污染的主要原因之一。由于组成复杂，无法用确定的分子式表示水中所有的有机物，因此水处理中通常用总有机碳（TOC）、生物需氧量（BOD）和化学需氧量（COD）等指标表示有机物的浓度。需要注意的是，有时虽然原水中的细菌数量不多，但膜表面被截留的有机物或无机物成为它们繁殖的营养源，导致微生物大量繁殖。发生有机污染时，补给水系统混凝效果变差，过滤装置反洗效果差，离子交换装置运行周期缩短，膜处理设备污堵严重，脱盐率下降，水通量减小，运行压差增加速度快。由有机物造成的反渗透系统故障占全部系统故障的60%～80%。且有机物进入给水系统受热分解后大部分转化为小分子有机酸或CO_2，使给水系统 pH 值下降，造成设备腐蚀。因此，了解进水中的有机成分也是十分必要的。以下为常用的有机物表征指标：

（1）总有机碳（Total Organic Carbon，TOC）。总有机碳是指水中可以酸化的有机物总量，用有机物中主要成分碳的含量来表示。它不包括水中无机盐中的碳含量。TOC 的测定是在 950℃ 的高温下，使水样中的有机物气化燃烧，生成 CO_2，通过红外线分析仪测定其含量，并扣除水中无机的碳化合物如碳酸盐、重碳酸盐等生成 CO_2，即可知总有机碳量。GB/T 12145—2016《火力发电机组及蒸汽动力设备水汽质量》中推荐补给水水质亚临界及以下机组 TOC≤400μg/L，超临界及以上机组 TOC≤200μg/L。若将水样经 0.2μm 微孔滤膜过滤后，测得的有机碳量即为溶解性有机碳（DOC）。

（2）总需氧量（Total Oxygen Demand，TOD）。TOD 测定是在特殊的燃烧器中，以铂为催化剂于 900℃ 下将有机物燃烧氧化所消耗氧的量，该测定结果比 COD 更接近理论需氧量。

（3）生化需氧量（Biochemical Oxygen Demand，BOD）。BOD 是在水中存在的有机物，根据微生物的种类不同，在好氧条件下将其分解并达到完全氧化时所需氧的数量。因为是采用微生物做分析，所以通常情况下需要 5 天进行微生物培养，测定的 BOD 值标记为 BOD_5。因为能被微生物分解的有机物有限，所以 BOD_5 通常用来表征排水和河水中的有机物含量。

（4）化学需氧量（Chemical Oxygen Demand，COD）。COD 是采用高锰酸钾（$KMnO_4$）或重铬酸钾（K_2CrO_4）对水中组分进行氧化时所消耗的氧的数量，采用不同的氧化剂用不同的下标区分，如 $(COD)_{Mn}$ 和 $(COD)_{Cr}$。由于影响 COD 的化学成分过多，COD 的数值很难作为反渗透进水考察的定量指标。如目前美国海德能公司推荐的反渗透进水 COD 值约为 10mg/L，对于低污染 LFC 系列可以放宽至 20mg/L。但是，从工程经验来看，这并不表示 COD 大于 20mg/L 的水就不能进入反渗透系统，同样也不能说明 COD 值小于 10mg/L 的水源就一定不存在对反渗透系统的有机污染。这都是由于构成 COD 的成分过于复杂，且膜表面性质差别造成的。因此 COD 只能作为一个参考指标，必须结合水源的实际情况做出综合评判。

（5）腐殖酸盐（富里酸盐）等。腐殖酸是腐殖质的主要成分，且大都是和一些金属离子结合成盐的形式而存在，即腐殖酸盐。富里酸是分子量较小的成分。其含量常用来表征水中溶解态的有机物的含量，在有机物含量较高，水质全分析阴阳离子校核不平衡时考虑其影响。

（6）灼烧减量。将已烘干恒重的溶解固体残渣放入 750～800℃ 的高温炉中，灼烧到残渣变白后，将失去的质量称为灼烧减量。对于含盐量低的水，可用灼烧减量近似表示有机物含量，因为在高温下有机物几乎全部被燃烧转化为气体，但同时残存在溶解固体的湿分和结晶水也在灼烧过程中挥发掉，还有部分碳酸盐和氯化物被分解，所以对于含盐量大的水误差较大。

　　电厂通常利用水质全分析来进行水源的水质分析，分析项目根据水汽品质要求和水处理系统流程的不同有所差别，运行效果的反馈也会影响水质指标的检测。要注意的是全分析数据必须进行必要的审查，分析结果的审查分为数据检查和技术性审查两个方面。数据检查是保证数据不出差错；技术性审查是根据分析结果中各成分的相互关系，检查是否符合水质组成的一般规律，从而判断分析结果是否正确。

第二章　水的预处理设备及系统

第一节　沉淀处理工艺

将水中的悬浮物和胶体转化为沉淀物而析出的各种方法，统称为沉淀处理。沉淀处理的内容包括悬浮物和胶体的自然沉降、混凝沉淀和沉淀软化等。

一、沉淀类型

按照水中悬浮颗粒的浓度、性质及其絮凝性能的不同通常分为四种沉淀类型：

（1）自由沉淀。悬浮固体浓度低，而且颗粒之间不发生聚集，因此在沉降过程中颗粒的形状、粒径和密度都保持不变，互不干扰地各自独立完成匀速沉降过程。固体颗粒在沉沙池及初次沉淀池内的初期沉降就属于这种类型。

（2）絮凝沉淀。悬浮固体浓度也不高，但颗粒在沉降过程中接触碰撞时能互相聚集为较大的絮体，因而颗粒粒径和沉降速度随沉降时间的延续而增大。自然水体中形成的絮体不稳定，为增加絮体体积和密度，增加沉降速度，一般需加入混凝剂促进这一过程，即第三节中的混凝沉淀处理。因此一般工业水处理中清水区沉淀以此为主。

（3）成层沉降。也称集团沉降、区域沉降或拥挤沉降。悬浮固体浓度较高，颗粒彼此靠得很近，吸附力将促使所有颗粒聚集为一个整体，但各自保持不变的相对位置共同下沉。此时，水于颗粒群体之间形成一个清晰的泥水界面，沉降过程就是这个界面随沉降历时下移的过程。在沉淀池或澄清池的分离室沉降就属于这种类型。

（4）压缩沉淀。当悬浮液中的悬浮固体浓度很高时，颗粒之间便互相接触，彼此上下支承。在上下颗粒重力作用下，下层颗粒间隙中的水被挤出，颗粒相对位置不断靠近，颗粒群体被压缩。沉淀池或澄清池污泥的浓缩过程就属于这种类型。

二、沉淀池

沉淀池是应用沉淀作用去除水中悬浮物的一种构筑物。沉淀池在水处理中广为使用。它的型式很多，按池内水流方向可分为平流式、竖流式和辐流式三种。沉淀池有各种不同的用途。如在曝气池前设初次沉淀池可以降低污水中悬浮物含量，减轻生物处理负荷；在曝气池后设二次沉淀池可以截流活性污泥。此外，还有在澄清池或沉淀池中投加混凝剂，用以提高难以生物降解的有机物、能被氧化的物质和产色物质等的去除效率。

1. 平流沉淀池

由进、出水口、水流部分和污泥斗三个部分组成。池体平面为矩形，进口设在池长的一端，水由进水渠通过均匀分布的进水孔流入池体，出口设在池长的另一端，多采用溢流堰，以保证沉淀后的澄清水可沿池宽均匀地流入出水渠。平流式沉淀池多用混凝土筑造，构造简单，工作性能稳定，使用广泛，但占地面积较大，出力小。一般加设刮泥机或对比重较大沉渣采用机械排除，提高沉淀池工作效率。

2. 辐流式沉淀池

辐流式沉淀池采用圆形池体如图 2-1 所示，水经进水管进入中心布水筒后，通过筒壁上的孔口和外围的环形穿孔整流挡板，沿径向呈辐射状流向池周，水流速度变化，沉积悬浮物从池中心利用机械排泥装置排出。为了使沉淀池内水流更稳、进出水配水更均匀、存排泥更方便，辐流式沉淀池改为周边进水，周边出水则是所谓的向心辐流池。

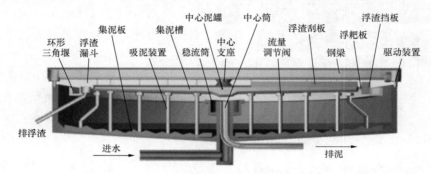

图 2-1 辐流式沉淀池结构示意图

3. 竖流沉淀池

竖流沉淀池多用于小流量废水中絮凝性悬浮固体的分离，池面多呈圆形或正多边形，如图 2-2 所示，其上部圆筒形部分为沉降区，下部倒圆台部分为污泥区，二者之间有0.3~0.5m 的缓冲层。水流由下向上流动，池体直径小，池埋深大。处理水量小，直径最大不超过 10m。

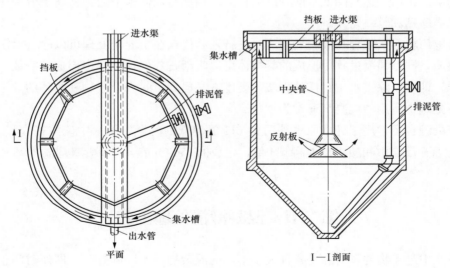

图 2-2 圆形竖流沉淀池两视图

4. 斜板和斜管沉淀池

图 2-3　斜板沉淀池局部图

利用"浅池"理论降低沉降高度，在大型澄清池或沉淀池分离沉淀区加设一定斜度的斜板（图 2-3）或斜管，可以大大提高沉淀效率，提高出水水质，缩短沉淀时间，减小沉淀池体积。但斜板、斜管内易有淤泥沉积、结垢等，造成生物膜滋生，产生浮渣，造成维修工作量大等缺点。在斜板斜管沉淀池中，按照水流流过斜板的方向，可分为上向流、下向流和平向流三种，考虑沉淀物流向也称为异向流、同向流和横向流。上向流斜流沉淀池中，斜板（管）与水平面呈 60°角，长度通常为 1.0m 左右，斜板净距（或斜管孔径）一般为 80～100mm。斜板（管）区上部清水区水深为 0.7～1.0m，底部缓冲层高度为 1.0m。

三、沉淀软化处理（石灰处理）

用易溶的化学药剂（可称沉淀剂）使溶液中某种离子以它的一种难溶的盐或氢氧化物从溶液中析出，在化学上称沉淀法，在化工和环境工程上则称化学沉淀法。废水处理中，常用化学沉淀法去除废水中的有害离子，阳离子如 Hg^{2+}、Cd^{2+}、Pb^{2+}、Cu^{2+}、Zn^{2+}、Cr^{6+}，阴离子如硫酸根、磷酸根等。

电厂水处理中常用的沉淀软化处理的方法是将天然水中的钙、镁离子转化为难溶于水的化合物沉淀析出，达到降低水的硬度的目的。如加石灰使水中的钙镁离子分别化合成难溶于水的碳酸钙和氢氧化镁析出。

也有电厂将石灰处理与混凝处理同时进行，其优点在于混凝处理可以除去对沉淀过程有害的物质，同时混凝过程中形成的凝絮体可以吸附石灰处理过程中形成的胶体，共同沉淀。这样，即可以除去水中钙镁的碳酸盐硬度，又提高了除去悬浮物和胶体的效果。石灰混凝沉淀处理中所用的混凝剂通常为铁盐。

石灰处理也经常用于处理原水被污染 pH 值偏低的问题，原水中硫酸根含量偏高时，用石灰处理不仅能中和酸根，提高 pH 值，生成的 $CaSO_4$ 在水中微溶也能减少水中硫酸根含量。

第二节　混凝澄清处理工艺

天然水中悬浮物的颗粒总是各种大小不一的混杂物，所以静置时，即使时间很长，仍然会有一部分微小的颗粒残留在水中。因此，只用自然沉降法不能除尽水中的悬浮物，而胶体表面的电荷使它在水中能长期稳定存在也不易除去。通常也不能单独用普通的过滤法来清除水中的悬浮物和胶体，因为它不能除去较小的悬浮颗粒，更不能除去胶体，而且水中悬浮物较多时，滤池的清洗工作频繁，不利于运行。所以实际上经常采用的方法，是在混凝、沉淀处理后再进行过滤。

一、水的混凝处理

（一）混凝原理概述

混凝处理就是在水中投加一种名为混凝剂的化学药品，这种药品在水中会促使微小的颗粒变成大颗粒而下沉。我国用含铝的明矾来澄清水，已有上千年的历史，这就是一种混凝处理。对于混凝处理的原理，曾有许多不同的认识。最近，由于胶体化学的发展，才得到比较一致的看法。现将目前对混凝处理的认识，叙述如下。

以混凝剂硫酸铝 $Al_2(SO_4)_3$ 为例，当它投入水中时，首先发生电离和水解，因而生成氢氧化铝，即有如下反应：

$$Al_2(SO_4)_3 \longrightarrow 2Al^{3+} + 3SO_4^{2-}$$
$$Al^{3+} + H_2O \longrightarrow Al(OH)^{2+} + H^+$$
$$Al(OH)^2 + H_2O \longrightarrow Al(OH)_2^+ + H^+$$
$$Al(OH)_2^+ + H_2O \longrightarrow Al(OH)_3 + H^+$$

这个过程很快，通常 30s 内就完成了。氢氧化铝是溶解度很小的化合物，它从水中析出时形成胶体。这些胶体在近乎中性的天然水中带正电荷，随后，它们在反粒子（如 SO_4^{2-}）的作用下渐渐凝聚成絮状物（通常称为絮凝体或矾花），然后在重力作用下沉降。这是用铝盐处理时它本身所发生的变化。氢氧化铝胶体、悬浮物和生水中自然胶体之间的关系，大致如图 2-4 所示。氢氧化铝胶体会吸附自然胶体，此时，有可能发生正负胶体之间的电中和现象。随后氢氧化铝胶体会结成长链，起架桥作用结成许多网眼。这些网状物在下沉的过程中起网捕作用，它们包裹着悬浮物和水分，形成絮状物（凝絮），即所谓的混凝处理。

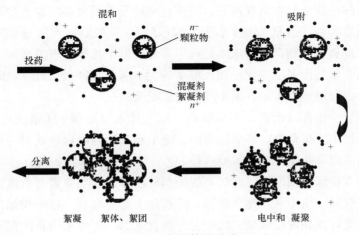

图 2-4　絮凝体的形成

由此也可见，用硫酸铝处理是一种较复杂的过程，其中有水解反应和各种聚沉反应。

（二）影响混凝效果的因素

混凝处理的目的是快速除去水中的悬浮物和胶体，所以，水的混凝效果常以生成絮凝体的大小、沉降速度的快慢以及水中胶体和悬浮物残留量来评价。

影响混凝效果的因素很多，但以混凝剂、原水水质和水温三个因素最为显著。

1. 混凝剂的影响

混凝剂是为了达到混凝所投加的药剂总称。补给水处理中，以投加可水解阳离子的无机盐类（铝盐或铁盐）为主。铝盐和铁盐混凝剂的凝聚作用主要是以水解产物发挥作用，铝盐和铁盐的水解产物是相当复杂的，pH 值不同可以形成不同的水解产物，相应达到混凝的机理也不同。

（1）pH 值较低时，金属盐主要以阳离子状态存在，通常压缩胶体扩散层达到凝聚。

（2）当铝盐、铁盐浓度超过氢氧化物溶解度时，将产生一系列金属羟基聚合物，通过聚合物与胶体之间的电荷中和或架桥连接来达到凝聚效果。

（3）当铝盐、铁盐投加量很大时，铁铝氢氧化物将超过它们的饱和浓度并大量析出，通过网捕作用，来使胶体凝聚。

因此，铝盐、铁盐的凝聚机理取决于溶液 pH 值、混凝剂投加量等。

2. 原水水质的影响

根据混凝机理，对于一般以除去浑浊为主的地表水来说，主要的水质影响因素是水中的悬浮固体和碱度。原水的碱度是影响凝聚的主要因素之一。即使两种原水的 pH 值相同，混凝剂加入量相同，但由于碱度的作用，常使形成的溶液 pH 值有明显区别。高分子混凝剂受 pH 值影响较小。

原水悬浮颗粒含量不仅对絮凝阶段有影响，对混凝阶段也有明显影响。铝盐和铁盐混凝剂的凝聚，可以通过吸附或网捕的方式来达到，而两种方式对悬浮颗粒含量的关系正好相反。利用吸附和电中和来完成凝聚时，混凝剂的加入量与悬浮颗粒成正比，但加入过量时将使胶体系统的电荷变号而出现再稳。沉淀物网捕所需混凝剂的加入量则与悬浮颗粒浓度成正比，不出现再稳。当原水浊度小于 20NTU 时，一般需加入黏土等助凝剂。

根据原水碱度和悬浮物含量，给水处理中常遇到以下几种处理类型：

（1）悬浮物含量高而碱度变化。加入混凝剂后，系统 pH 值大于 7，此时，水解产物主要带正电荷，因而可通过吸附、电中和来完成凝聚。

（2）碱度与悬浮物含量均高。当碱度高，以至加入混凝剂 pH 值仍达到 7.5 以上时，混凝剂的水解产物主要带负电，不能用吸附、电中和来达到凝聚，此时一般要采用沉淀物网捕的方法，通常以聚合氯化铝为主要选择。

（3）悬浮物含量低而碱度高。此时，混凝剂的水解产物主要带有负电荷，故应采用沉析物网捕来达到混凝。由于悬浮物含量低，需投加大量混凝剂，甚至投加助凝剂以增大原水的胶体颗粒浓度，达到混凝效果。由于悬浮物含量低，也可采用直接混凝过滤方法进行处理。

（4）悬浮物与碱度均低。这是最难处理的一种系统，虽然混凝水解产物带有正电荷，但由于悬浮颗粒浓度太低，碰撞聚集的机会极少，难以达到有效凝聚，而利用沉淀网捕机理，则因溶液的 pH 值降得很低，要达到金属氢氧化物过饱和浓度所需的混凝剂量过大。这种水质常采用补加石灰悬浊液处理，但也有其缺点。

3. 温度的影响

在生产实践中，经常可以观察到水温对凝聚的影响。根据凝聚机理，水温的降低将对凝聚带来许多不利因素：

（1）水的黏度随着温度的降低而升高，这将使颗粒的迁移运动减弱，大大降低颗粒的碰撞机会。

（2）温度降低，分子热运动减慢，使布朗扩散的原动能量减弱，也使颗粒的碰撞机会减少。

（3）温度降低，使胶体颗粒的溶剂化作用增强，胶体颗粒周围的水化作用明显，妨碍了微粒的聚集。

（4）铁、铝盐等高价金属盐类的混凝剂的水解反应为吸热反应，水温低降低反应速度，水温低于 5℃时效果非常差。

由此可见，水温降低不利于混凝反应和絮凝物沉析，需混凝剂量增大。水温高时，胶粒水化作用增强，絮体松散不易沉降。例如，采用铝盐混凝剂时，水温 20～30℃比较适宜。为了提高水温偏低时的混凝效果，通常采用的方法是增加混凝剂投加量和投加高分子的助凝剂，或提高水温。

4. 其他影响因素

（1）搅拌速度。剧烈搅拌使混凝剂和水迅速混合，有助于凝聚过程；而絮凝过程，搅拌速度快会使形成的絮凝体破碎。在工程实践中，体积较大的澄清池和沉淀池，也要注意防止夏季日照强烈时池内温差＞5℃时出现内部紊流，带出絮凝体，造成出水水质变差。

（2）杂质种类。有机物含量高，会保护胶体，阻碍胶粒间的碰撞和混凝剂与胶粒间的脱稳凝聚作用；另外，有机物含量高时，形成的絮凝体密度偏小，要防止翻池问题。一般采用技术对策有：①投加氧化剂破坏有机物的保护作用；②调整混凝剂种类和加大混凝剂的投加量；③改变水的 pH 值；④投加高密度的助凝剂。

（3）混凝剂投加方式。混凝剂投加的方式包括加药浓度、加药位点、反应时间等都会对混凝沉淀效果产生相应的影响。

（三）强化混凝处理措施

强化混凝是指在常规处理工艺流程中在混凝处理时投加过量的混凝剂、新型混凝剂或助凝剂或者是其他的药剂并控制一定的 pH 值，通过加强混凝与絮凝作用，从而提高常规处理中带负电的天然有机物的去除效果，因为能最大限度地去除消毒副产物的前体物，常用于自来水处理工艺中。而电厂对补给水中有机物含量要求不断提高，了解此措施，对于原水水质波动有机物含量提高的情况下可以多一种备用处理手段。

混凝去除有机物的机理：

（1）带正电的金属离子与带负电的有机物胶体发生电中和而脱稳凝聚；

（2）金属离子与溶解性有机物分子形成不溶性复合物而沉淀；

（3）吸附于金属氢氧化物表面上的共沉作用。

因此改善混凝处理条件，即在低 pH 值、高混凝剂用量的强化混凝条件下形成大量金属氢氧化物，改善混凝剂水解产物的形态且使其正电荷密度上升，同时低 pH 值条件会影响有机物离解度和改变水中有机物存在形态。有机物质子化程度提高，电荷密度降低，进而降低其溶解度及亲水性，成为较易被吸附的形态，从而实现降低水中有机物含量的目的，但同时大多数情况下，强化混凝处理出水的浊度上升。因此也有根据系统前后设备采取不同的混凝措施，即所谓的优化混凝。

（四）常用的混凝剂和助凝剂

1. 混凝剂

目前混凝剂的种类有不少于 $200 \sim 300$ 种，分为无机与有机两大系列。常用的无机混凝剂主要分为铝盐和铁盐两类：铝盐中以硫酸铝和聚合铝为主；铁盐中以三氯化铁和聚合硫酸铁居多。有机混凝剂主要为聚丙烯酰胺等高分子聚合物。

铁盐与铝盐相比，铁盐生成的絮凝物密度大，沉降速度快，pH 值适应范围宽，受温度的影响比铝盐小；但投加铁盐时要注意，在设备运行不正常时，出水会因带出的铁离子过多而带色，并可能污染后续除盐设备。

硫酸铝的最佳 pH 值使用范围是 $5.5 \sim 7.0$，聚合铝也叫碱式氯化铝，化学分子式的通式可写为 $[Al_n(OH)_m Cl_{3n-m}]$ 或直接以离子比值书写为 $Al(OH)_m$ 的中间产物，而且通过羟基的桥联形成聚合高分子的化合物，其混凝效果大大优于其他铝盐，加药量相当于硫酸铝的 $1/3$，pH 值在 $7 \sim 8$ 之间也效果良好，且无腐蚀性。

在采用硫酸亚铁作混凝剂时应充分曝气先将二价铁氧化成三价铁，然后再起混凝作用。也可以使水的 pH 值在 8.8 以上，或与石灰混合使用提高水的 pH 值，同时加入氯或漂白粉加快氧化进程。三氯化铁也是一种常用的混凝剂，产品有无结晶水、带结晶水和液体三种，三氯化铁易溶于水，但腐蚀性较强。聚合硫酸铁是一种新型无机高分子聚合物，其在原水浓度变化范围比较宽的情况下，均可使澄清水的浊度达到一定的标准，加药量小，对于原水中溶解铁的除去率可达 $97\% \sim 99\%$，出水残余酸度低。

近年来，人工合成了多种高分子絮凝剂，它可单独作为混凝剂使用，也可以作为一种助凝剂与铁、铝盐联合使用。其加入水后起两种作用：一种是离子性作用，即利用离子性基团的电荷进行电性中和，引起絮凝；二是利用高分子物质的链状结构，借助吸附架桥作用，引起凝聚。大部分有机高分子絮凝剂是水溶性的线状高分子化合物，在水中可以电离，属于高分子电解质。根据可离解基团的特性可分为阴离子型、阳离子型、两性型和非离子型。

2. 助凝剂

在水的混凝处理中，为了提高混凝效果，除了加混凝剂外，还往往加入一些辅助剂，又称助凝剂。无机类助凝剂有的是用来调整混凝过程中的 pH 值的，有的是用来增加絮凝物的密度、粒度和牢固性的。常用的有硫酸、氧化钙或氢氧化钠、活性二氧化硅等助凝剂，另外活性炭、膨润土也作为特殊水质时的助凝剂。

二、常用的混凝沉淀处理设备

用于混凝、沉淀处理的设备主要有絮凝池、平流式沉淀池、斜管斜板式沉淀池、泥渣悬浮式澄清池、泥渣循环式澄清池等。常用的处理设备有絮凝池＋沉淀池的组合，也有絮凝和沉淀一体化的澄清池和反应沉淀池等。

澄清池是能够同时实现混凝剂与原水的混合、反应和絮凝体沉降三种功能的设备。它利用的是接触凝聚原理：即为了加强混凝过程，在池中让已经生成的絮凝体悬浮在水中成为悬浮泥渣层（接触凝聚区），当投加混凝剂的水通过它时，废水中新生成的微絮粒被迅速吸附在悬浮泥渣上，从而能够达到良好的去除效果，所以澄清池的关键部分是接触凝聚区。保持泥渣处于悬浮、浓度均匀稳定的工作条件已成为所有澄清池共同特点。目前使用较广泛的澄清池是泥渣循环式澄清池。泥渣循环式澄清池又分为机械搅拌澄清池、水力循环澄清池。

1. 机械搅拌澄清池

机械搅拌澄清池的池子主体由钢筋混凝土构成，如图 2-5 所示，内部分为第一反应室、第二反应室和泥渣分离室。池子中间安装机械搅拌装置。原水经进水管进入第一反应室，水流沿切线进入，在池子中心形成巨大的涡流，在这里使药剂和水充分进行混合，在机械搅拌装置的搅动及提升作用下，将部分分离区回流的泥渣和原水充分搅拌，完成混凝过程，而后水流进入第二反应室。由于第二反应室内水流是自上而下的，已形成的部分致密絮凝直接由惯性力沉到池体底部，其余絮体随同原水一同进入分离室。由于分离室的截面远大于第二反应室，水流速度下降较大，有利于泥渣与水的分离。沉积的泥渣部分被提升回流到第一反应室外，其余被刮泥装置刮入积泥坑排除出去。

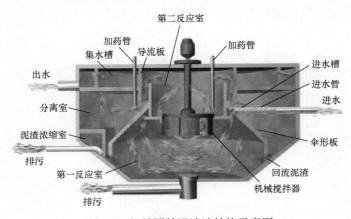

图 2-5　机械搅拌澄清池结构示意图

此设备运行关键是控制好泥渣回流量，通过改变机械搅拌装置的转速来控制回流量。为使澄清池泥渣保持最佳活性，一般控制第二反应室泥渣沉降比在 5min 内控制 15%左右。

2. 水力循环澄清池

水力循环澄清池的结构与机械搅拌澄清池基本相同，不同点在于，在水力循环澄清池中，泥渣的循环是通过由喷射器的高射流所造成的动力来实现的，其结构如图 2-6 所示。

池体主要由混合室、喉管、第一反应室、第二反应室和分离室组成。生水经喷嘴高速喷出，在喷嘴周围形成负压，将泥渣吸入混合室。喷嘴是池的关键部分，它关系到泥渣回流量，最优回流量应由试验室通过调整试验来确定。

泥渣回流量的控制，一般通过调节喷嘴流速来实现。喷嘴的流速则与原水压力及喷嘴结构有关。在原水压力一定时，则可通过两节喷嘴与喉管下部喇叭口的间距来调整泥渣回流量。

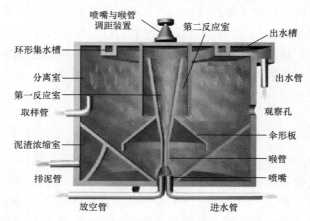

图 2-6　水力循环澄清池结构示意图

3. 悬浮式澄清池

悬浮式澄清池的主要工作特征是，泥渣通过水力作用悬浮在澄清池中。当原水由下而上通过泥渣层时，原水中的杂质就会与高浓度的泥渣进行接触、絮凝，最后被拦截下来。这种作用与过滤类似，所以也称为泥渣过滤型澄清池如图 2-7 所示。

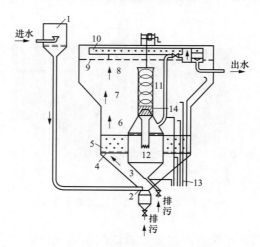

图 2-7　悬浮式澄清池结构示意图

1—空气分离器；2—喷嘴；3—混合区；4—水平隔板；5—垂直隔板；6—反应区；7—过渡区；8—出水区；9—水栅；10—集水槽；11—排泥系统；12—泥渣浓缩器；13—采样管；14—可动罩子

这种澄清池对细小的杂质具有很好的拦截作用，但有时泥渣会随水流被冲出去，且设备间断运行时不易保持泥渣活性。泥渣悬浮型澄清池中常用的有脉冲澄清池和悬浮澄清池等。

4. 高密度沉淀池（反应沉淀池）

高密度沉淀池主要的技术是载体絮凝技术，这是一种快速沉淀技术，其特点是在混凝阶段可以投加高密度的不溶介质颗粒（如细砂），利用介质的重力沉降及载体的吸附作用加快絮凝体的生长及沉淀，高密度沉淀池如图 2-8 所示。其工作原理是首先向水中投加混凝剂（如聚合硫酸铁），使水中的悬浮物及胶体颗粒脱稳，然后投加高分子助凝剂和密度较大的载体颗粒，使脱稳后的杂质颗粒以载体为絮核，通过高分子链的架桥吸附作用以及微砂颗粒的沉积网捕作用，快速生成密度较大的矾花，并通过使用不断循环的介质颗粒和回流污泥改善絮体沉降性能，从而大大缩短沉降时间，提高沉淀池的处理能力，并有效应对高冲击负荷。

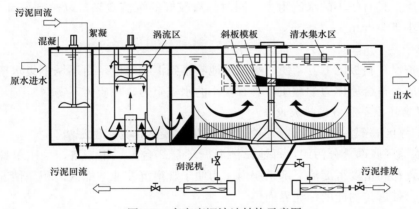

图 2-8　高密度沉淀池结构示意图

三、高密度反应沉淀池

瑞金电厂原水预处理系统建设了高密度混合反应沉淀池 4 座，每座处理能力 900m³/h，采用地上式露天布置，钢筋混凝土结构，池体应为矩形，单列共壁布置，以节省占地。由凝聚、絮凝强化、沉淀工艺设备和结构组成，分为凝聚区、絮凝强化区、絮凝熟化区、沉淀区、浓缩区、活化微泥絮凝强化回流系统和剩余泥渣排放系统，采用活化微泥循环高密度沉淀处理技术，对浊度和有机物的去除率高，以降低运行成本。采用具有更高的流量准数和更低的功率准数的新型轴流搅拌器，以提高混合、絮凝效率，节省能耗。

（一）高密度沉淀池的组成

高密度沉淀池由以下主要设备组成：

1. 凝聚反应设备

凝聚区内安装凝聚搅拌机，混凝剂聚合硫酸铁（PFS）投加在凝聚区中，通过凝聚搅拌机的快速、强力搅拌，使药剂与水体充分混合并发生凝聚反应（凝聚时间为 1.0～2.0min），生成小颗粒矾花，而后进入絮凝区。

2. 絮凝反应设备

絮凝区内安装絮凝搅拌机,絮凝区内设置导流筒,絮凝搅拌机安装于筒内,搅拌机在絮凝区内形成低强度大流量循环。在絮凝区中可投加助凝剂,使凝聚区的来水与活化后的污泥充分接触反应,并在絮凝区中投加的助凝剂的作用下生成密实的大颗粒矾花,以利于后续沉降分离。絮凝时间控制 9.0~10.0min。

絮凝强化装置为脱稳胶体颗粒提供优质的絮凝核子,通过改善絮体凝聚特性、吸附特性、沉降特性以及脱水特性;从而有助混凝过程提高混凝效果及后续的沉淀效果;提高对原水水质和水量适应性、提高水处理效能及抗冲击负荷的能力及出水水质。絮凝强化装置采用流量比例控制方式。

3. 斜管沉淀设备

水流由絮凝区经过推流式反应区慢速进入沉淀区,应避免已生成的矾花被破坏,沉淀上升流速≤3.0mm/s。沉淀采用斜板沉淀设备,整体由乙丙共聚材料制成,设备内部符合流体力学性质,具有较小的水流阻力,同时具有较好的沉淀效果,以达到设计水质要求。水头损失应小于 30mm。

4. 集水设备

集水设备设在斜板区上方,使产水均匀地收集到汇水渠中,由不锈钢集水槽及三角可调出水堰组成,符合流体力学性质,具有较小的水流阻力,材质为不锈钢。

5. 污泥循环设备和污泥排放设备

沉淀/浓缩池底部污泥,通过污泥循环泵送回絮凝区作为接触泥渣。

沉淀/浓缩区底部部分污泥,每池设污泥循环泵 2 台,一用一备,采用单螺杆泵,污泥循环泵布置在高密度沉淀池下部泵房内。为便于观察沉淀池浓缩区内积泥情况,每座沉淀池设置 1 台带远传功能的污泥界面仪。

每座活性微泥絮凝高密度沉淀池的沉淀/浓缩区底部剩余污泥,通过污泥排放管(池壁外侧设手动泥渣排放专用阀门及电动泥渣排放专用阀门各 1 个)排放到排泥水调节池,排泥水调节池设污泥排放泵 2 台,一用一备,采用单螺杆泵。为便于观察排泥水调节池内积泥情况,设置 1 台带远传功能的污泥界面仪。

6. 污泥管路冲洗

由于污泥中含固率较高,为了防止停泵后固体在管路中沉积,在污泥循环、排放泵管路上设工业水供水管,用作管路冲洗之用。间歇式使用,单根管路冲洗瞬时流量约 10~15m³/h,压力≥0.3MPa。

(二) 反应沉淀池的工作原理

由补水管来的原水与混凝剂、助凝剂在配水井并经混合器充分混合后,在反应池内完成混凝过程,形成大颗粒凝絮体,然后经配水池进入斜板沉淀池底部,向上通过斜板,沉淀后的清水经集水槽出水孔排出,而沉淀后的泥渣则向下沉降到斜板表面,由排泥时排出。

斜板沉淀池的沉淀区是由一系列的斜管构成的。它是利用斜板把水流分割成薄层,这相当于增大了沉淀池的面积、降低了悬浮颗粒的沉降路程,体现了浅池原理。使悬浮颗粒沉降时间缩短，也使更小的悬浮颗粒能够沉到池底，提高了除去率。同时，由于在沉淀区放置了很多斜板，水力半径明显减小，使水流趋向层流状态，更有利于颗粒沉降。加之由于水流的上升作用会在池底下部斜板内形成一定的悬浮泥渣层，促进了颗粒进一步长大，从而提高混凝效果，使出水水质更好。

另外由于斜板设计有 $55°\sim60°$ 倾斜角，故沉降在斜板壁上的污泥能自然下滑，能在排泥时随水排除。

（三）高密度沉淀池的控制和显示

1. 高密度沉淀池的控制

由于1座高密度沉淀池除设有中水进水管道外，还设有地表水进水管道作为备用。在这些进水管道上需要设置可靠的防污染隔断阀设置，并实施自动控制。在化水控制室中应显示各高密度沉淀池的进水情况（流量、水源等）的工作状态。

进水阀：电动调节阀门，就地手动操作和在化水控制室内人工远方操作。

每座沉淀池设进水电磁流量计1台（中水处理沉淀池两根进水管可合用1套电磁流量计），测进水流量，根据流量自动调整加药泵出力、絮凝搅拌机转速、污泥循环泵出力。

每台活化微泥絮凝强化装置根据循环污泥量自动调节调速电机的转速、配套的絮凝剂计量泵及助凝剂计量泵加药量。

每座沉淀池的2台污泥循环泵出口母管设置流量计1套，测循环污泥流量。每座沉淀池边就地装设1套浊度仪，测出水浊度。处理后出水水质标准：浊度≤5NTU。每座沉淀池采用手持式余氯检测仪，测出水余氯量。每座沉淀池设1台具有远传功能的污泥界面仪。

2. 高密度沉淀池的显示

在化水控制室内显示沉淀池各电动阀门及水泵运行信号（停、开、故障）；沉淀池进水流量；排放污泥流量；沉淀池出水浊度、沉淀池泥位。

四、常用混凝沉淀处理设备的运行操作注意事项

（1）澄清池或沉淀池在投入运行前，需配制好各种药液。配制药液时，最好先取原水在实验室内进行混凝实验，确定大概的最佳加药量，然后根据每天药品消耗量和溶解特性配制溶液，药液浓度的波动范围不应超过额定值的±5%。

（2）在投入运行前，若进水浊度较低，可在池外先配好泥渣，或准备好细砂、黏土等，以加速池中泥渣层的形成。

（3）空池投入运行时，如没有其他池排放出的泥渣可利用，那么首先需要在池内积累泥渣。在这个阶段中，应将进水速度减慢，如流量为额定流量的1/3或1/2，并适当加大混凝剂的投加量。当泥渣层形成后，再逐步增大进水速度至水流量为额定流量，检测出水浊度合格后送出。升负荷时必须遵循"少量多次"的原则，即每次升负荷≤20%，两次升负荷间隔≥1h，否则，由于负荷急剧增加，流速短时间升高，易造成泥渣层上升，甚至出现"翻池"严重影响出水质量。

（4）运行排污量控制。要掌握适当，如排出量不够，则会出现分离室中泥渣层逐渐变

高或出水浑浊，反应区泥渣量不断升高和泥渣浓缩室含水率较低等现象；如排泥量过多，会使反应区泥渣浓度过低，以致影响沉淀效果。

（5）运行监督。在运行中需要监督的有两个方面：一个是出水水质，另一个是澄清池设备的运行工况。出水水质的监督项目主要有水的浊度、残余氯、碱度和 pH 值等。运行工况的监督项目有清水层的高度、反应室、泥渣浓缩室和池底等部位的悬浮泥渣量。此外，还应记录好进水流量、加药量、水温、排泥时间、排泥门开度等必要参数。

（6）间歇运行。由运行经验得知，如澄清池或沉淀池短期停止运行，经常搅动一下，以免泥渣被压实，那么在其启动时无须采取任何措施；但如停运时间稍长，有时甚至有腐败现象，因此恢复运行时，应先将池底污泥排出一些，然后增大混凝剂投入量，减小进水量，等出水水质稳定后，再逐步调至正常状态。如停止时间较长，夏季泥渣容易腐败变臭，故在停运后应将池内泥渣排空，并将内部装置冲洗干净，冬季停运要做好防冻准备。

第三节　过滤处理及常用设备

进一步除去悬浮物和胶体的常用方法为过滤。所谓过滤就是用过滤材料将分散的悬浮颗粒从水中分离出来的过程。过滤的方法和装置很多，常用的设备有无阀滤池、虹吸滤池、机械过滤器、纤维过滤器、盘式过滤器、超滤装置等等。

一、水的过滤处理

以常用的粒状滤料过滤装置分离过程来说明。用过滤法去除水中悬浮物的基本原理是滤料的表面吸附和机械截留等综合作用的结果。首先，当带有悬浮物的水自上而下进入滤层时，在滤层表面由于吸附和机械截流作用悬浮物被截流下来，于是它们便发生彼此重叠和架桥等作用，其结果在滤层表面形成了一层附加的滤膜。在以后的过滤过程中，此滤膜就起主要的过滤作用。这种过滤作用称为薄膜过滤（表层过滤）。因为滤池反洗过程中，水力筛分作用往往使同种滤料从上到下粒径依次增大，因此水流通道也从小变大，所以在水由上而下流动的过滤器或滤池中，薄膜过滤常常是主要的。因此采用双层或多层滤料的过滤设备中渗透过滤占很大比例，可以大大延长设备运行时间。

在过滤中，当带有混凝剂和杂质的水进入滤层内部时，由于滤层中的砂粒比悬浮泥渣的颗粒排列得更紧密，因此那些在澄清池中被带出的微粒进入过滤器后，经滤料层中弯弯曲曲的孔道与滤粒有更多的碰撞机会，于是水中的凝絮体、悬浮物和滤料表面相互黏附，发生了絮凝沉淀过程，因此经过混凝处理的水过滤时能除去更多的杂质。

过滤器在运行中效果的好坏，可以用测定出水的浊度来监督。但是，这个指标不能指示过滤器的发展情况，有时等运行到出水浊度显著增大时方进行清洗，滤层已受到严重的污染，以致不易冲洗干净。所以在运行中也用水流通过滤层的压力降（又叫水头损失）作为监督指标。同时因为水头损失很大时，要保持制水量，过滤操作必须增大压力，这样就易于造成滤层破裂（即在滤层的个别部位有裂纹）的现象。此时，大量水流从裂纹处穿过，破坏了过滤作用，从而影响出水水质，特别是出水中大颗粒悬浮物量增加，影响后续设备。因此在实际运行中控制的压差比破裂压差低很多。

二、影响过滤工艺的主要因素

根据过滤的理论分析和过滤实践，影响过滤的主要因素如下：

1. 滤料影响

（1）滤料的种类影响。悬浮杂质一般用石英砂和无烟煤作滤料；去除地下水中的锰和铁，采用锰砂作滤料；去除水中的有机物、颜色、异味及余氯等采用活性炭过滤器。

（2）粒径的影响。粒径过小，孔隙减小，出水水质好，水头损失大，过滤周期短；反之，粒径过大，出水水质差。

（3）不均匀系数的影响。①粒径分布范围广反洗不易控制。反洗强度大时，细小滤料会被反洗水带走；反洗强度小时，不能松动滤层底部的大颗粒滤料，致使反洗不彻底。②恶化过滤过程。滤料不均匀系数愈大，水力筛分作用愈明显，滤料的级配愈不均匀，结果是滤层的表层集中了大量的小颗粒滤料，致使过滤主要发生在表层进行，水头损失很快达到其允许值，过滤周期缩短。

2. 滤速

在过滤工艺中，滤速过小，难以满足水量要求；而滤速加大时，悬浮颗粒的穿透深度大，必须增加滤层厚度，水头损失增长速度也相应加快。另外还会增大水流的冲刷能力，加速已吸附的悬浮物的脱落，在一定程度上对过滤带来不利的影响。

在过滤工艺中，对过滤速度一般都采取了各种控制措施。等速过滤和降速过滤是滤速控制的两种基本形式。一般滤池中单层沙滤池的滤速约为 8～12m/h，石英砂和无烟煤组成的双层滤料滤速为 12～16m/h，无烟煤、石英砂和铁矿砂组成三层滤料的滤速为 18～20m/h。

3. 过滤过程中的水头损失

当水头损失达到一定数值时，滤池或过滤器就应该停止运行，进行反洗。如滤池或过滤器水头损失过大，不仅会使滤层破裂而影响出水水质，还会造成设备损坏。

4. 反洗

当滤池或过滤器运行到一定的水头损失时，就需要进行反洗，以除去滤层上黏着的悬浮物颗粒，恢复滤料的截污能力。反洗对滤池或过滤器的过滤效率影响很大，可以说起决定性作用，反洗效果不好，会使滤层内的污染物发生积累，积累到一定程度时，会造成滤料黏结，从而破坏了滤池或过滤器的正常运行。

反洗时，水流自下而上通过滤层，使滤料处于悬浮状态，此时滤料膨胀到一定的高度，膨胀后的滤层高度与膨胀前的滤层厚度之比称为滤层的膨胀度。当反洗水流速达到一定值时，整个滤层膨胀，这一流速称为最小流化速度，与之相应的反洗强度称为临界反洗强度。反洗强度越大，滤层膨胀度越大。由于水冲刷和颗粒间相互摩擦及碰撞所产生的作用，粘在滤料颗粒上的污染物被擦洗下来，随反洗水一起被排出去。因此不是反洗强度越大，滤层的膨胀度越高，反洗效果越好的，膨胀度太高，滤粒间摩擦及碰撞概率减小，反洗效果反而下降，因此一般滤池或过滤器的设计膨胀空间为滤层高度的 60%～80%。

目前，常用的滤池冲洗方式有三种：水反冲洗法、空气擦洗结合水反冲洗法、表层冲洗结合水反冲洗法。

单独水反冲洗一般采用高强度冲洗，优点是简便易行，反冲洗的同时完成剥落和排出污泥两个任务；缺点是反洗强度要求较高，而且清洗能力较弱，且过分增大反洗强度会引起滤料流失。

采用空气擦洗结合水反冲洗的组合方式很多，最为常用的是先用水冲洗再用空气或空气与水擦洗，再用水冲洗排走污泥。这种方法的优点是清洗效果好，颗粒间的摩擦和碰撞作用强烈，且滤层无须完全流化，所辅助的反冲水强度可大大降低。

另外，表面冲洗与反冲洗结合使用也可提高水的反冲洗效果。表面冲洗的主要作用是扰动表层滤料，加强滤料对水流颗粒的剪切力和颗粒之间的摩擦碰撞作用。

5. 水流的均匀性和配水系统

滤池和过滤器在过滤和反洗过程中，都要求通过滤层截面各部分的水流分布均匀。否则，滤池就很难发挥其最大效能。然而由进水总管进入的水通过滤池的各个部位时，由于所流经的路径和远近各不相同，沿途压力损失各有差别，这样就使各部分的水流难以平均。

在滤池中，对水流均匀性影响最大的是配水系统。配水系统是指在滤层下面，均匀地分配反冲洗水和收集清水的装置。根据阻力大小，可将配水系统分为大、小阻力配水系统。小阻力系统是指配水系统的阻力很小，配水系统基本不会引起水头损失，主要的水头损失因素来自于滤层。亦即水头的均匀性取决于滤层水流分布的均匀程度，这种系统的稳定性较差，对滤速的突变缓冲能力低。大阻力配水系统的流水孔隙很小，以至于其水流阻力大大地高于滤层阻力，又因这些孔隙分布均匀，故能保证水流的均匀性，这种系统比前一种有较高的稳定性，但本身引起的水头损失较大，耗能高，生产成本增大。

配水系统有格栅式、尼龙网式和滤帽式等，其中，滤帽式配水系统应用较为广泛。

三、常用的过滤设备

常用的过滤设备主要有滤池和过滤器。

（一）滤池

1. 无阀滤池

无阀滤池主要由钢筋混凝土制成如图 2-9 所示，包括过滤室、集水室、进水管、虹吸上升管、虹吸下降管，虹吸辅助管、抽气管等。

重力式无阀滤池过滤时，浊水经过进水配水槽后，通过进水管流入虹吸上升管，水在虹吸上升管中向下，经顶盖下的挡水板均匀地分布在滤料层上，经过滤料层和承托层，通过小阻力配水系统进入冲洗水箱（清水箱）的底部空间。滤后水经过通道上升到清水箱中，当清水箱中的水位达到设计高度后，经出水管流到清水池中。随着过滤时间的延长，滤层的阻力不断增加，滤池上的水位即虹吸上升管中的水位不断升高。当水位上升到虹吸辅助管的管口时，水流开始从虹吸辅助管流出，依靠下降水流在管中形成的真空和水流的挟气作用，通过抽气管不断将虹吸管中的空气抽出，使虹吸管中的真空度不断增加，形成虹吸。此时，由于滤层上部压力降低，清水箱内的清水沿着过滤时的相反方向进入虹吸管，水流自下而上地通过滤层，对滤料进行反冲洗，冲洗废水经过水封井排出。冲洗过程中，清水箱中的水位不断下降。当水位降到虹吸破坏斗以下时，虹吸破坏管将小斗内的水吸完，使管口与大气相通，破坏了虹吸，冲洗过程结束，过滤又重新开始。

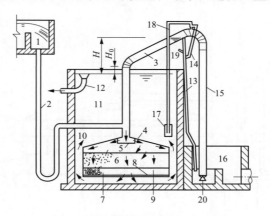

图 2-9　重力式无阀滤池结构示意图

1—进水分配槽；2—进水管；3—虹吸上升管；4—伞形顶盖；5—挡板；6—滤料层；7—承托层；8—配水系统；
9—底部配水区；10—连通管；11—冲洗水箱；12—出水渠；13—虹吸辅助管；14—抽气管；15—虹吸下降管；
16—水封井；17—虹吸破坏斗；18—虹吸破坏管；19—强制冲洗管；20—冲洗强度调节器

因此，无阀滤池运行操作简单，但其采用小阻力配水系统，运行周期短，且反洗强度小，无空气擦洗，因此反洗效果较差，出水水质不够好，因此常用来与其他过滤装置组合使用。

2. 虹吸滤池

虹吸滤池是由 6～8 个单元滤池组成一个整体。滤池的形状主要是矩形，水量少时也可建成圆形。与普通滤池相比，它的特点是利用虹吸原理进水和排走洗砂水，因此节省了两个闸门。此外，它利用小阻力配水系统和池子本身的水位来进行反冲洗，不需另设冲洗水箱或水泵，加之较易利用水力，自动控制池子的运行，所以已较多地得到应用。

3. 空气擦洗滤池

重力式空气擦洗滤池是一种将无阀滤池与机械过滤器空气擦洗功能相结合的新型过滤器。其结构与无阀滤池相似（见图 2-10），只是取消了虹吸排水管，在所有管路上增设了控制阀门，将无阀滤池的水力自动反冲洗改为程序控制进行过滤、反洗操作，另外还可以增加空气擦洗，以保证滤层反洗效果，克服了无阀滤池清洗效果不佳的问题。

滤池按"正常过滤—反洗—正洗—正常过滤"交替运行，全部工作过程可分三个阶段：

（1）正常过滤。其正常运行时可按无阀滤池运行，也是顺流运行，即原水经原水泵加压，由原水管进入滤池过滤仓，经过滤层自上而下地通过滤料层，清水即从连通管注入滤池上部的清水仓内贮存，水箱充满后，水通过出水管入清水池或其他用途池体。需要注意的是设备投运前短时正洗，正洗时间 2～5min，在出水满足要求时停止正洗，进入运行制

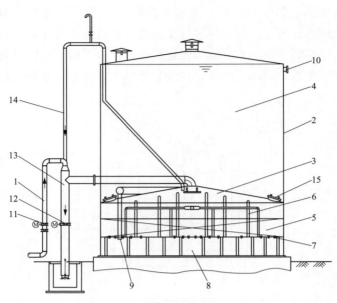

图 2-10   重力式空气擦洗滤池

1—进水管；2—池体；3—过滤区；4—清水区；5—过滤层；6—曝气管；7—滤板；8—集水区；
9—连接管；10—出水管；11—进水阀；12—反洗排水阀；13—排水管；14—虹吸管；15—人孔

水过程，有助于减轻后续设备的污染。

滤层不断截留悬浮物，造成滤层阻力的增加，出水混浊度增大，通过安装在池体上的仪表检测到信号后传输到控制系统的 PLC 程序，自动触发反冲洗过程，进入反洗过程。

运行周期可以采用固定的制水周期来控制，也可以按滤层差压或出水浊度大于设定值时作为运行终点，停运进行反洗。

（2）反洗过程。该过程分为气—水混合擦洗、气擦洗、水反冲洗，通过电动阀门的程序化自动启闭及综合水泵房内的罗茨风机的启停，贮存在清水仓内的清水通过连通管自下而上冲洗滤料，使滤料层充分膨胀、颗粒相互碰撞、摩擦，从而去除滤层截留下来的污物，也使滤料得到充分的净化。

（3）正洗排水。每一次反冲洗过后，滤层内会残留少量的悬浮杂质，此时需要将最初过滤的水排除掉，以保证滤池出水进入清水池的清洁，这个过程叫正洗过程。此时，冲洗水是自上而下通过滤层，与正常过滤不同的是这部分水将被排掉。

（4）反冲结束后，进入正常过滤过程，仪表继续检测出水数据，若不合格将在 15min 后重新启动反冲程序。

4. 变孔隙滤池

为进一步去除水中的有机物和铁盐、铝盐等重金属沉淀物等，一种根据同向凝聚理论设计的正流深床滤池——变孔隙滤池被应用，在滤池中，滤料是两种颗粒大小不同的砂子混合物。滤料的大小是这样调节的：使少量的细砂子处于某些较粗砂子形成的孔隙内，一般采用 1.2～2.8mm 粗砂，加入 4% 左右 0.5～1.0mm 细砂，滤层高度 1.5～2m。该滤池主要使用粗滤料，细滤料渗入粗滤料之中，不占高度。所以避免了全部采用细纱滤料时出现的表面过滤，也避免了悬浮颗粒的过早穿透，从而提高了截污能力，减少了滤层阻力，提高了滤速。由于反洗之后采用了空气擦洗，降低了粗滤料的局部孔隙率，在不降低截污能力的前提下使絮凝效率提高。

（二）压力式过滤器

其设备是一种钢制的密闭容器，内部装填滤料，水经水泵加压进入过滤器，反洗时由反洗水泵提供压力调节方便，同时可以设计空气擦洗，因此可以实现自动控制。

压力式过滤器根据内部水流方向和滤料不同也有以下几种：

1. 机械过滤器

机械过滤器是一种最简单的过滤器。该设备由于体积较小，所以进水装置和配水装置均可以设计得较复杂，以达到良好的处理效果，使用较广泛。有立式和卧式等两种形式，卧式三腔体过滤器如图 2-11 所示。其运行时水经水泵加压进入过滤器，由上而下通过滤池；反洗时由反洗水泵加压由下而上进入滤池，使滤料之间松动，利用水流的剪切力和空气擦洗滤料之间的摩擦力，使杂质脱离滤料随水冲出。

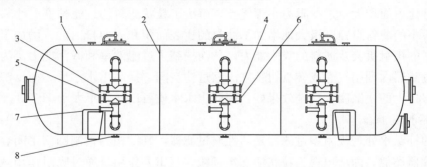

图 2-11　卧式三腔体过滤器示意图

1—腔室；2—隔板；3—进水口；4—反洗出水口；5—反洗进水口；
6—出水口；7—压缩空气进气口；8—底部排污口

机械过滤器中滤料可以是单一的，又可以是多种滤料的。普通单介质（单层）过滤器中，由于反洗水力筛分作用，滤料是上细下粗，而多介质（多层）过滤器中滤料选用小密度大颗粒滤料与大密度小颗粒滤料，通过选择合适的滤料配合，则反洗后形成了上粗下细的分布方式。在过滤过程中，上层的大颗粒首先发挥接触凝聚过滤作用，而下层滤料再发挥机械过滤作用，除去残存的悬浮物。使多层滤料过滤器的截污能力增强，水头损失增加比较缓慢，工作周期可大大延长。但滤层增多，增加反洗操作难度，上层滤料易在反洗时被冲走，造成损失，因此常用的是双层（双介质）滤料过滤器，上层无烟煤下层石英砂，无烟煤的相对密度为 1.5～1.8，而石英砂为 2.65 左右。双层滤料能否良好地运行，煤砂粒度的选择是关键的问题。这必须做到反洗时煤砂分层良好，否则，小颗粒的砂子混在大颗粒煤粒中，有可能使滤层中的空隙比单纯用砂粒的还小，不利于过滤。但是，要它们完全不混合也是很难做到的，因为这些颗粒形状是不规则的，一般认为混杂层厚度有 5～10cm 就可以了。有研究指出，当无烟煤的相对密度为 1.5 时，为了使煤砂层不混合，最大煤粒粒径与最小砂粒粒径之比不应小于 3.2。因此在实际应用中，滤料的粒度分布选择受密度差影响。

瑞金电厂循环水旁流过滤系统设置 6 台 180m³/h 的卧式三腔体过滤器，5 用 1 备，处理循环水补充水和排污水。为提高过滤效果，利用管道混合器中加入混凝剂（PFS），进行接触混凝过滤。混凝剂与进水在管道混合器中快速混合，生成的细碎絮凝体在上层大孔隙滤层中生成大絮凝体或与滤料发生絮凝作用被部分截留，然后进入下层小孔隙滤层被截留，使出水水质稳定不大于 3NTU。因为杂质中混凝剂含量高，水力反洗效果远低于带空气擦洗的反洗。

2. 双流式过滤器

双流式过滤器的出水口在中部，原水由容器上下同时进入。双流式过滤器的特征是上层滤料为上小下大分布，与普通过滤器相同，但在下部水先流经大颗粒滤料，随后逐层减小。上部滤料主要起表面吸附及网捕作用，下部滤料主要起接触凝聚作用。

3. 纤维过滤器

它采用一种新型的束状软填料—纤维作为滤元，其滤料直径可达几十微米甚至几微米，并具有比表面积大，过滤阻力小等优点，解决了粒状滤料的过滤精度受滤料粒径限制等问题。微小的滤料直径，极大地增加了滤料的比表面积和表面自由能，增加了水中杂质颗粒与滤料的接触机会及滤料的吸附能力，从而提高了过滤效率和截污能力。为了保证过滤精度，过滤器内利用气囊或转盘扭转来压缩过滤空间，提高出水水质；而反洗时，装填的纤维能保持大的松散度，反洗效果好，因此出水水质可以达到不大于 1FTU。

4. 吸附型过滤器

常用的补给水处理吸附型过滤器是活性炭过滤器，其结构为钢制圆筒密闭容器，外形与普通过滤器类似，内部填料为粒状活性炭颗粒。其主要作用是通过吸附作用减少水中有机物的含量，以及减少残存氯对离子交换树脂和膜装置的影响。

四、滤池的维护

1. 反洗强度和膨胀率

滤池在运行中如果清洗效果不好，则会发生运行的周期短、出水的浑浊度大等现象。造成这种后果的主要原因是反洗的强度不够，因而滤料层的膨胀率太小。为此，必要时需进行试验，求取应维持多大的流速才能使滤层达到必要的膨胀率。

在一定的温度下，滤层的膨胀率和反洗强度的关系可以通过试验来确定，先用小流量反洗水慢慢抬高滤层，待滤料层平稳后，量出其高度并通过反洗水进行试验。先使反洗强度达到滤料层有 5%～10% 的膨胀率，经 5min 的冲洗，待膨胀的滤料层达到稳定后，记录它的高度和反洗水流量，观察出水水质；然后，增大反洗强度，使滤料层膨胀 15%～20%，再进行试验直到滤层膨胀到最高处，细碎滤料冲出。这样就可画出反洗水量和膨胀率的关系曲线，确定反洗水量对反洗效果的影响，选择合适的膨胀率和反洗水流量。

2. 化学清洗

有时，滤池的反洗操作虽然良好，但通过一段较长时间的运行后，仍然会出现过滤效果恶化、过滤周期缩短的现象。这是因为，即使是合理的冲洗操作，也不能使滤料层中的污物清除干净，有些污物黏附在滤料颗粒的表面上，不易用水洗去，所以日积月累，就会影响到滤层的运行。且床层中残留的有机物量多时，还会造成菌藻类滋生，滤料板结，出水水质差，反洗效果差，因此有必要采取化学清洗的措施。

由于这些污物的种类不同，比如有的是有机物质，有的是沉淀处理的后期析出物，所以化学清洗所用的方法也就不同。要采用什么化学药品和在怎样的条件下进行清洗为合适的问题，应采用样品通过试验来解决。一般是用 HCl 或 H_2SO_4 来清除碳酸盐类、氢氧化铝、氢氧化锰和氧化铁的碱性物质，用 NaOH 或 Na_2CO_3 溶液来洗去有机物，必要时可用氯水或漂白粉来清除有机物。

第四节　超滤处理原理及设备

膜分离技术是指在某种推动力的作用下，利用某种隔膜特定的透过性能，使溶质或溶剂选择性分离的技术，半透膜又称分离膜或滤膜，膜壁布满小孔，根据孔径大小可以分为微滤膜（MF）、超滤膜（UF）、纳滤膜（NF）、反渗透膜（RO）等，还有离子选择性透过的渗析膜等，是在 20 世纪初出现，60 年代后迅速崛起的一门分离新技术。超滤膜与所有常规过滤及微孔过滤相比，膜孔径更小，几乎能截留溶液中所有的细菌、热源、病毒及胶体微粒、蛋白质、大分子有机物。由于反渗透处理技术对于进水都有很严格的要求，通常利用超滤膜分离技术作为前置预处理设备，超滤装置出水的 SS≤0.1mg/L，SDI≤2，这可大大减少后续反渗透设备的清洗、复苏频率，提高生产效率，减少排污、能耗及化学药品消耗。

一、超滤设备工作原理

超滤是一种以筛分为分离原理，以压力为推动力的膜分离过程，过滤精度与厂家提供的超滤膜孔径相关，使用压力通常为 0.1～0.2MPa，筛分孔径从 0.005～0.1μm，截留分子量为 1000～1 000 000 道尔顿左右。其工作原理是带有一定压力的水在超滤膜表面流动时，水分子、无机盐分子及小分子有机物可以透过滤膜到达超滤膜的另一侧，而水中携带的悬浮物、胶体、微生物等颗粒性杂质则被超滤膜截留，过程中溶质的截留包括在膜表面上的机械截留（筛分）、在膜孔中的停留（阻塞）、在膜表面及膜孔内的吸附等三种方式，从而去除水中的悬浮物、胶体、微生物等杂质，达到净化水的目的。

超滤装置可广泛应用于物质的分离、浓缩、提纯。超滤过程无相转化，常温下操作，对热敏性物质的分离尤为适宜，并具有良好的耐温、耐酸碱和耐氧化性能，能在 60℃ 以下，pH 值为 2～11 的条件下长期连续使用。

现有超滤膜均不是单一孔径，而是按一定孔径分布存在，其孔径从纳米至微米。显然，孔径分布越窄，其分离性能越佳。同时若膜的分离皮层存在过多或过大的孔，虽然膜的透水能力由于大孔提供更大的透量而增加，但是由于其分离性能劣化，将导致产水水质下降、膜孔堵塞，膜通量衰减很快，反洗效率低，最终由于清洗困难而不能使用。因此，判断超滤膜优劣不仅视其水透过能力，更主要要看其孔径分布的宽狭和有无大孔缺陷的存在。因此超滤膜的分离性能常用以下参数表征：

（1）水通量：指单位时间单位膜面积透过的水体积，单位是 $L/(m^2 \cdot h)$，分为纯水渗透速率和溶液渗透速率，前者常用于膜的性能指标的标定，UF 的纯水渗透速率约为 $20 \sim 1000L/(m^2 \cdot h)$；后者的渗透速率约为 $1 \sim 100L/(m^2 \cdot h)$（依料液的性质而变）。

（2）截留率：一定分子量的溶质被超滤膜所截留的百分数。

（3）截留分子量：常用截留相对分子质量（MWCO）来表征 UF 膜的分离特性。MWCO 一般指膜对某标准物截留率为 $90\% \sim 95\%$ 时所对应的相对分子质量为该膜的截留相对分子质量。目前各厂家尚无统一的测试方法和标准物质。

（4）跨膜压差：水通过超滤膜时的压降（进、出水压差）。

（5）压力差与水通量、截留率关系：水通量与压力差成反比，截留率反比于压力差。

二、超滤装置

常用的中空纤维超滤膜一般为有机非对称膜，呈毛细管状，由一层极薄的（$0.1 \sim 1\mu m$）具有一定孔径的致密层（或称活性层）和一层较厚的（$\geqslant 100\mu m$）具有海绵状或指状结构的多孔层组成，前者起分离作用，溶液就是以其组分能否通过这些微孔来达到分离目的，后者起支撑作用。

电力系统需要进行超滤处理的水，主要是循环冷却排污水、反渗透预处理、废水、污水处理系统排水等，水质不是非常稳定，pH 值变化范围较大。绝大多数的膜组件都能够承受进水水质 pH 值在 $2 \sim 12$ 之间变化。在酸性或碱性较强的条件下（pH<2、pH>12），会导致多数膜组件性能下降，其构件也会因水的原因受到腐蚀。超滤膜的抗氧化性可用耐氯性来衡量，一般应大于 $250 \times 10^3 (mg/L) \cdot h$，保证系统杀菌的同时膜组件性能不变。电力系统需要进行超滤处理的水质中游离氯的含量不是很稳定，范围在 $0 \sim 150mg/L$ 之间变化，因此，也有一些超滤膜产品耐氯性大于 $1000 \times 10^3 (mg/L) \cdot h$，并且允许长期处于不小于 $100mg/L$ 浓度的游离氯环境。

（一）超滤膜材料

聚砜（PS）、聚醚砜（PES）、聚偏氟乙烯（PVDF）等疏水高分子聚合物材料制成的疏水膜，其化学性能更为稳定，机械强度高，而被广泛采用，相比之下 PES 耐氧化性要弱于 PVDF，亲水性强的醋酸纤维素（CA）膜耐氧化性耐氯性强，耐酸碱性差。同时膜的亲疏水性和电荷性会影响膜与杂质颗粒之间作用力的大小，疏水膜表面更容易吸附有机物且难以洗脱，膜污堵情况严重，因此为改进疏水膜的抗污染能力，各厂家采用不同化学改性方法，使其原疏水膜改性为偏亲水性，这类膜也被称为亲水（厂家也经常称为极性或改性）超滤膜。从长期运行效果来说，亲水膜的反洗通量恢复率高，而且膜通量的不可逆衰减小。常用的超滤膜材料的性能比较见表 2-1。此外，不同材质的超滤膜微孔结构和微孔大小是否均匀对抗污染能力也有影响，理论上认为如聚丙烯（PP）膜微孔为细长型更易发生杂质卡塞而污堵，而其他膜微孔为近似圆形。

表 2-1　　　　　　　　　　　　　　　　常用超滤膜材料的性能比较

膜简称	SPES	CTA/CA	PS	PVDF	PES
膜材料	磺化聚醚砜	醋酸纤维素	聚砜	聚偏氟乙烯	聚醚砜
接触角（deg）	45～50	50～55	65～81	74～86	65～70
水膨胀率（%）	7～8	4.7～6.5	0.5～0.8	0.3～0.5	0.4～0.6
牛血清蛋白吸附量（mg/m²）	0.4	0.5	2.3	5.4	3.5
带电性（mV，pH7）	−40	−30	−4.6	−3.7	−4.2

注　SPES 为 PES 磺化改性后的材质，一般改性后极性增强，接触角减小，电负性增加，蛋白吸附量降低，但膜水膨胀率升高。

（二）超滤膜组件

超滤膜组件是按一定技术要求将超滤膜与外壳、连接器等其他部件组装在一起的组合构件，一般还应包括产水取样或用于检测完整性的透明管等。用压力式中空纤维滤膜元件装成的组件结构示意如图 2-12 所示。组件一般至少包含一个膜元件，有时包含多个膜元件。超滤膜元件是超滤装置的最主要基本单元，是指具有端部密封的中空纤维式的膜丝束与外壳组成的元件，有时包括两端连接器和接头，如图 2-12（a）中所示的立式超滤膜组件中多孔管内即为 1 个膜元件，可以将若干个元件组装在一个膜壳中；有时不包括两端连接器和接头，如浸没式帘式膜组件如图 2-12（b）所示，外壳还可以是水泥池。图 2-12 所示膜组件分离的推动力也不同，以此所谓压力式和浸没式。压力式膜分离的推动力由泵在进水侧加压提供，膜组件在正压下工作；浸没式膜分离的推动力依靠产水侧抽真空提供，膜组件在负压下工作。

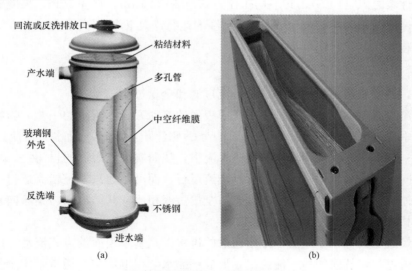

图 2-12　超滤膜组件结构示意图

压力式膜运行方式分为内压式（见图 2-13）和外压式两种，内压式膜组件常用膜丝尺寸为外径 1.3mm/内径 0.8mm，流道空间固定，透膜面积小（膜内表面面积），单位面积

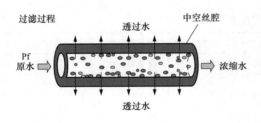

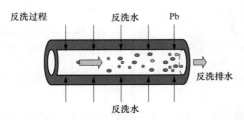

图 2-13   内压式操作的过滤方式

的污染负荷大，因此预过滤精度要求高，进水颗粒最大粒径要求≤150μm，进水悬浮物含量较高时，宜采用错流过滤，或者降低水回收率，但反洗时夹气清洗效果差，多采用化学清洗（CEB）的方式；外压式包括浸没式膜组件常用中空纤维膜丝尺寸为外径 1.25mm/内径 0.7mm，流道空间不固定，透膜面积大（外表面），因此预过滤精度要求较低，进水颗粒最大粒径≤300μm 即可满足，对进水悬浮物含量变化适应能力强，但实际使用中水流通过膜表面阻力小的区域水量大，膜丝表面的污染负荷差别大，反洗时常采用夹气清洗的方式，利用气泡的剪切、湍动提高清洗效果。

（三）超滤装置

超滤装置是指将若干个超滤膜组件并联组合在一起，并配备相应的水泵、自动阀门、检测仪表、支撑框架和连接管路等附件，能够独立进行正常过滤、反洗、化学清洗等工作的水处理装置。通常根据用户的需要，设计出超滤装置特点各异，如具备在线检测和完整性测试的功能；有些超滤膜组件需要气洗系统；有单独的局部控制 PLC 和操作界面等。

瑞金电厂二期超滤系统净产水量为 $2 \times 167 m^3/h(20℃ 时)$，分为两套装置，回收率 90%（死端过滤）。超滤膜选用科氏 TARGAII10072 内压中空纤维膜组件，立式结构，材质为特种改性聚醚砜（PES），其平均孔径为 $0.002 \sim 0.1 \mu m$，直径 10in，长度 72in，单支膜组件的膜过滤面积为 $80.9 m^2$，超滤膜元件的运行净通量按不高于 $50 L/(m^2 \cdot h)$ 设计，每套装置内装 42 支膜组件。

（四）超滤过滤方式

超滤装置通常采用两种过滤方式：错流过滤和全量过滤。

（1）错流过滤是指超滤的进水以平行膜表面的流动方式流过膜的一侧，当给流体加压后，产水以垂直进水的方向透过膜，从膜的另一侧流出，形成产品水。错流过滤的特点是，进水为一股水，产品水和浓水分两股水流出，从而实现膜表面的自清洗。与反渗透的运行方式不同，当水质较差时，超滤可以错流运行，而反渗透只能是错流运行。错流的浓水如果排放掉则会使系统水回收率降低。与全量过滤相比，其结垢和污染倾向较低，出力下降的趋势相对小。

（2）全量过滤又称死端过滤，是指超滤的进水以垂直膜表面的方式流动，产水以平行进水的方向透过膜，从膜的另一侧流出，形成产品水。在电厂中，通常采用全量过滤。采用全量过滤，能量消耗小，水回收率高。但是全量过滤，杂质都压在膜表面，在进水杂质含量高时在一个制水周期里将使得过滤阻力迅速增大。通常认为，错流过滤时由于流体在膜表面产生剪切力，从而可以减少浓差极化，对提高通量、减轻膜的污堵很有帮助。一些公司的超滤产品手册中提到，当原水浊度高时，系统需从全量过滤改为错流过滤。

（3）循环错流过滤是当原水悬浮物含量高或为废水时，降低单次水回收率，部分浓水回收重新进入超滤装置，加大进水流速，使膜组件产水率几乎不下降的情况下，循环水的高流速降低了微粒在膜面的堆积，增加了膜通量，保持了长期运行通量。

膜厂家提供的超滤膜组件有可采用不同过滤方式的，也有只能采用单一过滤方式的。

（五）影响超滤装置运行的因素

超滤装置主要是考虑如何保证合适的透过通量，需要注意以下几点：

（1）料液流速：提高料液流速对防止浓差极化、提高设备处理能力有利。但增大压力使工艺工程耗能增加，结果导致费用增大。

（2）操作压力：超滤膜透过通量与操作压力的关系决定于膜和边界层的性质。在实际超滤过程中往往后者控制着超滤透过通量。

（3）温度：操作温度主要决定于所处理料液的化学、物理性质和生物稳定性，应在膜设备和处理物质允许的最高温度下进行操作，因为高温可以减少料液的黏度，从而增加传质效率，提高透过通量。

（4）操作时间：随着超滤工程的进行，浓差极化在膜表面上形成了浓缩的凝胶层，使超滤透过通量下降。其透过通量随时间的衰减情况，与膜组件的水力特性、料液的性质和膜的特性有关。当超滤运行一段时间后，就需要化学清洗，这段时间称为一个运行周期，运行周期的变化还与清洗情况有关。

（5）进料浓度：随着超滤过程的进行，料液的浓度在增高，此时黏度变小，边界层厚度扩大，这对超滤来说无论从技术上还是经济上都是不利的，因此对超滤过程主体液流的浓度应有一个限制，即最高允许浓度。

（6）料液的预处理：为了提高膜的透过通量，保证超滤膜的正常稳定运行，在超滤前需要对料液进行预处理。通常采用的方法有过滤、化学絮凝、pH 值调节、消毒等。

（六）超滤运行评价参数

1. 平均水回收率

平均水回收率是指超滤装置平均净产水流量和平均进水流量之比。净产水量不包括反洗用水等。实际计算中可根据超滤的工艺参数估算。

2. 超滤膜通量

超滤膜通量是指单位时间内通过单位超滤膜面积的产品水体积，单位为 $L/(m^2 \cdot h)$。在初始设计时，需要合理选择一个超滤膜通量，即设计超滤膜通量。实际运行时，膜通量应当低于设计值。

在筛选超滤膜时，经常用纯水透过率来反映膜的特性，使得不同膜之间有更好的可比性，但对电力系统一般用户，此方法实际操作不大容易。

3. 透膜压差

透膜压差指超滤膜进水侧与产品水侧之间的压力差；又称过膜压差。透膜压差（TMP）是衡量超滤膜性能的一个重要指标，它能够反映膜表面的污染程度。根据积累的经验以及研究结果，对透膜压差有如下几个概念：

（1）透膜压差实际是与膜通量联系在一起的。从某种程度上讲，减轻膜的污堵要通过维持低的膜通量，而不是低的过膜压差。

（2）对特定的膜和特定的水质，应当有一个特定的膜通量（最大膜通量）或者过膜压差。高于此通量，膜的长期抗污堵性能就可能存在问题，这个最大膜通量应由中试确定。

（3）"慢启动"概念。膜开始投入运行时，要小心控制操作参数，使得过膜压差及膜通量在低于设计值下运行数小时，然后再逐渐提高到设计值。据研究表明，启动时短时间超负荷运行会导致膜的不可恢复性污堵；而"慢启动"方式可以使得膜长期通量增加13%～26%。

（4）膜过滤能力。指超滤膜通量和透膜压差（TMP）的比值，从而使不同膜之间有一定的可比性。但这种可比性也有很大局限，不同材质的膜其过滤能力会相差很大。

三、超滤装置主要配套设备简介

为防止超滤膜损坏，经常配备过滤精度为 $100\sim150\mu m$ 的自清洗过滤器、叠片式过滤器、管式滤芯式过滤器和袋式网格过滤器等过滤设备，拦截预处理来水中可能含有的大颗粒物质，防止堵塞中空纤维丝。

1. 自清洗过滤器

自清洗过滤器是超滤前置过滤器中最常见的一种过滤设备，过滤器的清洗靠细滤网内外压差而自动进行的，所以称为自动清洗过滤器，简称自清洗过滤器。

（1）结构。自清洗过滤器为机电一体化设备。过滤器外壳采用碳钢内涂衬聚氨酯，滤网及滤网支架材质均为 316L 不锈钢，密封圈采用 EODM 橡胶，过滤器系统管道采用 1Cr18Ni9Ti 材质。

通常情况下，过滤器的主要参数为过滤精度 $100\mu m$；设计压力 1MPa，设计温度 10℃；进出口正常压差 0.05MPa，最大压差 0.07MPa，过滤器反洗压差大于 0.03MPa，每个滤芯冲洗时间 0.15～0.30min，冲洗周期 30min。

（2）工作过程。被处理水进入过滤器后，首先通过粗滤筒，然后进入细滤筒内腔，径向由内向外过滤，从细滤筒外四周收集过滤后的清水。随着过滤过程的进行，细滤筒内壁截留的污物逐渐增多，过滤阻力随之增加，导致细滤筒内外压力差增大。当压差达到预设值（一般为 0.03～0.05MPa）时，压差传感器将信号传至控制器，指令冲洗阀打开，因为排污管口与大气相通，所以排污使集污管上的吸嘴口压力明显低于细滤筒外侧压力，形成反冲洗，即吸嘴处的细滤筒外清水被吸入集污管，此反向水流将附着在滤筒内壁上的污物剥落下来，污物经吸嘴、集污管、冲洗阀，从排污管排出。当滤网内壁上的杂质被冲洗掉后，滤网内外侧间压差下降至规定值时，差压控制器又发出信号给控制器，指令冲洗阀关闭，设备恢复到过滤状态。因为反洗时，主要是与吸嘴相接触的小部分滤网处清水反向流动，而其他大部分滤网仍处于正常过滤状态，所以可以连续供水。

2. 自清洗叠片式过滤器

过滤器由若干特定颜色的塑料叠片叠压组成，叠片两边刻有大量一定微米尺寸（超滤前常用规格有 50、80、100、$150\mu m$ 等）的沟槽，一串同种模式的叠片叠压在特别设计的内撑上，通过弹簧和液体压力压紧时，叠片之间的沟槽交叉，从而形成一系列独特过滤通道的深层过滤单元，这个过滤单元装在一个耐压耐腐蚀的滤筒中形成过滤器。在过滤时，过滤叠片通过弹簧和流体压力压紧，压差越大，压紧力越强，保证了自锁性高效过滤。液体由叠片外缘通过沟槽流向叠片内缘，经过 18～32 个过滤点，形成独特的深层过滤。过滤结束后通过手工或液压使叠片之间松开进行手工清洗或自动反冲洗。超滤系统进水水质较好的情况下，也有使用 $100\mu m$ 保安过滤器作为前置过滤装置的。

3. 超滤反洗管道混合器

该混合器设有 2 个加药口，分别是 $NaClO+NaOH$、柠檬酸。用于化学增强反洗时药剂与水的混合。

4. 超滤加药装置

超滤装置反洗加入药品为 $NaClO+NaOH$ 和柠檬酸，以有效去除超滤膜截留的杂质。

（1）$NaClO+NaOH$ 加药装置。用于清洗由有机物及生物引起的超滤膜组件的污染，可以采用 $200mg/L$ $NaClO+0.5\%$ $NaOH$ 配成的清洗液进行去除，也可以分开加药，但必须在加氯之前加碱。具体 pH 值及有效氯浓度根据超滤膜厂家要求及现场调试确定。科氏超滤膜一般推荐清洗水温 30～45℃，循环清洗 20～30min，溶液 pH 值为 11～12，有效氯浓度 $200mg/L$，若效果差可提高 $NaClO$ 浓度，控制有效氯浓度小于 $500mg/L$。最后用 10～30℃ 的净水冲洗干净设备。

（2）柠檬酸加药装置。超滤膜存在金属和无机物污堵问题，可以采用 $0.1\%～0.2\%$ 柠檬酸溶液（pH≈2.5）进行去除，药箱内可配制 $1\%～2\%$ 柠檬酸溶液。其他控制参数同碱氯混合液。

超滤化学清洗周期约半年一次，具体应根据实际运行后膜的污堵情况确定。

四、超滤装置的运行及控制

国内电厂超滤装置多采用全流量过滤的运行方式，主要包括过滤（产水）、反冲、正冲、维护性清洗 4 个步骤。经过一段时间的运行，有必要对膜进行反洗，设定约 30～60min 反洗 1 次（可根据调试情况做适当调整），为最大限度地减少超滤膜污染，延长产水周期，设计采用每天进行维护性清洗。维护性清洗与恢复性化学清洗共用一套清洗设备，化学药剂通过清洗泵加入到超滤膜堆中，进行超滤组件的循环清洗与浸泡，使化学药剂与膜表面的污染物充分反应，浸泡后进水把剩余的化学药剂及污染物冲掉。当通过反洗和维护性清洗不能恢复膜的通量时（通常表现为膜通量降低到一定程度以及跨膜压差 TMP 升高到一定程度），必须通过化学清洗来恢复膜的清洁。化学清洗剂在膜件内高速流动以清除污垢，根据污染情况的不同确定清洗的步骤。

五、超滤膜的污染和浓差极化及控制对策

超滤过程中，随着工作时间的延长，膜通量逐渐减少，甚至可降低到量初始膜通量的 5%。造成这种现象的主要原因是膜污染和浓差极化，这也是超滤过程中存在的主要问题。

（一）超滤膜的污染

在膜过滤过程中，膜污染是一个经常遇到的问题。所谓污染是指被处理液体中的微

粒、胶体粒子、有机物和微生物等大分子溶质与膜产生物理化学作用或机械作用而引起在膜表面或膜孔内吸附、沉淀使膜孔变小或堵塞，导致膜的透水量或分离能力下降的现象。

膜污染主要有膜表面覆盖污染和膜孔内阻塞污染两种形式。膜表面污染层大致呈双层结构，上层为较大颗粒的松散层，紧贴于膜面上的是小粒径的细腻层，一般情况下，松散层尚不足以表现出对膜的性能产生什么大的影响，在水流剪切力的作用下可以冲洗掉，膜表面上的细腻层则对膜性能产生较大的影响。因为该污染层的存在，有大量的膜孔被覆盖，而且，该层内的微粒及其他杂质之间长时间的相互作用极易凝胶成滤饼，增加了透水阻力。

膜孔堵塞是指微细粒子塞入膜孔内，或者膜孔内壁因吸附蛋白质等杂质形成沉淀而使膜孔变小或者完全堵塞，这种现象的产生，一般是不可逆过程。

污染物质因处理料液的不同而各异，无法一一列出，但大致可分下述几种类型：

（1）胶体污染。胶体主要是存在于地表水中，特别是随着季节的变化，水中含有大量的悬浮物如黏土、淤泥等胶体，均布于水体中，它对滤膜的危害性极大。因为在过滤过程中，大量胶体微粒随透过膜的水流涌至膜表面，长期的连续运行，被膜截留下来的微粒容易形成凝胶层，更有甚者，一些与膜孔径大小相当及小于膜孔径的粒子会渗入膜孔内部堵塞流水通道而产生不可逆的变化现象。

（2）有机物污染。水中的有机物，有的是天然水中就存在的，如腐殖酸、丹宁酸等，有的则是在水处理过程中人工加入的，如表面活性剂、清洁剂和高分子聚合物絮凝剂等。这些物质也可以吸附于膜表面而损害膜的性能。

（3）微生物污染。微生物污染对滤膜的长期安全运行也是一个危险因素。一些营养物质被膜截留而积聚于膜表面，细菌在这种环境中迅速繁殖，活的细菌连同其排泄物质，形成微生物黏液而紧紧黏附于膜表面，这些黏液与其他沉淀物相结合，构成了一个复杂的覆盖层，其结果不但影响到膜的透水量，也会使膜产生不可逆的损伤。

为了避免这些杂质含量过高而对膜组件造成严重的膜污染，超滤进水有一定的水质要求：进水浊度不大于 10NTU，$(COD)Cr \leqslant 10mg/L$，余氯不大于 10mg/L。

一般用膜阻力增大系数来表征膜污染程度。

（二）浓差极化

超滤运行时，由于筛分作用，水中的部分大分子溶质会被膜截留，溶剂及小分子溶质则能自由地透过膜，从而表现出超滤膜的选择性。被截留的溶质在膜表面处积聚，其浓度会逐渐升高，在浓度梯度的作用下，靠近膜面的溶质又以相反方向向被处理水的主体扩散，平衡状态时膜表面形成溶质浓度分布边界层，对溶剂等小分子物质的运动起阻碍作用。这种现象称为膜的浓差极化，是一个可逆过程。界面上溶质的浓度比主体溶液浓度高的区域就是浓差极化层。

因为超滤膜截留的大多是大分子溶质或胶体，当膜面溶质浓度极高，达到大分子或胶体的凝胶化浓度 C_g 时，这些物质会在膜面形成凝胶层。如果溶质是颗粒物，如活性污泥，则会形成一层滤饼。这个过程几乎是不可逆的。膜面的凝胶层或滤饼非常致密，相当于第二层膜。此时溶质可能会被完全截留。

（三）膜污染和浓差极化的控制方法

从前面的分析可以看出影响超滤膜污染和浓差极化的因素很多，但归纳起来无外乎就是料液性质，膜及膜组件性质（膜结构，膜的物化性质，组件形式等）和操作条件三种类型。只有抓住了造成膜污染和浓差极化的主要因素，才能有效地控制超滤的运行，从而减少清洗频率，延长膜的有效工作时间，提高生产能力和产水效率。

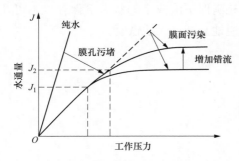

图 2-14　膜通量与工作压力的关系

在超滤运行时，从膜通量随压力变化的曲线可以分析在不同的工作压力下过滤总阻力的主要形式。图 2-14 是典型的膜通量-工作压力曲线。根据图 2-14，工作压力对膜通量的影响可分为 3 个区域，即低压区、中压区和高压区，每个区域影响膜通量的主要阻力各不相同，所以相应的控制方法也不相同。

实际应用中，超滤膜的工作压力都应选择在中压区，这样既能保证较高的膜通量，又能防止凝胶层的形成，过滤总阻力不致太高。所以控制浓差极化对超滤来说尤其重要。

六、中空纤维超滤膜在使用中应注意事项

（1）过滤系统要定期灭菌。超滤膜可以截留细菌，但不可以杀死细菌，有细菌被截留在膜面就可能大量繁殖，直接影响到透过水质。因此，必须定期对周转环境及过滤系统进行定期灭菌，灭菌的操作周期因供给原水的水质情况而定，对于城市普通自来水而言，夏季 7～10d，冬季 30～40d，春秋季 20～30d。地表水作为供给水源时，灭菌周期更短。灭菌药品可用 500～1000mg/L 次氯酸钠溶液或 1％过氧化氢水溶液循环流或浸泡约 0.5h 即可。

（2）由于每根超滤组件在出厂前加入保护液，使用前要彻底冲洗组件中的保护液新的膜组件充有甘油作为保护液，使用前应用碱液清洗，再用碱/氯清洗以洗去甘油。水冲洗时先用低压（0.1MPa）给水冲洗，然后再用高压（0.2MPa）给水冲洗，无论低压还是高压冲洗时，系统的产水排放阀均应全部打开。新的膜组件应保存在原包装内直到安装前。组件应按照以下要求存放在室内并避免阳光直射：存放温度 10～30℃条件下，存放湿度低于 70％，按照水平位置存放。在使用产水时，应检查并确认产品水中不含有任何杀菌剂。

（3）超滤组件要轻拿轻放，并注意保护，由于超滤组件是精密器材，所以在使用安装时要小心，要轻拿轻放，更不能摔坏。组件若停用，要先用清水冲洗干净后，加 0.5％甲醛水溶液进行消毒灭菌，并密封好。如冬天组件还要进行防冻处理，否则组件可能报废。

（4）超滤膜元件停用及保护。使用过的膜组件在存放前应清洗干净，并用以下任何一种溶液作为保护液：

1）80％～100％的甘油（最佳）；

2）pH 值在 2～3 范围的磷酸溶液；

3）浓度在 1000mg/L 的苯甲酸或苯甲酸钠溶液；

4）浓度在 1000～5000mg/L 的亚硫酸氢钠或偏亚硫酸氢钠溶液。

用亚硫酸氢钠或偏亚硫酸氢钠保存膜组件，需要每隔 6 个月用净水冲洗后再用新配制的药液浸泡。浸泡后的膜组件可保留在系统中，关闭所有阀门或从系统中取出密封与塑料袋。以上所述新的膜组件的保存条件同样适用于存储使用过的膜组件。存储后的膜组件在投入使用前应排净保护液。并按照上述方法进行清洗。

注意：超滤膜组件在任何时候都必须保证其在充满保护液或水的状态下保存，不可让其脱水。膜组件一旦脱水变干，膜的通量将会不可逆地衰减，无法恢复。

第三章　补给水除盐设备及系统

天然水通过混凝、沉淀、过滤等预处理后，水中的悬浮物、胶体含量得到很大的降低，有机物也得到部分的去除。但是引起锅炉的结垢、积盐和腐蚀的水中溶解盐类并没有除去，因此还需要进行除盐处理。

常用的除盐技术，从处理机理上划分有热力除盐法、化学除盐法、膜分离技术除盐、电吸附除盐法等几种。常用的化学法除盐是利用化学反应原理去除水中全部或某种盐类的除盐方法。如药剂沉淀法和离子交换法，其中后者应用最为广泛。反渗透、电渗析和电除盐是利用膜的特性使水与盐分离的新的除盐方法，应用范围非常广泛。

不同除盐技术用在预除盐和深度除盐时表现出不同的优缺点，因此根据进水水质情况和出水水质要求，以及经济性、环保性的要求可以把多种方法组合使用。

第一节　离子交换树脂

水中能电离的杂质可用离子交换法除掉，这种方法是用离子交换剂进行的。离子交换剂包括天然沸石、人造铝硅酸钠、磺化煤和离子交换树脂等 4 类，其中离子交换树脂在水处理中应用得比较广泛。

一、离子交换原理

双电层理论指出，离子交换树脂分子上的可交换离子，是由许多活性基团在水中发生电离作用而形成的。当离子交换树脂遇水时，水体中离子的浓度通常比树脂中的浓度小，它的可交换离子在水分子的作用下有向水体中扩散的倾向，扩散的结果会使树脂的基体上留有与可交换离子符号相反的电荷，因此使因异性电荷的引力而抑制了可交换离子的进一步扩散。在浓差扩散和静电引力两种相反力的作用下，形成了双电层式结构。即离子交换树脂双电层中的许多外层离子也分成固定层与扩散层，扩散层中的反离子最易进行离子交换。

二、离子交换平衡和交换速度

1. 离子交换平衡常数

离子交换反应与一般的化学反应一样，符合质量守恒定律，因而存在平衡关系，但由于离子交换树脂有溶胀性和吸附溶质等特点，因此它与水溶液间的平衡与一般化学平衡也不尽相同。以 H 型阳树脂与水中 Na^+ 交换为例：

$$RH + Na^+ \Longleftrightarrow RNa + H^+$$

如果上述反应不伴随吸附过程，则可得式（3-1）：

$$\frac{f_{RNa} \cdot [RNa] \cdot f_{H^+} \cdot [H^+]}{f_{RH} \cdot [RH] \cdot f_{Na^+} \cdot [Na^+]} = K \tag{3-1}$$

式中，$[RNa]$、$[RH]$、$[Na^+]$、$[H^+]$ 为相应物质的摩尔浓度；f 为相应组分的活度系数；$[RNa]$、$[RH]$ 代表的为树脂相中的浓度，而 $[Na^+]$、$[H^+]$ 代表的为溶液相中的浓度。但由于 K 值在实际上要受吸附和解吸过程的影响，且 f_{RNa}、f_{RH} 还无法测定，因此式（3-1）并不能在实际中应用。故引入选择性系数，将平衡常数公式的活度系数略去。

2. 选择性系数

将交换平衡常数式改写为：

$$\frac{[RNa][H^+]}{[RH][Na^+]} = K \cdot \frac{f_{RH} \cdot f_{Na}}{f_{RNa} \cdot f_H} = K_H^{Na} \tag{3-2}$$

式中，K_H^{Na} 称为 H 型阳树脂对 Na^+ 的选择性系数，该系数表示离子交换平衡时，各种离子间的量的关系，不是常数，它会随溶液的浓度、离子组成和离子交换树脂结构等因素而变，所以只能得出一定条件下的值或近似值。表 3-1 为强酸性树脂对水中几种阳离子的选择性系数在稀溶液中的近似值，表 3-2 为强碱 Cl 型阴树脂对水中几种阴离子的选择性系数。

表 3-1　　　　　　　　　　强酸性阳树脂对稀水溶液中阳离子的选择性系数

阳离子	K_H^{Li}	K_H^{Na}	$K_H^{NH_4}$	K_H^K	K_H^{Mg}	K_H^{Ca}	K_{Na}^{Mg}	K_{Na}^{Ca}
选择性系数	0.8	2.0	3.0	3.0	26	42	13	21

表 3-2　　　　　　　　　　强碱 Cl 型阴树脂对稀水溶液中阴离子的选择性系数

阴离子	K_{Cl}^{Br}	$K_{Cl}^{NO_3}$	$K_{Cl}^{HSO_4}$	$K_{Cl}^{HCO_3}$	$K_{Cl}^{SO_4}$	$K_{Cl}^{CO_3}$	K_{OH}^{Cl}	K_{Cl}^F
选择性系数	2.6～3.1	3.5～4.5	2～3.5	0.3～0.8	0.11～0.15	0.01～0.04	10～20	0.1

选择性系数的大小可大致体现离子交换倾向，与后面讲到的离子交换选择顺序相关。

3. 离子交换平衡计算

离子交换剂和水中离子之间的离子交换反应是可逆的，并按等电荷摩尔量进行。它们之间的离子交换根据质量作用定律，当正反应速度和逆反应速度相等的时候，溶液中各种离子的浓度就不再改变而达到平衡，即称为离子交换平衡。

4. 离子交换速度

离子交换平衡是在某种具体条件下离子交换能达到的极限情况，但在实际使用中，离子交换设备中水流有一定速度，所以反应的时间是有限的，不可能达到平衡状态，为此研究离子交换速度是有重要实践意义的。

树脂的可交换基团分布在每一颗粒中，它不仅处于颗粒的表面，而且还大量存在于颗粒的内部，因此离子交换过程比较复杂。如图 3-1 所示，离子交换的动力学过程由下面七步组成：

①B 离子在水溶液中向树脂颗粒表面的扩散；

②B 离子通过边界水膜的扩散；

③B 离子在树脂颗粒网孔内的扩散；

④B 离子和交换基团上 A 离子的相互交换；

⑤被交换下来的 A 离子在树脂颗粒网孔内向颗

粒表面扩散；

⑥A 离子通过边界水膜的扩散；

⑦A 离子从树脂表面向水溶液的扩散。

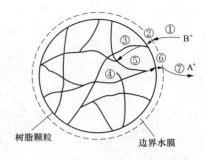

图 3-1 离子交换的动力学过程示意图

上述第④步属离子间的化学反应，是很快的，所以整个离子交换过程主要决定于扩散过程。第①、⑦步是离子在水溶液中的扩散，水流扰动作用使扩散速度通常较快；第②、⑥步主要是在树脂表面水膜中的扩散，称为膜扩散；第③、⑤步也可看作同一问题，是在树脂颗粒内部交联网孔中的扩散，称为颗粒内扩散或内扩散。在不同的条件下，膜扩散和内扩散的速度也不同，而往往是其中一步速度特别慢，以至于离子间交换的时间大部分消耗在这一步骤上，这个步骤称为速度控制步骤。

5. 影响阳离子交换速度的因素

（1）树脂交换基团。磺酸型阳树脂对各种阳离子的交换速度都很快，彼此的差别很小。但对于羧型树脂、H 型树脂的交换反应的速度特别慢，这是因其颗粒内孔眼直径较小，内扩散速度很慢的缘故。

（2）树脂的交联度越大，网孔越小，则其内扩散越慢，交换速度就慢。

（3）树脂颗粒越小，内扩散距离短，树脂的比表面大，从而加快交换速度。但颗粒太小会增加水流阻力，反洗时也容易流失。

（4）溶液的浓度越大，扩散速度越快。当离子浓度在 0.1mg/L 以下时，膜扩散成了控制步骤。

（5）水温。提高水温能同进加快内扩散和膜扩散，从而加快离子交换速度。

（6）交换过程中的搅拌或提高水的流速，只能加快膜扩散。不能影响内扩散。

（7）离子的本性对内扩散速度影响较大，离子水合半径越大，内扩散越慢，离子电荷数越多，内扩散越慢。

影响阴离子交换树脂的因素与阳树脂相似，在很稀溶液中，对于强碱阴树脂，膜扩散是主要的，在浓溶液中内扩散是主要的。树脂的交联度和离子电荷数的影响比对阳树脂要小得多。大孔型树脂，内扩散的速度比凝胶树脂快得多。

三、离子交换树脂的结构

离子交换树脂是一种不溶于水的高分子化合物，外观上是一些直径为 0.3～1.2mm 的淡黄色或咖啡色的小球。微观上是一种立体网状结构的骨架；骨架上联结着交换基团，交换基团中含有能解离的离子，图 3-2 是凝胶型离子交换树脂的结构示意图。

1. 树脂孔隙

树脂内部的网架形成树脂中许多类似毛细孔状的沟道，即树脂的孔隙。离子交换树脂

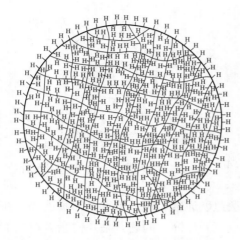

图 3-2 凝胶型 H 型离子交换树脂结构示意

按其孔隙结构上的差异，有大孔型树脂和凝胶型树脂之分。目前把孔隙直径约为 $200 \sim 1000\text{Å}$ 的树脂，称为大孔树脂；而把孔径在 40Å 以下的树脂，称为凝胶型。实际上同一颗粒内的孔隙也是不均匀的。孔隙中充满着水分子，这些水分子也是树脂孔隙的一个组成部分。水和交换基团解离下来的离子组成浓度很高的溶液，离子交换作用就是在这样溶液条件下进行的。

树脂孔隙的大小，对离子交换运动有很大影响，孔隙小不利于离子交换运动，以致半径大的离子不能进入树脂内，也就不能发生交换作用。

2. 交换基团

离子交换树脂的分子结构可以人为地区分为两个不同的部分：一部分称为离子交换树脂的骨架，它是由高分子所组成的基体，支撑着整个化合物，不溶于水，在交换反应时也是不变的，一般用英文树脂的第一个字母 R 来表示不变的这一部分；另一部分是带有可交换离子的活性基团，它化合在高分子骨架上，起提供可交换离子的作用，交换基团是由能解离的阳离子（或阴离子）和联结在骨架上的阴离子（或阳离子）组成。骨架是由许多低分子化合物聚合而形成的不溶于水的高分子化合物，这些低分子化合物称为单体。

四、离子交换树脂的合成

根据单体的种类，树脂可分为苯乙烯系、丙烯酸系和酚醛系等；按本质可分无机、有机离子交换剂；按来源可分天然、合成、人造离子交换剂。目前用得最广的是合成有机质离子交换剂，因这一类交换剂的外形很像松树分泌出的树脂，故常称为树脂。离子交换树脂按官能团的性质分为强酸、弱酸、强碱、弱碱、螯合、两性及氧化还原树脂等七类。

1. 苯乙烯系

苯乙烯系离子交换树脂是现在应用得最广的一种离子交换剂，它以苯乙烯和二乙烯苯聚合成的高分子化合物为骨架聚合成小球状，在此反应中，过氧化苯甲酰是聚合反应的引发剂。在聚合物中起架桥作用的纯二乙烯苯质量百分率称为交联度，通常用符号 DVB 来表示。此时的球状物还没有可交换离子的基团，称为白球或惰性树脂。需通过化学处理，引入活性基团，才成为离子交换树脂。如用浓硫酸处理上述白球，则可以在它的分子上引入磺酸基（—SO_3H），此反应为磺化反应，产物磺酸型阳树脂具有强酸性。利用傅氏反应在聚苯乙烯的分子上引入胺基，则可制得阴树脂。根据胺化所用药剂的不同，可以制得碱性强弱不同的各种阴树脂。

凝胶型树脂机械强度差，因此通过控制二乙烯苯和苯乙烯之间的反应速度制造了超凝胶型树脂，凝结水精处理树脂多采用此技术。

2. 丙烯酸系

如用丙烯酸甲酯可生成丙烯酸系聚合物，与交联剂二乙烯苯共聚，此聚合物上已带有活性基团—COOCH$_3$。将 RCOOCH$_3$ 进行水解，可获得丙烯酸系羧酸树脂，羧酸型树脂是弱酸性阳树脂。将 RCOOCH$_3$ 用多胺进行胺化，可获得丙烯酸系阴树脂。如用二乙烯三胺进行胺化，制得的是弱碱性阴树脂，每个活性基团有一个仲胺基和一个伯胺基。

此外还有酚醛系、环氧系、乙烯吡啶系和脲醛系等离子交换树脂。

五、离子交换树脂的命名

一般离子交换树脂的全名称由分类名称、骨架（或基团）名称、基本名称三部分按顺序依次排列组成。氧化还原树脂命名不同。凡分类属酸性的，应在基本名称前加一阳字；分类属碱性的，在基本名称前加一阴字。离子交换树脂产品的型号主要以三位阿拉伯数字组成，第一位数字代表产品的分类即活性基团代号（见表 3-3），第二位数字代表骨架的差异（见表 3-3），第三位数字为顺序号，作为区别基团、交联剂等的差异。

表 3-3 离子交换树脂产品的活基团代号和骨架代号

代号	分类名称（活性基团）	分类名称（骨架代号）
0	强酸性	苯乙烯系
1	弱酸性	丙烯酸系
2	强碱性	酚醛系
3	弱碱性	环氧系
4	螯合性	乙烯吡啶系
5	两性	脲醛系
6	氧化还原	氯乙烯系

凡大孔型离子交换树脂，在型号前加一大字的汉字拼音的首位字母——D 表示。凝胶型离子交换树脂的交联度值，可在型号后用×号连接阿拉伯数字表示。如遇到二次聚合或交联度不清楚时，可采用近似值表示或不予表示。

如 001×7 全称为凝胶型强酸性苯乙烯系阳离子交换树脂，其交联度为 7%；D001×7 全称为大孔型强碱性苯乙烯系阴离子交换树脂，其交联度为 7%。

六、离子交换树脂的物理性能

1. 外观

离子交换树脂均制成小球状，球状颗粒量占整个颗粒量的百分率称为圆球率。通常，凝胶型是透明的，大孔型是不透明的。当树脂在使用中或受到污染时，其颜色也会发生变化。

2. 粒度

对离子交换树脂粒度的要求与滤料一样，应该是大小适宜和不均匀系数小。颗粒太小则阻力大，颗粒太大则离子交换速度慢。

3. 密度

离子交换树脂的密度有干真密度、湿真密度、湿视密度等表示法。

（1）干真密度表示干燥情况下树脂的质量和它的真体积之比，即真体积指树脂的排液体积，它不包括颗粒内和颗粒间的孔隙。求取树脂的真体积要用不会使树脂溶解的溶剂，如甲苯。

（2）湿真密度表示按树脂在水中经充分膨胀后的体积算出的密度，此体积包括颗粒孔眼中的水分，但颗粒与颗粒间的孔隙不应算入。树脂的湿真密度与其在水中所表现的水力特性有密切的关系，所以具有重要的实用性能。阳树脂的湿真密度常比阴树脂的大。

（3）湿视密度表示树脂在水中充分溶胀后的堆积密度。离子交换树脂的湿视密度可用来计算交换柱中装载的湿树脂量。

4. 含水率

离子交换树脂在保存和使用时都应含有水分，脱水时易变质，干树脂遇水时溶胀体积增大易碎裂。离子交换树脂中的水分一部分是和活性基团相结合的化合水；另一部分是吸附在表面或滞留在孔眼中的游离水。

含水率常以每克湿树脂（去除表面水分后）所含水分百分比来表示，也可用每克干树脂的水分百分比表示。含水率大表示它的交联度小且孔隙大。

5. 溶胀性

当干树脂浸于水中时，是不会溶解的，但体积会膨胀，这种现象称为溶胀。

离子交换树脂有两种不同的溶胀现象：一种是不可逆的，即新树脂经溶胀后，如重新干燥，它不再恢复到原来的大小；另一种是可逆的，即当浸于水中时树脂会胀大，干燥时会复原，再浸于水中时又会胀大，它会如此反复地溶胀和收缩。

6. 机械强度

树脂的机械强度包括耐磨性、抗渗透冲击性及物理稳定性等。为了保证交换器出水水质及长期可靠运行，离子交换树脂必须有良好的机械强度。

7. 溶解性和耐热性

离子交换树脂在水中基本上是不溶的，但有时会发生微量溶解的现象，其原因有：一是新树脂中有少量低聚物，这些低聚物会在树脂的最初使用阶段逐渐溶解；二是树脂的胶溶现象，离子交换树脂的高分子发生化学降解，崩裂成较小的分子，从而呈胶状溶于水中。促使胶溶的因素有：树脂的交联度小，树脂的交换容量大，活性基团的电离能力大和离子的水合离子半径大等。

温度对离子交换树脂的胶溶性能有很大影响，即温度愈高，树脂愈易发生化学降解。阳树脂承受的温度一般比阴树脂高。

七、离子交换树脂的化学性能

离子交换树脂的化学性能有离子交换、催化、形成络合物和化学稳定性等方面。与水处理工艺关系较密切的是离子交换。这里主要叙述此种性能。

1. 可逆性

离子交换是一种化学反应，是可逆的。可逆性是离子交换树脂可以无限制地重复使用的重要性质。

2. 酸碱性

H 型阳树脂和 OH 型阴树脂，如同电解质酸和碱那样，具有酸碱性。强型树脂在水中电离出 H^+ 或 OH^- 的能力强，而另一些则电离能力弱，也有介于强弱树脂之间的离子交换树脂。一般强型阳树脂中含有少量的弱酸基团，而阴树脂都含有强、弱两种基团，新的强碱阴树脂含有 10% 左右的弱碱基团，而弱碱树脂中含有 15% 的强碱基团，而运行树脂基团被氧化降解，旧的强碱阴树脂中弱碱基团可多达 50% 以上，所以树脂交换容量下降。

3. 中和、水解与中性盐分解性

在离子交换过程中可以发生类似于电解质水溶液中的中和、水解与复分解反应。例如，强酸性 H 型树脂与 NaOH 溶液相遇时，会发生类似于酸、碱溶液的中和反应，故交换反应可以进行得很完全。此反应为如下式所示：

$$RSO_3H + NaOH \longrightarrow RSO_3Na + H_2O$$

当强酸 H 型树脂浸于含有中性盐的水中时，会发生复分解反应，如下式所示：

$$RSO_3H + NaCl \Longleftrightarrow RSO_3Na + HCl$$

其结果是使水中中性盐转化为酸（当用强碱 OH 型树脂时产物为碱），此种性能称为中性盐分解性。弱型树脂在水中电离出 H^+ 或 OH^- 的能力弱，因此无中性盐分解能力。如果在离子交换的反应产物中有易于沉淀的物质、生成水或稳定的络合物，会促使交换反应易于完成。

4. 选择性

离子交换树脂对于不同反离子的交换倾向常有不同，有些离子容易被吸着，而另一些很难被吸着。此种性能可看作是它们之间的亲合力有差别，这就是离子交换的选择性。

选择性可区分成两类：一类是某种类型的离子交换树脂对某些离子的特殊选择性，例如弱酸性树脂特别容易吸着 H^+，弱碱性树脂特别容易吸着 OH^-，又如羧酸型树脂易于吸着 Ca^{2+} 等；另一类是许多离子交换树脂对各种反离子所共有的选择性。

离子交换树脂对各种离子的选择性顺序并不是固定的。在不同的条件下，它们的顺序可能不同。影响此顺序的因素是离子交换树脂的性质，溶液的浓度以及同离子与反离子之间所进行的特殊反应等。

（1）对于强酸性阳树脂，在常温的稀溶液中常见阳离子的选择性顺序如下：

$$Fe^{3+} > Al^{3+} > Ca^{2+} > Mg^{2+} > K^+ \approx NH_4^+ > Na^+ > H^+ > Li^+$$

从上述选择顺序来看，强酸性阳离子交换剂对 H^+ 的吸着力不强，所以，实际应用中，用酸再生强酸性阳离子交换剂要提高再生液浓度、增加再生时间来保障再生效果。

（2）强碱性 OH 型阴树脂在酸性稀溶液中的离子选择性顺序为：

$$SO_4^{2-} > NO_3^- > Cl^- > OH^- > HCO_3^- > HSiO_3^-$$

在浓的强碱溶液中选择性顺序为：

$$NO_3^- > Cl^- > SO_4^{2-} > CO_3^{2-} > SiO_3^{2-}$$

因此强碱性 OH 型阴树脂，吸附常见阴离子的选择性顺序具有以下规律：

（1）在强弱酸混合溶液中，强碱性 OH 型阴树脂易吸着强酸的阴离子；

（2）浓溶液与稀溶液相比，前者利于低价离子的吸着，后者利于高价离子的吸着；

（3）在浓度和离子价数等条件相同时，选择性系数大的离子易被吸着。

5. 交换容量

交换容量是对离子交换剂中可交换离子量多少的一种衡量。常用表示方法有以下两种，一种是质量表示法，即单位质量离子交换树脂的吸着能力，用 mol/m^3 表示；另一种是体积表示法，即单位体积离子交换树脂的吸着能力，用 mol/m^3 表示。常用交换容量有全交换容量、平衡交换容量和工作交换容量。

全交换容量表示单位数量离子交换树脂所具有的活性基团的总量；而平衡交换容量是将离子交换树脂完全再生后，与一定组成的水溶液作用到平衡状态时的交换容量。

工作交换容量则是指离子交换器由开始运行制水，到出水中需除去的离子泄漏量达到运行失效的离子浓度时，平均单位体积树脂所交换的离子量。影响树脂工作交换容量的因素有再生剂种类、再生剂纯度、再生方式、再生剂用量、再生液浓度以及再生流速、温度等。在实际使用中，树脂的工作交换容量更有意义。

6. 化学稳定性

离子交换树脂的化学稳定性主要是指活性基团的稳定性以及它的抗氧化性能。不同的离子交换树脂活性基团、交联度及可交换离子的种类都会影响到化学的稳定性。

第二节　离子交换除盐工艺

离子交换树脂的化学性质决定了制水时树脂层内的交换过程。

一、制水时树脂层内的交换过程

一般天然水阴、阳离子都有多种，阳离子主要有 Ca^{2+}、Mg^{2+}、Na^+、K^+ 等，阴离子有 HCO_3^-、Cl^-、SO_4^{2-} 等。这里以 Ca^{2+} 代表性质相近的 Ca^{2+} 和 Mg^{2+}，以 Na^+ 代表性质相近的 Na^+、K^+ 和 NH_4^+ 等。天然水自上而下通过一个 H 型强酸阳离子（RH）树脂交换器，经过一段时间运行，其理想的树脂层态和沿着树脂层高度水中离子组成的变化将如图 3-3 所示。实际运行中进水装置布水不均匀、树脂层间阻力不均或水流扰动都会使层态分布发生变化。

水通过树脂层的离子交换过程，可大致分为以下几步：

（1）离子与 RH 树脂交换。在 a 点前，离子与 RH 树脂交换，进水 Ca^{2+} 也可与 RNa 交换，但置换出来的 Na^+ 又与下层的 RH 交换，出水中阳离子为 H^+，Ca^{2+} 和 Na^+ 含量为零，因此树脂层由上而下依次主要为 R_2Ca、RNa、RH 如图 3-3 中对应时间点柱状图所示。由于进水 Ca^{2+} 与 Na^+ 浓度都不变，出水[H^+]＝进水[Ca^{2+}]＋[Na^+]，所以出水呈强酸性，酸度不变。

（2）失效点 a。在失效点 a 时，离子与 RH 树脂交换，置换出来的 Na^+ 和最下层的 RH 交换，因此树脂层内排布不变如图 3-3 中对应时间点柱状图所示，虽然下层还有大量的 RH 型树脂，但交换速度和交换系数的影响，继续运行时，Na^+ 漏出，因此理论上强酸阳床以此为失效点。实际运行中，为降低酸碱比耗，再生时阳床再生度基本上保持在

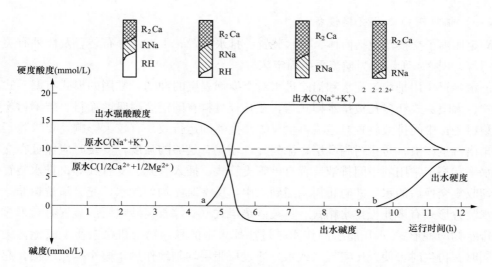

图 3-3　强酸 RH 树脂层态变化示意图与出水水质变化趋势

80%～95%，因此树脂层内并非全 RH 树脂，出水中会一直有 Na^+ 存在，所以阳床一般以 $[Na^+] \leqslant 100 \mu g/L$ 作为失效终点。

（3）离子与 RH 和 RNa 树脂交换。刚过失效点 a 后，离子与 RH 树脂交换，置换出来的 Na^+ 与下层的 RH 只能部分交换，Ca^{2+} 与 RH 和 RNa 树脂能完全交换，因此出水中 Ca^{2+} 含量约为 0，Na^+ 含量增加，H^+ 含量和酸度减小，树脂层中 RH 逐渐消失。因此阳床以 $[Na+] \leqslant 100 \mu g/L$ 作为失效终点，减少了未参加交换的树脂层比率，提高了工作交换容量，但出水水质变差。

（4）Ca^{2+} 与 RNa 树脂交换。树脂层中 RH 全部消失后，如果继续运行，b 点之前，则 Ca^{2+} 与 RNa 树脂还能完全交换，而 Na^+ 不与树脂发生交换，全部漏出，出水中所以出水中 $[Na^+] =$ 进水中 $[Ca^{2+}] + [Na^+]$，树脂层中只有 R_2Ca 和 RNa，且 RNa 型逐渐减少如图 3-3 中对应时间点柱状图所示，出水 Ca^{2+} 含量约为 0，Na^+ 含量和碱度不变。这实际上类似于软化处理的运行过程。

（5）软化失效点 b。b 点时则 Ca^{2+} 与下层 RNa 树脂还能完全交换，但继续运行时，Ca^{2+} 漏出量增加，因此树脂层内排布不变如图 3-3 中对应时间点柱状图所示，但软化运行一般以此为终点。

（6）Ca^{2+} 与 RNa 树脂交换。b 点之后，Ca^{2+} 与下层 RNa 树脂不能完全交换，继续运行时，Ca^{2+} 漏出量增加，因此树脂层内 RNa 树脂逐渐消失，出水中 $[Na^+]$ 降低，树脂失去交换能力，进出水成分趋于相同。

二、阳（阴）离子交换器

工业离子交换设备主要有固定床、移动床和流动床等，固定床还以再生液流向的不同，有顺流、逆流再生床等不同形式，还有因内部装填树脂不同而产生的双层床和混床等形式。

（一）阳（阴）离子交换设备

固定床离子交换器包括筒体、进水装置、排水装置、再生液分布装置及体外有关管道和阀门等。图 3-4 所示的为逆流再生固定床。

进水装置作用是均匀配水和消除进水对交换剂表层的冲动，常用的形式有漏斗式、十字管式、大喷头式和多孔板排水帽式等，多孔板材料有碳钢涂耐腐蚀涂料、碳钢衬橡胶或工程塑料等；中间排液装置对逆流再生离子交换器的运行效果有较大影响，要求除了能均匀的排出再生废液，防止树脂乱层、流失外，还应有足够的强度，安装时应保证在交换器内呈水平状态，常用的中间排液装置有母管支管式、插入管式、支管式等；排水装置作用是均匀收集交换后的水，并防止树脂漏到水中，反洗时能均匀配水，充分清洗树脂，常用的排水装置形式有多孔板排水帽式、石英砂垫层式（支撑石英砂垫层的装置有穹形多孔板及大排水帽两种形式）；压脂层的作用是过滤掉水中的悬浮物及机械杂质，以免污染树脂层，同时在再生时可使顶压空气（或水）通过压脂层均匀地作用于整个床层表面，起到防止树脂层向上移动或松动的作用。

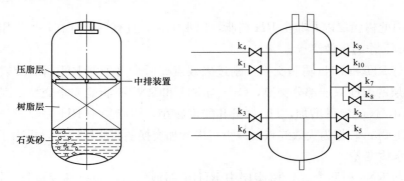

图 3-4　逆流再生固定床结构示意图

1—k_1 进水门；2—k_2 出水门；3—k_3 正排门；4—k_4 反洗出水门；5—k_5 进酸（碱）门；
6—k_6 反洗入口门；7—k_7 小反洗进水门；8—k_8 中排门；9—k_9 排气门；10—k_{10} 压缩空气进气门

逆流再生设备一般水流由上而下通过树脂层，层内的交换过程如前所述，一般离子交换器运行到失效点 a 即停止运行，这时开始再生操作。失效树脂床失效停运后，最好立即进行反洗再生，防止截留的悬浮物胶体造成树脂层污堵，或吸附的离子水解生成无机盐垢。常用的再生方式有两种：顺流再生和逆流再生，顺流再生设备中，进水由上到下流出，再生液与进水流向一致也由上到下流出；逆流再生设备中，进水由上到下流出，再生液与进水流向逆向由下向上流出。考虑图 3-3 所示的理想状态下失效点 a 时强酸 RH 树脂层态变化，可以知道，顺流再生时纯度高的再生液先接触上层 R_2Ca，Ca^{2+} 被洗脱随再生液下流，再生液中 H^+ 和 Ca^{2+} 都有能力与下层的 RNa 交换，因此 RNa 转化成 RH 的比例降低，即下层树脂再生度下降，若要保证出水水质，使下层树脂再生度提高，则需要大量酸碱再生液。

而采用逆流再生方式，再生液从下向上流出，纯再生液先与部分未完全反应的 RH 树脂接触，提高了逆流再生固定床底部出水处树脂层 RH 树脂的含量，再与 RNa 型树脂接触，洗脱的 Na$^+$ 随再生液向上流，但不易与上层的 R$_2$Ca 交换，因此直接随酸液排出，而上层 R$_2$Ca 再生时需要的酸浓度高，而流经的酸液已在下层发生交换 H$^+$ 纯度和浓度下降，因此再生度下降，但再生液排出端失效型树脂含量高，再生反应进行得彻底，所以排出液中残留 H$^+$ 减少，再生剂利用率高。因此在尽量减少再生液用量的前提下，虽然逆流再生固定床上层树脂再生度低，使交换器工作交换容量下降，但下层树脂是再生得最好的部位，保证了出水水质好，因此制水流程中阳离子交换器和阴离子交换器基本都是采用的图3-3 所示的逆流再生固定床。因此逆流再生的特点是再生剂耗量少（比顺流法少 40% 左右），再生效率高，而且能保证出水质量；但由此也可以看出，逆流再生工艺中再生液及置换除盐水从下向上流动，若流速稍大或布水不均，再生时树脂扰动发生乱层，破坏原来的层态分布，逆流再生的优势也将不复存在，因此其设备较复杂，操作控制也较严格。

（二）逆流再生工艺

从再生工艺流程方面，为实现逆流再生的优点，再生的方式也有调整，以小反洗再生为主，大反洗再生交叉进行。以阴离子树脂交换器再生步骤为例：

（1）小反洗再生操作。小反洗再生工艺流程操作如图 3-5 所示。

1）小反洗：启动中间水泵，开启阴床反洗排水门，小反洗入口门。调整反洗流量 25～50m³/h，控制压力在 0.1～0.2MPa，使床内树脂得到松动并缓慢膨胀到上部监视孔1/2 处，反洗到出水无色透明、无破碎树脂为止。停止反洗，关闭小反洗入口门、反洗排水门。

2）排水：小反洗完后进行放排水工作，开启阴床中排门、排气门，放至中排无水排出，关闭排气门、中排门。

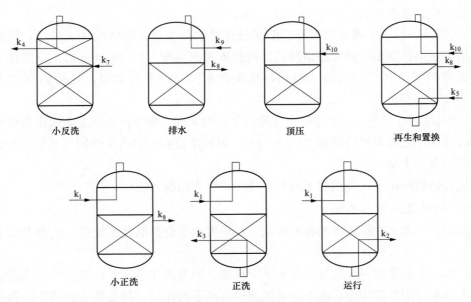

图 3-5 逆流再生设备小反洗再生运行操作示意图

3）预喷射（顶压）：开启阴床进碱门、中排门，开启碱喷射器进水气动门，启动自用水泵，缓慢开启碱喷射器进水门，使流速逐渐升高，从中排观察孔处观察树脂扰动情况，维持流速不超过15m/h且树脂无扰动，调整压力、流量达到稳定，运行3min。阴树脂密度小逆流再生时最好在预喷射前开压缩空气进气门顶压，防止树脂乱层。

4）进碱：开启阴床碱计量箱出碱气动门，缓慢开启碱计量箱出碱手动门，调整适当的再生液浓度约为2%～4%，并尽量保持浓度稳定。进碱时间尽量40～50min，停止进碱。进碱过程中严格监视树脂层是否扰动，发现异常及时处理。

5）置换：进碱完毕后，关闭阴床碱喷射器进碱手动门、气动门，保持原喷射流量、压力不变进行置换30min，测中排出水pH值≤9，关闭阴床碱喷射器进水气动门，停自用水泵，关闭阴床进碱液门、中排门。

注意：一般气温低时碱液黏度大，阴床置换时间较长，阳床再生时置换过程较快，另外，床层高度高、酸（碱）浓度高、再生流速慢时都会使置换时间延长，因此尽量以出水pH值或电导率为准，若置换出水停止含碱量高，正洗时间会延长。

6）充水：开启排气门、进水门，以5～15m/h流速进行充水。

7）小正洗：开启中排门，关闭排气门，以5～15m/h流速进行5～10min小正洗。

8）正洗：开启正洗排水门，关闭排气门，适当调大流量，进行10～20min正洗，洗至排水无色透明，且出水水质合格（$SiO_2 \leq 100\mu g/L$），关闭正洗排水门、入口手动门、入口气动门。

小反洗再生流程中，中排装置下的树脂没有大流量反冲洗，树脂层未扰动，有利于逆流再生的过程。

（2）大反洗再生操作。平常操作只进行小反洗再生，一般6～7次小反洗再生后进行1次大反洗再生，或者运行15～30天进行1次。

1）大反洗：启动中间水泵，开启阴床反洗排水门，开启阴床反洗入口门，调整反洗流量，从上观察孔观察树脂膨胀情况，以树脂不流出为准，10～15min后，反洗排水门出水清澈无碎树脂，则关闭反洗入口门，反洗排水门，停中间水泵，让树脂在床内自然沉降。

2）大反洗再生从第2）步起与小反洗再生步骤相同，但要注意的是大反洗再生时的耗碱量一般比小反洗再生时需增加20%～50%，碱液浓度提高，再生时间也延长，有助于洗硅提高阴床出水水质。

正洗合格的阴床进入备用状态或开启进水、出水门投入运行。

（三）一级复床除盐系统

根据阴、阳离子交换树脂的各种性能，在设置离子交换除盐系统时，应参考以下一些原则：

（1）第一个交换器通常是氢型阳离子交换器。因为设在第一个位置上的交换器接触的水中离子基本以中性盐为主，由于交换过程中反离子的作用，其交换力必然不能得到充分的利用。以阴、阳两种树脂相比（表3-1、表3-2中的常见离子交换系数），阳树脂的酸性强，交换容量大，价格便宜，而且稳定。所以把它放在前面较合适。另外，如第一个交换器是阴离子交换器，运行中杂质阴离子与 ROH 交换，交换出的 OH⁻ 与未交换的阳离子如钙、镁、锶等，会在交换器中析出碱性沉淀物，如 $Mg(OH)_2$、$CaCO_3$ 等，导致树脂孔道中结垢，不能正常运行，且除硅效果差。

（2）除硅必须用强碱性阴树脂，且阴床在阳床和除碳器之后较好。若阴床在前容易产生碳酸钙、氢氧化镁等沉淀污染树脂，阳床在前除去阳离子，减轻了阴树脂交换时阳离子的反离子影响，ROH 与 $HSiO_3^-$ 交换后生成的 OH⁻ 与进水中的 H⁺ 中和，交换更彻底，因此阳床失效时出水含 Na 量增加时，出水中硅含量也增加；且阴树脂的体积交换容量普遍小于阳树脂，这样除碳器除去大量的 HCO_3^-，减少了阴床树脂层高，降低了碱耗，且减少了 HCO_3^- 对阴树脂吸附 $HSiO_3^-$ 的干扰（两者与 ROH 交换系数接近，在树脂层中交换区域重叠）。对除硅要求高的水应采用二级强碱性阴离子交换器或混床。

（3）混床可以制得水质很高的水，但树脂工作交换容量小。如对水质要求很高时，除盐系统中可在一级复床或反渗透设备后设混床。

（4）弱型树脂只能除去大于一定交换系数的离子，但其体积交换容量大，再生酸碱浓度低耗量少，因此常用于进水含盐量较高的水处理工艺中。另外，弱型树脂很多为大孔型树脂，抗有机物污染能力强，所以有些工艺中在强型阴树脂前增加弱型阴树脂来减轻前者的有机物污染。

（5）除碳器应安置在强碱性阴离子交换器之前。地表水中一般均含有重碳酸盐且在阴离子中比重较大，重碳酸盐经过 RH 树脂层时，发生如下反应：

$$2RH + Ca(HCO_3)_2 \longrightarrow R_2Ca + 2H_2CO_3$$
$$2RH + Mg(HCO_3)_2 \longrightarrow R_2Mg + 2H_2CO_3$$
$$H^+ + HCO_3^- \rightleftharpoons H_2CO_3 \rightleftharpoons H_2O + CO_2$$

水中其他重碳酸盐也发生类似反应，除 CO_2 器主要用于除去水中的这部分碳酸。

除碳器的工作原理是，含有重碳酸盐的水经过 RH 树脂处理后，它的 pH 值一般在 4.3 以下，在这种情况下水中 H_2CO_3 大部分分解为水和二氧化碳。CO_2 气体在水中的溶解度服从于亨利定律，即在一定温度下气体在溶液中的溶解度与液面上该气体的分压成正比。通常在阳床出水中游离 CO_2 的浓度较高，所对应的液面上的分压也较高。只要降低与水相接触的气体中 CO_2 的分压，溶解于水中的游离 CO_2 便会从水中解吸出来，从而将水中游离 CO_2 除去。降低气体分压的办法：一是在除碳器中鼓入空气，即大气式除碳；二是从除碳器的上部抽真空，即为真空式除碳。

由于空气中的 CO_2 的含量约为 0.03%，当空气和水接触时，水中多余的 CO_2 便会逸出并被空气流带走。在正常情况下，阳床出水通过除碳器后，可将水中的 CO_2 含量降至 5mg/L 以下。因此强碱性阴离子交换器不需要与大量的 HCO_3^- 交换，节约了交换容量，降低了碱耗。

因此常用的一级复床除盐系统有强阳→除碳器→强阴；弱阳→强阳→除碳器→弱阴→强阴；强阳→除碳器→弱阴→强阴等。

三、混合离子交换设备

经过除盐的水，仅适用一般高压锅炉的补给水，仍不能满足高参数锅炉的给水水质要求。为此，可以将复床除盐水再通过混床处理，以提高水质的纯度。

混合离子交换器同逆流再生离子交换器的结构有所不同，结构如图 3-6 所示，混合离子交换器内的交换剂由均匀混合的阴、阳树脂组成。混床设备的特点是在两种树脂交换界面有再生剂收集装置（中间排液装置），中间排液装置为母支管绕丝型结构。在壳体上有上、中、下窥视窗，中部窥视窗用来观察设备中树脂的水平面，下部窥视窗可用来检测树脂窗准备再生前阴、阳离子交换树脂的分界线，上部窥视窗可用来观察反洗时树脂的膨胀情况。

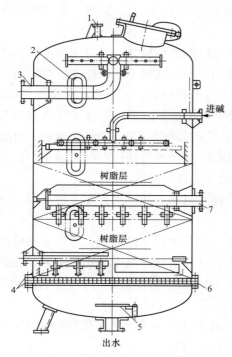

图 3-6　混合离子交换器基本构造示意图
1—放空气管；2—观察孔；3—进水装置；
4—多孔板；5—挡水板；6—滤布层；
7—中间排水装置

（一）混床的除盐原理

一般制取高纯度的除盐水，均采用 RH 与 ROH 树脂，即 H-OH 型混床。在这种混床内可以把树脂层内的 RH 与 ROH 树脂颗粒看作混合交错排列，这样的混床就相当于许多级复床串联在一起，有利于下列反应：

$$RH + Na^+ \longrightarrow RNa + H^+$$
$$ROH + HSiO_3^- \longrightarrow RHSiO_3 + OH^-$$
$$H^+ + OH^- \longrightarrow H_2O$$

由于 RH 与 ROH 树脂颗粒交错排列，交换所产生的 H^+ 和 OH^- 都不能积累起来，H^+ 和 OH^- 很快能生成难解离的水，基本上消除了反离子的影响，因此，H/OH 型混床的出水水质很高。

（二）设备结构

因为混床再生方法分为体内再生法和体外再生法，因此混床设备结构不同。补给水处理工艺中一般采用图 3-6 和图 3-7 所示的体内再生混床，凝结水精处理工艺中常用体外再生混床，本节只介绍体内再生混床，体外再生混床在第四章介绍。

（三）再生

混床是把阳、阴树脂混合装在同一个交换器内运行的，所以再生操作与一般固定床不同。当混床树脂失效再生时，首先应把混合的阳、阴树脂分层，然后才能分别通过酸、碱再生液进行再生，这是混床操作的特点。本节介绍体内再生混床的体内再生法，其步骤为：

（1）反洗分层。混床内阳、阴树脂间的比重差是混床树脂分层的重要条件。阳树脂的湿真比重为 1.23～1.27，而阴树脂的湿真比重为 1.06～1.11。由于阳、阴树脂比重的不同，当混床树脂反洗时，在水流作用下树脂会自动会层，上层是比重较小的阴树脂，下层是比重较大的阳树脂。阳、阴树脂的比重差越大，分层越迅速、彻底；比重差小，分层比较困难。树脂的比重与失效树脂转型有关，失效树脂转型不同，其比重也各不相同，如 RNa 树脂大于 RH 树脂，ROH 树脂小于 RCl 树脂。为了提高树脂分层效果，有时在分层前向混床内通入 NaOH，使阳树脂转换为比重较大的 RNa 树脂，使阴树脂转换为比重较小的 ROH 树脂。这样可以增大阳、阴树脂间的比重差，以达到提高分层效果的目的。

同时反洗流速，也影响分层效果。一般反洗流速，应控制在使整个树脂层的膨胀率在 50% 以上。

（2）再生和置换。混床中阳、阴树脂分层后，就可以对上层的阴树脂和下层的阳树脂分别进行再生（分步再生，如图 3-8 所示），亦可同时进行再生（同步再生，如图 3-9 所示）。以分步再生为例，说明再生操作：

再生时最好先进行预喷射，即先进除盐水，启动自用水泵，缓慢开启酸、碱喷射器进水门，使流速逐渐升高，从中排观察孔处观察树脂扰动情况，维持流速不超过 15m/h 且树脂无扰动，调整压力、流量达到稳定。然后开启混床碱计量箱出碱气动门，缓慢开启碱计量箱出碱

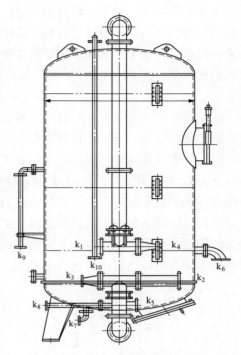

图 3-7 混合离子交换器示意图
1—k_1 进水门；2—k_2 出水门；3—k_3 反洗入口门；
4—k_4 反洗出水门；5—k_5 正排门；6—k_6 中排门；
7—k_7 压缩空气进气门；8—k_8 进酸门；
9—k_9 进碱门；10—k_{10} 排气门

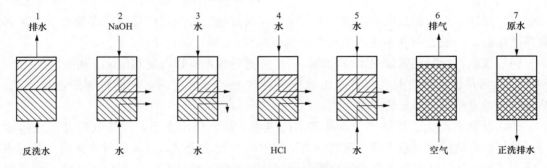

图 3-8 混床体内分步再生示意图

手动门，调整适当的再生液浓度约为 4%～5%，并尽量保持浓度稳定。根据碱计量箱内碱液量控制进碱时间尽量超过 50min，然后停止进碱。进碱过程中严格监视树脂层是否扰动，及时调整流速，防止碱液浸润阳树脂层。这是在再生阴树脂的同时将酸再生系统从底部不断送入除盐水的原因。当阴树脂再生完毕后，继续向阴树脂层进除盐水，冲洗阴树脂层中残留的再生液，直至排水的 pH<9 为止（越低再生效果越好），也可以控制电导率≤5μS/cm。

再生阳树脂时，碱系统除盐水不停，然后开启混床酸计量箱出酸气动门，缓慢开启酸计量箱出酸手动门，调整适当的再生液浓度约为 4%～5%，并尽量保持浓度稳定。使失效的阳树脂再生，其废液从混床中部的排液装置排出，此时应及时调整流速，注意防止酸液浸润阴树脂层。当阳树脂再生完毕后，继续向阳树脂层进除盐水，至排水的 pH＞4.5 为止。

在此需要注意的是，中间排水装置的位置是固定的，因此长期运行后，碎树脂被水冲出，树脂体积变化，分层的位置会低于中排位置，造成阴树脂再生度降低，因此再生效果下降时，注意补加树脂；另外，还需要考虑树脂的转型膨胀率，一般情况下强酸性阳树脂 RNa→RH，体积增加 5%～8%；强碱性阴树脂 RCl→ROH，体积增加 15%～20%；交联度低的树脂的膨胀度较大，弱型树脂转型时，体积变化更剧烈。这些都会影响树脂层的高度，造成中间排水装置附近的树脂被交叉污染，因此分步再生先进碱效果一般好于同步再生，但同步再生时，大大减少了除盐水的自用水率如图 3-9 所示，所以在满足机组进水需求的前提下，可以选择不同的再生方式。

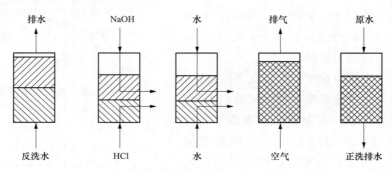

图 3-9　混床体内同步再生示意图

（3）正洗。正洗就是用清洗水从上部进入，通过再生后的树脂层由底部排出。再生和置换结束后，一般先串联正洗，出水电导率≤2μS/cm 后，停止冲洗。

（4）混脂。此时混床体内水位较高，一般先进行排水操作，使水位位于树脂层上 10～20cm。然后从混床交换器底部进入压缩空气通气 1～3min 左右，把两种树脂混合均匀，从观察孔看合格后，停止进空气。

（5）混脂后正洗。开排气门，从进水门进水，排气门出水后，关排气门开正洗排水门，进行混合后的大流量正洗（流速约为 20m/h）至出水合格，投入运行或备用。若混床正洗 20～30min，水中离子含量没有明显下降，水质仍不能达标，一般停下正洗，重新用压缩空气混脂，然后正洗。若几次混合后，水质仍不达标，需要重新进行再生。

混床的出水纯度虽然很高，但树脂交换容量的利用低、树脂磨损大、再生操作复杂。因此，它适用处理含有微量盐的水，如经过一级复床处理的除盐水和凝结水等。这样可以延长混床的运行周期，减少再生次数。

（四）混床运行操作

体内再生混床设备的内部比较复杂，且再生操作工艺影响因素多，为防止发生误操作，表 3-4 整理了混床运行和再生操作程序控制。

表 3-4　　　　　　　　　　　　　混床运行和再生操作程序控制

序号	状态步骤	进水口 k_1	出水口 k_2	反洗进水口 k_3	反洗排水口 k_4	正洗排水口 k_5	中间排水口 k_6	压缩空气进口 k_7	进酸口 k_8	进碱口 k_9	排气口 k_{10}	控制指标 参考数据
1	运行	√	√	—	—	—	—	—	—	—	—	流速 40~60m/h
2	反洗分层	—	—	√	√	—	—	—	—	—	—	流速约 10m/h、15min
3	沉降	—	—	—	—	√	—	—	—	—	√	5~10min
4	强迫沉降	√	—	—	—	√	—	—	—	—	—	快速放水
5	预喷射	—	—	—	—	—	√	—	—	—	—	1min
6	再生	—	—	—	—	—	√	—	√	√	—	流速 5~10m/h
7	置换	—	—	—	—	—	√	—	√	√	—	流速 5~10m/h,同再生流速
8	正洗	√	—	—	—	√	—	—	—	—	—	
9	排水	—	—	—	—	√	—	—	—	—	√	放水至树脂层表面上 10~20cm 左右处
10	混脂	—	—	—	—	—	—	√	—	—	√	压力 0.1~0.12MPa, 气量 2~3m³/ (m²·min), 1~3min
11	进水	√	—	—	—	—	—	—	—	—	—	
12	混脂后正洗	√	—	—	—	√	—	—	—	—	—	流速 15~30m/h

注　1. 表中"√"表示阀门开启状态;"—"表示阀门关闭状态。
　　2. 表中所列各步骤的时间,应在调试时再确认。

四、离子交换树脂的变质及污染、复苏问题

在离子交换水处理系统的运行过程中,各种离子交换树脂常常会渐渐改变其性能。一是树脂的本质改变了,即其化学结构受到破坏或发生机械损坏;二是受到外来杂质的污染。前一原因造成的树脂性能的改变是无法恢复的;由后一原因所造成的树脂性能的改变,则可以采取适当的措施,消除这些污物,从而使树脂性能复原或有所恢复。

(一) 变质

1. 氧化

阳树脂在应用中变质的主要原因是由水中有氧化剂,当温度高时,树脂受氧化剂的侵蚀更为严重,若水中有重金属离子,因其能起催化作用,致使树脂加速变质。阳树脂氧化后发生的现象为:颜色变浅,树脂体积变大,因此易碎和体积交换容量降低,但质量交换容量变化不大。树脂氧化后是不能恢复的。为了防止氧化,应控制阳床进水活性氯<0.1mg/L。

阴树脂的化学稳定性比阳树脂要差,所以它对氧化剂和高温的抵抗力也差。除盐系统中阴离子交换器一般布置在阳离子交换器之后,一般只是溶于水中的氧对阴树脂起破坏作用。运行时提高水温会使树脂的氧化速度加快。防止阴树脂氧化可采用真空除碳器,它在

除去 CO_2 的同时，也除掉了 O_2。

2. 树脂的破损

在运行中，如果树脂颗粒破损，会产生许多碎末，碎末的增多，会加大树脂层的阻力，引起水流不匀，进一步使树脂破裂。破碎树脂在反洗时会冲走，使树脂的损耗率增大。

（二）污染

1. 树脂的污堵

离子交换树脂受水中杂质的污堵是影响其长期可靠运行的严重问题。污堵有许多原因，原因如下：

（1）悬浮物会堵塞在树脂层的孔隙中，从而增大其水流阻力，也会覆盖在树脂颗粒表面，堵塞颗粒微孔的通道，因而降低其工作交换容量。

防止污堵，主要是加强生水的预处理，以减少水中悬浮物的含量；为了清除树脂层中的悬浮物，还必须做好交换器的反洗工作，必要时，采用空气擦洗法。

（2）铁化合物的污染。阳、阴树脂都可能发生铁污染。被污染树脂的外观为深棕色，严重时可以变为黑色。一般情况下，每 100g 树脂中的含铁量超过 150mg 时，就应进行处理。

在阳床中，易于发生离子性污染，这是由阳树脂对 Fe^{3+} 的亲合力强，当它吸取了 Fe^{3+} 会不易再生下来，变成不可逆的交换。一般原水中，大部分以 Fe^{2+} 存在，它们被树脂吸收以后，部分被氧化为 Fe^{3+}，因而滞留于树脂中造成铁的污染；使用铁盐作为混凝剂时，部分矾花带入阳床，过滤作用使之积聚在树脂层表面，再生时酸液溶解矾花，使之成为 Fe^{3+}，部分被阳树脂所吸收，造成铁污染；工业盐酸中的大量 Fe^{3+}，也会对树脂造成一定的铁污染。在阴床中，易于发生胶态或悬浮态 $Fe(OH)_3$ 的污堵，因为再生阴树脂用的碱（隔膜法生产的）常含有铁的化合物，在阴床的工作条件下它们形成了 $Fe(OH)_3$ 沉淀物。铁的存在会加速阴树脂降解。

铁化合物在树脂层中的积累，会降低其交换容量，也会污染出水水质。

清除铁化合物方法，通常是用加有抑制剂的高浓度盐酸（8%～10%）长时间与树脂接触，也可用柠檬酸、氨基三乙酸、EDTA 等络合剂进行处理。

（3）硅化合物污染。阴床的强碱树脂再生不当、失效的树脂未及时再生或阴树脂再生不彻底，会发生硅酸在树脂颗粒内部聚合的现象，而难以再生，这种现象是硅在树脂内的积聚，不属于硅的污染。硅的污染是指再生过程中，已从树脂上交换出来的硅酸盐，由于再生液 pH 值的降低，大量的硅酸以胶体状态析出，严重时可以变成胶冻状，被覆于树脂表面，影响树脂的交换容量，并造成运行时出水 SiO_2 含量增高。

顺流再生固定床和移动床一般不会发生硅的污染。硅的污染主要发生于原水中硅的含量与总阴离子含量（不包括碱度）比值高的逆流再生单床，尤其是在弱、强型阴离子交换树脂联合应用的设备和系统中。

清洗二氧化硅污染可用烧碱，建议用量为 130～160g/L，浓度为 2.0%，处理温度为 50～60℃。树脂床须先浸泡，如条件不允许，可将溶液以 2 个床体积/h 的流速通过树脂床，这方法的关键是保持较高温度及接触时间。

防止硅污染的主要措施有：

1）阴床失效后或接近失效时停止制水要及时再生，不在失效态备用；

2）再生碱液应加热，Ⅰ型树脂不高于 40℃，Ⅱ型树脂不高于 35℃；

3）降低再生液的浓度至 2%NaOH 或分步先低浓度再高浓度再生；

4）再生液的流速不低于 5m/h，但应保持进再生液的时间不少于 30min；

5）联合应用系统中要从设计上保证弱型树脂先失效。

（4）油污堵。油漏入交换器会使树脂的交换容量迅速下降和水质变坏。矿物油对树脂的污染主要是吸附于骨架上或被覆于树脂颗粒的表面，造成树脂微孔的污堵，致使树脂交换容量降低，周期制水量明显减少，严重时还会发生树脂抱团，使水流阻力加大，增加树脂的浮力，使反洗时树脂的损耗加大。可使用 38～40℃ 的 8%～9%NaOH 溶液循环清洗，或用适当的溶液或表面活性剂清洗。

（5）硫酸钙污染。使用硫酸再生钙型阳树脂时，如果再生液的浓度过高或流速过慢，在靠近树脂颗粒处，再生出的 Ca^{2+} 与溶液中的 SO_4^{2-} 浓度超过 $CaSO_4$ 的溶度积时就会产生沉淀，并附在树脂颗粒上，不仅再生后清洗困难，洗出液中总有硬度，运行中还会溶于出水中，使硬度含量增加，降低阳床的交换量。

硫酸钙在 25℃ 时的溶度积为 2000mg/L，随温度增高溶解度减小，因此很难除去。防止硫酸钙沉淀的措施，一是降低再生液硫酸的浓度；二是加快再生液的流速。也可采用分步再生方法，使再生液浓度逐步加大，再生流速逐步减慢。

一旦发现树脂中有硫酸钙沉淀时，目前最常用的方法是先以大量软水进行反洗，然后再用 10%HCl（3 倍树脂体积）以 2.0L/h 反复清洗，须注意 HCl 使硫酸钙溶解的速度很慢，因此须多次清洗。另一种方法是用 EDTA 钠盐，但价格很高，且是放热反应，使用时须注意。

2. 阴树脂的有机物污染

有机物污染是指离子交换树脂吸附了有机物后，在再生和清洗时不能将它们解吸下来，以致树脂中的有机物量越积越多，树脂的工作交换容量降低。被污染的树脂常常颜色发暗，原来透明的珠体变成不透明，并可以嗅到一种污染的气味。

预防措施是使用防止有机物污染的树脂，加设弱碱性阴离子交换器，加设活性炭过滤器或使用提高出水水质的高效纤维过滤器等。

（三）复苏处理方法

（1）空气擦洗。从显微镜下能看出树脂表面有沉积物时，可采用空气擦洗法除去。所用压缩空气应净化除油。

（2）酸洗法。对如铁、铝、钙和镁的盐类，可用盐酸进行酸洗。

（3）非离子表面活性剂清洗法。对水中润滑油、脂类及蛋白质等有机物质造成的污染，可利用非离子表面活性剂清洗。

（4）碱性食盐水处理法。用两倍以上树脂体积的含 10%NaCl 和 1%NaOH 混合液浸泡 16～18h，然后用水冲洗至 pH 为 7～8。如将处理液加热至 40～50℃，效果会提高，但

OH 型树脂只能用 40℃。

1）工业用 NaCl 和 NaOH 混合后，会产生沉淀[Fe(OH)$_3$ 等]，最好先将沉淀物除去。

2）有的用含次氯酸钠的氢氧化钠溶液处理严重污染的树脂，效果更好，但这种方法对树脂有氧化作用，不宜常用。

（5）利用超声波清洗受污染的阴、阳离子交换树脂是近年来应用的一项新技术。

第三节　反渗透除盐原理及特点

反渗透膜是一种模拟生物半透膜制成的具有一定特性的人工半透膜，一般用高分子材料制成。反渗透膜的孔径非常小，表面微孔的直径一般在 0.5～10nm 之间，原则上能截留大于 0.0001μm 的物质，是最精细的一种膜分离产品，其能有效截留所有溶解盐分及分子量大于 100 的有机物，同时允许水分子通过。因此能够有效地去除水中的溶解盐类、胶体、微生物、有机物等。

一、反渗透脱盐原理

如果将淡水和盐水用一种只能透过水而不能透过溶质的半透膜隔开，则淡水中的水会穿过半透膜至盐水一侧，这种现象叫渗透。在进行渗透的过程中，由于盐水一侧液面升高会产生压力，因此抑制淡水中的水进一步向盐水一侧渗透。最后当浓水侧的液面距淡水面有一定的高度 H，它产生的压力足以抵消其渗透倾向时，浓水侧的液面就不再上升。因为通过半透膜进入浓溶液的水和通过半透膜离开浓溶液的水量相等，所以它们处于平衡状态。在平衡时，盐水和淡水间的液面高度差 H 表示这两种溶液的渗透压差。根据这一原理，不难推论出，如果在浓水侧外加一个比渗透压更高的压力，则可以将盐水中的纯水挤出来，即变成盐水中的水向纯水中渗透。这样，其渗透方向和自然渗透相反，这就是反渗透的原理。在实践中，就是盐水在压力下送入反渗透装置，经过反渗透膜就可以得到淡水。

二、反渗透膜材料

反渗透膜按膜的结构可分为对称膜、非对称膜和复合膜。对称膜，又称均质膜，指各向均质的致密或多孔膜，物质在膜中各处的渗透速率相同，数十微米厚，阻力大无实用价值；非对称膜由一个极薄的致密皮层和一个多孔支撑层组成，有效表层厚度 0.1～0.3μm，缺点是过渡层可压密，影响水通量；复合膜有效表层厚度 0.1～1.0μm，多孔支撑层厚度为 40～60μm，织物增强层厚度为 120μm 左右，特征是主要由两种以上材料制成，它是以很薄的脱盐性能好的致密层和机械强度高的多孔支撑层复合而成。致密层可以做得很薄，有利于降低运行压力；同时消除了过渡区，抗压密性能好，使复合膜应用广泛。

复合膜多孔支撑层又称基膜，膜孔较大，阻力小。基膜的材料以聚砜最为普遍，其次为聚丙烯和聚丙烯腈。因为聚砜价廉易得，制膜简单，机械强度好，抗压密性能好，化学性能稳定，无毒，能抗生物降解。为进一步增强多孔支撑层的强度，常用聚酯无纺布。致密层也称表皮层，又称脱盐层。脱盐层的材料主要为芳香聚酰胺、醋酸纤维素，此外还有哌嗪酰胺、丙烯－烷基聚酰胺与缩合尿素、糠醇与三羟乙基异氰酸酯、间苯二胺与均苯三甲酰氯等，而且不断有新材料或材料改性发展来提高膜的除盐率和抗污染能力。

实用性反渗透膜均为非对称膜和复合膜，具有明显的方向性和选择性，应用时不能反向使用。

三、反渗透膜的选择透过性

反渗透膜对水中离子和有机物的分离特性不尽相同，对水中不同盐的脱盐率也存在差别，而且膜种类和反渗透膜表皮层的亲疏水性也对脱盐率影响很大，即溶质、溶剂和膜间的相互作用力——包括静电力、氢键结合力、疏水性和电子转移四种类型，决定了膜的选择透过性。归纳起来大致有以下几点：

（1）有机物比无机物更容易分离。

（2）对有机物的脱除规律：分子质量越大，去除效果越明显；相对分子质量大于150的大多数组分，不管是电解质还是非电解质，都能很好脱除。对极性有机物的分离规律：醛＞醇＞胺＞酸，叔胺＞仲胺＞伯胺，柠檬酸＞酒石酸＞苹果酸＞乳酸＞醋酸；有机物的钠盐分离性能好，而苯酚和苯酚的衍生物则显示了负分离。此外，反渗透膜对芳香烃、环烷烃、烷烃及氯化钠等的分离顺序是不同的。

（3）无机离子的去除率与离子水合状态中的水合物及水合离子半径有关。水合离子半径越大，越容易被除去，去除率顺序如下：

$$Mg^{2+} 、Ca^{2+} > Li^+ > Na^+ > K^+ ; F^- > Cl^- > Br^- > NO_3^-$$

电荷越高的离子，脱除率越高，去除率顺序如下：

$$Al^{3+} > Fe^{3+} > Ca^{2+} > Na^+ ; PO_4^{3-} > SO_4^{2-} > Cl^-$$

此外，硝酸盐、高氯酸盐、氰化物、硫代氰酸盐的脱除效果不如氯化物好，铵盐的脱除效果不如钠盐。

（4）对水中溶解气体的脱除规律：对氨、氯、二氧化碳和硫化氢等气体脱除效果较差，溶解性越强脱除率越低。

（5）对异构体脱除率：叔（tert－）＞异（iso－）＞仲（sec－）＞原（pri－）。

（6）一般溶质对膜的物理性质或传递性质影响都不大，只有酚或某些低分子量有机化合物会使醋酸纤维素在水溶液中膨胀，这些组分的存在，一般会使膜的水通量下降，有时还会下降得很多。

在实际工作中，有许多影响因素是相互制约的。因此在理论指导的前提下，必须进行试验验证，掌握物质的特性或规律，正确运用反渗透技术。实际中运行条件对膜性能也有影响：

（1）进水压力对反渗透膜的影响。进水压力升高使得驱动反渗透的净压力升高，使得产水量加大，同时盐透过量几乎不变，增加的产水量稀释了透过膜的盐分，提高脱盐率。当进水压力超过一定值时，由于过高的回收率，加大了浓差极化，又会导致盐透过量增加，抵消了增加的产水量，使得脱盐率不再增加。

（2）进水温度对反渗透膜的影响。反渗透膜产水电导对进水水温的变化十分敏感，随着水温的增加，水通量也线性的增加，进水水温每升高 $1℃$，产水通量就增加 $2.5\%～3.0\%$；其原因在于透过膜的水分子黏度下降、扩散性能增强。进水水温的升高同样会导致脱盐率的下降，这主要是因为盐分透过膜的扩散速度会因温度的提高而加快。

（3）进水 pH 值对反渗透膜的影响。pH 值对产水量几乎没有影响；而对脱盐率有较大影响。由于水中溶解的 CO_2 受 pH 值影响较大，pH 值低时以气态 CO_2 形式存在，容易透过反渗透膜，所以 pH 值低时脱盐率也较低，随 pH 值升高，气态 CO_2 转化为 HCO_3^- 和 CO_3^{2-} 离子，脱盐率也逐渐上升，在 pH 值在 7.5～8.5 之间，脱盐率达到最高。HCO_3^- 和 CO_3^{2-} 离子对电除盐设备运行有影响，也会影响后续设备除硅效果，因此运行时也需注意。

（4）进水盐浓度对反渗透膜的影响。渗透压与水中所含盐分或有机物浓度有关，含盐量越高渗透压也增加，进水压力不变的情况下，净压力将减小，产水量降低。透盐率正比于膜正反两侧盐浓度差，进水含盐量越高，浓度差也越大，透盐率上升，从而导致脱盐率下降。

四、反渗透设备结构

（一）反渗透膜元件

为了适应不同的出水能力，反渗透膜元件有板框式、管式、螺旋卷式及中空纤维式等，由于其设计方式的不同，因而其制水能力不同。

螺旋卷式反渗透器的结构如图 3-10 所示。螺旋卷式反渗透膜组件的膜也是平板膜，将膜对折后两边黏合形成袋状，袋内有多孔支撑网，袋的未密封端与中心管相通，两块袋状膜之间由隔网（导流网片）隔开。然后把这些膜和网卷成一个螺旋卷式反渗透组件，将此组件装在密闭的容器内即成反渗透膜组件。

此种反渗透器运行时，盐水在压力下送入此容器后，通过浓水侧导流网片的通道至反渗透组件另一端作为浓水排出，而透过反渗透膜的水进入袋状膜的内部，沿螺旋卷的方向通过袋内的多孔支撑网，流向中心管，随后由中心管汇集作为产品水（淡水）送出。

螺旋卷式的优点是结构紧凑，占地面积小。缺点是容易堵塞，清洗困难，因此对原水的预处理要求较严。

中空纤维式反渗透装置与中空纤维式超滤组件相似，只是膜丝更细，膜孔更小。常用反渗透纤维外径为 $50～200\mu m$，内径为 $25～42\mu m$，因此中空纤维式单位体积内有效膜表面积比率高于螺旋卷式膜组件。实际工业应用中，螺旋卷式反渗透膜的应用更广泛，中空纤维式超滤膜应用更多。

（二）反渗透膜元件组合（以螺旋卷式膜元件为例）

图 3-11 反渗透膜元件在压力容器内的组合。反渗透装置每根压力容器内串联 6 根标准膜元件，水回收率一般控制在 50% 左右。

工业上净水处理常用的螺旋卷式单个膜元件水回收率 13%～19%（中空纤维式约为

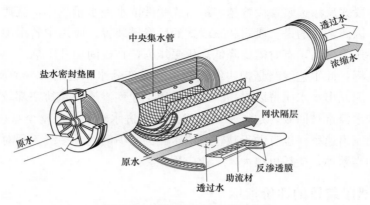

图 3-10　螺旋卷式反渗透器结构

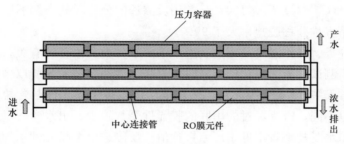

图 3-11　反渗透膜元组合

20%～30%）因此反渗透装置每根压力容器内可串联 3～8 根标准膜元件，压力容器水回收率一般控制在 50% 左右。膜元件的组合设计中，要求第 1 段第 1 支膜进水流速不大于规定值，防止压力过大膜破裂，最后 1 段最后 1 支膜浓水流速不小于规定值，防止浓水侧流速慢膜面结垢。因此高含盐量进水一般段数少，回收率低，每个膜压力容器内膜元件个数多。

（三）反渗透技术基本流程

基本流程常见的有以下 4 种形式：

（1）一级流程：是指在有效横断面保持不变的情况下，原水一次通过反渗透装置便能达到要求的流程。此流程的操作最为简单，能耗也最少。一般家用的净水装置采用此种模式。

（2）一级多段流程：反渗透作为浓缩过程时，一次浓缩达不到要求时，可以采用这种多段浓缩流程方式。它与一级流程不同的是，有效横断面（即进水量）逐段递减。如图 3-12 所示二段式反渗透装置水回收率 70%～80%，脱盐率 95%～98%，一般适用于 6000mg/L 以下苦咸水；三段式反渗透装置水回收率 85%～87.5%，脱盐率 93%～97%，一般适用于含盐量 400mg/L

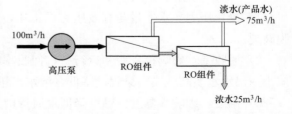

图 3-12　二段式反渗透装置的制水示意图

以下的原水。多段式反渗透装置段数越多最后膜元件浓水侧水量越小，流速低，易造成浓水侧结垢严重，因此常见的是二段式和三段式的反渗透装置。应用中若水中含盐量高，为防止首个膜元件压力过高，有时需要降低高压泵压力，在段间加升压泵。

（3）二级流程：此工艺线路是把一级流程得到的产品水，送入另一个反渗透装置去，进行再次淡化，因此出水水质得以提高。因为常用工业反渗透膜除盐率都较高，因此二级反渗透装置的浓水经常被回收，送入一级反渗透装置进水端，提高整个系统的水回收率，且加大浓水侧的流出速率，也有助于减轻膜浓水侧的结垢问题。多级流程对水质提高作用不明显，操作相当繁琐，能耗也很大，工业应用少。

五、反渗透膜装置的评价指标

反渗透膜装置的优劣影响其使用，因此常用下述性能指标作为评价指标。

（1）脱盐率＝$(C_0-C)/C_0\times100\%$，常用反渗透的公称脱盐率都不小于95％以上，很多厂家提供的产品宣称公称脱盐率大于99％。

脱盐率与膜种类、操作温度及压力、进水中离子种类及浓度等有关，公称脱盐率是指在标准测试条件下测试溶液为氯化钠溶液时单只膜元件的脱盐率。所以像反渗透膜装置一个压力容器内经常安装3～8个膜元件，进水依次进入每个膜元件时含盐量不断增加，每个膜元件的压力也不同，进水经过的串联的膜元件个数越少，出水含盐量越低，水回收率越低。因此总的出水脱盐率肯定低于厂家宣称值。反渗透单个膜元件水回收率有差别，因此水回收率和脱盐率会有差别。

（2）透水率—水通量$[L/(m^2\cdot h)]$。与操作温度及压力、进水中离子种类及浓度、膜种类等有关，亲水性膜的水通量较疏水性膜大。水温升高，黏度降低，水通量也增加。

（3）物化性能。抗压性、耐酸碱性、耐温、耐余氯、耐氧化、耐生物及化学污染性等。工业应用中，膜分离装置允许进水中游离氯的最高含量：醋酸纤维素膜为1mg/L，芳香聚酰胺类复合膜为0.1mg/L。后者也更易受到水中其他氧化剂如次氯酸钠、溶解氧、高价金属离子等的侵蚀，造成膜不可逆的损坏。乙醇、酮、乙醛、酰胺等有机溶剂和微生物对膜的侵蚀，都会缩短膜的使用寿命。此外，运行压力造成膜压密，水通量降低；压力过高还可能发生不可逆压实状态，复合膜的基膜具有高交联结构，因此抗压密能力强，耐压极限高。

（4）工艺参数的选择：

1）操作压力。水通量与有效压力成正比，高压运行时对膜的压密系数影响大，过大膜破裂。

2）回收率：影响投资费和运行费，回收率低→运行费用高→浓水含盐量低→渗透压减小→出水水质高→膜污染程度降低（浓水水量大，流速高的影响）。

3）温度：影响水黏度→黏度降低水通量增大，除特定膜外运行温度不大于40℃。

4）流速：第1段第1支膜元件进水流速不大于规定值，最后1段最后1支膜元件浓水流速不小于规定值。

5）压力降：必须不大于规定值，因此高含盐量进水回收率低。

第四节 反渗透处理工艺

为了保证反渗透系统的正常运行和延长膜的使用寿命，反渗透装置需要配套相应的前置过滤装置、加药装置、清洗装置等设备。

一、反渗透装置设备

瑞金电厂二期反渗透系统膜元件选用美国海德能 TML20D—400 膜元件，每套 192 支膜。每套反渗透装置 32 只压力容器，每只压力容器内安装 6 支膜元件，反渗透装置设置为一级二段，设计产水的回收率不小于 75%，排列方式为 22：10。单支膜元件脱盐率可达到 99.5% 以上，设计装置一年内脱盐率不小于 98%（20℃），三年内脱盐率不小于 97%（20℃）。额定出力为 $2 \times 125 m^3/h$。

1. 进水监测设备

为了保护反渗透系统，在反渗透进水前设置了两个监测点，监测进水的 SDI 值和余氯含量。

污染指数 SDI 值是表征反渗透系统进水水质的重要指标，其测量原理是测量 30psi（0.21MPa）给水压力下通过直径 47mm 孔径 $0.45\mu m$ 微孔滤膜过滤 500mL 原水所需要的时间 t_0 与 15min 后过滤 500mL 原水所需要的时间 t_{15}，然后用其来表征流速的衰减。其计算公式为：$SDI = (1 - t_0/t_{15}) \times 100/15$。之所以选择 $0.45\mu m$ 孔径的膜，是因为在这个孔径下，胶体物质比硬颗粒物质（如沙子、水垢等）更容易堵塞膜。SDI 值越低，水对膜的污染阻塞趋势越小。

2. 保安过滤器

为截留预处理系统漏过的颗粒性杂质，防止水中及管道中的微粒进入高压泵划伤叶轮和划破反渗透膜元件，特设置滤芯式保安过滤器作为最后的预处理手段，可将预处理后水中不小于 $5\mu m$ 的固体颗粒除去。保安过滤器的控制方式采用压差控制方式，当过滤器压差达到设定值时 0.1MPa，需更换滤芯。

3. 高压泵

将预处理后的水加压，并打入反渗透装置。反渗透膜分离推动力是压力差，而这种压力是由高压泵来提供的，因此高压泵的设置是为了使反渗透的进水达到一定的压力，让反渗透过程得以进行。

反渗透高压泵采用变频控制，以防膜组件受高压水的冲击。高压泵过流部分材料均采用 316SS 不锈钢。密封方式采用机械密封。高压泵进口装压力开关，压力低时报警及停泵；高压泵出口装压力开关，压力高时报警及停泵。

4. 反渗透膜组件

海德能 TML20D—400 反渗透膜，是采用芳香组聚酰胺复合材料生产的一款高脱盐率、高产水量、化学稳定性好、抗污染卷式膜元件。膜元件直径 20cm，有效膜面积为 $37.16m^2$（400 英尺^2），透过水量 31.8～39.7m^3/d，进水流道宽度 $863.6\mu m$（34 密耳），使其不仅有较强的抗污染性，更具有化学清洗后的有效恢复性，单支膜元件水回收率13％～19％。适合于含盐量不大于 10 000mg/L、有较严格的预处理、但水中仍含有有机物等污染物的领域。

出厂时每一支膜元件均配有一只浓水密封环、一只膜元件连接管和相应 O 型环。膜元件均真空封装于 1.0％偏亚硫酸氢钠（$Na_2S_2O_5$）保护液中。

将反渗透膜元件如图 3-11 所示装在压力容器（膜壳）中组成一个完整制水单元膜组件，膜壳的外壳一般由环氧玻璃钢布缠绕而成，外刷环氧漆，也有不锈钢材质的。瑞金电厂二期反渗透膜组件内为 6 支膜元件串接，单只膜元件水回收率约 15％，使膜组件水回收率约 50％。而反渗透膜处理装置设置为一级二段式，第一段内 22 支膜组件，第 2 段配制 10 支膜组件。

5. 反渗透装置

反渗透装置是将反渗透膜组件用管道按照一定排列方式组合、连接而成的组合式水处理单元，管路上连接相应的压力、流量、温度、电导率仪等表计，系统的进水、产水和浓水管道上都装有一系列的控制阀门，监控仪表及程控操作系统，保证设备能长期稳定地运行。

反渗透高压泵送进设备的给水，大部分水分子和极少量的小分子透过膜层，经收集管道汇集后进入产水管再注入淡水箱。未透过的溶液经膜通道流至浓水口后通过浓水排放管排放。

6. 反渗透在线加药系统

反渗透装置运行中水中有机物、微生物或水垢等易造成膜的污堵，通常需要配置加药装置向系统中加入相应药品溶液。

（1）阻垢剂加药装置。自然水源中有 Sr、Ba、Si、Ca、Mg、硅酸根、重碳酸根等倾向于产生结垢的离子，在反渗透的工作过程中，进水逐步得到浓缩，使浓水侧这些离子浓度成倍增加（设计回收率≥75％则浓水的离子浓度是进水的 4 倍以上），浓度积超过平衡常数，会在后段的膜组件中靠后的膜元件产生严重的结垢。所以必须投加反渗透系统专用高效阻垢分散剂，有效控制膜结垢，配制阻垢剂溶液时浓度不能太低，建议每次配药使用周期 7～10 天。

反渗透进水加酸可降低 pH 值，抑制碳酸钙、氢氧化镁等结垢的发生，从而可减少阻垢剂的用量。因此也有厂家配制加酸装置配合阻垢剂使用。

（2）还原剂加药装置。采用亚硫酸氢钠 $NaHSO_3$（SBS）作为还原剂，用以还原超滤出水中的余氯，使进水满足反渗透膜元件对余氯的要求（＜0.1mg/L），而且也作为还原性杀菌剂使用。为保证充足的还原时间，及过滤水中杂质的需要，投加点设在超滤产水箱出水与保安过滤器进水之间的母管。设计以原水中余氯为 1.0mg/L 考虑（以有效氯计），根据等当量原则及实际经验，设定为每 1.0mg/L 余氯投加 1.8～3.0mg/LSBS，使原水中余氯小于 0.1mg/L。

注意：$NaHSO_3$ 作为还原剂可以与空气中的氧反应，因此配药浓度不能过低，且配制药品使用周期不超过 1 周，通常以 20％浓度的溶液进行投加。另外还需注意的是 SBS 的溶解度随温度降低而降低，低温时适当稀释 SBS 防止结晶，SBS 浓度为 34％时小于 12℃ 有结晶析出，而浓度为 11％时在 0℃也不结晶。

（3）非氧化性杀菌剂加药装置。有机物特别是溶解性有机物和微生物对膜的污堵，在膜性能衰减故障中所占比例不低，且此类污染物造成的膜污堵分布在整个膜系统的各个膜元件上，甚至淡水侧也有发生，但大多数反渗透复合膜材料对氧化性杀菌剂敏感，因此连续性投加氧化性杀菌剂在进膜之前必须有还原工序，因此非氧化性杀菌剂可作为选择，但其杀菌能力弱于前者，且长期使用易使细菌产生抗药性，因此一般推荐定期大剂量冲击式投加杀菌剂或定期更换药品品种。厂家推荐的有 1％甲醛或戊二醛溶液、20mg/L 的异噻唑啉酮溶液、1％的亚硫酸氢钠溶液等。

需要注意的是反渗透加药系统配药均需采用反渗透出水配制，药箱出药口用相应 $5\mu m$ 保安过滤器等过滤设备保障无杂质带入。

7. 反渗透清洗系统

反渗透启停或长时间停运时，需要对装置进行低压冲洗，膜通量下降、运行一定周期、膜压差增大、或长时间停运等情况下，冲洗后还需要进行相应的化学清洗，系统填充保护液，从而有效保护装置及膜元件。

（1）自动低压冲洗装置。反渗透在运行的过程中，浓缩过程和浓差极化将导致膜表面所接触原水的固含量浓度远远大于原水的本体浓度。因此配备自动低压冲洗装置在停机后、开机前或连续运行一个可调整的期间后对反渗透膜进行定时的低压冲洗，将附于膜表面的少量污染物冲走。冲洗完成后，系统自动恢复到冲洗启动前的状态。

（2）化学清洗装置。

1）化学清洗无论预处理如何彻底，膜元件经过长期使用后，膜表面仍会受到结垢的污染。在运行中，出现下列现象之一者，反渗透膜需要进行化学清洗：

①标准化后膜产水透过量下降 10％～15％；

②标准化后装置的脱盐率降低 10％～15％；

③标准化后膜的压力差（原水进水压力－浓水压力）增大 10％～15％；

④标准化后已被证实有结垢或有污染；

⑤运行时间超过 6 个月。

2）化学清洗过程一般为以下过程：配置清洗药液、低压冲洗、循环清洗、浸泡、循环清洗、高流量低压冲洗和清洗。各阶段作用如下：

①冲洗过程　必不可少的两个冲洗过程：化学清洗开始时的冲洗能有效地刷洗膜表面污物；当化学清洗完成后的冲洗主要是有效地洗除化学清洗液，保证产品水的质量。

②浸泡过程　既可以使化学液与污染物有足够的时间发生相应的化学反应，又能让污染物从膜的表面脱落，溶于化学液中达到化学清洗的目的。

③循环清洗过程　循环清洗是系统化学清洗的主要过程。该过程中化学液与膜内部污染物发生物理的动力接触，进一步发生渗透、摩擦、剪切等反应，从而达到化学清洗的目的。

所以本系统设置一套清洗系统，配置清洗药液的药箱为 1 个，容积要大于 1 套反渗透装置所有设备（包括保安过滤器等）和管道填充满需要的药液量，当膜组件受到污染后，可进行化学清洗。

二、反渗透装置使用注意事项

使用反渗透器时，除了注意膜的维护和保养外，还应注意以下防止故障措施。

（一）原水预处理

为了避免堵塞反渗透器，原水应经过预处理以消除水中的悬浮物，降低水的浊度，此外还应进行杀菌以防微生物的滋生。常规卷式复合膜对进水水质的要求见表 3-5。

表 3-5　　　　　　　　　　　　常规卷式复合膜对进水水质的要求

导致膜污染的指标		允许值
悬浮物等	浊度	$<1NTU$
	SDI	<5.0
	颗粒物	<100 个/mL
	微生物	<1 个/mL
金属氧化物	铁，Fe^{3+}	$<50\mu g/L$
	锰，Mn	$<50\mu g/L$
结垢物质 1	$CaCO_3$	LSI<0
	$CaSO_4$	$<230\%$
	$BaSO_4$	$<6000\%$
	$SrSO_4$	$<800\%$
结垢物质 2	CaF_2	浓水侧浓度小于 1.7mg/L
	$Ca_3(PO_4)_2$	浓水侧浓度不能超过溶解度
	SiO_2	$<100\%$
有机物 3	油	0
	TOC	$<10mg/L$
	COD	$<10mg/L$
	BOD	$<5mg/L$
导致膜劣化的指标		允许值
pH 值		$3\sim10$
温度（℃）		$10\sim40$
氧化剂	余氯	$<0.05mg/L$
	臭氧	0
	其他	0
表面活性剂		选择阳离子型或两性表面活性剂使用要注意
酒精		$<10\%$
有机溶剂如二甲基甲酰胺；苯类；混合类如柴油、汽油等		0

由于卷式反渗透膜元件对水中的悬浮物的要求很高，因此人们常采用 FI 或 SDI 指数

来表征水中悬浮物的污堵情况。反渗透装置进水的污染指数以不大于 3 为宜。各种半透膜都有最适宜的运行 pH 值，主要是为了防止在膜表面上产生碳酸盐水垢和膜的水解。

（二）防止浓差极化

反渗透的工作过程是进水在膜的一侧从一端流向另一端，水分子透过膜表面，从进水侧到达另一侧，而无机盐离子就留在原来的一侧。随着原水的流程逐渐增长，水分子不断从原水中取走，留在原水中的含盐量逐步增大，即原水逐步得到浓缩，而最终成为浓水，从装置中排出。浓水受浓缩后各种离子浓度将成倍增加。自然水源中 Ca^{2+}、Mg^{2+}、Ba^{2+}、Sr^{2+}、HCO_3^-、SO_4^{2-}、$HSiO_3^-$ 等倾向于产生结垢的离子浓度积一般都小于其平衡常数，所以不会有结垢出现，但经浓缩后，各种离子的浓度积都有可能大大超过平衡常数，因此会产生严重的结垢。判断不结垢的标准是：

（1）对于碳酸盐垢，以饱和指数（LSI）为基准，饱和指数又称朗格利尔指数。碳酸钙在水中呈饱和状态时，重碳酸钙既不分解为碳酸钙，碳酸钙也不会继续溶解，此时的 pH 值称为饱和的 pH 值，当 LSI<0 时不结垢，LSI>0 时结垢。

（2）对于硫酸盐垢，是以水中阳、阴离子的浓度积与溶度积 K_{sp} 来确定的。当溶度积小于 K_{sp} 时不结垢，反之就会出现结垢。

而且在反渗透除盐过程中，由于水不断透过膜，从而使膜表面上的盐水和进口盐水之间产生一个浓度差，这种现象为浓差极化。浓差极化会使盐水的渗透压加大，有效推动力减小，以致造成透水速度和除盐率下降。另外还加剧引起某些微溶性盐类在膜表面上析出。因此在运行中应采用高进水流速，保持盐水侧的水流呈紊流状态，尽量减少浓差极化。

在反渗透系统里，主要的难溶解盐类为 $CaSO_4$、$CaCO_3$、CaF_2、$BaSO_4$、$SrSO_4$、金属氧化物以及硅类物质，这会使反渗透膜孔或表面结垢，造成运行中水通量下降，防止无机盐垢的主要方法有：

1）加酸降低水中 CO_3^{2-} 及 HCO_3^- 的浓度，防止生成 $CaCO_3$ 垢；

2）加阻垢剂控制 $CaSO_4$、$CaCO_3$、CaF_2、$BaSO_4$、$SrSO_4$ 等垢的生成。

反渗透器运行一段时间后，难免会在膜表面上积累一些有机物、金属氧化物及胶体等，必须进行清除。无机盐垢常用化学药剂清洗法。

（三）防止运行中水通量下降

进水中的悬浮物和胶体，即水中微生物、残渣/泥沙、胶体、有机物及金属氧化物等，也是造成反渗透膜经常污堵的因素。

在条件允许的情况下，建议经常对系统进行水冲洗。增加冲洗次数比进行一次化学清洗更有效。冲洗是采用低压大流量的进水冲洗膜元件（注意进水要使用反渗透滤出水），冲洗掉附着在膜表面的污染物和堆积物，膜的低压冲洗可以减少膜面浓度差，防止膜脱水现象的发生。

（四）膜的水解和降解

进水 pH 值、过高的温度以及进水中的氧化剂都会造成膜不同程度的水解和降解，某些微生物也会造成膜的生物降解，这时反渗透膜的水通量增加，但是脱盐率大大下降，特别是高价态离子含量增加明显。

(五) 反渗透装置污染后症状和对策

RO 膜的污染或结垢是受其污染物的种类、膜本身的材质等诸多条件的影响。对于不同的污染或结垢，其化学清洗的药剂是不一样的，且不同的膜生产厂商对污染物采用的药剂要求也不完全一致。表 3-6 列出了某反渗透厂家推荐的污染后症状判断污染来源及相应的化学清洗常用药剂配方。

表 3-6　　　　　　　　　　　　反渗透化学清洗常用药剂配方

污染物	显示的症状	生成的原因	清洗液的配方
碳酸钙结垢	膜增重；产水量降低；脱盐率降低；压降增大	进水硬度高；pH 值高；碱度高；回收率偏高	(1) 0.2%(Wt)盐酸 pH=2~4； (2) 2%(Wt)柠檬酸 pH=2~4； (3) 0.5%(Wt)磷酸 pH=2~4
硫酸钙结垢	膜增重；产水量降低；脱盐率降低；压降增大	阻垢剂未加入；回收率调得太高	1.0%(Wt)Na-EDTA+0.1%(Wt)NaOH pH=12，$T<30℃$，浸泡一夜
微生物细菌污染	有气味；进水端发霉；产水量降低；压降增大	膜元件保存不当；给水中含微生物；次氯酸钠未加入	(1) 0.5%~1%甲醛清洗； (2) 0.1%(Wt)NaOH+0.5%~1.0%(Wt)Na-EDTA，pH=12，$T<30℃$
铁污染	给水端有铁红色发生；开机时浓水呈棕红色；产水量及脱盐率降低	管道或过滤器中腐蚀的铁进入水中；给水中铁含量超过 0.1mg/L	(1) 1.0%(Wt)NaHSO₃； (2) 0.5%(Wt)H₃PO₄； (3) 0.2%(Wt)HCl
无机胶体污染	进水端呈棕色或黏泥；产水量及脱盐率降低	预处理不当；SDI 值偏高	0.1%(Wt)NaOH，pH=12，$T<30℃$

(六) 膜的维护

1. 新膜（使用前）

(1) 膜元件必须一直保持在湿润状态。即使是在为了确认同一包装的数量而需暂时打开时，也必须是在不捅破塑料袋的状态下，此状态应保存到使用时为止。

(2) 在超过 10℃ 的氛围中保存时也要避免直射阳光，选择通风良好的场所。这时，保存温度勿超过 35℃。

(3) 如果发生冻结就会发生物理破损，所以要采取保温措施，勿使之冻结。

2. 通水后膜元件

反渗透器运行一段时间后，难免会在膜表面上积累一些有机物金属氧化物及胶体等，必须进行清除。清除的方法有低压水冲洗法和化学药剂清洗法。因此通水后的维护措施：

(1) 膜元件必须一直保持在阴暗的场所，保存温度勿超过 35℃，并要避免直射阳光。

(2) 温度为 0℃ 以下时有冻结的可能，要采取防冻结措施。

(3) 复合系列膜元件要用含有存用药品（偏亚硫酸氢钠，500~1000mg/L，pH=3~6）的纯水或反渗透过滤水进行浸泡。

(4) 无论在何种情况下进行保存时，都不能使膜处于干燥状态。

（5）保存液的浓度及 pH 值都要保持在上述范围，需定期检查。如果可能发生偏离上述范围时，要再次调制保存液。

3. 定期对膜元件进行在线化学清洗

采用了合理的预处理系统和良好的运行管理，它只能使膜元件受污染的程度有所降低，要完全消除膜的污染是不可能的。因此，反渗透膜系统运行一段时间后，将可能受到多种污染物的污染，尤其是使用在污水深度处理装置的反渗透膜系统，污染更是经常发生。一般情况下，经过标准化后的产水量下降 15％左右，进水和浓水之间的系统压降升高到初始值的 1.5 倍，产水水质有明显下降，就需要对膜元件进行化学清洗。

化学清洗时，首先要判断污染物种类，然后根据膜的特性选择合适的清洗配方和清洗工艺。清洗时要注意控制清洗液的 pH 值、温度和清洗液的流量。为了保证冲洗效果，具备条件的可以采用分段清洗的方法进行化学清洗。目前国内已经有专业化生产的膜专用清洗药剂供选择使用。清洗效果可以通过比较清洗前后的装置的脱盐率、产水量和压降等性能来确认。

通常需按特定的次序使用各种不同的清洗药品进行清洗，以获得最佳的清洗效果。比如首先使用低 pH 值的清洗除去水垢一类的物质，然后使用一种高 pH 值的清洗液除去有机物。但是有时也会首先使用高 pH 值的清洗液除去油类污垢，然后再使用一种低 pH 值的清洗液。有一些清洗液中还添加有洗涤剂，这将有助于清除污染严重的生物和有机杂质。其他的清洗添加有像 EDTA 之类的螯合剂，这些螯合剂有助于清除胶体、有机物、生物杂质和硫酸盐垢。必须记住的是选用不正确的清洗药品或清洗步骤不正确时可能会使污堵更严重。

4. 停运保养

即使采用了比较有效的清洗方法，仍难免使膜的性能衰退，单位膜面积的透水量降低。所以，为了保证淡水水质，除了采取以上措施之外，还应定期更换一定数量的膜组件。另外还必须注意停运保养工作，当短期停用时，仍保持膜表面有水流动，一般是让淡水流过浓水侧，或用 $NaHSO_3$ 溶液浸泡；当停用一周以上时，应该用 5g/L 的福尔马林溶液浸泡。

5. 对膜元件进行离线化学清洗

当膜系统经过多次在线化学清洗后无法恢复性能，或者膜系统受到重度污染后，则需要对膜元件进行离线化学清洗。膜元件的重度污染是指污染后的单段压差大于系统投运初期单段压差值的 2 倍以上、反渗透系统产水量下降 30％以上或者单支反渗透膜元件质量超过正常数值 3kg 以上的情况。离线化学清洗需要在厂家指导下进行。

第四章　凝结水精处理设备及系统

凝结水一般是指锅炉产生的蒸汽在汽轮机做功后，经循环冷却水冷却凝结成的水。实际上包括了汽轮机内蒸汽做功后的凝结水、各种疏水和锅炉补给水等。

未经处理的凝结水中，一般都因某些原因受到一定程度的污染，从而导致含有一定量的杂质，这些原因主要有以下几点。

1. 凝汽器泄漏

凝汽器的泄漏可使冷却水中的悬浮物和盐类进入凝结水中。泄漏可分两种情况：严重泄漏和轻微泄漏。前者多见于凝汽器中管子发生应力破裂、管子与管板连接处发生泄漏、腐蚀或大面积的腐蚀穿孔等，此时，大量冷却水进入凝结水中，凝结水水质严重恶化。后者多因凝汽器管子腐蚀穿孔或管子与管板连接处不严密，使冷却水渗入凝结水中。凝汽器泄漏往往是电厂热力设备结垢、腐蚀的重要原因。

2. 金属腐蚀产物的污染

凝结水系统的管路和设备往往会由于某些腐蚀性物质的作用而被腐蚀，因此凝结水中常常有金属腐蚀产物，其中主要是铁和铜的氧化物。此外热力系统设备的金属腐蚀产物也会进入水汽系统。

3. 锅炉补给水带入少量杂质

化学水处理出水中仍含有一定量的残留盐分。此外，除盐水停留在除盐水箱，经过除盐水泵和管道时，也会携带少量的悬浮物及溶解气体而进入给水。

由于以上几种原因，凝结水或多或少有一定的污染，为满足锅炉给水水质的要求，须对含杂质很低的凝结水进行深度处理，因此称为凝结水精处理。

第一节　凝结水处理过滤设备及运行

凝结水精处理系统可以有效地、连续地去除机组在正常或非正常运行情况下热力系统中的金属腐蚀产物或因凝汽器微量泄漏而进入系统的盐分，从而提高机组的效率，延长酸洗周期。在机组启动时，凝结水精处理系统还可以大大地缩短机组的启动时间，减少机组启动时的大量排水损失。

一、凝结水处理系统概述

凝结水处理系统分为过滤和除盐两大部分，过滤主要除去金属腐蚀产物及悬浮物等杂质；除盐装置除去离子态杂质；在混床除盐出口处安装后置过滤器即树脂捕捉器，用于截留混床可能漏出的碎树脂。通常每台机组的凝结水精处理系统由 2 台前置过滤器、3 台高速混床（1备）、3台树脂捕捉器、1台再循环泵和2套旁路系统组成。过滤器和混床按处理50%凝结水全容量设计。

每个精处理混床系统设有两套自动旁路系统（过滤器和混床各一套）。机组启动初期，凝结水中悬浮物含铁量很高，故此时的凝结水经过滤器和混床的旁路并排放，待凝结水进水总铁在$1000\sim3000\mu g/L$时再投运过滤器。而当入口凝结水总悬浮物及总铁不大于$1000\mu g/L$时，才允许进入混床。正常运行后，混床启动初期出水不符合要求时，需经再循环泵循环至混床，出水合格方可向系统供水。

每两台机组的混床共用一套再生装置，再生装置的主要功能能满足失效树脂再生前的树脂彻底分离、彻底清洗、完全再生的全部要求，且不会对树脂造成不必要的损害。分离后的阳树脂在阴树脂中比率应小于0.1%，阴树脂在阳树脂中的比率应小于0.07%，常用的有高塔法、锥底法和中抽法等再生系统。

凝结水处理设备与热力系统的连接方式有两种：混床是在较低压力下工作，在混床之后设置凝结水升压泵是低压系统连接方式；凝结水处理设备串联在凝结水泵和低压加热器之间，压力在$2.5\sim3.5MPa$即为中压系统连接方式。采用中压凝结水系统，简化了热力系统，提高了系统的严密性，能耗省，国内超临界机组凝结水处理系统均采用中压系统运行。中压凝结水系统要求凝结处理设备的结构强度和防腐衬层能承受较高压力，且对离子交换树脂的机械强度要求高。

二、凝结水过滤器设置条件

凝结水前置过滤器是用来除去凝结水中的悬浮物质及油类等杂质，以保护除盐设备的树脂不受污染。所谓的后置过滤是树脂捕捉器，用来截留除盐设备漏出的树脂或树脂碎粒等杂质。一般在下列情况下设置前置过滤器：

（1）机组调峰需要，要经常启停的直流锅炉或亚临界汽包锅炉；

（2）需要回收大量的疏水或凝结水；

（3）需要除掉悬浮物以避免阴树脂污染；

（4）为了延长混床的运行周期，对高pH值的凝结水进行除氨；

（5）在进行阴离子交换以前必须除掉凝结水中的阳离子，以避免阴树脂表面生成不溶解的氢氧化物；

（6）锅炉的补给水含有较大量的胶体硅或不能保证不发生凝汽器泄漏而冷却水中含有大量的胶体硅；

（7）凝结水混床所用的树脂机械强度差，且设计的流速过高。

三、凝结水前置过滤器

尽管凝结水混床已经朝着多功能发展和改进，以力求省去前置过滤器，但是现在各国还是倾向于设置前置过滤器。前置过滤器有电磁过滤器、管式微孔过滤器、覆盖过滤器、折叠滤芯过滤器、阳床过滤器等。

（一）管式微孔滤元过滤器

1. 结构

管式微孔过滤器的结构与覆盖过滤器很相似，不同的是滤元用合成纤维绕制成具有一定空隙度的滤层，不再覆盖其他滤料，设备结构如图 4-1 所示。

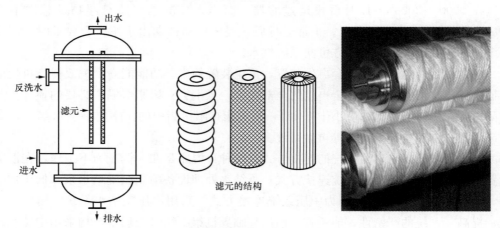

图 4-1　管式微孔过滤器结构示意图

2. 滤元

管式微孔过滤器中骨架采用聚丙烯管，其绕线为丙纶线时运行温度需≤60℃，采用不锈钢骨架绕线为丙纶线时运行温度需≤80℃；绕线为脱脂棉线时运行温度需≤120℃。管上开直径为 10mm 的孔，管外绕缠纤维，过滤精度可以为 1、3、5、10、20、50、100μm 等，制水量也依次增大。

由于启动初期的水质较脏，含有大量的杂质、油类等，很多过滤器采用过滤精度为 5μm 缠绕型滤芯（启动滤芯），以除去大颗粒铁锈等杂质。待系统正常运行时或根据过滤器出水水质情况，则更换使用过滤精度为 1μm 的大流量折叠式滤芯（运行滤芯），以达到更好的过滤效果。

3. 管式微孔过滤器的运行

当管式微孔过滤器的运行的压差大于 0.08MPa 或运行时间超过 72h，应停运进行清洗。其操作步骤如图 4-2 所示。若充分反洗或酸洗处理后，其压降仍不能降低而影响出力时，应更换滤元。

（二）折叠滤芯过滤器

微孔折叠滤芯也叫微孔滤芯/折叠膜滤芯/PP 折叠滤芯等，如图 4-3 所示。微孔折叠滤芯以复合型折叠式微膜作为过滤的介质，通过膜表面的微孔筛选，达到一定的微粒过滤作用。过滤芯材料全部为聚丙烯或尼龙膜热合成型，为滤膜提供最佳保护并确保无杂质脱落，过滤效率高达 99% 以上，阻力小、过滤面积大、使用寿命长、可杀菌消毒处理。折叠式滤芯的关键部件是超细纤维膜滤布，决定了过滤器的过滤精度和使用寿命，且滤布用量少单只滤芯过滤面积小；采用渐变式孔径结构，具有高效、低压损和长寿命等优点。

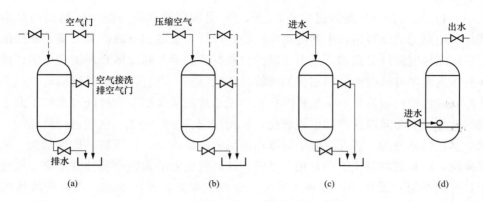

图 4-2 管式微孔过滤器的清洗步骤

（a）排水至一定水位；（b）空气擦洗；（c）水冲洗；（d）正常运行

图 4-3 微孔折叠滤芯滤元

还有使用熔喷式滤芯的过滤器，类似于反渗透装置前置过滤器（保安过滤器），但过滤精度更高，经常采用滤孔 $2.5\mu m$ 或 $1\mu m$ 的滤元。

（三）中空纤维膜过滤器

中空纤维膜是聚烯烃材料制成的，是以聚烯烃制的有机高分子材料制成单丝（外径为 $0.4\sim1.2mm$，长度为 $1\sim2m$），再由数千根到数万根单丝加工成滤元，滤元的外径约 $7.6\sim12.7cm$。将若干个滤元组合起来形成的过滤器，称为中空纤维膜过滤器。它是直接过滤的一种。中空纤维膜表面上孔的直径约 $0.1\mu m$，因此可以除去 $0.1\mu m$ 以上的悬浮物，处理水中的含铁量在 $1\mu g/L$ 以下。

（四）覆盖过滤器

覆盖过滤器就是在一种特制的多孔管件（称为滤元）上均匀地覆盖一层滤料层作为滤膜过滤时，水由管外通过滤膜和滤元的孔进入管内，水中所含的细小悬浮杂质被截留在滤膜的孔隙通道内。此外，截留的悬浮颗粒会在滤膜表面的孔隙通道入口堆积，同样能起过滤作用。常用的滤料为棉质纤维素纸粉、活性炭粉末和粉末树脂等，适用不同的进水情况。

（五）磁力过滤器

凝结水中的腐蚀产物主要是 Fe_3O_4 和 Fe_2O_3。Fe_2O_3 有两种形态，即 $\alpha\text{-}Fe_2O_3$ 和 $\gamma\text{-}$

Fe_2O_3。Fe_3O_4 和 γ-Fe_2O_3 是铁磁物质，α-Fe_2O_3 是顺磁性物质。磁力过滤器的基本工作原理就是利用磁力清除凝结水中铁的腐蚀产物，可分为永磁和电磁两种类型，常用的电磁过滤器或称高梯度磁性分离器，是由非磁性材料制成的承压圆筒体和环绕筒体的线圈组成的。在筒体内装填有铁磁性材料制成的球状或条状填料。当直流电通过线圈时，就产生磁场，球形铁磁性填料被磁化，在填料的孔隙中就形成磁场梯度。当被处理水从下向上通过填料层时，水中的金属腐蚀产物也被磁化，从而被填料颗粒吸住。达到运行终点时，先停止进水，然后切断电源。再在线圈中通以逐渐减弱的交流电，使填料的磁性消失，从下向上通水冲洗，填料颗粒发生滚动并相互摩擦，从而将吸着的腐蚀产物冲洗下来。电磁过滤器由于具有耐高温，设备小，处理水量大，分离效果好，操作简单，也有阶段性的大量应用。

（六）阳床过滤器

凝结水中含量较高离子的是氨离子，因此也有用强酸阳离子交换器作为过滤器使用，去除部分悬浮颗粒，同时除去部分氨离子和其他杂质阳离子，减轻混床除盐负担。

第二节　高速混床设备及运行

在大多数凝结水处理系统中，混床是凝结水处理的主要设备，其结构与补给水除盐混床相似。几乎所有的凝结水混床都是由氢型强酸阳树脂与氢氧型阴树脂组合而成，其作用是在除去凝结水中悬浮物的同时，还能去除水中的盐分。

一、高速混床的结构

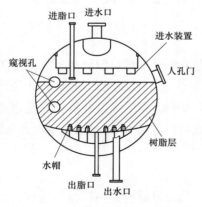

图 4-4　球形高速混床示意图

高速混床采用体外再生简化了混床内部结构，有利于其运行，因此高速混床的运行空床流速一般控制在 100~120m/h，运行最大流速 120m/h，因此处理水量大，为减小树脂阻力，树脂层高一般为 1m 左右。为节省设备空间，高速混床除柱形混床外，600MW 及以上机组多采用球形混床（见图 4-4）。因高速混床进水主要为凝结水，水中杂质含量较低，根据水中杂质、氨含量、出水需求及工艺流程不同，阳阴树脂体积比有 3:2、2:1、1:1、1:2 等。

与补给水处理常用的体内再生混床相比，高速混床结构上有以下差别：

（1）国内机组多采用中压系统连接方式，因此混床进口设有小管径升压进水旁路，小流量进水使混床压力平稳逐渐上升。

（2）高速混床体外再生，因此混床底部最低点有混床出脂门，上部有混床进脂门，且不设石英砂垫层，而用双速水帽作为底部配水装置，防止树脂的漏出，也能提供大流量反洗水。

二、对树脂性能的要求

高速混床树脂的选择要求严格，一般符合以下原则：

（1）必须选用机械强度高的树脂。因为混床运行流速高，压力大（中压运行），树脂污染后，要利用空气擦洗，再生又是体外再生，树脂在管道内多次输送，所以选用的树脂必须具有很好的机械强度，否则会磨损、破碎得很严重。

（2）阴阳树脂的粒径要合适且大小要均匀，一般要求90％以上重量的树脂颗粒集中在粒径偏差在±0.1mm范围内，这是因为以下几个方面的原因：

1）减轻树脂的交叉污染。粒度不均的树脂，在反洗分层后，小颗粒阳树脂沉降速度与大颗粒阴树脂沉降速度接近，不易水力分开，容易形成小颗粒阳树脂和大颗粒阴树脂互相掺杂的混脂区。混脂的存在，即使再生非常彻底，树脂层中总有一部分RCl和RNa树脂。这对凝结水精处理水质影响很大，表现为混床漏Na和漏Cl。

2）树脂层压降小。如果颗粒不均匀，小的填充在大的之间，水流阻力大，压降大，均匀颗粒不存在此问题。

3）水耗低。均粒树脂颗粒反洗时，无大颗粒树脂拖长时间，所以反洗时间短，用水少。

（3）高速混床倾向选用粒度较大的树脂。这是因为粒度大，可以减少运行时的压降，满足制水量要求。但粒度过大，树脂容易破碎和出现裂纹。

（4）必须选择合适的阳、阴树脂比例。阳、阴树脂比例应根据凝结水水质污染状况及机组运行工况选择。

三、高速混床的运行形式

高速混床能有效除去水中的离子及悬浮物等杂质，但凝结水水质在无凝汽器泄漏时水质较好，水中杂质离子含量远低于氨离子浓度，因此高速混床中常采用氢型混床（H/OH型）和氨型混床（NH_4/OH型）两种运行形式。

1. H/OH混床

H/OH混床的主要作用是在除去凝结水中的氨和盐分，同时还有除去悬浮物的作用。在除盐时，其离子交换反应如补给水混床反应。由于反应生成物是水，反应较为彻底，因此在机组正常运行时可以提供较好的水质，而且在凝汽器发生泄漏时，会比NH_4/OH混床表现出更为优越的性能。

（1）凝汽器发生泄漏时应采用H/OH混床运行。无论冷却水是海水还是江河水或地下水，如果凝汽器发生泄漏时，大多表现为凝结水中的含钠量显著增高。这时凝结水除盐设备的主要目的是除去以钠离子为主要阳离子的各种盐。当然，在除去钠离子的同时，硬度成分被优先除去。

在凝汽器没有发生泄漏时，H型阳树脂的失效主要是因为铵离子的穿透，而树脂的钠交换容量非常低。在凝汽器开始发生泄漏时，树脂的钠交换容量可显著提高。这时凝结水除盐设备可继续运行一段时间而出水水质没有明显变化。然而，一旦凝汽器泄漏停止，树脂的钠交换容量就降低，于是树脂就开始释放钠。因此，发生凝汽器泄漏后凝结水混床的树脂要及时再生。如果采用氨型阳树脂，由于 NH_4^+ 对 Na^+ 的选择系数比 H^+ 对 Na^+ 的选择系数低得多，也许在很短的时间内 NH_4/OH 型混床的出水就可能漏钠。如果分别将 H/OH 和 NH_4/OH 两种方式进行比较，凝汽器无论是短时间泄漏还是较长时间泄漏，氨化运行混床的出水水质都明显差。所以，在凝汽器发生泄漏时，凝结水混床应采用 H/OH 方式运行。

另外，如果凝结水混床前设置阳离子交换器用于除氨，在凝汽器发生泄漏时，可使凝结水混床的出水水质保证更长的运行时间，并使出水 Na^+ 漏量更低。但这时凝结水混床就更没有必要采用氨化运行方式。

（2）传送树脂不完全对出水水质的影响。当氢型混床失效后进行体外再生时，如果传送树脂不完全，则留在混床的阳树脂主要是 RNH_4 型。这些 RNH_4 型树脂与再生好的 RH 型树脂经混合均匀后，使混床内各部位的比例基本相同。K_H^{Na} 约为 2，$K_{NH_4}^{Na}$ 约为 0.67，这样因传送树脂不完全对混床出水有一定的影响。由此可知，在混床投运的初期主要是靠 RH 型树脂对 Na^+ 交换；在混床快失效时，阳树脂以 RNH_4 型为主，只有少部分 RH 型和 RNa 型，其中 x_{Na} 与 x_{NH_4} 之比在 1‰～1%，这时出水中 Na^+ 含量上升。

根据离子交换化学反应平衡公式：

$$K_{NH_4}^{Na} = \frac{[RNa] \times [NH_4^+]}{[RNH_4] \times [Na^+]}$$

$$= \frac{\overline{x}_{Na} \times [NH_4^+]}{\overline{x}_{NH_4} \times [Na^+]}$$

$$\overline{x}_{NH_4} + \overline{x}_H + \overline{x}_{Na} = 1$$

$$[Na^+] = K_{Na}^{NH_4} \times \frac{\overline{x}_{Na}}{\overline{x}_{NH_4}} \times [NH_4^+]$$

因此，在混床刚投运的初期的漏氨量不足 $0.1\mu g/L$，而漏 Na^+ 量还要比此浓度低 2～3 个数量级。

2. NH_4/OH 混床

当采用 H/OH 混床处理凝结水，其出水已经漏 NH_4^+，但混床继续运行，或将再生好的 H 型树脂再用氨水转为铵型的混床叫作氨化混床。前者叫作运行氨化混床，后者叫作直接氨化混床。NH_4/OH 混床的主要作用是在除去凝结水中的盐分，同时还有除去悬浮物的作用。在除盐时，以氯化钠为例，其离子交换反应如下由于反应生成物是 NH_4OH，与水相比，NH_4OH 的电离倾向要大得多，所以提供的水质要比 H/OH 混床差些。在凝汽器发生泄漏时，不宜采用 NH_4/OH 混床方式运行。氨化混床的优点是运行周期长，再生操作少，再生药剂和自用水量少，经济效益明显；而缺点是需要深度再生，对进水水质波动适用性差，除钠、硅等能力比氢型混床弱，特别是开始漏氨的转化阶段，出水中杂质甚至因为排代现象高于进水。

四、凝结水精处理系统控制

1. 过滤器及其旁路系统

凝结水精处理有两个旁路阀，一个是前置过滤器的旁路阀，另一个是混床的旁路阀，两个旁路阀开度均有三档，即 0～50%～100%。正常运行时，两个旁路阀均关闭。

机组启动初期，入口母管凝结水的温度不小于 65℃时，两个旁路阀同时自动 100% 打开。待凝结水进水总铁在 1000～3000μg/L 时，凝结水温度降至 55～65℃时，再投运过滤器。

当过滤器系统旁路压差大于 0.12MPa 时，旁路阀打开，使凝结水通过旁路系统，将失效过滤器退出运行，并进行反洗操作。

即前置过滤器运行大体步序为：备用→升压→正洗→运行→失效→反洗。

2. 精处理混床及其旁路

启动或停运阶段当含铁量不大于 1000μg/L，凝结水温度不大于 55℃时，有两台混床循环正洗合格处于正常投运状态时，才可投运混床完全关闭旁路阀。

当混床系统压差不小于 0.175MPa 或出水水质超标时，循环正洗备用混床合格后投运，在确认投运成功后，将失效混床退出运行；树脂捕捉器前后的差压变送器监测树脂捕捉器压差，当压差超过某一设定值时，树脂捕捉器所在列的混床停运，在确认投运成功后，将失效混床退出运行，树脂捕捉器进行反洗。

即混床运行大体步序为：备用→升压→循环正洗→运行→失效→再生。

3. 再循环系统

再循环系统是由于混床正洗时出水水质虽然不达标，但水质也较好，为此在凝结水精处理系统中设一台再循环泵，将混床出水通过再循环泵送至混床入口母管，循环冲洗混床数分钟待水质合格后，再将混床投入运行，这样减少了混床正洗的除盐水消耗量，也保证了混床的出水质量。

五、提高混床出水质量

1. 影响凝结水混床出水水质的因素

（1）从树脂与凝结水的平衡特性可以推知，在混床因失效将要退出运行前，树脂层的顶部达到了最大交换容量。为了使出水保持一定要求的纯度，树脂床的底部必须保持一定的钠交换容量。但是，这些树脂在进行体外再生进行传输树脂的过程中，不可能将 100% 的树脂全部都排出。有些已经失效的钠型树脂留在交换器中。

（2）阳树脂在再生时不能将树脂中的钠 100% 置换除去。

（3）阴树脂在分离时可能有部分阳树脂混入。在再生和冲洗时也会带入一定量的钠离子。

（4）使用的酸（通常是盐酸或硫酸）再生剂中含有钠离子，使阳树脂的再生水平下降。

（5）使用的碱（通常是氢氧化钠）再生剂中含有氯离子，使阴树脂的再生水平下降。

2. 合理选择凝结水混床的运行流速

凝结水混床运行流速的选择，必须从去除金属腐蚀产物和去除离子两个方面考虑，不能有所偏激。

对于去除杂质能力来说，只要床层洗得干净，运行流速对出水杂质的残留量并无影响。如果床层洗得不干净（尤其是底部不干净），则出水杂质泄漏量就大。与高流速运行相比，流速低时混床的截污量下降，床层的阻力上升较快，运行周期变短。因此，凝结水混床的流速不宜过低。

对于出水离子来说，高流速可使离子交换树脂的双电层减薄，提高离子的交换速度，有利于提高出水水质。但是，流速过快，离子来不及交换就被水流带走，也不利于出水水质。

在高流速下，树脂容易磨损或破碎，破碎的树脂不但使混床的运行阻力升高，影响出力，同时树脂稍有老化，交换容量就降低，因此树脂性能差还会使出水质量变差。所以，凝结水混床的树脂宜选用大孔树脂或超凝胶型树脂，这些树脂的孔道大，运行流速可达到240m/h。但考虑到树脂的磨损和树脂老化引起交换容量的降低，一般选用 $100 \sim 120$ m/h 的运行流速。在此流速下，大孔树脂的使用寿命约为 $5 \sim 8$ 年。

3. 凝结水混床树脂的选择

对于凝结水混床，树脂的选择实际上就是综合考虑树脂的化学反应速度和水利特性间的关系问题，包括树脂的粒度、树脂的机械强度和阳阴树脂的混合比例等几个方面。因此高速混床常采用柱形罐体和球形罐体，树脂层高 1100mm 左右，阳阴树脂比 $2 : 1$ 或 $1 : 1$。

4. 精处理系统运行控制工艺系统要求

（1）每台前置过滤器、混床的入口设有流量计、升压旁路阀、压力变送器。流量计用来监测通过前置过滤器、混床的凝结水流量，通过流量计的输出信号，也可以累计周期制水量；升压旁路阀的作用是保证前置过滤器、混床在投运前，入口压力缓慢上升，防止压力升高过快对前置过滤器、混床内部结构产生冲击，压力的变化由压力变送器来监测。

（2）每个混床的出口设有电导率表、硅表、钠表，主要用来监测混床出水水质，当某项出水指标不合格时，备用混床投运后，失效混床退出运行，进行再生。钠表和母管上的 pH 值表是混床 NH_4/OH 型运行时的主要监测仪表。

（3）混床出水母管上设有电导率表、硅表、pH 值表，主要监测精处理系统的出水水质。

（4）前置过滤器、混床排气母管上设有液位开关，自动监测过滤器、混床是否充满水。

六、防止混床树脂污染

凝结水混床的运行条件，除温度较高外，其他均比补给水除盐混床好得多，一般不会受到有机物、微生物、铁和硅等物质的污染。但是，如果运行不当，在启动阶段特别是停炉保护或化学清洗时冲洗不彻底对凝结水混床树脂会产生一定的影响。在机组启动初期，若凝结水中含有大量的杂质、油类等进入前置过滤器，将会给过滤器内的滤元造成不可恢复的破坏，使滤元再也无法清洗干净，从而失去其原有的作用；也会造成树脂污堵，交换容量下降，且一些金属氧化物作为催化剂促使树脂氧化降解，因此应尽量降低进水中含铁量限制值。因此当机组启动时，需进水达到要求才能投运前置过滤器和高速混床，否则需开旁路系统。

当过滤器压降过高超过规定值（≥0.08MPa）时，表明截留了大量固体，前置过滤器退出运行；混床压降过高超过规定值（≥0.35MPa）或出水水质（见表4-1）时，混床停运清洗或再生；凝结水温超过55℃时混床也不能投运，阴树脂的耐高温能力较差，高温易发生树脂降解，造成水质变差树脂失效。

表 4-1　　　　　　　　凝结水精处理进水水质要求和出水水质标准

项　目	典型启动状态		正常运行状态	
	预计进水值	出水保证值	预计进水值	出水保证值
悬浮固体(μg/L)	1000*	<100	10~50	≤5
总溶解固形物(不计氨)(μg/L)	650	<50	100	≤20
pH(25℃)混床以 H/OH 型运行	9.0~9.6	6.5~7.5	8.0~9.0	6.5~7.5
氢电导率(25℃)(μS/cm)		<0.2		<0.10
二氧化硅 SiO_2(μg/L)	500	<50	20	≤5
钠离子 Na^+(μg/L)	约20	5	2~5	≤1
总铁 Fe(μg/L)	1000~3000	<100	5~20	≤3
总铜 Cu(μg/L)		<15	2~10	≤1
氯离子 Cl^-(μg/L)	100	<10	20	≤1

* 在机组首次启动的几个小时内总铁含量可能高达 4mg/L。

第三节　高速混床的再生系统

一、混床树脂的清洗方法

凝结水高速混床具有过滤功能。因此，必须对失效的混合树脂采取有效的清洗方法将树脂层截留下来的污物清除掉，以免发生树脂被污染、混床阻力增大而导致树脂破碎及阳、阴树脂再生前分离困难等问题。

（1）反洗。反洗的目的是彻底清除树脂中截留的杂质。同时对树脂进行分离。反洗时要掌握好反洗流速，既要保证反洗效果，又不能造成大颗粒树脂跑掉。反复反洗 3~5 次，至排水澄清为止。

（2）空气擦洗法。空气擦洗法就是在装有污染树脂的设备中，重复性地通入压缩空气，然后正洗的一种清洗方法。每次通入空气的时间约为 0.5~1min，正洗时间约为 1~2min，重复次数应视树脂层的污染程度而定，通常为 10~30 次。混床内水排放至树脂层上部 200mm 处，通入的空气由设备底部进入，目的在于松动树脂层，并使树脂上的污物随同水流由设备底部排出。

空气擦洗可安排在树脂再生前或再生后。如在再生后进行擦洗，还能除掉被酸、碱再生剂所松脱的金属氧化物。必要时，也可在再生前和再生后分别进行擦洗，再生后擦洗宜用反洗的方式将杂质排走。

（3）超声波清洗法。将超声波频率的振荡施加在污染的树脂上，可清除树脂表面的污物。这种方法需用专门的超声波树脂清洗塔。

二、高速混床树脂的再生

凝结水精处理系统与热力系统串联，为防止体内再生操作不当，所以高速混床的再生方式基本都采用体外再生法。而从再生效果上看，体外再生可以获得明显优于体内再生的树脂再生度，清洗效果也显著提升。

目前，应用较为广泛的体外分离系统是锥底分离系统和高塔分离系统。

1. 锥底分离系统

锥底分离系统包括分离塔、阳再生塔、混脂贮存罐和相关泵及风机等设备。系统特点是锥底的分离塔兼做阴树脂再生塔，阳再生塔兼做树脂贮存罐（无备用混床时），混脂贮存于特设的混脂贮存罐内。分离塔结构形式也有特点，下部为倒锥体，由上而下，横断面不断减小，上部为直筒体，塔内不设过渡区。分离塔的树脂膨胀高度可达层高的80%。

系统再生流程为失效树脂输送至分离塔上部的进脂口，混脂贮存罐内的树脂也送入，在分离塔中经水力反洗分层后，底部进水将阳树脂从位于分离塔锥底最低处上方约10cm处的阳树脂出脂管路引出，输送至阳再生塔，在此过程中，少量的混脂也随阴阳树脂界面的下降进入锥斗位置，因锥斗横截面是逐渐减小的，混脂层截面也变小，当阳树脂出脂管路口的树脂界面检测装置检测到阴树脂时，自动停止往阳再生塔的输送。混脂由阳树脂出脂口送入混脂贮存罐（参与下套失效树脂的分层）。因为锥底混脂层截面小，可以最大程度地减少混脂体积。然后在分离塔和阳再生塔中分别再生阴、阳树脂，除盐水冲洗至合格后，阴树脂输送到阳再生塔内，采用罗茨风机混脂均匀后作为下套失效混床的备用树脂。

锥塔再生法树脂分离效果略差于高塔再生法，近些年有改进的八步再生法，提高了树脂分离效果。在八步法中，混脂层先不输送入混脂贮存罐，而是在分离塔中阴树脂与混合树脂层树脂一起再生，混脂层中的阳树脂转化为Na型树脂，阳阴树脂间的静电引力减小（混床树脂失效度低，易有阴阳树脂抱团现象），且阳阴树脂密度差变大，反洗分层效果提高，此时再分离树脂，将混脂层送入混脂贮存罐。提高了树脂的分离度，有助于提高出水水质。但需要注意的是，锥底分离法太过于依赖树脂界面检测装置的准确和灵敏度，严重影响树脂分离输送终点。

瑞金电厂一期体外再生采用锥塔再生工艺，两套凝结水精处理系统共用6份树脂。每份树脂装填量为3.4m³，阳/阴树脂装载比例为2∶1，树脂型号为S200H/M800（德国拜耳）。树脂分离塔传输管的窥视管上设置了树脂界面光电检测仪，用来监测阴阳树脂的界面，根据阴阳树脂颜色的不同，反射光对光电开关的反应不同，控制阳树脂的输送终点。

2. 高塔分离系统

高塔分离系统体外再生装置，一般由分离塔、阳再生塔、阴再生塔和相关泵及风机等设备组成。系统特点分离塔兼做混脂贮存罐，阳再生塔兼做树脂贮存罐（无备用混床时）。分离塔结构特点为下部为细长的筒体，上部为直径由下到上逐渐扩大的漏斗段，塔内有过渡区，即混脂区，高度约 1m。分离塔的树脂膨胀高度可达层高的 100％以上，顶部进水装置采用支母管式，底部出水装置采用不锈钢双速水嘴。

树脂再生流程为：失效树脂输送至分离塔，在分离塔中经大流量水力反洗使树脂层均进入分离塔顶部，充分膨胀，然后降流量至阳树脂临界沉降速度以下，此时阳树脂沉降阴树脂悬浮，树脂分层，上部阴树脂从上部阴树脂出脂口（设在树脂分界面上约 250mm 处）输送至阴再生塔，下部阳树脂从底部阳树脂出脂口输送至阳再生塔，树脂分离塔中留有约 1m 层高的混脂层继续参与下套失效树脂的分层；阴、阳再生塔中的树脂经酸碱再生合格后，阴树脂输送到阳再生塔内，采用罗茨风机混脂均匀后作为下套失效混床的备用树脂。

瑞金电厂二期体外再生采用高塔再生工艺，两套凝结水精处理系统共用 7 份树脂。每份树脂装填量为 7.5m³，阳/阴树脂装载比例为 2∶1，树脂型号为 S200H/M800（罗门哈斯）。分离塔的本体上设置了树脂界面检测仪，用来监测树脂和水的界面，根据树脂和水反射光对光电开关的反应不同，控制阳树脂的输送终点。但此系统即使无树脂界面检测仪，观察树脂层位置，人为控制树脂输送终点，也能保证树脂的分离度。

3. 再生注意

再生时应注意：①尽可能使用高质量的再生剂；②再生液的浓度不宜过低，否则影响树脂的再生度；③有条件的情况下，尤其是冬季应对碱液进行加热，使温度维持在 35～45℃，有利于阴树脂的再生；④在储存塔内进行树脂的混合及冲洗，待电导率≤1μS/cm 时，停止冲洗；⑤因树脂在输送过程中，可能造成树脂的再次分层，所以送入混床的树脂需再次用底部进压缩空气混脂，然后排气充水停备用。

三、再生辅助系统

辅助系统主要是满足混床输送树脂和再生装置树脂分离、清洗、再生所要求的水、气、再生液要求，辅助系统由冲洗水泵、热水箱、罗茨风机、压缩空气贮罐、酸碱计量装置等组成，每两台机组的混床共用一套。

冲洗水泵满足混床输送树脂所用水、分离塔最大反洗流量时所用水、阳阴树脂同时再生时所用的水；热水箱是满足阴树脂一次再生时所用的 40℃稀释水，增加阴树脂对硅的洗脱率，从而提高阴树脂的再生度；罗茨风机提供树脂在再生塔中空气擦洗以及阳阴树脂在阳再生塔中混合所需的气量；仪用压缩空气贮罐提供再生塔输送树脂时所需的气量及再生系统仪表用气所需的气量；工艺压缩空气贮罐提供过滤器反洗及混床输送树脂时所需的气量；酸碱计量装置是提供阳阴树脂再生时所需的酸碱液量。废水树脂捕捉器是捕捉通过再生设备的树脂，防止再生塔中树脂漏入废水系统。

此外，再生还需要相应的酸碱储存装置。阴树脂再生宜选用离子交换膜法生产的高纯度液体烧碱（NaOH），阳树脂再生宜用工业盐酸或硫酸，使用硫酸再生时推荐浓度 5％～9％（硫酸摩尔分子量大），盐酸浓度 4％～6％。瑞金电厂树脂再生用的酸（98％浓硫酸）、碱（32％NaOH）用槽车送到精处理酸碱储存区，经卸酸、碱泵送凝结水酸、碱贮存罐。

再生时，经酸（碱）计量泵稀释至规定的浓度后分别送至相应的再生塔。其中一期精处理再生每次再生耗酸：0.50m^3（98％H_2SO_4）；再生酸液浓度：4％；进酸时间：≥40min；再生耗碱：0.75m^3（32％NaOH）；再生碱液浓度：4％；进碱时间：≥40min；二期精处理再生每次再生耗酸：1.00m^3（98％H_2SO_4）；再生酸液浓度：4％；进酸时间：≥60min；再生耗碱：1.60m^3（32％NaOH）；再生碱液浓度：4％；进碱时间：≥60min。

四、提高树脂再生度的措施

为了保证凝结水混床的出水水质更好，必须使混床内的树脂具有较高的再生度和树脂彻底再生后得到充分的清洗，工程中采取了以下措施：

（1）用高纯度 H_2SO_4 来再生阳树脂，用高纯度氢氧化钠再生阴树脂，降低再生剂中的杂质对水质的污染。

（2）再生前采用彻底的空气擦洗法：树脂表面黏附的金属氧化物，金属氧化物的颗粒直径较大，密度又因金属氧化物的不同而不同，用一般的反洗很难将其冲洗出去，用空气擦洗的方法在分离塔中将树脂表面的氧化物洗脱，用向下冲洗的方法将密度较重的杂质从下部排掉，然后在树脂分离后在阳阴树脂再生塔中再进行空气擦洗，擦洗下来的杂物以气室式将密度相对较轻的氧化物从中部排掉，密度相对较大从下部排掉。这种方法可以彻底清除金属氧化物对树脂的污染，同时可以去除细碎树脂，有利于树脂的再生。

（3）采用弧形多孔板结构和气水输送树脂的方法：混床和再生设备的弧形多孔板，既满足了设备布水的均匀性，又满足了树脂输送的流畅。气水输送树脂是当失效树脂或再生合格的树脂输送到分离塔或混床中，利用压缩空气对树脂产生的扰动将水和树脂一起输送到对应的塔体中，最后用水冲洗设备和管道将残留的树脂输送干净。这种方法可以将运行床或再生塔中的树脂输干净，输出率达99.9％。

（4）混床树脂体外再生采用高塔法：失效树脂输送到分离塔进行空气擦洗后，首先打开调节阀进行大流量反洗，反洗流速约50m/h，此流速下阳阴树脂被升到倒锥体部分，通过调节阀逐渐减小反洗流量至阳树脂临界沉降速度以下，最后将流量降至阴树脂临界沉降速度以下，这样可使阳阴树脂彻底分层。反洗沉降后，将分离塔中完全分离的阴树脂从分离塔的侧面输送到阴再生塔中，然后输送阳树脂，其终点由光电开关控制。光电开关装在分离塔侧面的适当位置，此装置是通过光对水和树脂的反射率的不同而产生的不同的反应，光电开关的不同反应控制阳树脂输送阀关闭，达到控制阳树脂输送终点的目的。

（5）树脂再生后的再次进行空气擦洗：与树脂再生前在阳阴再生塔中的空气室擦洗方法一样，有利于去除阳阴树脂再生时从树脂孔隙中浸出来的杂物，同时可以去除残余的再生液，再生后的阳阴树脂得到了充分的清洁。

五、凝结水精处理再生工艺系统要求

根据凝结水精处理再生工艺系统要求如下：

（1）分离塔的本体上设置了光电开关，用来监测树脂和水的界面，根据树脂和水反射光对光电开关的反应不同，控制阳树脂的输送终点。

（2）阳、阴再生塔排水管上设置电导率表，监测再生塔内的树脂再生、清洗是否合格。

（3）再生塔排气母管上设有液位开关，自动监测再生塔充水是否充满。

（4）酸碱液稀释水管上设有流量计，调节阀门开度时指示流量。

（5）稀酸碱液管上设有酸碱浓度计，指示再生用酸碱液的浓度。

（6）再生水泵出口母管上设有流量计，指示泵启动后输送至各个部位的流量。

（7）稀碱液管上设有温度变送器，通过温度变送器的输出信号控制三通调节阀的开度。

（8）热水箱上配有温度变送器和液位开关。通过温度变送器的输出信号控制加热器的开、关及加热器投入的组数；液位开关控制热水箱的液位，防止低液位时，加热器加热而导致加热器烧坏。

（9）酸碱计量箱上设有带远传信号的磁翻板液位计，不仅具有就地显示液位的功能，而且具有信号输入 PLC 后在 CRT 画面上显示液位的高低的功能。

六、凝结水精处理设备常见故障及处理方法

凝结水精处理装置水质或设备异常时的原因及处理见表 4-2。

表 4-2　　　　　　　　　　凝结水精处理系统异常现象的原因及处理方法

序号	异常情况	原因分析	处理方法
1	混床运行周期短	（1）再生不彻底； （2）运行流速高； （3）树脂老化； （4）树脂污染； （5）树脂损失量大； （6）布水装置故障； （7）凝结水质量劣化； （8）汽水加氨量过大	（1）重新再生； （2）调节旁路门开度； （3）更换新树脂； （4）处理树脂； （5）查原因补充树脂； （6）联系检修处理； （7）查找凝水劣化原因； （8）调整加氨量
2	进出口压差高	（1）运行流速高； （2）树脂污染； （3）碎树脂过多； （4）树脂层压实； （5）进水杂质多	（1）减小运行流速； （2）复苏或更换树脂； （3）反洗除去； （4）反洗松动； （5）停运反洗树脂
3	树脂非正常损失	（1）底部出水装置泄漏； （2）反洗，擦洗强度过大； （3）倒脂过程损失	（1）联系检修处理； （2）严格控制流量； （3）查找原因
4	混床出水水质不合格	（1）混床失效； （2）再生效果差； （3）树脂混合不好； （4）产生偏流； （5）进水水质劣化	（1）停运再生； （2）重新再生； （3）可重新混合投运； （4）消除偏流； （5）查明原因汇报值长

序号	异常情况	原因分析	处理方法
5	凝结水温度高	(1) 凝汽器冷却效果差; (2) 机组负荷高或真空差; (3) 疏水直接排入凝结器	(1) 联系汽轮机检查处理; (2) 汇报值长调整; (3) 联系汽轮机处理
6	投运不久混床出水导电度异常高,但 Na 含量不高	偏流使 NH_4^+ 局部穿透	将混床解列后进行重新空气混合,循环冲洗合格后投运。同时检查产生偏流的原因并进行消除
7	树脂混合气源压力低	(1) 混合进气门开度小; (2) 贮气罐压力低; (3) 气源管堵塞或泄漏	(1) 联系检修处理; (2) 汇报值长处理; (3) 联系检修处理
8	树脂分层不完全	(1) 反洗流量控制不当; (2) 反洗分层时间短	(1) 调整适当流量; (2) 延长分层时间
9	再生碱液温度低	(1) 稀释水流量太大; (2) 热水箱未投运; (3) 热水箱出水温度低	(1) 调节至适当流量; (2) 投运热水箱; (3) 查找原因
10	进酸浓度低	(1) 酸计量泵上酸量小; (2) 酸稀释水流量大; (3) 酸浓度表指示异常	(1) 切换备用泵或联系检修; (2) 调整至适当流量; (3) 取样分析,校正仪表
11	树脂捕捉器压差高	树脂捕捉器滤网堵塞	投备用混床,解列有关混床。开启树脂捕捉器释放阀除去滤网上的细树脂。若排水中有较多正常粒径的树脂,则应检查混床出水水帽,紧固已松动的水帽,更换破损水帽
12	混床或贮存塔内树脂冲洗不合格	(1) 阴阳树脂反洗分层不彻底; (2) 再生不彻底; (3) 混床内树脂混合不均匀; (4) 再生剂质量差; (5) 树脂污染	(1) 改善反洗工况,重新分层再生; (2) 严格按照工艺要求重新再生; (3) 重新混合; (4) 更换高纯度再生剂; (5) 复苏仍不合格时更换新树脂
13	混床再生不合格	(1) 反洗分层不彻底; (2) 再生剂量不足或质量差; (3) 再生液浓度不当; (4) 碱再生液温度不当; (5) 树脂被污染	(1) 改善反洗工况,重新分层再生; (2) 进足再生剂或更换再生剂; (3) 消除再生系统故障,调整计量泵行程及稀释水流量; (4) 检查消除加热系统缺陷,调整稀释水量; (5) 复苏或更换新树脂

第五章　发电厂循环冷却水处理

第一节　发电厂冷却水系统及水质特点

用水来冷却工艺介质的系统称作冷却水系统。发电厂循环冷却水系统通常有直流冷却水系统和循环冷却水系统。

一、冷却水系统分类

1. 直流冷却水系统

在直流冷却水系统中，冷却水仅仅通过换热设备一次，用过后水就被排放掉，因此，它的用水量很大，而排出水的温升却很小，水中各种矿物质和离子含量基本上保持不变。

2. 循环冷却水系统

循环冷却水系统又分封闭式和敞开式两种。

（1）封闭式循环冷却水系统　在循环过程中，冷却水不暴露于空气中，所以水量损失很少，水中各种矿物质和离子含量一般不发生变化。

（2）敞开式循环冷却水系统　冷却水用过后也不是立即排放掉，而是收回循环再用。水的再冷却是通过冷却塔来进行的，因此冷却水在循环过程中要与空气接触，部分水在通过冷却塔时还会不断被蒸发、风吹、渗漏或排污损失掉，因而水中各种矿物质和离子含量也不断被浓缩增加。为了维持各种矿物质和离子含量稳定在某一个定值上，必须对系统补充一定量的冷却水，通常称作补充水；并排出一定量的浓缩水，通称排污水。这种敞开式循环冷却水系统，要损失一部分水，但与直流冷却水系统相比，可以节约大量的冷却水，允许的浓缩程度越高，节约的水量越可观，且排污水也相应减少。而封闭式循环冷却水系统也可以节约大量的冷却水，但是整个系统的结构比敞开式循环冷却水系统更加复杂，不适宜于用水量大的装置。

因此，限制使用直流冷却水系统，尽可能提高敞开式循环冷却水系统的浓缩程度，减少补充水量，是符合环保要求的应用趋势。下面将着重介绍敞开式循环冷却水系统的操作、存在的问题以及解决的方法。

二、敞开式循环冷却水系统存在的问题

冷却水在系统中不断循环使用，由于水的温度升高，水流速度的变化，水的蒸发，各种无机离子和有机物质的浓缩，冷却塔和冷水池在室外受到阳光照射、风吹雨淋、灰尘杂物的飘入，以及设备结构和材料等多种因素的综合作用，会产生比直流系统更为严重的沉积物附着、设备腐蚀和菌藻微生物的大量滋生，以及由此形成的黏泥污垢堵塞管道等问

题，它们会威胁和破坏工厂长周期安全生产，甚至造成经济损失，因此不能掉以轻心。

1. 沉积物的析出和附着

冷却水系统中的污垢是由水中微溶物析出、微生物产生的黏泥、腐蚀产物和悬浮物积聚而构成的。

冷却水和补充水中含有一些微溶物质，随着水在运行中蒸发而浓缩，直至饱和或过饱和，这些微溶物质的溶解度随温度的升高而减小，因而容易在换热面上析出结晶，积聚成为致密的垢层。钙、镁的许多盐类属于此类结垢物质，如 $CaCO_3$、$Ca_3(PO_4)_2$、$CaSO_4$、$MgSiO_3$ 等是传热面上常见的结构物质。冷却水在冷却塔中与空气发生的传质也使微溶物质易于析出结垢，如水中的 CO_2 逸入空气，使溶解度较大的 $Ca(HCO_3)_2$ 转变为微溶的 $CaCO_3$；水的 pH 值升高，使所有难溶物质更容易析出。

在水处理过程中所投加的阻垢、缓蚀剂如聚磷酸盐水解产生的正磷酸根离子会和钙、铁等金属离子生成磷酸钙、铁等垢；锌盐在缺乏阻垢剂的碱性水中，以及铬酸盐等被还原等都可能析出沉淀，成为水垢。

冷却水中的悬浮物质或者由补充水带进，或者在冷却塔中将空气携带的灰尘等洗涤进入水中。悬浮物质将在流速较低的地方沉积为污泥垢（或称泥垢），常被微生物产生的黏液黏附，被结晶或腐蚀产物夹带，共同形成污垢。

冷却水系统金属材料受到腐蚀时的腐蚀产物附在设备表面上，也会形成垢，这种垢称为锈垢或腐蚀垢。最常见的是设备表面的铁锈，及铜腐蚀时形成的 $Cu_2(OH)_2CO_3$ 锈垢。同样，腐蚀产物也会和微生物黏泥、悬浮物和结垢物质共同形成污垢。

冷却水中大量繁殖微生物时会迅速产生黏泥，它是由一些微生物分泌的黏性物质黏附悬浮物、腐蚀产物和结垢物质的微粒而形成的。这种污垢称黏泥，或称微生物黏泥或软泥。

污垢容易发生在传热面上，是传热效率下降而影响传热的正常进行，消耗和浪费能量，还会间接引起垢下腐蚀、滋生微生物和造成输送水困难等问题。

2. 设备腐蚀

循环冷却水系统中，大量的设备是金属制造的换热器，对于碳钢制成的换热器，长期使用循环冷却水，会发生腐蚀穿孔，其腐蚀的原因是多种因素造成的。

（1）冷却水中溶解氧引起的电化学腐蚀。敞开式循环冷却水系统中，水与空气能充分地接触，因此水中溶解的 O_2 可达饱和状态，当碳钢与溶有 O_2 的冷却水接触时，由于金属表面的不均一性和冷却水的导电性，在碳钢表面会形成许多微电池，微电池的阴极区和阳极区分别发生氧化还原的共轭反应。

（2）腐蚀性离子引起的腐蚀。循环冷却水在浓缩过程中，除重碳酸盐浓度随浓缩倍数增长而增加外，其他的盐类，如氯化物、硫酸盐等的浓度也会增加，当 Cl^- 和 SO_4^{2-} 浓度增高时，会加速碳钢的腐蚀。Cl^- 和 SO_4^{2-} 会使金属上保护膜的保护性能降低，尤其是 Cl^- 半径小，穿透性强，容易穿过钝化膜层，置换氧原子形成氯化物，加速阳极过程的进行，使腐蚀加速。所以氯离子是引起点蚀的原因之一。对于不锈钢制的换热器，Cl^- 是引起应力腐蚀的主要原因。循环冷却水系统中如有不锈钢制的换热器时，一般要求 Cl^- 离子的含量不超过 50~100mg/L。

（3）微生物引起的腐蚀。微生物的滋生也会使金属发生腐蚀。这是由于微生物排出的黏液与无机垢和泥砂杂物等形成的污泥附着在金属表面，形成氧的浓差电池，促使金属腐蚀。此外，在金属表面和沉积物之间缺乏氧，因此一些厌氧菌（主要是硫酸盐还原菌）得以繁殖，当温度为 25~30℃时，繁殖更快。它分解水中的硫酸盐，产生 H_2S，引起碳钢腐蚀。

上述各种因素对碳钢引起的腐蚀，常使换热器管壁被腐蚀穿孔，形成渗漏；或水汽泄漏入冷却水中，损失物料，污染水体；或冷却水渗入水汽中，使水质受到影响。

3. 微生物的滋生和黏泥

冷却水中的微生物一般是指细菌和藻类。在循环冷却水中，由于养分的浓缩，水温的升高和日光照射，给细菌和藻类创造了迅速繁殖的条件。大量细菌分泌出的黏液，像黏合剂一样，能使水中飘浮的灰尘杂质和化学沉淀物等黏附在一起，形成黏糊糊的沉积物，附在换热器的传热表面上。这种沉积物有人称它为生物黏泥，也有人把它叫做软垢。

黏泥积附在换热器管壁上，除了会形成氧的浓差电池引起腐蚀外，它们还会使冷却水的流量减少，从而降低了换热器的冷却效率，严重时，这些生物黏泥会将管子堵死，迫使停产清洗。例如，某厂因换热器中菌藻大量繁殖，半月之内就使热负荷下降到50%，不得不经常停产冲洗，使产量减少。

因此，循环冷却水通必须过水质处理的办法解决这些问题，减轻结垢、腐蚀和菌藻滋生危害，保证长周期安全生产、减少环境污染、节约成本、提高经济效益。

第二节 阻 垢 处 理

冷却水系统的结垢物质多数为盐类。研究这些盐类从水中结晶析出并在金属表面生长为水垢的结垢过程，对找出防垢方法是有理论指导意义的。

一、循环水中主要水垢成分及形态

循环水中主要水垢成分及形态如下：

（1）碳酸钙。由于自然水体中含有大量可溶的重碳酸钙，其受热分解及 CO_2 在冷却塔散失而发生如下反应生成碳酸钙：

$$Ca(HCO_3)_2 \longrightarrow CaCO_3\downarrow + CO_2\uparrow + H_2O$$

（2）硫酸钙。它的溶解度约为碳酸钙的 40 倍以上，这也就是凝汽器很少发生硫酸钙水垢的原因。只有在高浓缩倍率下运行的换热设备，才可能在水温高的部位析出硫酸钙。

（3）磷酸钙和磷酸锌。循环水系统中加入的聚磷酸盐和有机磷，会部分水解成正磷酸盐，有可能生成非晶体的磷酸钙。为防腐而添加锌盐后，可能生成磷酸锌。这两者微溶于水，在一定条件下会形成垢。

（4）二氧化硅。当硅酸的含量超过其溶解度时，硅酸缩聚，以聚合体存在，随着聚合体分子量的增加，就会析出形成坚硬的硅垢。当循环水中二氧化硅含量小于 150mg/L 时，一般不会析出沉淀；当循环水 pH 值大于 8.5，二氧化硅含量达到 200mg/L，也不会析出沉淀。

（5）硅酸镁。在冷却水系统中一般常见的是硅酸镁，它的形成分为两步，镁离子先以氢氧化镁沉淀，然后氢氧化物与溶硅和胶硅反应生成硅酸镁。GB/T 50050—2017《工业循环冷却水处理设计规范》规定：当 pH≤8.5 时，$[Mg^{2+}]$ 与 $[SiO_2]$ 的乘积（Mg^{2+} 以 $CaCO_3$ 计）≤50 000。

（6）其他垢。工业冷却水中还含有 Al^{3+}、Fe^{2+}、Fe^{3+}、Ba^{2+}、Sr^{2+}、Cu^{2+} 等离子，在一定的温度和浓度下也会析出结垢。

二、水垢析出的判断

随着冷却水在冷却塔中逐渐蒸发，冷却水中的微溶物质逐渐浓缩，达到饱和。但微溶物质并非在达到饱和浓度时就开始结晶析出，而是在一定的过饱和浓度下才结晶析出。过饱和浓度和饱和浓度之差值就是结晶的推动力。冷却水中的多数微溶物质的溶解度随温度的升高反而降低。溶质结晶析出的速度主要受溶液过饱和程度的影响，过饱和程度大而且温度高，溶液往往迅速析出数量十分惊人的晶核。

晶核中按一定顺序和结构排列着微溶物质的离子，表面的离子具有过剩的能量，能在晶核表面吸附一层离子，并使它们得以完成脱溶剂化和定位进入晶核，从而使晶核能够长大。同时，晶核表面的离子也存在被水中离子吸引而重新进入溶液的倾向。

传热面的结垢过程还包括晶粒在金属表面上的附着，按一定方向取向，并成长为有规则的集合体的过程，这样才能形成牢固地附在金属表面的实密的垢层。

碳酸钙是冷却水系统最常见的水垢。在碳酸钙存在的条件下，为了判断水质稳定状态，经常用饱和指数、稳定指数、结垢指数、极限碳酸盐等表示。

1. 饱和指数

饱和指数（LSI），可通过式（5-1）中水的实际 pH 值与在该条件下（温度、碱度、硬度和总溶解固体相同）被碳酸钙饱和的 pH 值（以 pH_s 表之）之差计算，即

$$LSI = pH - pH_s \tag{5-1}$$

$$pH_s = p[Ca^{2+}] + p[HCO_3^-] - pK \tag{5-2}$$

在实际应用中，只要知道钙离子浓度、碱度、水温和总含盐量，在饱和指数的计算系数表中查出相应的 A、B、C 和 D 值，再利用式（5-3）可算出 pH_s：

$$pH_s = (9.3 + A + B) - (C + D) \tag{5-3}$$

用试验方法测定 pH_s 也简单易行，方法是取一定量的水样，加入一些大理石或其他纯净的碳酸钙粉末，振荡 5min，或者使水样流过装填有碳酸钙粉末的容器，使水和碳酸钙充分接触而获得饱和，然后测定其 pH 值，即为该温度下的 pH_s。

饱和指数 LSI 具有如下的意义：

（1）LSI＝0 时，水中的钙离子和碱度等在该温度下保持平衡，水刚好被碳酸钙饱和，因而水是稳定的，既不析出垢，也不发生腐蚀。

（2）LSI＞0 时，该条件下水中的钙离子处于过饱和状态，倾向于结垢析出。LSI 值越

大，结垢的倾向越大。

（3）LSI＜0 时，钙离子不饱和。因此，固体碳酸钙会溶解进入水中去，水有从金属中摄取离子的倾向，即水具腐蚀性。LSI 值越小，水的腐蚀性越强。

2. 稳定指数

饱和指数能指出水中碳酸钙结垢析出的倾向，但不能指出碳酸钙可能析出的程度。因此，可通过经验的稳定指数（RSI）来判断碳酸钙的结垢。RSL 由式（5-4）计算得出，即

$$RSI = 2(pH_s) - pH \tag{5-4}$$

稳定指数 RSI 具有如下的意义：

（1）RSI＝6 时，水中的处于平衡状态，既不结垢，也不腐蚀。

（2）RSI＜6 时，形成水垢。RSI 越小，水越不稳定，结垢倾向越严重。

（3）RSI＞7.5～8.0 时，出现腐蚀。RSI 越大，腐蚀的倾向越严重。

饱和指数与稳定指数有其内在的缺陷，没有反映其他结垢或腐蚀物质的性质，没有涉及腐蚀的电化学过程和物质结晶过程，没有考虑各杂质间、杂质与水和金属之间的相互关系，所以应用范围有限。

结垢指数（PSI）用平衡 pH 代替实际 pH，属于纯经验指数，适合直流式冷却系统和以地表水补充为主的循环水系统。

3. 极限碳酸盐硬度

极限碳酸盐硬度是指循环冷却水所允许的最大碳酸盐硬度值，超过此值即会引起碳酸盐结垢。过去常利用此法判断低浓缩倍数的循环冷却水或直流式冷却水系统的结垢倾向。符号常用 H_{TJ}，该值可利用经验公式或由模拟试验求得，许多学者提出了计算极限碳酸盐硬度的公式，常用的有阿贝尔金公式，其经验计算式为

$$H_{TJ} = k(CO_2) + b - 0.1H_F \tag{5-5}$$

式中　　$H_{T,B}$——循环冷却水补充水的碳酸盐硬度，mmol/L；

　　　　$H_{T,X}$——运行中循环冷却水的碳酸盐硬度，mmol/L；

　　　　H_{TJ}——循环冷却水的极限碳酸盐硬度，mmol/L；

　　　　H_F——循环冷却水的非碳酸盐硬度，mmol/L；

　　　　k——与水温有关的系数；

　　　　b——水中基本无 CO_2 的极限碳酸盐硬度值，mmol/L；

　　　　φ——循环冷却水浓缩倍率。

$H_{T,X} = \varphi H_{T,B} \leqslant H_{TJ}$ 易结垢；$H_{T,X} = \varphi H_{T,B} > H_{TJ}$ 则稳定，不易结垢。

三、循环水阻垢处理

实际生产中要让以下处理方法协同作用，才能更好地防止污垢的快速增长。

1. 补充水的处理

根据所选用的处理方案和浓缩倍数的要求，首先将原水经过严格的预处理，去除水中悬浮物等不溶性杂质，必要时还应把补充水软化到一定程度，控制好水中钙离子及悬浮杂质的含量。

2. 在循环水中加酸或加 CO_2 等酸性氧化物

碳酸钙结垢是循环水系统中最常见的问题，因此，在过去循环水水质不太复杂，也是认识最早的问题。控制要求不太严的情况下，常以加酸或通 CO_2（炉烟）的方法防止碳酸钙的结垢。加酸处理一般是用硫酸，把碳酸盐硬度转化为非碳酸盐硬度，由于 $CaSO_4$ 溶解度大，所以可以防止产生结垢。

加二氧化碳处理是利用二氧化碳与水中碳酸钙反应生成重碳酸钙，由于重碳酸钙的溶解度要比碳酸钙大得多，所以避免了碳酸钙结垢。后期曾用的通炉烟方法原理也是来源于此。

3. 使用阻垢剂

凡能控制产生泥垢或水垢的药剂称为阻垢剂，使用阻垢剂破坏 $CaSO_4$ 等盐类结晶增长过程，达到控制水垢形成的目的。早期采用天然阻垢剂，如磺化木质、丹宁等。近年来采用的阻垢剂有合成聚合物、无机聚合物、膦酸盐、膦酸酯、膦羧酸等。天然阻垢剂的优点是价格便宜，在比较简易处理的系统也能达到要求；但缺点是天然产物规格不稳定，原料来源比较分散，产品质量不能保证。并且天然阻垢剂的效果不能满足生产上越来越高的要求，因此在浓缩倍数较高的冷却水系统不能单独用它作阻垢剂。另外，循环水中还经常加入分散剂、缓蚀剂、杀菌剂等协同作用促进加药处理的效果。

防止冷却水系统发生污垢的方法很多，从原理上可以归结为三种：①消除结晶产生的条件；②防止和抑制晶粒的正常生长；③减少和阻碍结垢晶体在传热面上的黏附。因此常用的阻垢剂阻垢原理也是源于此。

工业循环冷却水系统常用的阻垢分散剂，经历了不断提高，不断改进的发展过程。随着工业技术的飞速发展，工业循环冷却水系统使用的阻垢分散剂的合成技术、产品质量、阻垢分散性能也在发生着变化。特别是复配技术的开发和应用，使工业冷却水阻垢分散剂组成和性能发生很大变化，充分发挥协同效应是工业循环冷却水系统阻垢分散剂使用技术的突出特点。

四、常用的阻垢分散剂

工业循环冷却水系统常用的阻垢分散剂大致有如下几类：聚磷酸盐、膦酸盐类、聚合物阻垢分散剂类，也有天然物质用作阻垢剂。

（一）聚磷酸盐

多是无机型的聚合磷酸盐物质，常用的有六偏磷酸钠和三聚磷酸钠，它们是使用较早的阻垢防垢磷酸盐，常用的有长链状阴离子的三聚磷酸钠和六偏磷酸钠。

mg/L 量级的聚磷酸盐就能防止几百 mg/L 的碳酸钙沉淀析出。其作用机理，据认为是聚磷酸盐在水中生成的长链的阴离子容易吸附在微小的碳酸钙晶粒上，同时这种阴离子易于和 CO_3^{2-} 置换，发生在分散于水中的全部钙离子层上，从而防止了碳酸钙的析出。也有人认为，微量聚磷酸盐抑制和干扰了碳酸钙晶体的正常生长，使晶体在生长过程中被歪扭，从而使晶体长不大，不能沉积形成水垢而分散于水溶液中。还有人认为，加入少量的聚磷酸盐之所以能有效地阻止碳酸钙等的沉淀，是由于有效地控制晶核形成的速度。除此以外，聚磷酸盐还能螯合 Ca^{2+}、Mg^{2+} 等离子，形成单环螯合物或双环螯合物，同时也可以和管壁上的钙、镁离子等形成螯合物，再借布朗运动或水流作用，重新把管壁上的这些物质分散到水中。

聚磷酸盐在水中会发生水解，生成正磷酸盐。水解生成的正磷酸盐容易和钙离子生成磷酸钙水垢。同时，正磷酸盐又是菌藻的营养物。所以，长期使用聚磷酸盐，对杀菌灭藻又不采取有效措施的话，必然会促进系统中菌藻的繁殖，不符合环保要求。

（二）有机膦酸盐

有机膦酸盐是 20 世纪 60 年代开发的新产品，但 70 年代就得到广泛应用。常用的有机膦酸盐种类很多，分子结构中都含有与碳原子直接相连的膦酸基团，并且分子中还可能含有—OH、—CH$_2$、—COOH 等。按分子中膦酸基团的数目分为二膦酸、三膦酸、四膦酸、五膦酸等；按分子结构可分为亚甲基（旧称甲叉）膦酸型、同碳二膦酸型、羧酸膦酸型、含有其他原子膦酸型。

有机膦阻垢剂的阻垢机理主要包括以下几个方面：

（1）晶格畸变论。碳酸钙晶体的成长是按照严格顺序，由带正电荷的 Ca^{2+} 与带负电荷的 CaCO$_3$ 相撞才能彼此结合，并按一定的方向成长。在水中加入有机膦酸时，它们会吸附到碳酸钙晶体的活性增长点上与 Ca^{2+} 螯合，抑制了晶格向一定的方向成长，因此使晶格歪曲，长不大，也就是说晶体被有机膦酸表面去活剂的分子所包围而失去活性。这也是产生前述临界值效应的机理。同样，这种效应也可阻止其他晶体的沉淀。另外，部分吸附在晶体上的化合物，随着晶体增长被卷入晶格中，使 CaCO$_3$ 晶格发生位错，在垢层中形成一些空洞，分子与分子之间的相互作用减小，使硬垢变软，如图 5-1 所示。

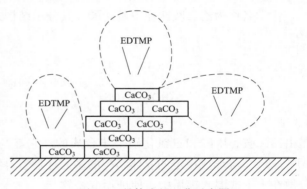

图 5-1　晶体成长歪曲示意图

通过实验证实，有机膦酸能使 CaCO$_3$ 晶体严重畸变。这可能是由于有机膦酸分子量较小，它吸附在晶粒活性增长点上干扰了晶粒向一定方向成长，晶粒畸变使硬垢变软。

（2）增加成垢化合物的溶解度。有机膦酸在水中能电离成带负电荷的阴离子，这些负离子能与 Ca^{2+}、Mg^{2+} 等离子形成稳定络合物，从而提高了 CaCO$_3$ 晶粒析出时的过饱和度，即增加了 CaCO$_3$ 在水中的溶解度。如通过实验，水中加入 1～2mg/L 的 HEDP 后，可使 CaCO$_3$ 析出的临界 pH 值提高 1.1 左右。另外，由于有机膦酸能吸附在 CaCO$_3$ 晶粒活性增长点上，使其畸变，即相对于不加药剂的水平来说，形成的晶粒要细小得多。从颗粒分散度对溶解度影响角度看，晶粒细小也就意味着 CaCO$_3$ 溶解度变大，因此提高了 CaCO$_3$ 析出时的过饱和度。

因此，在应用中有机膦阻垢剂具有以下优点：

1）分子中含的 C—P 键比聚磷酸盐中的 P—O—P 键牢固得多，故化学稳定性好，不宜水解，耐高温，使用中不会因水解导致菌藻过度繁殖。

2）具有临界值效应。阻垢性能比聚磷酸盐好，有机膦酸盐的加药量更低。

　　3）具有良好的协同效应。可以和其他阻垢剂复配使用，减少加药量。实际使用中，人们常择其有最佳协同效应的复合配方。

　　4）还具有良好的缓蚀性能，且无毒或极低毒，因此环境污染问题较小。生产中有机膦阻垢剂中混有的低聚体或单聚体存在一些环境污染问题。

　　常用的有机膦阻垢剂品种有：

1. ATMP

　　化学名称为氨基三亚甲基磷酸，ATMP 系其英文名称的缩写。其分子结构式为：

$$
\begin{array}{c}
\qquad\qquad\qquad\qquad\overset{\displaystyle O}{\underset{\displaystyle}{\parallel}} \\
\qquad\qquad\qquad CH_2-P(OH)_2 \\
\overset{\displaystyle O}{\underset{\displaystyle\parallel}{}} \qquad\qquad \diagup \\
HO-P-CH_2-N \\
\underset{\displaystyle OH}{} \qquad\qquad \diagdown \\
\qquad\qquad\qquad CH_2-P(OH)_2 \\
\qquad\qquad\qquad\qquad\overset{\displaystyle}{\underset{\displaystyle O}{\parallel}}
\end{array}
$$

是由氯化铵、甲醛和三氯化磷为原料一步合成的。ATMP 具有稳定的 C—P 键，是有机膦酸中最常用的药剂之一，对抑制碳酸钙垢特别适用，且基本上无毒。

2. EDTMP

　　化学名称为乙二胺四亚甲基磷酸，其分子结构式为：

$$
\begin{array}{c}
\overset{O}{\parallel}\qquad\qquad\qquad\qquad\qquad\qquad\qquad\overset{O}{\parallel} \\
(HO)_2P-CH_2 \qquad\qquad\qquad\qquad CH_2-P(OH)_2 \\
\diagdown\qquad\qquad\qquad\qquad\qquad\qquad\diagup \\
N-CH_2-CH_2-N \\
\diagup\qquad\qquad\qquad\qquad\qquad\qquad\diagdown \\
(HO)_2P-CH_2 \qquad\qquad\qquad\qquad CH_2-P(OH)_2 \\
\overset{}{\underset{O}{\parallel}}\qquad\qquad\qquad\qquad\qquad\qquad\qquad\overset{}{\underset{O}{\parallel}}
\end{array}
$$

是由乙二胺、甲醛和三氯化磷一步合成的。它能与多价离子 Ca^{2+}、Mg^{2+}、Fe^{2+}、Zn^{2+}、Al^{3+}、Fe^{3+} 等形成稳定的立体结构的多元环形螯合物。这些大分子络合物是疏松的，可以分散在水中或混入钙垢中，使硬垢变松软。

　　EDTMP 对抑制碳酸钙、水合氧化铁和硫酸钙等水垢都有效，而对稳定硫酸钙的过饱和溶液最为有效，并且在 200℃高温时也不分解，因此还适用于低压锅炉做炉内处理，国外还曾用作牙膏的添加剂，以阻止磷酸钙垢在牙齿上的沉淀。

3. HEDP

　　HEDP 是同碳二磷酸型中的一种，分子结构中不含 N，其化学名称为羟基亚乙基二磷酸。其分子结构式为：

$$
\begin{array}{c}
\quad OH\ \ OH\ OH \\
\quad |\qquad |\qquad | \\
HO-P-C-P-OH \\
\quad \parallel\quad\ |\quad\ \parallel \\
\quad O\ \ CH_3\ O
\end{array}
$$

是用醋酸和三氯化铵一步合成的。由于结构中只有 C—P 键而无 C—N，因此其抗氧化性比上述两种有机膦酸好。HEDP 也能与金属离子形成六元环螯合物，并且有临界值效应和协同效应，因此它对抑制碳酸钙、水合氧化铁等的析出或沉积有很好的效果，但对抑制硫酸钙垢的效果较差。纯的 HEDP 是无毒的，国外还曾用它作为酒的稳定剂，还用于无氰电镀。

4. DTPMP

DTPMP 是国外 20 世纪 80 年代开发的一种有机膦酸。化学名称为二亚乙基三胺五亚甲基膦酸。其分子结构式为：

$$
\begin{array}{c}
\text{(结构式)}
\end{array}
$$

它的特点是与 Mn^{2+} 复合对碳钢和铜合金均有很好的缓蚀能力。也可以和多个金属离子螯合，形成两个或多个立体大分子环状络合物，松散地分散于水中，破坏了碳酸钙晶体的生长，从而起到阻垢的作用。

（三）膦羧酸

分子中同时含有 $-PO(OH)_2$ 和 $-COOH$ 两种基团。目前使用较多的是 PBTCA，化学名称为 2-膦酸基丁烷-1，2，4-三羧酸。其分子式为：

$$
\begin{array}{c}
CH_2-COOH \\
| \\
(OH)_2OP-C-COOH \\
| \\
CH_2 \\
| \\
CH_2-COOH
\end{array}
$$

在这两种基团的共同作用下，使得 PBTCA 能在高温、高硬度、高 pH 值的水质条件下，具有比常用有机膦酸更好的阻垢性能。与有机膦酸相比，PBTCA 不易形成难溶的有机膦酸钙。同时它还具有缓蚀作用，特别在高剂量使用时，是一种高效缓蚀剂。PBTCA 与锌盐和聚磷酸盐复配可产生良好的协同效应。

（四）有机膦酸酯

分子中均含有膦酸酯基团，由醇和磷酸或五氧化二磷或五氯化磷反应制的。种类有膦酸一酯、膦酸二酯、多元醇膦酸酯。分子结构式分别为：

$$
R-O-PO(OH)_2
$$

$$
\begin{array}{c}
R-O \\
\diagdown \\
POOH \\
\diagup \\
R-O
\end{array}
$$

$$
\begin{array}{c}
H \\
| \\
H-C-O-PO(OH)_2 \\
| \\
H-C-O-PO(OH)_2 \\
| \\
H-C-O-PO(OH)_2 \\
| \\
H-C-O-PO(OH)_2 \\
| \\
H-C-O-PO(OH)_2 \\
| \\
H-C-O-PO(OH)_2 \\
| \\
H
\end{array}
$$

有机膦酸酯抑制硫酸钙垢效果好，抑制碳酸钙垢效果较差。其分子结构中的 C—O—P 键，虽比聚膦酸盐难水解，但比有机膦酸易水解成正磷酸。若在其 C—O 键中接入几个氧乙烯基，如聚氧乙烯基膦酸酯，可提高阻垢和缓蚀性能。

有机膦酸酯对水生动物的毒性很低，且本身会缓慢水解，水解产物可生物降解，故对环境无影响。一般与其他药剂如聚磷酸盐、锌盐、木质素、苯并三氮唑等复合使用。

（五）聚羧酸

聚羧酸阻垢剂使用最多的是丙烯酸及以马来酸为主的均聚物和共聚物。其阻垢机理为：

（1）增溶作用。与有机膦酸盐能提高成垢化合物的溶解度相似，即聚羧酸溶于水后发生电离生成带负电荷的分子链，如 —COOH $\Longleftrightarrow$ —COO$^-$ ＋H$^+$ 能与 Ca^{2+} 形成能溶于水的络合物，从而使成垢化合物的溶解度增加，起到阻垢作用。

（2）晶格畸变作用。由于聚羧酸的分子量相当大，是线性高分子化合物，它除了一端吸附在 CaCO$_3$ 晶粒上以外，其余部分则围绕到晶粒周围，使其无法增长而变得圆滑。因此晶粒增长受到干扰而歪曲，晶粒变得细小，形成的垢层松软，极易被水流冲洗掉。大量实验和生产实践都证实了这种说法。

（3）静电斥力作用。因为聚羧酸在水中电离成阴离子后有强烈的吸附性，它会吸附在悬浮在水中的一些泥砂、粉尘等杂质的粒子上，使粒子表面带有相同的负电荷，因而使粒子间相互排斥，呈分散状态悬浮于水中。

因此其阻垢性能与其分子量、羧基的数目和间隔有关。每个品种有其最佳分子量值。如果分子量相同，则碳链上羧基数愈多，阻垢效果愈好。因为当羧基聚积密度高时，阻碍了相邻碳原子的自由旋转作用，相对地固定了相邻碳原子上羧基的空间位置，增加了它们与碱土金属晶格的缔合程度，从而提高了阻垢能力。

这类化合物对碳酸钙等水垢具有良好的阻垢作用。同时也有临界值效应，用量也是极微的。但与聚磷酸盐和磷酸盐不同，后者只能对结晶状化合物产生影响，而对泥土、粉尘、腐蚀产物和生物碎屑等污物的无定形粒子不起作用；而聚丙烯酸等聚合电解质却能对这些无定形不溶性物质起到分散作用，使其不凝结，呈分散状态而悬浮在水中，从而被水流所冲走。

常用的聚羧酸阻垢剂有：

1. 聚丙烯酸

聚丙烯酸是丙烯酸单体在异丙醇调节剂下以过硫酸铵为引发剂聚合而成的，其分子结构式为：

作为水处理剂，其平均分子量一般在 1000～6000 范围内较好，其最佳值视水质条件和操作条件而异。用于海水、含盐的井水，以及温度较高时，分子量要高一些，约在 2000～4000 左右。对硫酸钙垢，试验发现分子量在 720 左右时，其阻垢效果最好。

除有良好的阻垢性能外，还能对非晶状的泥土、粉尘和腐蚀产物以及生物碎屑等起分散作用。因此在现代使用的各种复合水处理剂中常加有聚丙烯酸。

2. 聚甲基丙烯酸

聚甲基丙烯酸由甲基丙烯酸单体聚合而成，其阻垢和分散性能与聚丙烯酸相似，耐温性较好，但价格较贵，一般不如聚丙烯酸那样使用广泛。其分子结构式为：

$$-(CH_2-\underset{\underset{COOH}{|}}{\overset{\overset{CH_3}{|}}{C}})_n-$$

3. 丙烯酸与丙烯酸羟丙酯共聚物

为丙烯酸和丙烯酸羟丙酯共聚物，代号为 T225，它抑制碳酸钙结垢的性能较差，但对磷酸钙、磷酸锌以及氢氧化锌、水合氧化铁等有非常好的抑制和分散作用，对三氧化二铁、污泥、黏土和油垢也有良好的分散性能；与有机膦酸盐、BTA 等混溶性好，因此常用其替代聚丙烯酸，与聚磷酸盐等复配往往可以收到显著的缓蚀和阻垢效果。在较高温度和碱性条件下有良好阻垢分散作用。其分子结构式为：

$$\left[\begin{array}{c}H\\|\\C\\|\\H\end{array} \begin{array}{c}H\\|\\C\\|\\COOH\end{array}\right]_n \left[CH_2-\begin{array}{c}H\\|\\C\\|\\O=C\\|\\OCH_2CHCH_3\\|\\OH\end{array}\right]_m *$$

4. 丙烯酸与丙烯酸酯共聚物

是由丙烯酸与丙烯酸酯两种单体共聚而成，代号为 N-7319。其分子结构式为：

$$\left[\begin{array}{c}CH_2-CH\\|\\COOH\end{array}\right]_m \left[\begin{array}{c}CH_2-CH\\|\\COOR\end{array}\right]_n$$

它对磷酸钙和氢氧化锌有良好的抑制和分散作用，常与聚磷酸盐、磷酸酯和锌盐等药剂复配使用。

除上述一些丙烯酸类聚合物外，低分子量的聚丙烯酰胺及聚丙烯酰胺与丙烯酸等的共聚物也有较好的阻垢性能。

5. 水解聚马来酸酐

水解聚马来酸酐简称 HPMA，它由马来酸酐单体在甲苯中以过氧化二苯甲酰为引发剂聚合成聚马来酸酐，再通过加热水解，使分子中酸酐大部分被水解为羧基。其分子结构较复杂，通常用下面的分子结构式表示：

$$\left[\begin{array}{c}CH-CH\\|\quad\ |\\COOH\ COOH\end{array}\right]_n \left[\begin{array}{c}CH-CH\\|\quad\ |\\C\quad\ C\\\diagup\diagdown\ \ \diagup\diagdown\\O\quad O\quad O\end{array}\right]_m$$

由于分子中羧基比聚丙烯酸和聚甲基丙烯酸多，因此阻垢性能比它们好，而且能在175℃左右的较高温度下保持良好的阻垢性，因此在海水淡化的闪蒸装置中和低压锅炉、蒸汽机车上得到广泛应用。但是价格要贵得多，因此在循环冷却水处理中除特殊情况外，一般不单独采用。

6. 马来酸酐—丙烯酸共聚物

为降低水解聚马来酸酐的价格，又保持其较高的耐温性，人们又开发了一种以马来酸酐和丙烯酸两种单体在过氧化二苯甲酰引发剂作用下共聚成水解聚马来酸酐和丙烯酸的共聚物，其分子结构式为：

它的阻垢性能与水解聚马来酸酐相似，但价格要低些。因此生产实际中，常以马来酸酐—丙烯酸共聚物替代水解聚马来酸酐，可获得同样效果。

7. 苯乙烯磺酸—马来酸（酐）共聚物

在国外是最早开发并商品化的带磺基的共聚物，其分子结构式为：

这类共聚物具有良好的阻垢性能，特别是抑制磷酸钙垢效果更显著。此外还有良好的分散性能，适应 pH 值范围宽，对"钙容忍度"高。是一种应用前景广泛的新品种。

由于该共聚物中引入苯环，使其热稳定性有所提高，又由于引入磺基，使该共聚物的分散作用也得到了加强。故常用于冷却水系统和中、低压锅炉中，用来抑制磷酸钙、碳酸钙、硅酸盐、铁的氧化物以及污泥等的沉积，效果显著。

（六）天然分散剂

20 世纪 60 年代初，尚未发展聚合物沉积控制剂时，曾采用丹宁、木质素、磺化木质素、磺化丹宁酸、淀粉、改性淀粉和羧甲基纤维素等天然有机物质作为分散剂，控制水垢的生成。

但这些天然分散剂在水处理中一般用量较多，约 50～200mg/L，因而费用大，并且在高温、高压条件下易分解，因此目前只有少量商品在复合配方中使用。

五、旁流处理

所谓旁流处理，就是取部分循环水进行处理，之后再返回系统内，以满足循环水水质的要求。旁流处理可以按处理物质的形态分为悬浮固体处理和溶解固体处理两类，实用上一般是处理循环水的悬浮固体。因为从空气中带进系统的悬浮杂质以及微生物繁殖所产生的黏泥和补水中的泥沙、黏土、难溶盐类；循环水中的腐蚀产物、菌藻、工艺介质的渗漏等因素，常常使循环水的浊度增加，单单依靠加大排污量是不能彻底解决的，不经济也不安全。对于空气中含尘量较多的地区及微生物黏泥严重的系统，设置旁流处理效果尤为显著。旁流处理水量的确定可以用公式计算，通常对于处理悬浮物的旁流量按照经验取循环水量的2%~5%。需要注意的是要注意防止水中有油污存在，会使沉淀装置和过滤设备污堵，且不易恢复。常用的旁流处理方式如下：

1. 混凝沉降处理

通常将补给水或在循环水系统的管路上引出一部分水投加石灰、混凝剂和分散剂等，促使水中的悬浮物、胶体和砂石等沉积，减少水中浊度。

2. 过滤处理

降低水中浊度的方法是排污和过滤。通常将补给水混凝沉淀处理后过滤处理，或在循环水系统的管路上引出一部分水进行过滤，过滤后的清水返回循环水系统，截留的浊度组成物质排出循环水系统外。根据运行的经验，旁滤水量与循环水量之比（S：R）一般控制在2%~5%。

如瑞金电厂循环水补水由原水预处理系统 $4\times900m^3/h$ 反应沉淀池处理，然后补入3、4号冷却塔补水池；其旁流过滤水和循环冷却水排污水采用接触混凝过滤模式，配备6台 $180m^3/h$ 出力的卧式三腔体多介质过滤器，5用1备，混凝剂为聚合硫酸铁（PFS）。

近年来超滤膜技术和生物反应池结合应用，可以降低循环水系统的悬浮物、胶体和有机物含量，减少污泥排放量，有利于电厂废水回用或利用城市中水作为补充水。

3. 软化处理

常用的有石灰—纯碱沉淀法、钠离子交换法、弱酸树脂离子交换法、反渗透处理法。

弱酸阳离子交换树脂处理后，水的碳酸盐硬度被交换。降低了硬度和碱度，适合于负硬水（硬度≤碱度）；钠型树脂与进水中离子交换后，使出水中 Na^+ 含量增加，浓缩倍率高时pH值升高明显；反渗透处理时复杂的预处理系统使设备成本和运行费用增加，因此水源紧张的地区才采用。

第三节　循环冷却水系统的腐蚀与防护

凝汽器是发电厂中的重要设备，如果凝汽器的冷却管或管板受到腐蚀而遭损坏，冷却水就会泄漏到凝结水中，从而污染凝结水，这不仅加重了凝结水精处理系统的负担，还影响电站的各部件的使用寿命。第六章中对金属腐蚀机理等有详细讲解，本章主要分析腐蚀对凝汽器的影响。凝汽器工况条件下，不锈钢一般不会发生应力腐蚀。如果不锈钢管制造质量没问题，管子与管板的连接仅为胀接，则发生晶间腐蚀的可能性较小，选材时可不考虑。不锈钢生物腐蚀的可能性是有的，但循环冷却水中若加入有效的杀菌剂，管子清洗工作做得好，则生物腐蚀的矛盾也不突出。凝汽器用不锈钢管的主要腐蚀形态是点腐蚀和缝隙腐蚀。

一、不锈钢凝汽器管的主要腐蚀形态

1. 点腐蚀

点腐蚀又称坑蚀和小孔腐蚀，不锈钢点腐蚀是在特定的腐蚀介质中发生的。通常发生在含有卤素阴离子的溶液中，其中以氯化物、溴化物侵蚀性最强。点腐蚀经常发生在不锈钢表面的钝化膜上，而不锈钢的耐蚀性主要决定于保护性的钝化膜。

虽然点腐蚀范围比较小，一旦发生，其腐蚀速率很快，严重时可造成设备穿孔。另外，在很多情况下点腐蚀有产生晶间腐蚀、应力腐蚀的潜在危害。

（1）点腐蚀产生的原因。由于钢中存在缺陷，杂质和溶质等的不均匀性，当介质中含有某些活性阴离子（如 Cl^-）时，首先被吸附在金属表面某些点上，从而使不锈钢表面钝化膜发生破坏。由于钝化膜破坏处的基体金属显露出来使其呈活化状态，而钝化膜处为钝态，这样就形成了活性-钝性腐蚀电池。由于阳极面积比阴极面积小得多，阳极电流密度大，所以阳极金属很快腐蚀成小孔。产生点蚀有两个重要条件：一是金属在介质中必须达到某一临界电位；二是侵蚀性的卤化物阴离子达到某一浓度。

（2）影响点腐蚀的因素。

1）介质的影响。在卤化物中，氧化性的金属离子（如 Fe^{3+}、Cu^{2+}、Hg^{2+}）也能促使点蚀产生；溶液中的 O_2 和其他氧化剂是产生点蚀的必要条件，氧化剂具有去极化作用；但溶液中某些含氧的阴离子（如氢氧化物、硝酸盐等）能防止点蚀，因为它们置换了金属表面上的 Cl^- 离子。TP304 管子适用于 $Cl^- < 100mg/L$ 的水质。

2）冷却水流速。冷却水长期低流速运行或长期停留在凝汽器内，对不锈钢管耐蚀性能非常不利，流速对不锈钢的点蚀电位、维钝电流有较大影响。不锈钢在动态 NaCl 溶液中的点蚀电位高于静态。因此从耐蚀角度考虑，不锈钢管凝汽器应尽可能在较高流速下运行。停运时，保护措施要到位。此外，含 Cl^- 杀菌剂使点蚀电位有所下降，因此在对不锈钢管凝汽器加氯时要特别小心。游离氯过大或由于分配不均使局部氯含量过高都会引起管子出现点蚀。固体含氯杀生剂停留在不锈钢上会在短时间内引起该处点蚀。

3）合金元素的影响。在不锈钢中加入钼能提高膜的稳定性，使不锈钢表面生成很致密而牢固的钝化膜。实验证明，随钼含量的增加，点蚀电位迅速提高，腐蚀速率很快降低；铬是增加不锈钢抗点蚀性能的基本元素之一，铬主要是提高钢的钝化膜的修复能力或称再生能力。

4）金属热处理方式的影响。不同的热处理方式对点蚀的影响非常大，若在有利于碳化物析出的温度下进行热处理，则产生点蚀的可能性大大增加。

2. 缝隙腐蚀

这类腐蚀发生在有电解液存在的金属之间，以及金属与非金属之间构成狭窄的缝隙内。如不锈钢设备中法兰的连接处、垫圈、衬板、金属相互缠绕的重叠处，破坏形态为沟缝状，严重时可穿透。它的发生和发展机理与点蚀类似，是点蚀的一种特殊形态。

（1）缝隙腐蚀产生的原因。在电解液和结构缝隙存在的条件下，缝隙内有关物质的移动受到了阻滞，形成浓差电池，从而产生局部腐蚀。由于电解质中 O_2 的扩散，在汽-液交界面上形成三相界面而产生强烈的水线腐蚀，以及形成活化-钝化电池的闭塞电池。因为缝隙内是缺氧区，成为阳极，其后也产生自催化加速作用，一旦发生就迅速进展。缝隙腐蚀和孔蚀一样，在含 Cl^- 的溶液中最容易发生。

（2）影响缝隙腐蚀的因素。

1）氯离子浓度的影响。不锈钢中 Cl⁻ 浓度是缝隙腐蚀的主要影响因素。一般来说，随氯化物浓度的增加，Cr-Ni 不锈钢的应力腐蚀开裂加快，特别是 $MgCl_2$，最易引起腐蚀破裂。

2）缝隙几何形状的影响。缝隙腐蚀的重要影响因素是几何形状，如间隙的宽度、深度及内外面积的比等，它决定着氧气进入缝隙的程度，电解质的组成变化，以及电位的分布和宏观电池的性能。

3）氧浓度的影响。随溶液中氧浓度的增加，缝隙外部阴极反应随之加速，腐蚀量便增加。在敞开系统的溶液中，氧的浓度随着温度的升高而下降，阴极反应减缓，阳极反应相反加快，因此最终的腐蚀强弱由阳极和阴极两种反应的综合结果而定；而在密闭系统中随温度的升高，缝隙腐蚀会大大加快。

4）其他影响。随溶液 pH 值减小，阳极溶解速度增加，则缝隙腐蚀量增加；当 Cl⁻ 的浓度增加，电位向负方向移动，缝隙腐蚀敏感性升高；SO_4^{2-} 有抑制点蚀的作用，同样也有减缓缝隙腐蚀的作用。

3. 磨蚀

当冷却水中含有固体颗粒（如砂砾等）或气泡时，水流不仅对管壁产生剪应力，而且其中的固形物还对管壁产生刷作用，两者共同作用的结果，使腐蚀过程加速进行，即所谓磨蚀。磨蚀只出现在铜合金管壁上，循环水补充水处理及不锈钢硬度的提高，使超临界机组中很少出现这种现象。

4. 微生物腐蚀

微生物腐蚀是一种特殊类型的局部腐蚀，它是由于微生物的直接或间接地参加了腐蚀过程所起的金属毁坏作用。微生物腐蚀一般不单独存在，往往是和电化学腐蚀同时发生的。引起腐蚀的微生物一般为细菌及真菌，也有藻类及原生动物，一般是多种微生物共同作用的结果。微生物腐蚀主要是通过电极电位和浓差电池发生变化而直接或间接地参与腐蚀作用，其主要方式有两种类型：①细菌繁殖、分泌、代谢等方式形成的黏泥沉积在金属表面，破坏保护膜，构成局部电池导致垢下腐蚀。②细菌的代谢作用使金属的化学环境发生变化，引起氧和其他化合物的消耗，形成浓差电池，促进了垢下腐蚀。

防止措施：定期在凝汽器冷却水中加入杀生剂；加强循环水补充水和旁流处理，除去悬浮物和软化水质。

二、腐蚀的防护

1. 添加缓蚀剂

缓蚀剂又叫抑制剂。凡是添加到腐蚀介质中能干扰腐蚀电化学作用，阻止或降低腐蚀速率的一类物质都称为缓蚀剂。其作用是通过在金属表面上形成一层保护膜来防止腐蚀。按照缓蚀剂在金属表面所形成的保护膜的成膜机理，缓蚀剂又可分为钝化膜型缓蚀剂、沉淀膜型缓蚀剂和吸附膜型缓蚀剂。按成分可分为有机缓蚀剂和无机缓蚀剂两类。

2. 提高冷却水的 pH 值

提高冷却水的 pH 值或采用碱性水处理可使循环冷却水系统中的金属腐蚀得到控制。

随着水 pH 值的增加，水中氢离子的浓度降低，金属腐蚀过程中氢离子去极化的阴极反应受到抑制，碳钢表面生成氧化膜的倾向增大，故冷却水对碳钢的腐蚀随其 pH 值的增加而降低。

但冷却水的 pH 值提高后会带来三个方面的问题，一是使水中的碳酸钙的沉积倾向增加，易于引起结垢和垢下腐蚀；二是在 pH 值在 $8.0 \sim 9.5$ 之间时运行，碳钢的腐蚀速度虽有所下降，但仍然偏高；三是给常用的缓蚀剂聚磷酸盐的使用带来了困难。

除上述方法外，循环冷却水系统中金属腐蚀还可通过采用耐腐蚀材料的换热器及防腐涂料涂覆换热器的办法来控制。

3. 清洗

新的冷却水系统需要清洗携带的杂质，已经投入生产的冷却水系统，运行过程中会在表面上沉积结垢物、金属腐蚀的氧化产物、菌藻滋生的黏泥等，所以必须停产清洗或不停产清洗。常用的清洗方法有以下几种：

（1）物理清洗。是指通过物理的或机械的方法对冷却水系统或其设备进行清洗的一大类清洗方法，常和化学清洗配合使用。常用的物理清洗方法有以下几种：

物理清洗有捅刷、吹气、冲洗、反冲洗、高压水力清洗、刮管器清洗、胶球清洗等。

（2）化学清洗。化学清洗是通过化学药剂的作用使被清洗设备中的沉积物溶解、疏松、脱落或剥离的清洗方法，常与物理清洗配合或交替使用。换热器化学清洗、中和及水冲洗后，其金属表面往往还处于十分活泼的活化状态，为此需进行相应的钝化处理减轻停运腐蚀。

4. 预膜

清洗后，尤其是酸洗后的金属冷却设备在投入正常运行之前，需要进行预膜处理。预膜的目的是让清洗后尤其是酸洗后处于活化状态下的新鲜金属表面上，或其保护膜曾受到重大损伤的金属表面上，在投入正常运行之前预先生成一层完整而耐蚀的保护膜。

通过试验对比发现，不经预膜处理，则需缓蚀剂浓度较高时才能有效地控制碳钢的腐蚀和沉积物的增长；但若先用 60mg/L 聚磷酸盐复合缓蚀剂预膜 4 天，然后再把浓度降低到 20mg/L，继续运行 10 天，最终结果和不经预膜连续用 60mg/L 聚磷酸盐复合缓蚀剂运行 14 天的相近，然而节约了 2/3 的缓蚀剂。由此可见，预膜比不经预膜而直接用高浓度缓蚀剂运行要经济得多，又比直接用低浓度缓蚀剂运行去控制腐蚀要有效得多。

根据预膜时使用的药剂配方可以分为以下两大类：专用预膜配方的性能一般都较好，但其组成与冷却水系统日常运行时所用配方的组成之间并无直接联系，配方方案较多，如聚磷酸盐-锌盐预膜方案等；而提高浓度预膜法操作和管理比较简单，只需要将日常运行时配方的浓度提高若干倍作为预膜配方，在预膜浓度下运行一段时间，然后把配方的浓度降低到日常运行浓度运行即可，因此得到广泛的应用。

第四节   循环水冷却系统中微生物的控制

循环冷却水系统中水温和 pH 值适宜多种微生物的生长，微生物的数量和它们生长所需的营养源均随循环水的浓缩而增加，冷水塔水池常年露置室外，阳光充足，也有利于微生物的生长。微生物的滋长，对循环冷却水系统会构成危害，所以必须对其进行控制。

一、循环冷却水系统中的微生物

循环冷却水中最常见并有危害作用的微生物，大致有藻类、细菌和真菌三类。

1. 藻类

藻类可分为蓝藻、绿藻、硅藻、黄藻和褐藻。大多数藻类是广温性的，最适宜的生长温度约为 $10\sim20℃$。藻类滋长所需的营养元素为 N、P、Fe，其次是 Ca、Mg、Zn、Si 等，其中以 N：P＝15～30 为最适宜的条件。当水中无机磷的浓度达 0.01ppm 以上时，藻类便生长旺盛。藻类含有叶绿素，可以进行光合作用，此时 C 元素被吸收，放出 O_2 和 OH^-。所以，反应结果是水中溶解氧的量增大和 pH 值上升；在夏季藻类大量繁殖时，可使 pH 值上升到 9.0。

冷却塔和喷水池是藻类最适宜的生长区域，因为这些地方具备了藻类繁殖的三个基本条件，即空气、水和阳光。藻类在构筑物上不断地繁殖和脱落，易于导致冷却水系统内形成泥垢。其结果是影响正常的水流分配和冷却效果，甚至会发生加速点蚀。

2. 细菌

在冷却水系统中生存的细菌有多种，对它们的控制比较困难，因为对一种细菌有毒性的药剂，对另一种细菌可能没有作用。

细菌可按其形状分为球菌、杆菌和螺旋菌，也可按需氧情况分为需氧、厌氧和兼性细菌。另外，还可按需要的营养分类，生长在冷却水系统中的有硫细菌、铁细菌和硫酸盐还原菌等。

细菌产生的黏液会导致污泥，因为它们会把悬浮于水中的固体微粒黏合起来，并附着于金属表面。因此也常按其产生的危害，把细菌分为产黏泥细菌、铁细菌、硫酸盐还原菌、产酸细菌等。

3. 真菌

真菌的种类很多，一般可分成 4 个纲，即藻状菌纲、子囊菌纲、担子菌纲和半知菌纲。在冷却水系统中常见的大都属于藻状菌纲中的一些属种，如水霉菌和绵霉菌等。真菌没有叶绿素，不能进行光合作用，大部分菌体都是寄生在植物的遗骸上，并以此为营养而生长。大量繁殖时可以形成棉团状，附着于金属表面或堵塞管道。有些真菌可以分解木质纤维素，引起木材腐烂。

上述各种微生物在冷却水系统中的繁殖，都有它们各自最适宜的温度、pH 值和光照条件。此外，还必须注意，水流速度对它们的生长也有很大影响，如冷却水系统中水的流速很大时，由于发生了冲刷作用，不易有微生物和污泥黏附。一般当水流速达 1m/s 时，污染就不会太严重。

二、微生物的危害

冷却水系统中，由微生物的滋生繁殖引起的危害有以下几个方面：

（1）形成黏泥沉积物。产生黏液的微生物，在凝汽器管内附着生长，形成一种软的有弹性的微生物黏液层。这些黏液能将悬浮在水中的无机垢、腐蚀产物、灰沙淤泥等黏结在一起形成黏泥沉积物，附着在管壁上。它不仅影响水侧传热效率，还会使水管截面积变小，限制水的流量而影响冷却效果。

（2）加速金属设备的腐蚀。凝汽器管内附着微生物黏泥后，将产生垢下腐蚀。有些细菌在代谢过程中生成的分泌物还会直接腐蚀金属。有些细菌的氧化物，可使局部区域的pH值降低，加速金属腐蚀。细菌促进金属腐蚀的过程是多种多样的，而在大多数情况下，是各种细菌共同作用所造成的。

三、影响微生物滋长的因素

影响微生物在冷却水系统内滋长的因素，通常有以下几点：

（1）适宜的温度。大多数微生物生长和繁殖最合适的温度是 20℃ 左右。如果高于35℃，在凝汽器常见的微生物大部分就要死亡。因此，凝汽器中有机物污泥的生长，以春秋季为最严重。

（2）金属管的洁净程度。实践证明，在洁净的金属管内，微生物不易生长，在同一期间和同一条件下，不洁净的旧管内附着的有机物约为洁净管的 4 倍。

（3）光照。水中常见的微生物藻类的繁殖与光照强度有很大关系，即光照越强，藻类越易繁殖，所以藻类特别易于在冷却塔内出现、繁殖。

（4）冷却水含砂量。当冷却水中夹带有大量的黏土和细砂等杂质时，水流冲刷时会把有机物冲掉。降低凝汽器铜管的微生物附着量。

（5）水中杂质影响：

1）磷。有机磷会促使藻类物质生长，堵塞冷却系统。在不加酸条件下，无机磷也可能会与钙镁离子生成沉淀，所以需考虑磷酸根和钙镁的溶度积。

2）氨氮。在硝化菌的作用下一方面发生硝化反应使 pH 值降低；另一方面反硝化反应时释放碱度，pH 值升高，但是反硝化反应释放碱度为硝化反应需要碱度的一半，因此pH 值和全碱度降低，腐蚀循环水系统。同时氨氮会消耗一部分次氯酸，使氯化合物投加量增大，产生的氯离子加速金属腐蚀速度，另外氨氮也会腐蚀铜及其合金。其中硝化反应：$NH_4^+ + 2O_2 \xrightarrow{\text{硝化细菌}} H_2O + 2H^+ + NO_3^-$；反硝化反应：$6NO_3^- + 5CH_3OH$（有机碳源）$\rightarrow 7H_2O + 5CO_2 \uparrow + 3N_2 \uparrow + 6OH^-$。

3）氯离子、硫酸根。是冷却塔、设备腐蚀的重要促进因素。对于常规标号水泥，氯离子、硫酸根质量浓度之和不宜超过 1500mg/L。

4）碱度、硬度。直接影响浓缩倍率及加酸量。甲基橙碱度、硬度是决定是否采用石灰凝聚处理的关键。

5）有机物。有机物量太大，会为微生物提供营养，使微生物繁殖，形成污垢，影响凝汽器换热效率，更重要的是会减弱缓蚀剂的性能。

四、微生物的控制

控制循环冷却水系统中微生物生长的方法可根据微生物的生长条件进行选择，其控制方法一般有以下几种：

（1）防止日光照射。藻类的生存和繁殖，需要日光照射进行光合作用，如能遮断阳光，就可防止藻类的产生。对于小型水池、水箱可以采用加盖的方法来遮断阳光，而对大型水池和高大的冷水塔则无法采用。

（2）过滤处理。对补充水进行过滤预处理，可除去水中的藻类、浮游物和细菌等。对循环水进行旁流过滤处理，可去除悬浮的浑浊物和菌、藻类等微生物。

（3）投加杀生剂。

1）杀生剂的选择。在循环冷却水系统中，投加杀生剂是目前控制微生物污染的常用方法。杀生剂的作用是杀死或抑制生物的生长和繁殖。选用时应尽量满足以下要求：①低毒或无毒，并不会产生毒性积累。如有毒时，其毒性应易于降解且便于处理。②必须具有广谱性，对藻类、细菌、真菌等均能杀灭。同时，对微生物黏泥有穿透性和分散性。③所选杀生剂必须与系统中所用的缓蚀剂、阻垢剂相匹配，不相互干扰。④要有适当的稳定性。在冷却系统中要尽量少与其他物质产生化学反应，以免影响杀菌灭藻效果。⑤配制和使用要方便，价格便宜，且便于操作。

2）杀生剂的分类。①按化学成分可分为无机杀生剂和有机杀生剂两类。氯、臭氧、二氧化氯属于无机杀生剂；氯化酚、季铵盐、丙烯醛等属于有机杀生剂。②按杀生剂的机理分，一般可分为氧化型杀生剂和非氧化型杀生剂两大类。氯、臭氧、二氧化氯均为氧化型杀生剂。氧化型杀生剂对水中其他还原物质能起氧化作用，故当水中存在有机物、硫化氢及亚铁离子时，会消耗一部分杀生剂，降低他们的杀生效果，还受水中 pH 值影响较大、分散渗透、剥离效果差。但其杀菌灭藻速度快、杀生效果的广谱性、处理费用较低、对环境污染相对影响较小、微生物不易产生抗药性等优点，使电厂循环水处理一般采用氧化型杀生剂。氧化性杀菌剂可采用连续或冲击式加药方式。非氧化型杀生剂常用的有氯酚类、有机锡化合物、季铵盐和有机胺类、有机硫化合物（如二硫氰基甲烷、双—三氯甲基砜、异噻唑啉酮）等。非氧化性杀菌剂因耐药性问题一般采用冲击式加药方式。

（4）选用耐蚀金属。

（5）阴极保护。采用外加电流保护法或牺牲阳极保护法，可控制阴极金属上硫酸盐还原菌的繁殖。

（6）清洗。用物理或化学清洗的方法去除微生物黏泥，可去除大部分的微生物，并破坏了微生物赖以生存的环境。且清洗后剩下来的微生物暴露在外，更易于被杀生剂杀死。

对于一个已经被微生物严重污染的冷却水系统来说，清洗是一个十分有效的措施。

（7）噬菌体法。噬菌体法也叫细菌病毒，是一种能吃掉细菌的微生物，是一种生物杀菌方法。

五、循环冷却水处理方法

常用的循环冷却水处理方法如表 5-1 所示。

表 5-1　　　　　　　　　　　　　循环冷却水常用的处理方法

欲处理的物质		产生原因	处理方法
水中悬浮物	(1) 大块悬浮杂质； (2) 灰尘、泥土； (3) 藻类、微生物； (4) 矾花； (5) 有机物、无机物	(1) 来自空气和补充水； (2) 循环水污染； (3) 循环水中的生成物	(1) 格栅过滤； (2) 混凝沉降处理； (3) 旁流滤池过滤； (4) 加入杀生剂，控制藻类繁殖
壁上沉积物	(1) 泥垢； (2) $MgSiO_3$、$Ca_3(PO_4)_2$、$CaCO_3$、$CaSO_4$ 等盐垢； (3) 黏垢	(1) 悬浮杂质生成的泥垢； (2) 盐类被浓缩析出； (3) 微生物繁殖生成泥垢	(1) 加分散剂、混凝剂除悬浮物； (2) 加酸、CO_2、分散剂、螯合剂或用软化、除盐等措施； (3) 杀菌剂控制黏泥； (4) 旁流软化
腐蚀	(1) 金属腐蚀； (2) 木材腐烂	(1) 多金属系统的电化学腐蚀； (2) 低 pH 值的酸性腐蚀； (3) 微生物垢下腐蚀； (4) 真菌等木材腐蚀	(1) 加缓蚀剂； (2) 提高系统 pH 值； (3) 控制微生物繁殖； (4) 木材防腐处理

第六章　热力设备腐蚀与防护

第一节　腐蚀基础知识

机组水汽系统热力设备的腐蚀、结垢和积盐是影响火力发电机组安全、经济运行的主要原因之一。随着补给水和凝结水处理技术的发展，水质不良导致的锅炉结垢和汽轮机积盐都可得到有效的控制，超超临界机组对水质要求更严格，这样热力设备的腐蚀成为了突出的问题。

一、腐蚀的定义

腐蚀是金属材料与环境介质发生化学或电化学作用而引起的破坏或变质。

金属腐蚀的原因主要是环境介质的化学或电化学作用，即金属与环境介质中的氧化剂发生了氧化还原反应。金属的腐蚀过程是发生在金属与介质界面上的复杂多相反应，破坏总是从金属表面逐渐向内部深入。金属发生腐蚀时，其外貌有所变化，如溃疡斑、小孔、表面有腐蚀产物或金属材料变薄等；其机械性能也随之变化，如金属变脆、强度降低等；其组织结构也因某种元素含量变化或发生相变而改变。

二、腐蚀的分类

关于热力设备金属腐蚀类型有各种不同的分类方法。

按腐蚀机理分为化学腐蚀和电化学腐蚀。电化学腐蚀是指金属表面与介质如潮湿空气或电解质溶液等，因形成微电池，金属作为阳极发生氧化而使金属发生腐蚀。金属腐蚀过程中电化学腐蚀和化学腐蚀往往同时发生，但绝大多数属于电化学腐蚀。

按腐蚀环境分为干腐蚀、湿腐蚀、熔盐腐蚀和有机介质中的腐蚀等。

按腐蚀形态分为全面腐蚀和局部腐蚀。金属发生全面腐蚀时，腐蚀分布在整个与介质接触的金属表面上，它可以是均匀腐蚀，也可以是不均匀的全面腐蚀；金属发生局部腐蚀时，腐蚀主要集中于金属表面某些局部区域，而金属的其他部分则几乎未被破坏。局部腐蚀主要有电偶腐蚀、点蚀、缝隙腐蚀、晶间腐蚀、选择性腐蚀、应力腐蚀、氢脆、磨损腐蚀等。

三、腐蚀速度的表示方法

在均匀腐蚀的情况下，常用失重法和深度法来表示金属的平均腐蚀速度。

1. 重量法

重量法是根据腐蚀前后金属试件重量的变化来测定金属腐蚀速度的，分为失重法和增重法两种，当金属表面上的腐蚀产物较容易除净且不会因为清除腐蚀产物而损坏金属本体时常用失重法；当腐蚀产物牢固地吸附在镀件表面上则采用增重法。重量法只考虑均匀腐蚀情况，表示金属腐蚀的平均速度。而实际上金属在反应中的腐蚀一般是电化学腐蚀，由于条件不同而呈现复杂的规律，因此重量法存在缺陷和不足之处。

2. 深度法

从工程应用角度来说，局部腐蚀较全面腐蚀更具危险性，因此用单位时间内的腐蚀深度表示金属的腐蚀速度更有实际意义。直接测量腐蚀前后或腐蚀过程中某两时刻的试样厚度，就可以得到深度法表征的金属腐蚀速率。

3. 腐蚀点数

如果是测试涂层、镀层或者测试其他表面处理层的耐腐蚀性则可用一块透明的划有方格的有机玻璃或塑性薄膜，将其覆盖在试样的主要表面上，计算有腐蚀点的方格数。若表面处理层变色或其他外观损伤，但不穿透至基体，则在作耐蚀性评级时，不作为腐蚀点计算。腐蚀点的大小，是指被穿透的镀层面积大小，而不是伴随产生的锈迹面积大小。

四、金属的腐蚀

（一）钢铁的电化学腐蚀

钢铁在干燥的空气里可以长时间不受腐蚀，但在潮湿的空气里，钢铁表面会吸附水气形成一薄层水膜，使钢铁很快地发生电化学腐蚀。

由于空气中存在氧气和二氧化碳，当水膜中溶有二氧化碳后就可起电解质溶液的作用。钢铁中一般都含有碳，于是构成了铁为负极、碳为正极、水膜为电解质溶液的很多微小原电池。

在负极发生的电极反应是：

$$Fe - 2e \longrightarrow Fe^{2+}（氧化反应）$$

在正极发生的反应有两种，如果水膜的酸性很弱或者呈中性，就由溶解在水膜里的氧气作为氧化剂，它在正极上发生电极反应是：

$$O_2 + 2H_2O + 4e \longrightarrow 4OH^-（还原反应）$$

这种腐蚀称为吸氧腐蚀. 钢铁等金属的腐蚀主要是吸氧腐蚀。另一种情况是，由于在水膜里溶解了较多的酸性气体，如二氧化碳、二氧化硫、氮氧化合物等。水膜里的 H^+ 浓度较大，水膜的酸性较强，这时就由 H^+ 作为氧化剂，它在正极发生的电极反应是：

$$2H + 2e \longrightarrow H_2（还原反应）$$

这种腐蚀称为析氢腐蚀。

（二）腐蚀微电池原理

在一般的金属中，总含有少量的其他杂质金属，或非金属杂质，还有一些其他的因素也可引起金属表面的电位分布不均匀，例如，表面的凹凸粗糙不平、晶格缺陷、冶炼或机械加工时造成的内应力等。杂质部位的电位和金属表面的电位有差值，则低电位金属成为阳极。形成无数短路的微小的丹尼尔电池，阳极金属氧化（溶解）为离子，电子直接由阳极流向阴极（或电流由阴极流向阳极），这样，金属就不断地被腐蚀。

（三）充气电池腐蚀

在金属表面上存在的各种不均匀因素，是造成金属腐蚀的重要原因，此外还有一个因素在金属的腐蚀中也起着重要的作用，这就是所谓充气电池造成的腐蚀。

因为气体在金属表面液膜层的不同部位溶解量不同，因此分压（或浓度）差别造成电极电位差。这种类型的腐蚀是很常见的。

所谓水线腐蚀，就是充气电池引起腐蚀的例子。观察日常生活中的铁腐蚀，如果杂质等引起腐蚀的其他因素不严重，那么，在铁片的底部和在水面下的铁片的上部之间，由于氧气供应的不同，形成充气电池。铁片的底部因离水面较远，氧的补充较少，成为阳极，腐蚀就从铁片底部开始。然后，在阴极区域的最低部分，氧渐渐耗尽，这一部分就转化为阳极。这样，腐蚀的区域逐渐向上蔓延。在水线部分，氧的补充最充分，有阴极反应而产生碱（氢氧根离子）。它可破坏铁片上可能有的油膜，使金属表面更亲水，从而使水面以上的铁片润湿，形成水膜。显然，水面以上铁片上的水膜和空气的接触更充分，使原来为阴极部分的、水面下邻近水线的部分成为阳极，受到腐蚀。这类腐蚀生成的铁锈漂浮于水面上，对金属不会有任何保护作用，而且最终水线腐蚀开始之后，水面以上的水膜部分，氧气补充最充分，使腐蚀速率加快。所以水线腐蚀的特点是，邻近水线的部分腐蚀最为严重，往下是腐蚀最轻的部分，再往下是一片普遍的腐蚀区域。在实际中，也许会由于其他腐蚀因素而改变水线腐蚀的特点，但是水线腐蚀还是经常出现。

五、超临界机组热力设备腐蚀的类型

对于超临界机组而言，热力设备的金属腐蚀，主要是研究纯水、汽工质在高温高压、高热负荷和相变条件下的腐蚀过程，如各种杂质对金属材质腐蚀行为的影响，在热负荷、热应力及工质流动（含两相流）下金属腐蚀的规律与特性，炉管传热面的沉积物与金属腐蚀的相关性及高温高压下金属腐蚀的化学和电化学反应特征等。在热力系统中，一些常见的腐蚀形式如下：

（1）氧腐蚀。氧腐蚀是腐蚀介质中的溶解氧引起的一种电化学腐蚀。运行时的氧腐蚀主要发生在水温较高的给水系统，以及溶解氧含量较高的疏水系统和发电机的内冷水系统。停用时的氧腐蚀通常是在较低温度下发生的，如果不进行适当的停用保护，整个机组水汽系统的各个部位都可能发生严重的氧腐蚀，这种腐蚀又称为停用腐蚀。

（2）酸性腐蚀。酸性腐蚀是酸性介质中的氢离子引起的一种析氢腐蚀。热力设备可能发生的酸性腐蚀主要有：炉外水处理系统的酸性腐蚀、凝结水系统和疏水系统的游离 CO_2 腐蚀、汽轮机低压缸内的酸性腐蚀、水冷壁管的酸性腐蚀等。

（3）汽水腐蚀。当过热蒸汽温度超过 450℃时，蒸汽可与碳钢中的铁直接发生化学反应生成 Fe_3O_4（$3Fe+4H_2O \longrightarrow Fe_3O_4+4H_2$）而使管壁减薄，这种化学腐蚀称为汽水腐蚀。汽水腐蚀一般发生在过热器或再热器管中，它既可能是均匀的，也可能是局部的。

（4）应力腐蚀。金属构件在腐蚀介质和机械应力的共同作用下产生腐蚀裂纹，甚至发生断裂，这是一类极其危险的局部腐蚀，称为应力腐蚀。根据金属在应力腐蚀过程中所受的应力的不同，应力腐蚀又可分为应力腐蚀破裂和腐蚀疲劳。

应力腐蚀在热力设备水汽系统中广泛存在，如水冷壁炉管，过热器、再热器、高压除氧器、主蒸汽管道、给水管道、汽轮机叶片和叶轮，以及凝汽器管，在不同情况下都可能发生应力腐蚀破裂或腐蚀疲劳。

（5）氢脆。金属在使用过程中，可能有原子氢扩散进入钢和其他金属，使金属材料的塑性和断裂强度显著降低，并可能在应力的作用下发生脆性破裂或断裂。这种腐蚀破坏称为氢脆或氢损伤。在锅炉酸洗或锅炉发生酸性腐蚀时，碳钢炉管都可能发生氢脆。

（6）磨损腐蚀。高速流体或流动截面突然变化形成了湍流或冲击，对金属表面施加切应力，使表面膜破坏，湍流形成的切应力使表面膜破坏，不规则的表面使流动方向更为紊乱，产生更强的切应力，在磨损腐蚀的协同作用下形成腐蚀坑。

当互相接触的两部件同时承受载荷，其接触面在振动和滑动的作用下引起的破坏，称为磨振腐蚀，也称擦蚀，它是磨损腐蚀的一种特殊形态。如凝汽器管水侧的冲刷腐蚀；省煤器管道中的紊流区，湍流的冲击。

（7）点蚀。点蚀又称小孔腐蚀，是一种高度局部腐蚀形态，孔有大有小，多数情况下比较小，一般孔蚀直径等于或小于它的深度，也有皿状、碟状浅孔。孔蚀一般发生在表面有钝化膜或有保护膜的金属上。由于金属表面存在缺陷和溶液内存在能破坏钝化膜的活性离子，钝化膜局部被破坏，破口处金属成为阳极，破口周围大面积的膜为阴极，因此腐蚀迅速向内发展，形成孔蚀。

（8）晶间腐蚀。腐蚀首先在晶粒边界上发生，并沿着晶界向纵深处发展。

（9）缝隙腐蚀。金属表面上由于存在异物或结构上的原因形成缝隙而引起的缝隙内金属的局部腐蚀，称为缝隙腐蚀。在热力设备中，凝汽器管和管板间形成的缝隙，以及腐蚀产物、泥沙、脏污物、生物等沉积或附着在金属表面上所形成的缝隙等。

（10）电偶腐蚀。由于两种不同金属在腐蚀介质中互相接触，导致电极电位较负的金属在接触部位附近发生局部加速腐蚀称为电偶腐蚀。凝汽器的碳钢管板与不锈钢（或钛、白铜等）管连接部位。

（11）锅炉烟侧的高温腐蚀。指锅炉水冷壁炉管、过热器管、再热器管的外表面，以及在锅炉炉膛中的悬吊件表面发生的一类腐蚀，烟气引起的高温氧化和由锅炉燃烧产物引起的熔盐腐蚀。

（12）锅炉尾部受热面的低温腐蚀。由于烟气中的 SO_3 和烟气中的水分反应生成 H_2SO_4，而使锅炉尾部烟道的空气预热器烟侧表面发生腐蚀。

（13）空泡腐蚀。又叫气蚀、穴蚀。当高速流体流经形状复杂的金属部件表面再某些区域流体静压可下降到液体蒸汽压力之下，因而形成气泡在高压区气泡受压力而破灭。气泡的反复产生和破灭产生很大的机械力使表面膜局部毁坏，裸露的金属受介质腐蚀形成蚀坑。蚀坑表面可再钝化，气泡破灭再使表面膜破坏。强制循环锅炉循环泵出现较多。

（14）螯合剂腐蚀。高浓度的螯合物可以侵蚀磁铁矿（四氧化三铁），反应过程如下：$Fe_3O_4 + Fe + 8H^+ + 4chelant \longrightarrow 4Fe(II)chelant + 4H_2O$。受侵蚀的表面一般非常光滑，没有明显的特征。在水流速度较大的条件下，管道表面可能会出现以"彗星尾巴"和"马蹄状"凹陷为标志的光滑的不规则轮廓。水汽分离设备，尤其是通过离心方法进行水汽分离的设备，对于这种类型的腐蚀相当的敏感。螯合剂腐蚀同样也发生在给水分管、省煤器、下降管的末端和水冷管高热输入的部位。

（15）凝汽器的微生物腐蚀。凝汽器钢管管板上，由于微生物的生物活动，促进了碳钢在冷却水中的电化学腐蚀过程，使得管板损坏加快，这种腐蚀就是管板的微生物腐蚀。

第二节　金属腐蚀防护的基本方法及机理

水汽系统腐蚀是锅炉系统发生故障的原因之一，造成经济和安全问题。

腐蚀控制方法的变化取决于所遇到的腐蚀的类型。最普遍的原因就是溶解的气体（主要是氧气和二氧化碳）腐蚀、沉积物下腐蚀、低 pH 值和机械应力薄弱的地方引起的侵蚀，导致应力腐蚀破裂和腐蚀疲劳。常用的腐蚀防护方法在设备安装投运以后，经常能进行调节控制的是炉内加药和热力设备的运行参数，金属表面保护膜的形成是炉内加药调节的依据。

一、金属保护膜的形成

在水质呈碱性，水中氧含量较低的氛围中。钢在水中 Fe_3O_4 保护膜的形成过程反应如下：

阳极过程为：$3Fe \longrightarrow Fe^{2+} + 2Fe^{3+} + 8e$

阴极过程为：$8H^+ + 8e \longrightarrow 8H$

水的解离：$4H_2O \longrightarrow 4OH^- + 4H^+$

氧化膜的形成：$Fe^{2+} + 2Fe^{3+} + 4OH^- \longrightarrow Fe_3O_4 + 4H^+$

这种双层结构的氧化膜，内层称为原生膜或形貌膜，是水对铁原子直接氧化的结果，起着主要的保护作用；外层称为外层膜或延伸膜，柱状的 Fe_3O_4 晶体更粗长。

二、防止热力设备腐蚀的方法

1. 合理选材与设计

为了保证设备长期安全运行，必须将合理选材，正确设计，精心施工制造及良好的维护管理等几方面的工作密切结合起来。其中合理选材和防腐设计是首要环节。合理选材主要是根据材料所要接触的介质的性质和条件，材料的耐蚀性能和价格，选择在这种介质中比较耐蚀、满足设计和经济性要求的材料。防腐设计主要是防蚀结构设计和防蚀强度的设计。防蚀强度的设计主要是对全面腐蚀的腐蚀裕量的选择，以保证金属结构的寿命要求。

2. 表面保护技术

表面保护技术就是利用各种表面覆盖层将金属与腐蚀介质隔离而使金属得到保护。金属表面的保护性覆盖层可分为金属镀层和非金属镀层。金属镀层的制造方法主要有热镀（如镀锌钢管）、渗镀、电镀等；非金属涂层可分为无机涂层（包括搪瓷或玻璃涂层以及表面氧化膜和磷化膜等）和有机涂层（包括塑料、橡胶、涂料和防锈油等）。

3. 介质处理与水化学工况

（1）介质处理的方法。介质处理的目的是降低介质的腐蚀性，促使金属表面钝化。为此，可采用下列方法：

1）控制介质中溶解氧等氧化剂的浓度。例如，为了控制超临界机组锅炉和炉前系统热力设备的氧腐蚀。

2）提高介质的 pH 值。提高介质的 pH 值（如给水的 pH 值调节）。

3）降低气体介质中的湿分。如在热力设备停用保护采用的烘干法、干燥剂法。

4）向介质中添加缓蚀剂。

（2）超临界机组的水化学工况。超临界机组的水化学工况就是指锅炉给水的处理方法及所控制的水质指标。

1）全挥发性处理。通过对给水进行热力除氧，同时向给水中加入联氨和氨的方法，除尽给水中的溶解氧，并使之呈碱性，以使钢表面上形成较稳定的 Fe_3O_4 保护膜。因为采用的药品都是挥发性的，且联氨是还原性的，所以常称为全挥发性处理[AVT(R)]。

2）联合水处理。通过向给水中加气态 O_2 和氨的方法，使给水中含有微量溶解氧，并呈碱性，以使钢表面上形成更稳定、致密的 $Fe_3O_4 + Fe_2O_3$ 双层保护膜。这是加氧处理（OT）和加氨碱化处理的联合应用，所以称为联合水处理（CWT）；也有采用单纯的加氧处理的方式中性水处理（NWT），给水 pH 值保持在中性即可防腐。

4. 电化学保护

电化学保护可分为阴极保护和阳极保护两种方法：

（1）阴极保护。阴极保护是将金属作为阴极，利用阴极电流使金属电极电位负移、阳极溶解速度减小从而得到保护。它又可分为牺牲阳极保护和外加电流阴极保护。牺牲阳极保护是被保护金属与一个电位较负的金属（牺牲阳极）短接而成为该电偶腐蚀电池的阴极，通过牺牲阳极的溶解类提供阴极电流。外加电流阴极保护是使被保护的金属与直流电源（或恒电位仪）的负极相连而成为阴极，而该电源的负极与同一介质中的辅助阳极相连。

这样，通过该电源提供的阴极电流（保护电流），使被保护金属的电极电位负移，并将其控制在保护电位范围内。在火力发电厂，凝汽器水侧管板和管端部、地下取水管道外壁等的防护均可采用阴极保护。

（2）阳极保护。阳极保护是将金属作为阳极，利用阳极电流使金属电极电位正移，达到并保持在钝化区内从而得到保护。阳极保护通常是使被保护的金属与直流电源（或恒电位仪）的正极相连而成为阳极，而该电源的负极与同一介质中的辅助阴极相连。这样，通过该电源提供的阳极电流，使被保护金属的电极电位正移，并将其控制在钝化区的电位范围内。阳极保护只适用于可能发生钝化的金属，如碳钢或不锈钢浓硫酸贮槽的阳极保护。

第三节　热力设备腐蚀的特征与防护

在第一节中已经简介了超临界机组水汽系统的腐蚀形态，本节中详细介绍危害范围比较广的几种腐蚀形态。

一、省煤器炉管的腐蚀

省煤器是利用烟气的余温加热给水和预热空气的系统。其主要腐蚀形式是氧腐蚀与垢下腐蚀，氧的存在与温度的升高是导致省煤器管氧腐蚀的主要原因，其进水管处的腐蚀最为严重，因给水中残余氧在此被消耗之故，图6-1给出了省煤器管的氧腐蚀照片。省煤器管一般有腐蚀产物覆盖，主要是给水中的金属腐蚀氧化物沉积所致，另外，省煤器弯管处的腐蚀也很严重（可能与流动加速腐蚀有关）。

流动加速腐蚀（FAC）常发生于局部区域（见图6-2），也称流动加速局部腐蚀，这是一种受流体影响而加速腐蚀的现象。其中包括了浸蚀和流速差腐蚀。

图6-1　省煤器管的氧腐蚀

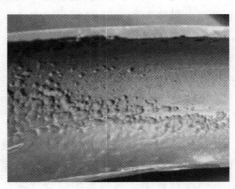

图6-2　省煤器弯管处的流动加速腐蚀

发生流动加速腐蚀的条件：

（1）介质流速较高，管内流动状态为紊流状态。

（2）流动方向改变，水流条件恶化部位，如盘管的弯头处、省煤器弯管、异径管和三通管位置。

（3）管材为普通碳钢。

（4）还原性水处理工况低氨浓度强还原性。

研究认为正是这种处于还原环境下的低氨浓度所带来的较低的pH值对四氧化三铁层的溶解起到了主要作用。氨气并不会直接破坏四氧化三铁层。在由氨-联氨所建立的还原环境下，会导致连续性的铁离子（Fe^{2+}）从管壁上的剥离，这样会导致管壁钝化膜结构的弱化，促使渐进式的四氧化三铁层溶解，导致了管道强度降低至会突然发生破坏的水平。图6-2中明显可以看出FAC导致的管壁减薄。这就解释了为什么在NH_3浓度为0.1ppm的条件下腐蚀比任何其他条件下都严重得多。

二、过热器管的腐蚀

（1）汽水腐蚀。水蒸气和金属管道之间的化学反应，温度超过450℃时，水蒸气与铁反应生成Fe_3O_4、放出氢化物（H^*）。过热器管水汽腐蚀的特征，即表面上有一层紧密的鳞片状氧化铁层，下层金属出现较大面积的减薄，鳞片状氧化铁层的厚度达0.5~1mm，有的局部成片脱落，呈现轻微的凹槽。

（2）高温氧化皮脱落。超临界参数以上机组过热器管的高温氧化问题普遍存在，在机组启停及负荷变动时氧化皮的脱落与堵塞是超临界锅炉停机事故的主要原因之一，因此后面会详细论述。

（3）氧腐蚀。停运阶段过热器管存在氧腐蚀问题，在 U 形管部位的氧腐蚀尤为严重，可能与停机后过热器内积水相关。

三、水冷壁管的腐蚀

1. 停运氧腐蚀

锅炉停运期间若保护措施不当，锅炉水汽系统都会发生停炉腐蚀或者停用腐蚀，它实际上也是一种氧腐蚀。运行时，水温高氧气溶解度低，不存在运行氧腐蚀。

2. 介质浓缩腐蚀

介质浓缩腐蚀是指锅炉运行时介质局部浓缩产生的腐蚀。超临界锅炉热负荷高，存在沉积物和氧化铁垢，具备介质浓缩腐蚀条件。

锅炉遭受介质浓缩腐蚀后，呈现两种不同的形式，一种是延性损坏；另一种是脆性损坏。

延性损坏的特点是：被腐蚀的管壁减薄，但各部位减薄的程度不一样，表面呈现凹凸不平的状态。当管壁厚度减薄至产生破裂的极限厚度时，在应力的作用下发生破裂，即爆管。在腐蚀过程中，被损坏的炉管机械性能没有发生变化、金相组织正常，故这种损坏称为延性损坏。

脆性损坏的特点是被腐蚀的炉管表面有蚀坑，炉管厚度减薄，但管壁厚度还没有减薄到极限厚度，炉管发生破裂；在腐蚀过程中钢的机械性能和金相组织发生变化，有脱碳现象，并有微小裂纹；因腐蚀产生的氢渗入炉管内部，引起脱碳和氢脆，氢脆引起钢的机械性能变脆，所以这种损坏称为脆性损坏。

一般来说，当局部浓缩产生浓碱时，容易出现延性损坏；当局部浓缩产生酸时，容易发生脆性损坏。Cl^- 是引起超临界锅炉的介质浓缩酸腐蚀的原因所在。锅炉运行时，当炉水浓缩到一定倍数时，Cl^- 浓度达到一定的浓度，水冷壁管保护膜的击穿电位降低，氧化膜的破坏速度加快。而且 Cl^- 还干扰四氧化三铁在钢表面的正常成膜。

介质浓缩酸腐蚀一般在水冷壁管上形成皿状腐蚀坑，坑周围有附着性强且较硬的层状结构的腐蚀产物，腐蚀产物中有大量的氯离子存在。水冷壁管内沉积物越多、管壁温度越高、炉水浓缩越大、腐蚀越严重，给水中含铁量、含铜量、氯化物含量、pH 值和溶解氧含量对介质浓缩酸腐蚀有显著影响。

3. 应力腐蚀

水冷壁管热负荷高，介质易浓缩，侵蚀性的介质和设备承受的重力、水汽冲击等应力，也使应力腐蚀破裂和腐蚀疲劳在水冷壁管时有发生。

4. 磨蚀

锅炉中发生磨蚀的 4 个主要部位是：水冷壁管火侧、炉前系统、炉后系统和水汽系统的水、汽侧。相对而言，发生在金属表面水侧的磨蚀是比较罕见的，发生在壁管火侧的磨蚀占磨蚀事故中的绝大部分，其又可以进一步分为吹灰磨蚀、蒸汽冲蚀、飞灰磨蚀。

（1）吹灰磨蚀。吹灰磨蚀主要发生在"煤灰"的排出路径上（或者排灰路径的附近），过热器管道就首当其冲。常见的磨蚀部位包括沿伸缩吹灰器吹灰路径布置的管道，尤其是那些距离伸缩吹灰器入口管最近的管道。其他遭受磨蚀的部位还包括正对着吹灰器的炉膛四角和对流挡板，这些对流挡板就如故障吹灰器附近的普通管道一样，遭受磨蚀。

吹灰磨蚀是由于吹灰器对准不当造成的。不论吹灰气流中夹带着凝结水还是粉煤灰都将会加剧管道磨蚀。所以，正确地操作、调整和定位吹灰器可以有效地减缓吹灰磨蚀。

（2）爆裂管道附近的蒸汽冲蚀。当管内蒸汽的压力和温度很高时，逸出蒸汽对周围的管道造成冲蚀的作用，造成严重的蒸汽冲蚀。通常情况下，过热器和再热器是最严重受害部位。事故部位通常会存在一根爆裂管。这种损坏作用是高度局部化的，其中最糟糕的情况就是邻近管道同时出现爆管。有些时候，如果我们没有及时检测到事故源，单一爆管事故有可能引发一连串的多管链式事故。图 6-3 展示了遭受逸出蒸汽冲蚀的电厂过热器管道。

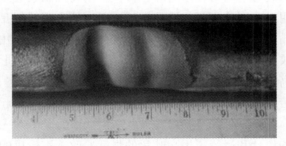

图 6-3　由于邻近管道爆管而遭受逸出蒸汽冲蚀的电厂过热器管道

由于蒸汽切割引冲蚀是由其他管道的不可预测爆管导致的管，而且爆管事故可以在锅炉的任何部位发生，因此无法预测和防止这种事故。唯一的办法就是降低事故发生率，以减少由此引发其他事故的可能性。

（3）飞灰磨蚀。飞灰磨蚀是由高速烟气夹杂固体颗粒物冲击金属表面而造成的。加速飞灰磨蚀的主要因素有两个：高的烟气流速和烟气中夹杂的大量磨蚀性物质。这两个因素分别通过增加每次冲击的动能和单位面积的冲击次数来加剧磨蚀。经常发生在省煤器，过热器，再热器，炉膛顶管（尽管其他的管道有可能也会受到影响）。且任何存在缝隙或气体涡流的部位都对这种类型的磨蚀敏感，因此该类磨蚀通常局限在这些部位：如管束缝隙、斜管缝隙和导管壁缝隙等。

保证所有的挡板、捕集器、耐火材料和其他类似的部件能正常运行，降低飞灰的含量和流速都有助于减缓飞灰磨蚀。

四、汽轮机系统的腐蚀与防护

1. 汽轮机的应力腐蚀破裂

汽轮机的应力腐蚀破裂主要发生在叶片和叶轮上。

（1）特征。叶片的应力腐蚀主要发生在 2Cr14 钢制的末级叶片上，具有沿晶裂纹的特征。对含 Cr 不锈钢叶片，无论是应力腐蚀破裂还是氢腐蚀破裂，均有沿晶断裂的特征。

叶轮的应力腐蚀破裂主要发生在叶轮的键槽处，裂纹起源于键槽圆角处，其断裂口的显微特征基本为沿晶断裂，从晶界面上还可以看出明显的腐蚀特征。容易发生应力腐蚀破裂的材料有 30CrMoV9、24CrMoV5、34Cr3NiMo 等。

（2）条件。应力腐蚀破裂只有在一定的应力和介质相互作用下才会产生。引起汽轮机部件应力腐蚀破裂的杂质有氢氧化钠、氯化钠和硫化钠等，氢氧化钠能引起几乎所有大型汽轮机结构材料的应力腐蚀破裂。

（3）防护原则：

1）改进汽轮机的设计和制造工艺，消除应力过于集中的部位；

2）提高蒸汽品质，降低蒸汽中的钠和氯离子的含量；

3）加强汽轮机检修时的无损检测，发现裂纹及时修补或更换裂纹部件。

2. 汽轮机的腐蚀疲劳

腐蚀疲劳具有机械疲劳与应力腐蚀的综合特征。当腐蚀因素起主导作用时，损坏部位的应力腐蚀破裂特征明显，裂纹主要为沿晶型的，断口的宏观特征是粒状断口；断口的显微特征呈冰糖块状，晶界面上可能存在条纹。当疲劳因素起主导作用时，则损坏部位的机械疲劳特征明显，裂纹为穿晶型，断口的宏观特征为贝壳状；显微形貌具有条纹花样。

汽轮机叶片由于高频共振引起的疲劳腐蚀事例不多，腐蚀疲劳一般产生在低频共振的末级叶片上。腐蚀疲劳裂纹不一定和腐蚀坑点相联，但不少裂纹是起始于腐蚀坑的。

防护原则：

（1）改进汽轮机的设计和运行，提高叶片的强度，改善汽轮机的振动频率；

（2）提高汽轮机入口的蒸汽纯度；

（3）做好汽轮机停运时的防腐工作，防止叶片上发生点蚀。

3. 汽轮机的冲蚀

汽轮机的冲蚀是由于蒸汽形成的水滴造成的。在大型汽轮机中，最容易出现冲蚀的部位有：①低压级长叶片的末端；②低压级长叶片的榫子和外罩处；③低压级长叶片的末端上方的静叶片或其通流部位。冲蚀的结果是在叶片表面出现浪形条纹，在进汽边缘处最明显；冲蚀程度较轻时表面变粗糙，严重时冲击出密集的毛孔，甚至产生缺口。

冲蚀的原因：在汽轮机的低压级，蒸汽的水分以分散的水珠形态夹杂在蒸汽里流过，对喷嘴和叶片产生强烈的冲蚀作用。

防护原则：改进叶型，镶防蚀片或提高蒸汽液膜的 pH 值，可减缓叶片的冲蚀。

4. 汽轮机的酸腐蚀

酸腐蚀主要发生在汽轮机湿蒸汽区的铸铁、铸钢部件上，如低压级的隔板、隔板套、低压缸入口分流装置、排汽室等部件上。其特征：

（1）部件表面受腐蚀处保护膜脱落，金属呈银灰色，其表面类似钢铁经酸洗后的状态；

（2）有的隔板导叶根部部分露出，隔板轮缘外侧受腐蚀处形成小沟；

（3）腐蚀槽具有方向性，和蒸汽的流向一致，腐蚀后的钢材呈蜂窝状。汽轮机酸腐蚀的原因是水、汽质量不合格，给水中含有酸性物质或会分解成酸性物质，如氯化物或有机酸等。氯化物与水中的氨形成氯化铵，溶解携带于蒸汽中，最终在汽轮机湿蒸汽区的液膜中成为盐酸溶液而发生腐蚀。水汽中的有机酸及空气中漏入的 CO_2 也是引起汽轮机酸腐蚀的一个因素。

防护原则：

（1）提高锅炉补给水质量，要求采用二级除盐，补给水电导率应小于 $0.2\mu S/cm$；

（2）给水采用分配系数较小的有机胺以及联胺进行处理，以提高汽轮机液膜的 pH 值。

5. 汽轮机的点蚀

汽轮机喷嘴、叶片表面常出现一些小的腐蚀坑点，有时也出现在叶轮上。氯化物、湿分和氧是点蚀形成的条件，因此，蒸汽中含有氯化物时会出现这种腐蚀，点蚀以在汽轮机的低压缸部件为主，停用时未做好冲洗或停用保护则易出现点蚀。

防护原则：

（1）提高进入汽轮机的蒸汽质量，严格控制蒸汽中氯离子的含量；

（2）做好汽轮机停运时的防腐工作。

6. 汽轮机的固体颗粒磨蚀

汽轮机喷嘴表面、叶片及其他蒸汽通道的部件上，易发生不同程度的磨蚀。固体颗粒的磨蚀和水滴造成的冲蚀完全不一样，前者通常在汽轮机的高压、高温段发生，而水滴的冲蚀一般在低温、低压段发生。

固体颗粒磨蚀的原因是蒸汽中夹带了异物，这些异物主要是剥落的金属氧化物。如从过热器管、再热器管及主蒸汽管的内壁上剥落下来氧化物，被带入汽轮机而引起固体颗粒的磨蚀。

防护原则：

（1）过热器管和主蒸汽管等高温部件，采用更好的抗氧化性材料制造；

（2）对过热器管等高温管道进行较彻底的蒸汽吹扫；

（3）当管内有较厚氧化层时，应进行酸洗，使氧化层在剥落前就被清除掉。

五、锅炉烟气侧的腐蚀

锅炉运行时，在高温高压条件下接触含有腐蚀性的燃料和气体，极易发生腐蚀，对锅炉的安全经济运行有很大危害，所以研究锅炉向火侧高温腐蚀产生的机理及其防护措施，对于保证锅炉的正常运行和延长使用寿命具有重要意义。因此，锅炉烟气侧的腐蚀形态主要有以下几种：

1. 油灰腐蚀

油灰腐蚀是一种高温液相腐蚀现象，通常出现在温度范围为 $593\sim816$℃的金属表面。油灰腐蚀很容易发生在锅炉（尤其是高参数电厂锅炉）的过热器和再热器中。它可能会影响管道，或者也可能会影响那些支撑和连接设备。

当燃料供应或种类发生改变时，可能导致形成一种具有侵蚀性的灰（含有钒化合物的熔融灰渣），管壁会出现油灰腐蚀。熔融灰渣形成和腐蚀机理如下：

（1）存在于燃料中的含钒化合物和含钠化合物通过燃烧氧化成 V_2O_5 和 Na_2O；

（2）灰渣颗粒黏结到金属表面，Na_2O 在这里作为黏结剂；

（3）V_2O_5 和 Na_2O 在金属表面发生反应，形成一种液态物质（共晶体）；

（4）形成的液体能穿透过具有保护作用的磁铁矿层，使金属基体遭受快速的氧化腐蚀。

金属之所以发生腐蚀，是由于五氧化二钒（V_2O_5）或其复杂化合物的催化氧化。这种快速的金属氧化腐蚀会减小管道壁厚，反过来，也减少了承载面积。承载面积的减少又会导致管壁较薄区域的应力增加。在高温和增加的应力的综合作用下，管道最终会出现应力破裂。

当燃油含有较高水平的钒、钠、硫，或者使用含有这些元素的复合物时；或当存在过量的空气足以形成五氧化二钒时；或者当金属的温度超过 593℃ 时；管道表面可能会形成具有腐蚀性的灰渣。随着温度的升高，形成 $Na_2O \cdot V_2O_5$（液态共晶体）的温度范围会明显扩大。且随着管道内部水垢厚度的增加，金属表面的温度也会增加，因为此处的水垢是作为热绝缘物质而存在的。因此，已经形成了比较厚的管内水垢层的金属温度会上升，并可能超过钠钒复合物形成液态物的温度，即使运行参数和燃料化学保持不变，也可能突然出现油灰腐蚀。

图 6-4　遭受油灰腐蚀的再热器不锈钢

图 6-4 展示了遭受油灰腐蚀的再热器不锈钢的外貌。该管道处于油灰气流之中，造成金属局部温度上升。当某处的金属温度 ≥593℃ 时，就会出现严重的油灰腐蚀。

消除油灰腐蚀的第一步就是通过化学分析来确定燃料和灰渣中是否存在腐蚀性元素。如果燃料含有非常低的钒、钠、硫而不能进行分离，则建议添加一种燃料添加剂，以防止形成低熔融共晶体（液态）。如使用镁化合物添加剂，镁和钒形成了一种新的化合物（$3MgO \cdot V_2O_5$），该物质的熔融温度要高于 $Na_2O \cdot V_2O_5$ 的熔融温度。同理，知道灰渣的熔融温度也非常重要。此外，对管道厚度进行一年一度的超声检查，可以确定问题的范围和严重程度，对于即将出现的问题有早期预警作用。防止过热器和再热器的金属壁温超过 593℃。有后排过热器和再热器装置的锅炉，应进行定期的化学清洗，以防止内部水垢积累过多。同时应该控制锅炉的燃烧工况，保证剩余空气不过量，防止形成五氧化二钒。

2. 煤灰腐蚀

煤灰腐蚀是一种高温液相腐蚀现象，发生在温度为 566～732℃ 的金属表面。它通常只出现在锅炉的过热器和再热器部位。

当燃料供应和燃料种类发生改变时，煤燃烧期间，煤种的矿物质处于高温当中，造成了挥发性碱化合物和硫氧化物的释放。当漂浮的煤灰沉积在温度为 566~732℃的金属表面时，可能会发生煤灰腐蚀。随着时间的推移，该挥发性碱性化合物和硫化合物会不断地在漂浮煤灰上浓缩，并在金属或煤灰垢表面与之反应，生成复杂的碱硫酸盐，如 $K_3Fe(SO_4)_3$ 和 $Na_3Fe(SO_4)_3$。这种熔渣可以通过具有保护作用的覆盖在管道上的铁氧化物膜，使保护膜下面的金属暴露，并遭受加速的氧化。

由于这种腐蚀机理导致的管壁减薄会明显地增加在管壁减薄处的应力。这些增加的应力，再加上金属表面的高温，最终可能导致应力断裂。

导致煤灰腐蚀的关键因素是使用产生腐蚀性灰渣的煤粉；形成了使金属温度处在566~732℃范围内的条件。任何烟煤的燃烧都可能导致煤灰腐蚀。当煤中含硫超过 3.5%和含氯超过 0.25%时，这种可能性会变得更大。

煤灰腐蚀可由沉积在管道表面的煤渣以及由此造成的金属损失来确定。奥氏体不锈钢管道可能会出现凹坑状的金属表面，低合金碳钢管道通常也会出现明显的金属损失，如图6-5 所示，与煤灰接触的管道两侧面出现了一对扁平的腐蚀区域，锈蚀表面粗糙或呈沟槽状。

图 6-5　由煤灰腐蚀造成的过热器管开裂

通常，在温度最高的蒸汽管道中，腐蚀速率最高。最高的腐蚀速率一般出现在辐射型过热器出口管道中或再热器压板上。腐蚀速率是温度的非线性函数，在 677~732℃温度范围内达到最大值。温度进一步升高，由于腐蚀物的热的分解，腐蚀速率反而迅速减小。

煤灰腐蚀几乎总是与稳定黏结在金属表面的烧结渣或矿渣型垢有关。这种垢由三层组成，最外层是体积较大的多孔粉煤灰层；中间层是由白色的，可溶于水的碱性硫酸盐组成，这种碱性硫酸盐是主要的腐蚀性物质，厚度一般为 0.79~6.35mm；最内层为紧贴在金属表面的玻璃质黑色铁氧化物和硫化物薄层，厚度很少超过 3.2mm。

一般来说，对燃料和灰渣进行化学分析，以确定其中含有哪些腐蚀性成分，及对灰渣熔融温度的测定都是非常有用的。如果腐蚀已经发生，利用超声波厚度检查可以确定腐蚀的程度及其严重性。如果腐蚀还不是很严重，经济的解决方案包括：定期更换管道，采用管壁更厚的管道，使用热喷涂料或表面包覆一层抗腐蚀合金（如 NiCrTi 合金涂层），或采用垫焊方式进行焊接，都能明显提高锅炉抗高温腐蚀性能。目前，为了减缓煤灰腐蚀，也有使用燃料添加剂，但是实践证明这并不经济。

从影响腐蚀的因素来考虑，使用混合煤降低腐蚀成分的百分比，并降低金属表面的温度或降低蒸汽温度；定期清洗排空式过热器和再热器的某些部位，以防止内部结垢；对受腐蚀区域进行重新设计，以减少热量传输速率等，都是有利于降低此种腐蚀速度的。

3. 硫腐蚀

对于超临界机组,不论是四角切圆燃烧方式还是前、后墙对冲燃烧方式的直流锅炉,燃用煤的硫含量 $S_{t,ar}$ 平均值在 1.5% 以上时,几乎都出现高温腐蚀。主要指锅炉水冷壁管、过热器管及再热器管外表面发生的腐蚀。烟侧高温原因是硫化物、硫酸盐、$Na_3Fe(SO_4)_3$ 和 $K_3Fe(SO_4)_3$ 造成的。

(1) 水冷壁管烟气侧的硫酸盐腐蚀。据国内外研究,引起水冷壁管烟气侧硫酸盐腐蚀的物质是正硫酸盐 M_2SO_4 和焦硫酸盐 $M_2S_2O_7$ (M 代表 K 和 Na),两者的腐蚀机理不同。

1) M_2SO_4 的腐蚀机理。炉膛水冷壁管温度在 $310\sim420℃$,管壁上有层 Fe_2O_3。燃料燃烧时产生的气态金属碱金属氧化物凝结在管壁上,会与烟气中的 SO_3 反应生成 M_2SO_4,即

$$M_2O + SO_3 \longrightarrow M_2SO_4$$

M_2SO_4 在水冷壁管温度范围内有黏性,可捕捉灰粒黏结成灰层;灰表面温度上升,外层变成渣层,最外面变成流层;烟气的 SO_3 灰层能够穿过灰渣层,在管壁表面与 M_2SO_4、Fe_2O_3 反应,生成复合硫酸盐 $M_3Fe(SO_4)_3$,反应式为:

$$M_2SO_4 + Fe_2O_3 + SO_3 \longrightarrow M_3Fe(SO_4)_3$$

在高温环境中,管壁再形成新的 Fe_2O_3 层。这样,管壁不断遭到腐蚀。

2) $M_2S_2O_7$ 的腐蚀机理。管壁灰层中的 M_2SO_4 和 SO_3 反应,生成焦硫酸盐 $M_2S_2O_7$,反应式如下:

$$M_2SO_4 + SO_3 \longrightarrow M_2S_2O_7$$

焦硫酸盐 $M_2S_2O_7$ 在 $310\sim420℃$ 温度范围内呈熔化状态,腐蚀性很强,会和管壁上的 Fe_2O_3 发生如下反应:

$$M_2S_2O_7 + Fe_2O_3 \longrightarrow M_3Fe(SO_4)_3$$

根据研究结果,在灰渣层的硫酸盐中,只要有 5% 的焦硫酸盐存在,管壁就将受到严重腐蚀。焦硫酸盐的量与排渣方式有关,对于固态排渣炉,水冷壁附近气体中 SO_3 不多,不易形成焦硫酸盐,因此焦硫酸盐腐蚀不严重;对于液态排渣炉,虽然水冷壁附近气体中 SO_3 也不多,但炉温比较高,灰渣层中 $M_3Fe(SO_4)_3$ 可分解排出 SO_3,形成的焦硫酸盐就多,因此液态排渣炉易发生此种腐蚀。

因此除降低煤中含硫量,少用含 Na、K、S 含量高的燃料外,燃煤中加入碱土金属氧化物或提高积结物的熔点的物质如 $CaCO_3$ 等,在易腐蚀位点采用防腐蚀金属材料或电弧喷涂合金涂层;改善燃烧条件、合理配风、加贴壁风等运行工况等措施,均有助于减轻此种腐蚀。

(2) 过热器和再热器烟气侧的硫酸盐腐蚀。据研究,引起过热器和再热器烟气侧腐蚀的物质是 $M_3Fe(SO_4)_3$。$M_3Fe(SO_4)_3$ 在温度低于 $550℃$ 时为固态腐蚀,不熔化,在温度高于 $710℃$ 时分解生成 M_2SO_4 和 $Fe_2(SO_4)_3$;在 $550\sim710℃$ 时呈熔化状态。熔融状态的 $M_3Fe(SO_4)_3$ 可以穿透腐蚀产物层到达金属表面,与金属基体反应。反应过程可能如下:

$$Fe + 2M_3Fe(SO_4)_3 + O_2 \longrightarrow 3M_2SO_4 + Fe_3O_4 + SO_2$$

也有研究认为反应中 SO_2 氧化成 SO_3,SO_3 与飞灰中的 Fe_2O_3 和 M_2SO_4 反应,腐蚀

不断进行，反应过程如下：

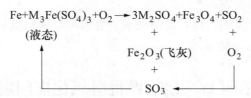

从上述腐蚀过程可以看出，少量腐蚀剂［液态 $M_3Fe(SO_4)_3$］在有氧供给的情况下，可使反应持续发生。其腐蚀特征为金属管壁分层减薄，腐蚀状况为斑点状，有较厚的附着物，外层为灰白色沉积的飞灰，内层为黑色物质 Fe_3O_4 及硫化物，中间层为碱金属硫酸盐。

因此需限制过热蒸汽参数，尽量控制管壁温度，不使 $M_3Fe(SO_4)_3$ 呈熔融态，从而减轻此种腐蚀。

（3）硫化物腐蚀。燃料中的 FeS_2 在燃烧过程中引起的锅炉管壁腐蚀，称为硫化物腐蚀。通常，煤中夹杂的硫大约有 $60\%\sim70\%$ 为无机硫，并且是黄铁矿硫。在燃烧过程中燃料中的 FeS_2 分解生成原子态硫和硫化物。一定浓度的 H_2S 和 SO_2 受热后时，也可以生成原子态硫。当管壁温度达 $350℃$，还原性气氛中，燃烧所取的过剩空气系数过小，导致原子硫与钢的基体发生化合反应生成 FeS。高温状态下，FeS 会被继续氧化成 Fe_3O_4：

$$3FeS + 5O_2 \longrightarrow Fe_3O_4 + 3SO_2$$

反应不断进行，金属管壁就不断发生腐蚀减薄。这是因为原子硫对金属氧化膜具有破坏性，它以直接渗透的方式穿过氧化膜，并沿金属晶界渗透，促使内部硫化，使氧化膜疏松、开裂，甚至剥落。温度升高会使硫腐蚀加剧，据报道在 $300\sim500℃$ 范围内，管壁外表面温度每升高 $50℃$，烟气侧的腐蚀程度就会增加 1 倍。硫腐蚀的产物层主要是材质金属的硫化物 FeS，腐蚀产物明显分层且有层状裂纹，表面会有特有的龟裂纹，自然原始裂纹表面的龟裂纹向材质基底延伸，直至达到靠近和平行于基底的层状裂纹，使烟气组成可以深入渗透其中并反应。还为腐蚀产物的层状剥落、水冷壁无保护性新表面的形成提供条件。

做好超临界直流锅炉运行燃烧气氛监控。注意煤质（含硫量，钡、钙含量）和烟气（氯化物、氟化物）分析监控，燃煤含硫量 $S_{t,ar}$ 应在 1.5% 以下，最好不要超过 2%，必要时掺烧活性钙化合物。加强超临界直流锅炉燃烧控制，防止偏烧，优化给水处理，降低水侧沉积率，防止水冷壁管超温。这些措施都有助于减缓或防止硫腐蚀。

（4）锅炉尾部的低温腐蚀。也称为露点腐蚀，锅炉尾部受热面的壁温低于烟气露点时，飞灰中的成分溶解在凝结的水滴中，也会发生腐蚀。它是锅炉尾部受热面（空气预热器和省煤器）烟气侧的腐蚀，主要发生在空气预热器上。腐蚀形态表现低温硫酸结露、堵灰，腐蚀减薄。

低温腐蚀发生的原因主要是，燃料中的 S 燃烧生成 SO_2，其中一部分进一步氧化成 SO_3，SO_3 在低温区和水蒸气作用凝聚成硫酸蒸汽。硫酸蒸汽的存在使烟气的露点温度显著升高，由于空气预热器下部空气的温度较低，因此壁温常低于烟气露点，H_2SO_4 蒸汽会凝结在空气预热器受热面上，使受热面遭受酸性腐蚀。当燃料含硫量较高，过量空气系数大较大时，烟气中 SO_3 含量较高，烟气露点较高，且给水温度较低（管内水温低）时，省煤器也有可能发生低温腐蚀。

因此除前面降低硫含量的措施，提高脱硫装置效率，采用低氧燃烧技术，适当提高排烟温度，均有助于减轻此种腐蚀。

第四节　超临界机组氧化皮问题

由于蒸汽通流部件表面氧化层的形成与剥离，在我国火力发电厂曾发生过许多过热器和再热器管的堵塞爆管、主汽门卡塞和汽轮机部件的固体颗粒侵蚀问题。这类问题造成了机组可用率的降低和经济损失。早在 20 世纪六七十年代，国外就将蒸汽通流部件表面氧化层的形成与剥离作为重点问题进行过研究。结果认为，蒸汽通流部件表面氧化皮的生成与剥离主要是由运行工况的变化及通流部件的选材等方面因素所决定的。近期研究还认为，蒸汽通流部件表面氧化皮的生成与剥离问题在不同的水工况条件下没有区别。但由于此问题涉及设计选材、机组运行等多方面因素，若不能协同各专业采取有力措施，此问题难以全面解决。

一、高温氧化剥皮现象

工作汽温在 450℃ 以上的蒸汽管道，其内壁会生成坚硬的 Fe_3O_4 氧化物层。随着运行时间增加，氧化物层变厚。当层厚增加到一定程度，遇到工况变化快、温度改变剧烈时，这些氧化物层就容易从管壁剥离。剥离后的管壁会重新开始新的氧化层生成、长厚过程，如此周而复始。

图 6-6　某电厂高温过热器氧化皮脱落情形

温度是氧化皮生成的一个关键因素。如工作温度在 480～545℃ 的高温过热器或高温再热器，其同一根 U 形管的出口端的氧化皮要比进口端严重得多。高温氧化剥皮还发生在过热蒸汽和再热蒸汽的主汽管道、汽轮机的高压级和中压级的前两级叶片，见图 6-6 高温过热器管氧化皮新脱落创面情况。

二、高温氧化皮层的生成和剥离

氧化膜的组成是氧化铁，是铁元素和氧结合的产物。但这氧是来自何处的氧，是空气中的氧、水中的溶解氧，还是水中的结合氧？实际上，在无溶解氧的水中，铁和水反应生成 Fe_3O_4，并放出氢的机制，早在 1929 年就由 Schikorr 研究得出结论，并得到广泛应用。后来在 20 世纪 70 年代，德国的科学家通过电子显微镜的观察，又进一步确定了铁水反应的氧化过程。水蒸气在氧化过程中的作用：

（1）水蒸气可能促进合金形成挥发性的氢氧化物，从而加速氧化；

（2）水蒸气中的 H^+ 可溶于氧化物晶界，影响反应物质通过氧化物晶界扩散，从而影响氧化动力学；

（3）水蒸气通过氧化膜内部的孔洞迁移到氧化层/基体界面处，氧化基体中的 Fe 或 Cr。

（一）管壁的高温水蒸气反应

钢铁与吸附在管壁上的高温水蒸气反应发生后，反应产物开始生成，$H^*_{氧化物}$ 表示溶入氧化物中的氢（状态复杂，不稳定易溶入氧化物反应或生成 H_2），反应式如下：

$$3Fe + 4H_2O \longrightarrow Fe_3O_4 + 8H^*_{氧化物}$$
$$Fe + H_2O \longrightarrow FeO + 2H^*_{氧化物}$$
$$2Fe + 3H_2O \longrightarrow Fe_2O_3 + 6H^*_{氧化物}$$
$$2Cr + 3H_2O \longrightarrow Cr_2O_3 + 6H^*_{氧化物}$$

进而，金属本体中的 Fe 向外扩散，氧离子向内渗入，反应持续进行，逐渐形成以 Fe_3O_4 为主及少量 $\alpha\text{-}Fe_2O_3$ 的垢外层；同时，由于不断失去铁，形成含铬较高、铬分布不均匀的内层，如图 6-7 所示。

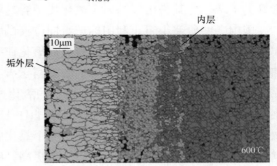

图 6-7　高温氧化皮的微观形貌

（二）高温氧化皮的生长的原因

（1）氧化初期，水蒸气分子在氧化膜表面吸附分解为复杂的氢化合物（H^*）。分解出的 H^* 以比 O^{2-} 快得多的扩散速度向氧化膜中溶解渗入，导致次表层中的尖晶石氧化物发生分解；

（2）生成的 Fe^{3+} 和 Fe^{2+} 向氧化膜/气体界面扩散，与扩散途中或表面的 O^{2-} 相遇而生成 Fe_3O_4；

（3）与铁离子相比，Cr^{3+} 在氧化膜中的扩散速度慢得多，在基体/氧化膜界面附近区域富集；

（4）扩散进入基体/氧化膜界面的气态水也在发生分解，氧离子和氢离子扩散进入基体内部，Fe 以晶内扩散方式向外层氧化膜/内层氧化膜界面扩散，并在界面附近氧化，形成 Fe-Cr 氧化物；

（5）Cr 尽管产生了较大幅度的富集，但仍然不能有效阻止 Fe 离子向外和 O^{2-} 向内扩散，因而表现出较快的氧化膜生长速率。

这种间隙扩散过程也促使氧化层中空洞的产生和扩大。如图 6-7 中所示。在水蒸气中氧化内层为含有大量阳离子空位的 $FeCr_2O_4$ 尖晶石层，单相细等轴晶粒高宽比平均约为 0.7；外层主要为粗柱状 Fe_3O_4 磁铁矿层晶粒，高宽比平均约为 0.4；最外层也可能生成 $Fe_3O_4\text{-}Fe_2O_3$ 的细等轴晶粒。

（三）氧化皮垢层的剥落

氧化皮剥离有两个主要条件：一是垢层达到一定厚度，不锈钢约 0.10mm，铬钼钢 0.2～0.5mm（运行 50000h 可以达到）；二是母材基体与氧化膜或氧化膜层间应力是否达到临界值（与管材、氧化膜特性和温度变化幅度、速度、频度等有关）。有关手册所列的过热器、再热器管材钢的热胀系数一般在 $16 \times 10^{-6} \sim 20 \times 10^{-6}/℃$，而 Fe_3O_4 和

$FeO \cdot CrO_3$ 则分别为 $9.1 \times 10^{-6}/℃$ 和 $5.6 \times 10^{-6}/℃$，过热器、再热器管材钢的热胀系数与其金属氧化物的相比差了几倍，差值导致变温时应力。

由于热胀系数的差异，当垢层达到一定厚度后，在温度发生变化，尤其是发生反复的或剧烈的变化时，氧化皮就很容易从金属本体剥离。铬钼钢管氧化皮，内外层同时剥离，剥离层厚度超过 0.2mm；而不锈钢管只剥落 0.05mm 的外层。

氧化皮最容易剥离的位置是在 U 形立式管的上端，尤其是出口端。因为出口端蒸汽温度最高，氧化皮最厚；而立式管的上端更容易剥离，是因为这种 30m 长的 U 形管的自重使其上端承受着很大的拉力，当温度变化大时，在这个部位拉伸程度的变化，加上热胀系数的差异，使得附在管壁上的氧化皮与金属本体间伸缩变化的差异更大。所以，立式 U 形管的上端，尤其是出口端，是氧化皮最容易剥落的位置。

国内一些研究小组，利用标记氧同位素试验发现：超临界水中含有的溶解氧通过与金属离子（铁离子或者铬离子）反应提高氧化速率或者通过提高氧化膜内的氧势梯度进而加速阳离子在氧化膜内的扩散速率。与暴露于含有 $10\mu g/L$ 溶解氧的超临界水环境相比，暴露于 $2000\mu g/L$ 溶解氧超临界水环境中的氧化速率更快。吸附在外层氧化膜表面的氧主要来源于 H_2O，氧化过程中的主要氧源来自于 H_2O，由于 O_2 参加反应导致的氧化增重可以忽略掉。溶解氧的主要作用是提高了整个氧化膜内的氧势梯度。基于之前提到的铁马氏体钢的氧化机理，随着环境中溶解氧量的提高，铁离子的向外扩散速率增大。这是导致氧化速率加快的主要原因。综上所述，发现在超临界水环境中加入的溶解氧一方面与金属离子发生反应导致氧化速率提高；另一方面溶解氧量的升高会导致环境中的氧化还原电位提高，进而促进了金属离子的向外扩散速率，最终加快了铁马氏体钢的氧化速率。此外，氧化膜内的孔洞为水分子以及氧分子的向内扩散提供了有效路径。

也有观点认为加氧处理时更易造成 Fe_3O_4 层的分化，生成 Fe_2O_3 和 FeO 等，因此虽然对氧化层厚度影响不大，但加氧处理时氧化皮层因热胀系数差异而更易脱落，即对氧化膜的剥落敏感性有较大影响［如图 6-8（a）所示］。

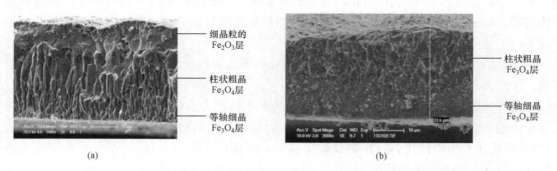

(a)　　　　　　　　　　　　　(b)

细晶粒的 Fe_2O_3 层

柱状粗晶 Fe_3O_4 层

等轴细晶 Fe_3O_4 层

柱状粗晶 Fe_3O_4 层

等轴细晶 Fe_3O_4 层

图 6-8　给水加氧和全挥发处理运行机组高温受热面蒸汽氧化膜微观形态

（四）超临界锅炉常用钢的氧化

1. 奥氏体钢的高温氧化

对于常用的奥氏体 TP347H 钢，实践发现 600℃ 左右的某一温度下水蒸气氧化速度出现急剧增大。其机理有 Fuji 等提出的水分解机理：在 600℃ 下，水蒸气分解得到的 H^+ 以

比 O^{2-} 快得多的速度渗入，水分解的氢促进了高温水蒸气环境中金属内氧化物的形成。由于孔洞的大小不均匀，因此得到不规则的内氧化物。因此，一旦初始氧化形成的 Cr_2O_3 膜出现允许水渗透的微裂纹、微通道等缺陷，钢的氧化反应将是自催化的。

与铁离子相比，Cr^{3+} 的扩散速度慢得多，在基体/氧化膜界面形成富集。另外，扩散进入基体/氧化膜界面的水发生分解，氧和氢离子扩散进入基体内部，铁以晶内扩散方式向外层氧化膜/内层氧化膜界面扩散，并在界面附近氧化，形成铁铬氧化物。当外层氧化膜生长至一定厚度时发生剥落，然后重复上述过程。

2. 铁素体钢的高温氧化

高温水蒸气与铁素体钢氧化形成的氧化膜内层称为原生膜，外层称为延伸膜，是由于铁离子向外扩散、水的氧离子向里扩散而形成的。内层的原生膜是水的氧离子对铁直接氧化的结果。其氧化铁结构由钢表面起向外依次为 Fe_3O_4（尖晶形细颗粒）、Fe_3O_4（棒状形粗颗粒）、Fe_2O_3，外层为 Fe_3O_4 含一定量的空穴。如图 6-8 所示随着时间的增长，最外层有少量不连续的 Fe_2O_3。

3. 马氏体钢的高温氧化

马氏体钢蒸汽侧氧化皮一般都包含内外两层氧化物，外层及中性面结构疏松多孔，而内层较致密。能谱分析结果表明其外层主要是 Fe_3O_4，还有少量 Fe_2O_3 氧化物，内层主要是 $(CrFe)_3O_4$ 氧化物。内外层厚度都比较均匀且与外层厚度相近。温度越高，氧化生长速度越快（抛物线）。

铁素体、马氏体钢氧化层与基体金属结合较牢靠，一般情况下不容易剥落。

三、氧化皮脱落的危害

氧化皮脱落造成的危害对超临界机组来说是巨大的，主要有以下几个方面：

1. 导致锅炉受热面超温爆管

大型电站锅炉的高温过热器和再热器多为立式布置。每级过热器由数百根竖立的 U 形管并列组成。从 U 形管垂直管段剥离下来的氧化皮垢层，一部分被高速流动的蒸汽带出过热器，另有一些会落到 U 形管底部弯头处。底部弯头处氧化皮剥离物的堆积，使得管内通流截面减小，流动阻力增加。这导致了管内的蒸汽通过量减少，管壁金属温度升高。当堆积物数量较多时，管壁大幅超温，引起爆管。

在实际运行中，引起爆管的原因比上述过程要更复杂一些，除了直接的氧化皮堆积这个根源以外，还必须有其他某一个或多个重要因素同时作用。

2. 引起主汽门卡涩

电厂主汽阀阀杆与阀套间隙最小处一般为 0.25～0.30mm，锅炉管壁内发生氧化皮剥落时，若氧化皮进入汽轮机主汽阀本体，沉积于汽轮机主汽阀阀杆与阀套之间（如阀杆、阀套、阀蝶、阀腔内）等，则可能会引起主汽阀卡涩，机组甩负荷时主汽阀关闭不严，造成汽轮机超速。

3. 固体颗粒会造成汽轮机喷嘴、阀杆和叶片的侵蚀损坏

从过热器和再热器管剥离的氧化皮，很大一部分会被有着极高流速的蒸汽携带出过热

器和再热器。这些被携带的氧化皮剥离物颗粒具有极大的动能，它们源源不断地撞击汽轮机叶片，使得汽轮机高压级和中压级的前几级叶片受到很大的损伤。叶片的正对汽流面，有受到硬质颗粒高速撞击的痕迹：在高压、中压前几级，叶片有不少凹陷的小坑，凹陷点表面较光滑，边缘直径 0.5～1.5mm 不等。

工作温度高的高压和中压前两级叶片，本身也存在着高温氧化剥皮问题，但来自过热器和再热器的剥离物颗粒对叶片的飞溅磨损显得危害更大。

损伤严重时前两级叶片会变小、缺损，降低机组出力。一方面会降低汽轮机的级效率；另一方面也会降低叶片的强度，严重时会造成汽轮机断叶片。

4. 影响水汽品质，增加汽水中铁含量

过热器和再热器的高温氧化剥皮，是热力设备水汽系统 Fe 的主要来源，是超临界机组水冷壁管沉积速率高居不下的主要原因。

被高速蒸汽带出过热器和再热器的氧化皮剥离物颗粒，在汽轮机内完成对叶片的撞击和冲蚀以后，颗粒本身会破碎、变小、变细，并增加了一些叶片本身被冲蚀的产物，进入凝结水系统。热力系统的凝结水过滤或除盐装置过滤精度较低时，这些细小氧化铁颗粒（颗粒的分布 90% 在 5～50μm）可以随水汽自由移动到水汽所能到达的地方，成为热力设备最易结垢部位（如水冷壁管、靠省煤器端的高压加热器水侧加热管）沉积物的主要来源，它能使某些电厂锅炉水冷壁管的平均沉积速率达到 200g/（m^2·年）。

5. 造成锅炉受热面进一步超温

由于金属氧化皮的导热系数低于金属母材的导热系数，因此锅炉受热面内壁生成金属氧化皮后会造成导热热阻上升，而且研究表明，随着温度升高，金属氧化物的导热效率反而下降，如图 6-9 所示，从而造成管材的进一步超温。

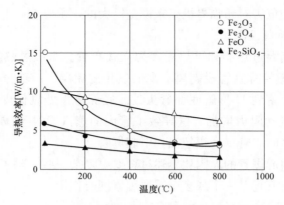

图 6-9　金属氧化物的导热效率随温度的变化曲线

四、氧化皮剥落的条件

当氧化层达到一定厚度后，在温度发生变化，尤其是发生反复或剧烈的变化时，氧化皮便很容易从金属本体剥离。

另外，奥氏体不锈钢膨胀系数大，导热系数小，所以产生的热应力大，这是奥氏体不锈钢氧化层比其他材料氧化层容易剥落的应力条件。除了应力，氧化层/金属、氧化层内层/氧化层外层和氧化层各层之间的结合强度也是影响氧化层剥落的因素。内壁氧化物剥落总是沿着氧化物的薄弱环节，例如外层/内层界面的孔洞带、微裂纹和晶界等。

氧化皮的剥落倾向大小主要取决于：

（1）基体金属与其表面形成的氧化皮间及氧化皮各层间的热膨胀系数差值越大，则氧化皮剥落的倾向就越大。

（2）原生氧化皮外两层厚度越厚，Fe_2O_3含量越多，Fe_3O_4层内及其与内层氧化物界面上的孔洞尺寸越大，孔洞数量越多，则剥落倾向越大。

（3）启停炉速度越快，喷水减温或机组负荷变化等所造成的温度波动越剧烈，则氧化皮各层氧化物内产生的拉/压应力和基体金属与氧化皮界面及氧化皮各层间界面处产生的剪应力就越大，因而氧化皮外层剥落的临界厚度值也就越小。

（4）应力影响。氧化皮最容易剥离的位置是在U形立式管的上端，尤其是出口端。因为出口端蒸汽温度最高，氧化皮最厚，这种30m长的U形立式管的自重，又使其上端承受着很大的拉力。当温度变化大时，在这个部位拉伸程度的变化，加上热胀系数的差异，使得附在管壁上的氧化皮与金属本体间伸缩变化的差异更大。所以，U形立式管的上端，尤其是出口端，是氧化皮最容易剥落的位置。

研究还表明，凡与高温蒸汽接触的金属表面，即使不是受热表面，也有形成氧化层和氧化层剥离的问题。因此，阀体本身也有氧化层的生成和剥离问题。

五、蒸汽系统常用钢的氧化皮剥离

1. 铁素体钢的氧化皮剥离特征

（1）铁素体钢氧化膜具有多个双层结构。

（2）铬的含量对氧化膜的生长速度具有抑制作用，含1%～3%Cr钢氧化膜厚度增速明显高于9%～12%Cr钢。

（3）氧化膜各层间有大量空洞、微裂纹和缺陷，如图6-10所示，各层间不同热膨胀系数导致其可以在任意层间剥落。

（4）氧化膜剥落并不与厚度成正比，铁素体钢最常见的剥落现象是最外层的薄的片状Fe_2O_3层。

国内一些研究小组发现，过热器管用马氏体钢P92的主要失效过程主要为拉应力作用下产生贯穿氧化膜开裂。之后在剪切应力作用下，氧化膜与基体界面产生剥离，最终导致剥落。高溶解氧与高压力会提高氧化膜的生长速率以及氧化膜内孔洞量。这些都会导致氧化膜提前发生剥落。剥落主要发生在氧化膜与基体界面处。

2. 奥氏体钢的氧化皮剥离特征

（1）蒸汽氧化膜具有双层结构。同等温度条件下氧化膜厚度明显低于铁素体钢。

（2）铬的输送是沿晶界进行的，致密Cr_2O_3层分布不均，导致其抑制氧化作用不明显，且对管材的穿透破坏性强。

（3）由于Cr沿晶界扩散，内层氧化膜与基体结合较紧，内外层间有大量空穴；外层

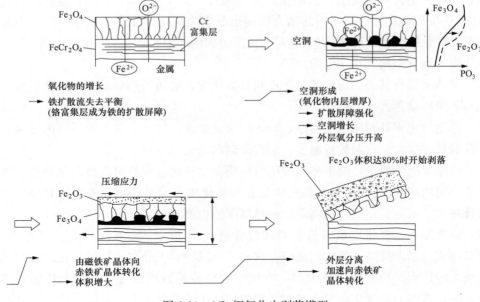

图 6-10　9Cr 钢氧化皮剥落模型

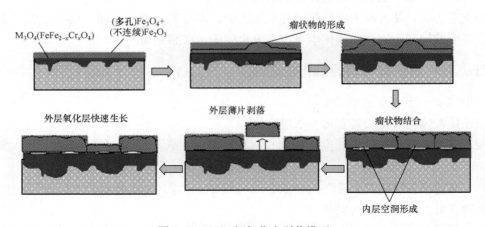

图 6-11　18Cr 钢氧化皮剥落模型

呈现龟裂状，如图 6-11 所示；内外层间为主要剥落部位，已开裂的外层氧化膜沿裂纹部分碎裂，形成剥离碎片。

（4）热膨胀系数较大，奥氏体钢热膨胀系数约为铁素体钢的 1.5 倍，且随着 Fe_2O_3 成分增加，热应力增加；钢导热系数较低，氧化膜不仅受层间力作用，还受晶粒间力作用，氧化膜剥离更敏感。

温度对奥氏体钢的影响最大，温度的升高一方面导致氧化速率加快；另一方面导致氧化膜间连通型孔洞的增多，降低了氧化膜间界面结合力，大大加速了氧化膜的剥落。剥落主要发生在氧化膜内层与外层界面以及外层氧化膜内部。

因此，在某电厂收集的氧化皮碎屑中，铁素体钢（T22 和 T91）剥落氧化膜厚度约

0.02mm，长度约 5mm；奥氏体钢（TP347H 和 12Cr18Ni12Ti）剥落氧化膜厚度在 0.06～0.14mm，长度约 5～30mm。如图 6-12 所示，图 6-12（a）为铁素体钢（T22）剥落物特征，图 6-12（b）为奥氏体钢（TP347H）剥落物特征。

(a)　　　　　　　　　　　　　　(b)

图 6-12　不同材料氧化皮宏观特征

（a）铁素体钢（T22）剥落物；（b）奥氏体钢（TP347H）剥落物

第五节　减轻与防止氧化皮脱落危害的方法

减轻与防止氧化皮产生危害的途径有两种：①应设法防止和减缓高温蒸汽中金属氧化物的生成；②对于已生成的金属氧化物，应避免其脱落。

一、防止和减缓高温蒸汽中金属氧化物的生成

防止和减缓高温蒸汽中金属氧化物的生成主要有采用耐氧化的合金、优化设计和对金属采用特殊处理等。

（一）采用耐氧化的合金

研究表明，金属材料的抗氧化、抗腐蚀性能主要取决于金属表面能否形成稳定、致密的金属氧化膜。Cr_2O_3 是高温下热力学唯一稳定的氧化物。Cr 含量越高，奥氏体不锈钢抗高温氧化能力越强。当 Cr 含量高于 20％时，合金表面才会形成致密的保护性氧化膜 Cr_2O_3。在锅炉设计时或投运以后的改造中，对高温过热器（包括半辐射受热的次末级过热器）和再热器，采用抗高温氧化性能更好一些的材质，可以使氧化皮厚度显著减薄，是一项减缓高温氧化剥皮危害最积极的措施，如采用 TP347H 或 T91 钢。

（二）优化设计

设计时应考虑钢材的抗水蒸气氧化性能和氧化物剥离性能，例如可考虑适当增大内圈管子弯曲半径的可能性，以防止剥离的氧化物沉积。另外，设计中应充分考虑预防煤质、燃烧工况不稳定情况下热负荷的不均匀性问题，防止部分过热器、再热器管长期超温。

（三）镀铬方法

采用管表面渗铬的方法或用铬酸盐溶液在 305℃条件下循环 48h 的方法，能有效地延长金属表面氧化层生长和剥离的时间。

（四）喷丸处理

内部喷丸处理可有效提高氧化膜层中铬元素的浓度，抑制铁氧化物在表面生成，降低铬发生选择性氧化的临界浓度，有利于单一 Cr_2O_3 膜的形成。如在 TP347H 钢采用喷丸处理后，大大提高了氧化膜铬的含量，形成了富铬氧化层，显著降低了氧化膜的生长速度。

此外，还可以从以下途径减少超临界机组氧化皮的产生：

（1）加强过热器和再热器出口蒸汽温度的监测和控制，并适当调低超温报警和预警温度设定值，以降低管壁金属的整体温度水平，从而有效降低蒸汽侧氧化皮的总体生长速度。

（2）提高锅炉运行管理水平，通过调整锅炉燃烧工况、改善烟道温度场的分布及受热面管子的吸热均匀性等，有效降低受热面管子的壁温偏差和汽温偏差，并适当增加温度较高区域管排的壁温测点数量，严防局部超温，可有效降低温度偏高部位管子内壁氧化皮的生长速度。

（3）锅炉启动时及时投入启动旁路系统，避免过热器、再热器干烧造成的管壁超温。

二、减缓和防止氧化皮脱落的措施

减缓和防止过热器和再热器管的氧化层剥离，国内外已研究多时，归纳起来，有以下几种方式：

（1）改善锅炉运行工况，减少蒸汽超温，减少机组频繁启停，减少机组负荷波动。控制锅炉升降负荷速率，避免频繁启停，减少热冲击。

（2）锅炉停炉过程中，尽量采取较低的温降速率，严格锅炉降温操作，停炉 12h 后再打开炉门。

（3）有观点认为，氧化物剥离主要发生在机组启停过程中。所以，采取较快的启动速度，加强机组启动前的冷、热态水冲洗，严格执行机组的停备用保护规定等，都能防止腐蚀产物在过热器、再热器管的沉积。

（4）对超超临界机组，在运行条件的影响下，氧化皮超过 20μm 的奥氏体钢也可能剥落。应严格控制过热器、再热器的壁温并实时监控过热蒸汽、再热蒸汽的含氢量。

（5）建立长期的炉管监视机制，包括定期氧化皮测量、壁温监视。利用停炉机会进行射线检查，确认垂直管屏底部弯头部位氧化层碎片堆积并及时割管清理。

（6）对过热器、再热器采取化学清洗，如果选用清洗剂合理、工艺得当，将能清除管内绝大部分水蒸气氧化物，大大减轻氧化层剥离危害，特别对于防止调速级喷嘴箱 SPE 磨损也有良好效果。

（7）一些电厂尝试不割管压缩空气吹扫等机械清理等手段，对于堵塞严重的管子，则宜采用多次蓄压-快速释放过程，一般也能取得较好的效果。

（8）在设计和运行操作允许范围内，通过改变减温水投入方式、减温水使用量或机组负荷调峰等手段，定期或不定期地调整过热器和再热器管内的蒸汽温度，并适当增大蒸汽温度波动的幅度和速度，使一部分较厚的氧化皮在运行中温度波动时就能够陆续发生剥落并及时被蒸汽带走，可有效消除停炉时发生大面积剥落的事故隐患。

（9）当氧化皮总体厚度较薄时应加快启停炉速度，促使这些氧化皮的原生外层尽早以碎屑状脱落下来，以便于蒸汽吹扫或启炉时能够顺利被蒸汽吹走；当氧化皮总体厚度已较厚时，应尽可能降低启停炉速度，仅使管壁上氧化皮原生外层相对最厚的部位发生局部剥落，从而减少管内氧化皮剥落物的总量。

（10）启炉时利用旁路进行蒸汽吹扫，可有效清除大部分管内的氧化皮剥落物。

（11）停炉期间加强过热器和再热器系统疏水的排放，并确保管内剥落的氧化皮在停炉期间和启炉过程中始终处于干燥、松散状态，以利于蒸汽吹扫。

（12）在机组检修或停炉期间，采用专门为检测奥氏体钢弯头部位氧化皮剥落物数量而开发的专用无损检测设备，加强停炉过程中不锈钢管内壁剥落氧化皮堆积量的检测并及时割管清理，可有效消除剥落氧化皮堆积堵塞所造成的启炉后过热爆管隐患。

（13）在过热器和再热器管排改造或更换时，建议适当增大内圈管子的弯曲半径，以减小剥落氧化皮集中堆积对通流截面积的影响。

（14）加强汽水系统管阀的检查和维修工作，防止运行和停炉期间汽水泄漏。

（15）在锅炉给水由全挥发处理工况改变为加氧处理工况前，综合分析评估过热器和再热器内壁的状态，在管子内壁原生氧化物已经很厚的情况下应慎重对待给水处理工况的改变问题。

（16）对于局部实际金属温度较高且难以通过运行调整降到合理温度范围或设计温度较高的超临界受热面管，建议更换其材质为抗蒸汽氧化性能更好的不锈钢管，如TP347HFG、Super304、HR3C、喷丸处理18-8型不锈钢管。

三、化学水工况对氧化皮影响的讨论

1981年的英国《材料性能》杂志及1983年的美国动力会议上发表了此专题的论文和一些解决措施的报道。直到1999年，美国EPRI还为给水加氧处理是否会引起过热器管氧化皮的剥离问题进行了研究，最后得出结论，认为不同的水工况对过热器管氧化皮剥离没有什么影响。过热器管氧化皮的剥离，主要是由于运行工况的条件，如超温和温度压力变化及材料等方面因素所造成的。美国EPRI在1999年发表的《蒸汽系统的损坏》中就明确指出，蒸汽管道汽侧氧化物的生长与剥离，与机组的水工况无关。其根据包括以下几点：

（1）蒸汽中的溶解氧不可能在初凝膜中浓缩。例如，在进入汽轮机的蒸汽中，若含有$30\sim250\mu g/kg$的溶解氧，在液膜中的溶解氧量小于$1\mu g/kg$。在核电站的沸水堆中，由于水是直接进入堆芯的，蒸汽的含氧量高达$20mg/kg$，此时，液膜中的溶解氧量也仅有$2\sim3\mu g/kg$。

（2）在沸水堆蒸汽含氧量$20mg/kg$的情况下，以及后来加氢气将含氧量降至$5000\mu g/kg$的情况下，蒸汽系统的长期运行也没有发现任何氧化问题。

（3）目前世界上采用给水加氧处理的直流锅炉已很多，尚没有加氧处理会引起过热器管氧化层剥离的报道。

国内很多研究小组都认同，钢材高温水蒸气氧化过程中起决定作用的是高温蒸汽的水分子，与给水方式无明显关系。但是，国内外很多专家也提出超临界水蒸气中含有的溶解氧，通过与金属离子（铁离子或者铬离子）反应提高氧化速率或者通过提高氧化膜内的氧势梯度，进而加速阳离子在氧化膜内的扩散速率；氧含量的不同也影响了氧化膜成分，造成氧化膜脱落敏感程度不同和剥离应力作用不同。

第六节　停　运　保　护

热力设备处于停用检修或备用状态时，如不采取有效的保护措施，其水汽系统将会受到严重腐蚀，即停用腐蚀。停用腐蚀的速度比热力设备处于良好水质条件下的腐蚀更为严重，它会在短期内使热力设备内部发生严重腐蚀，导致设备的启动时间延长，排污量增大，同时还会加剧机组在运行时的腐蚀，从而降低机组效率，严重时会导致炉管爆裂，对机组的安全运行产生危害，并造成巨大的经济损失。

一、停炉腐蚀机理

停炉腐蚀从其机理上分，主要有化学腐蚀和电化学腐蚀。停炉腐蚀发生的主要因素是空气中的氧、二氧化碳、水蒸气（即湿度）、氯化物及其他侵蚀性气体（如 H_2S、SO_2、Cl_2 等）和腐蚀性物质。氧和水或水蒸气存在下引起的钢铁腐蚀属电化学腐蚀，且为点状腐蚀；侵蚀性气体和酸引起的腐蚀，为均匀腐蚀，属化学腐蚀。

热力设备停用时，水汽系统内部的压力、温度急剧下降，空气从设备的不严密处大量渗入内部；蒸汽凝结，在金属表面形成一层水膜，或者金属浸在水中；因此，大量氧溶解在水中，导致金属表面水膜层氧充足。若锅炉环境中有侵蚀性阴离子（如 SO_4^{2-}、Cl^- 等），就会与锅炉金属发生腐蚀，促进腐蚀点的出现，SO_4^{2-}、Cl^- 对锅炉点腐蚀有明显的加速作用。

另外，停用锅炉，如果已有锈垢和水垢，在停用期间，会继续发生"垢下腐蚀"。锅炉停运期间的腐蚀，不仅直接引起金属的损坏，而且会成为锅炉运行时造成事故的隐患。因为停用时铁被腐蚀生成高价氧化铁 Fe_2O_3 和 $Fe(OH)_3$ 成为锅炉运行时氧的代用品，是腐蚀电池的阴极去极化剂。铁在此基础上继续发生腐蚀，结果高价氧化铁发生了还原反应，生成低价氧化铁。在锅炉下一次停用时，已还原的铁锈由于吸收空气中的氧又重新被氧化生成高价氧化铁，并且在铁锈下面由于充氧浓度的不同，产生强烈的浓差腐蚀，使氧化铁大量增加，锅炉再运行时，它们又参与阴极反应过程。随着锅炉交替运行和停用，腐蚀过程也随之发生恶性循环，如果不采取适当的防腐措施，将会产生严重后果。

二、停炉腐蚀发生的部位

（1）过热器：锅炉运行时不发生运行氧腐蚀，停炉时发生严重腐蚀。
（2）再热器：积水处发生严重腐蚀。
（3）省煤器：整个省煤器均腐蚀。

（4）上升管、下降管和汽包：停炉时上升管、下降管、汽包均会腐蚀，汽包的水侧比汽侧腐蚀严重。

（5）汽轮机：腐蚀形态是点蚀。发生在喷嘴和叶片上、转子叶轮和转子本体。汽轮机的停用腐蚀主要发生于有氯化物污染的机组。

三、停炉腐蚀的危害

停炉腐蚀的危害性反而比运行期间严重，并且还影响机组的运行。

（1）停炉时空气进入系统，造成机炉系统全面腐蚀；

（2）停运氧腐蚀产物主要是 Fe_2O_3，比较疏松，在投运后容易随着水流输送到系统内，造成腐蚀和结垢；

（3）已发生停运氧腐蚀的位点，在机组投运后，会继续腐蚀，造成系统水汽品质差。

实践证明：发生较严重腐蚀的锅炉，多数是由于在停用期间发生腐蚀而在运行期间又发展造成的。

四、停炉保护的原则与方法的选择

1. 停炉保护原则

从锅炉系统中除去导致电化学腐蚀的两个重要条件：氧和水，就可以达到控制腐蚀的目的。因此停用保护的原理如下：

（1）尽量不让锅炉外部空气进入停用的锅炉中；

（2）尽量保持停用锅炉水汽系统金属表面的干燥；

（3）使金属表面浸泡在含有除氧剂或其他保护剂的水溶液中，隔绝与氧的接触。

2. 锅炉停炉保护方法的选择

一般来讲，应根据锅炉的结构、停用时间、各种方法的效果和应用条件来进行选择。正常情况下，锅炉的停炉保护一般应按以下原则进行选择：

（1）锅炉停用时间在三个月以上的，可采用干燥剂法；

（2）锅炉停用时间在 1～3 个月之间可采用充液保护法；

（3）锅炉停止运行后，需在 24 小时内随时启动的，可采用保持蒸汽压力法。若须间断运行，且总时间在一周以内也可采用此方法；

（4）因检修而使锅炉停止运行的，若需放水可采用烘干法；如不需放水的则可采用保持蒸汽压力法或给水压力法；

（5）检修后的锅炉，如不必及时投入运行，则应根据时间长短采用相应保护措施。

五、停炉保护方法

依据 DL/T 956—2017《火力发电厂停（备）用热力设备防锈蚀导则》规定了热力设备停用保护的基本要求、方法及选用方法的原则，还有各种防护方法的监督项目和控制标准，这些将在书中化学监督部分简要分析。

第七章　直流炉炉内加药

锅炉主蒸汽压力不低于 3.8MPa 的火力发电机组和蒸汽动力设备中各种水、汽质量标准，在 GB/T 12145—2016《火力发电机组及蒸汽动力设备水汽质量》中都有相应的规定，是正常运行和停（备）用机组启动时的水汽质量推荐标准。

第一节　还原性全挥发处理

直流锅炉水汽系统的特点要求直流锅炉给水处理应采用适宜的挥发性药品。因此，给水处理采用的药品都是挥发性的，全挥发处理水化学工况应运而生。其在对给水进行热力除氧的同时，向给水中加入氨和联氨［AVT(R)］，或只加氨［AVT(O)］，以维持一个除氧碱性水化学工况，使钢表面上形成比较稳定的 Fe_3O_4 保护膜，从而达到抑制水汽系统金属腐蚀之目的。

在实施 AVT 水化学工况时，水汽质量应符合 GB/T 12145—2016《火力发电机组及蒸汽动力设备水汽质量》规定的相应标准。此时，给水水质调节措施主要是热力除氧和给水的 pH 值调节，前者可通过除氧器来实现，后者可通过向凝结水和给水中加氨来实现；如果机组按 AVT(R) 方式运行，则除了向给水中加氨之外，还要向给水中加入化学除氧剂联氨，作为化学除氧措施。

一、给水的除氧

（一）热力除氧

1. 热力除氧原理

根据气体溶解定律（亨利定律），一种气体在与之相接触的液相中的溶解度与它在气液分界面上气相中的平衡分压成正比。在敞口设备中把水温提高时，水面上水蒸气的分压增大，其他气体的分压下降，则这些气体在水中的溶解度也下降，因而不断从水中析出。当水温达到沸点时，水面上水蒸气的压力和外界压力相等。其他气体的分压降至零，溶解在水中的气体可能全部逸出。利用气体溶解定律，在敞口设备（如热力除氧器）中将水加热到沸点，使水沸腾，这样水中溶解的氧就会析出，这就是热力除氧的原理。由于气体溶解定律在一定程度上也适用于二氧化碳等其他气体，热力法不仅可除去水中溶解的氧，也能同时除去水中的二氧化碳等其他气体。而二氧化碳的去除又会促使水中的碳酸氢盐的分解，所以热力法还可除去水中部分碳酸氢盐。

2. 除氧器

热力除氧器的功能是把水加热到除氧器工作压力下的沸点，并且通过喷嘴产生水雾及淋水盘或填料形成水膜等措施尽可能地使水流分散，以使溶解于水中的氧及其他气体能尽快地析出。热力除氧法常用除氧器为淋水盘式除氧器、喷雾填料式除氧器、膜式除氧器、凝汽器除氧等。热力除氧器按其工作压力不同，可分为真空式、大气式和高压式 3 种。真空式除氧器的工作压力低于大气压力，凝汽器就具有真空除氧作用。因此，在高参数、大容量机组中，通常是将补给水补入凝汽器，而不是补入除氧器。大气式除氧器的工作压力（约为 0.12MPa）稍高于大气压力，常称为低压除氧器。高压式除氧器在较高的压力下工作，其工作压力随机组参数的提高而增大。超临界机组通常采用卧式高压除氧器，其工作压力常在 1MPa 以上，除氧头壳体采用碳钢—不锈钢（内壁）复合钢板制成，所有内部构件材料也均为不锈钢。

（二）化学除氧

1. 化学除氧剂——联胺

（1）联胺性质。联胺（N_2H_4）又名肼，常温时为无色液体，易挥发，易溶于水。遇水会结合成稳定的水和联胺（$N_2H_4 \cdot H_2O$）。空气中有联胺对呼吸系统及皮肤有侵害作用。空气中联胺蒸汽量最高不允许超过 1mg/L，联胺蒸汽量含量达 4.7%，遇火便发生爆燃现象。

（2）联胺除氧原理。联胺在碱性水溶液中，是一种很强的还原剂，可将水中的溶解氧还原：

$$N_2H_4 + O_2 \longrightarrow N_2 + 2H_2O$$

在高温（$t > 200℃$）水中，N_2H_4 可将 Fe_2O_3 还原成 Fe_3O_4 以至 Fe 反应式如下：

$$6Fe_2O_3 + N_2H_4 \longrightarrow 4Fe_3O_4 + N_2 + 2H_2O$$

$$2Fe_3O_4 + N_2H_4 \longrightarrow 6FeO + N_2 + 2H_2O$$

$$2FeO + N_2H_4 \longrightarrow 2Fe + N_2 + 2H_2O$$

N_2H_4 还能将 CuO 还原成 Cu_2O 或 Cu，反应式如下：

$$4CuO + N_2H_4 \longrightarrow 2Cu_2O + N_2 + 2H_2O$$

$$2Cu_2O + N_2H_4 \longrightarrow 4Cu + N_2 + 2H_2O$$

联胺的这些性质可用来防止锅内结铁垢和铜垢。

（3）联胺的化学性质。联胺和水中溶解氧的反应速度受温度、pH 值和联胺过剩量的影响，为使 N_2H_4 和水中溶解氧的反应进行得迅速且完全，应维持以下条件：

1）使水有足够温度。温度越高，反应越快。

2）使水维持一定的 pH 值。一般在 9~11 之间。

3）使水中联胺有足够过剩量。过剩量越多，除氧所需时间越少。

4）加入合适的催化剂。

联胺水溶液显弱碱性，遇热会分解：$3N_2H_4 \rightarrow N_2 + 4NH_3$，过剩的 N_2H_4 分解还可以提高给水 pH 值。

（4）加联胺系统简介。为了进一步去除给水中的残余氧，通常在给水系统设置两个联氨加药点。如某厂两台机组设置一套给水、凝结水自动加联胺装置，包括 2 台溶液箱、3 台给水加联胺泵和 3 台凝结水加联胺泵（均为 2 用 1 备），药剂浓度采用 1%~2% 的联胺溶液。

给水加联氨点设在除氧器下水管上，凝结水加联氨点设在精处理混床出水母管上，控制给水联氨的过剩量为 $10\sim50\mu g/L$。给水联氨为自动加药，采用 $4\sim20mA\ DC$ 输入信号控制加药泵转速，该信号来自汽水取样分析装置的给水 N_2H_4 表。同样凝结水加联氨也为自动加药，信号来自汽水取样分析装置的凝结水 N_2H_4 表。

2. 其他化学除氧剂

因为联胺和水中溶解氧的反应速度受温度、pH 值和联胺过剩量的影响，因此一些电厂还使用过丙酮肟（MEKO）、Na_2SO_3、碳酰肼[$(N_2H_3)_2CO$] 等除氧剂。但其有分解产物有酸性物质产生或价格较高等不利因素，因此高参数机组给水除氧还是联胺使用较多。丙酮肟也常见用于酸洗钝化及设备停用保护等。

二、给水的 pH 值调节

给水的 pH 值调节就是往给水中加一定量的碱性物质，使给水的 pH 值保持在适当的碱性范围内，从而将凝结水—给水系统中钢和铜合金材料的腐蚀速度控制在较低的范围，以保证给水中铁和铜的含量符合规定的标准。目前火电厂中用来调节给水 pH 值的碱化剂一般都采用氨。

1. 加氨处理

给水加氨处理的实质就是用氨中和给水中的游离二氧化碳等酸性物质，并把给水的 pH 值提高到水质标准规定的碱性范围。

（1）氨的性质。在常温常压下，氨是一种有刺激性气味的无色气体，极易溶于水，其水溶液称为氨水。一般商品浓氨水的浓度约为 28%，密度为 $0.91g/cm^3$。在常温下加压，氨很容易液化而变成液氨，液氨的沸点为 -33.4℃。由于氨在高温高压下不会分解、易挥发、无毒，因此可以在各种压力等级的机组及各种类型的电厂中使用。

超临界机组给水 pH 值调节所用化学药品通常为液体无水氨，它应符合 GB 536—2017《液体无水氨》优等品的质量要求：$NH_3\geqslant99.9\%$、残留物 $\leqslant0.1\%$、$H_2O\leqslant0.1\%$、油 $\leqslant5g/kg$（重量法）、铁含量 $\leqslant1mg/kg$。

（2）加氨原理。氨溶于水称为氨水，氨在水中电离产生 OH^-，呈碱性，反应式如下：

$$NH_3 + H_2O \longrightarrow NH_4^+ + OH^-$$

给水 pH 值过低原因是它含有游离 CO_2，所以加 NH_3 就相当于用氨水的碱性来中和碳酸的酸性。由于碳酸是二元弱酸，该中和反应有以下两步，反应式如下：

$$NH_3 \cdot H_2O + CO_2 \longrightarrow NH_4HCO_3$$

$$NH_3 \cdot H_2O + NH_4HCO_3 \longrightarrow (NH_4)_2CO_3 + H_2O$$

2. 水的 pH 值对金属表面保护稳定性的影响

图 7-1 为不同温度下 $Fe\text{-}H_2O$ 体系的电位-pH 图。可见，Fe_3O_4 保护膜稳定的 pH 值范围与温度有关。随温度的上升，Fe_3O_4 的稳定区逐渐向酸性区移动，而 $HFeO_2^-$ 的稳定区随之向酸性区扩展。

在 Fe_3O_4 保护膜稳定的 pH 值范围内，Fe_3O_4 保护膜稳定性还明显地与 pH 值有关。

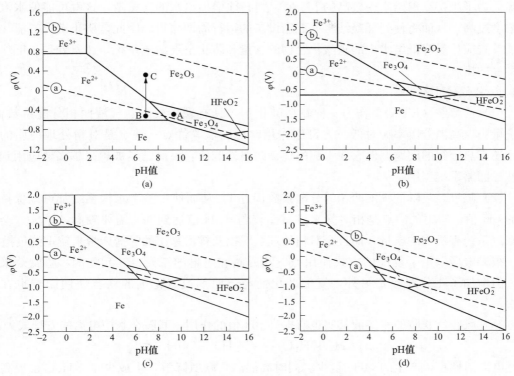

图 7-1　不同温度下 Fe-H_2O 体系的电位-pH 图

(a) 25℃；(b) 100℃；(c) 200℃；(d) 300℃

根据碳钢在 232℃、含氧量低于 0.1mg/L 的高温水中动态腐蚀试验结果，从减缓碳钢的腐蚀考虑，应将给水的 pH 值调整到 9.5 以上为好。但是，控制给水 pH 值在这个范围，对发挥凝结水净化装置中的离子交换设备的最佳效能是不利的。因为，给水的 pH 值调节采用加氨的方法，给水的 pH 值过高，必然使水汽系统内的氨含量过高，这将使处理凝结水的混床设备的运行周期缩短。因此，目前无铜机组在采用 AVT 时，一般是将给水的 pH 值控制在 9.2～9.6 的范围内。

3. 给水加氨处理存在的问题

给水采用加氨调节 pH 值，防腐效果十分明显，不仅可中和水中的二氧化碳等酸性物质，防止酸性腐蚀，而且可提高给水的 pH 值，增强金属表面保护膜在水中的稳定性。

但是，因氨本身的性质和热力系统的特点，也存在不足之处。由于氨的气液两相分配系数较大，所以氨在水汽系统各部位的分布不均匀，在低压缸排气温度 70℃ 左右时，气/液相分配系数接近 10，而甲酸、乙酸等分配系数小于 1，造成水相 pH 值下降，氨进入气相起不到防护作用浪费。此外氨水的电离平衡受温度影响很大。如温度从 25℃ 升高到 270℃，氨的电离常数则从 $1.8×10^{-5}$ 降到 $1.12×10^{-6}$。因此使水中 OH^- 的浓度降低。这样，给水温度较低时，为中和游离二氧化碳和维持必要的 pH 值所加的氨量，在给水温度升高后就显得不够，不足以维持必要的给水 pH 值。这是造成高压加热器碳钢管束腐蚀加剧的原因之一，由此还造成高压加热器后给水含铁量增加的不良后果，也使炉水实际碱度下降。为了维持高温给水中较高的 pH 值，则必须增加给水的含氨量，这就可能使水汽中氨浓度过高，从而将使处理凝结水的混床设备的运行周期缩短。因此，防止游离二氧化碳腐蚀首先应尽量降低给水中的碳酸化合物的含量和防止空气漏入系统，加氨处理只能作为辅助性的措施。

4. 其他碱化剂

（1）乙醇胺（ETA）。作为一种新型碱化剂，具有碱性较强、气液两相分配系数低、分子量小、高温分解率相对低、无毒副作用、易制取等优点；缺点是对精处理树脂的污染，还有热分解的问题，但它在水侧的优良防腐性能使它目前已经被越来越多地应用到核电站二回路系统当中。

（2）吗啉。吗啉的气液两相的分配系数接近 1，从而使得整个水汽系统都可以保持相同的 pH 值。吗啉的缺点是相对氨来讲碱性较弱，pH 值达到 9.6 需要较高的浓度，会增加水汽系统有机物的含量，而且会对精处理系统以及排污系统的除盐床带来较重的负担。

很多电厂采用了复配的方式使用氨、乙醇胺和吗啉的二元、三元复配，防腐效果很好，但增加了工作难度，另外，复配碱化剂与还原剂或氧化剂的联合使用影响也在研究中。

（3）联胺。联胺的水溶液其实也有提高 pH 值的作用，联胺在水中电离的方程式为：

$$N_2H_4 + H_2O \rightleftharpoons N_2H_5^+ + OH^-$$

虽然电离活性小，产生的 OH^- 量少。同时高温时，联氨降解，生成少量 NH_3，也提高了 pH 值。

注意事项有以下几个方面：

（1）氨是挥发性、刺激性药品；联胺是剧毒药品，操作时注意防护。在操作使用时应注意站在上风位置。

（2）联胺、氨在保管时应注意防火，避免光线直射。

（3）氨或联胺溅入到眼睛或皮肤上时，应马上用大量清水冲洗。发现有问题按《安规》有关规定执行。

三、无氧条件下铁氧化膜的形成

（一）水中钝化膜的形成机理

正常无氧条件下，如还原性水工况，联氨可将氧化铁还原为低价状态，热力系统内沉积的铁氧化物全部是黑色的四氧化三铁或黑色的氧化亚铁，整个水工况处于还原性，所以水的氧化还原电位（ORP）为负。研究认为，当水中联氨含量大于 $20\mu g/L$，ORP 约为 $-350mV$。此条件生成的氧化膜为 Fe_3O_4，高参数机组中给水温度提高时，铁的溶出率高，所以给水的含铁量高，而铁的溶出率主要是受水的 ORP 控制。研究发现，AVT(R)、AVT(O) 和 OT 三种条件下水的 ORP 相差较大，它们对抑制炉前系统流动加速腐蚀（FAC）效果也明显不同，见表 7-1。

AVT(R) 处理时，在纯水中与水接触的金属表面覆盖的铁氧化物层主要是 Fe_3O_4。在 Fe_3O_4 层形成过程中，由金属表面逐步向金属内部氧化生成了比较紧密而薄的内伸

Fe_3O_4 层，所生成的 Fe_3O_4 内伸层，和钢本身的晶体结构相似。在晶体之间有空隙，水仍会从空隙渗入钢表面 Fe_3O_4 层，Fe 与 H_2O 的反应持续进行，从钢的原始表面向内部深入。铁素体转化为 Fe_3O_4 的内伸转变是在维持晶粒形状和晶粒定位的情况下完成的。

表 7-1 　　　　　　　　　　几种条件下水的 ORP 和金属发生 FAC 的程度

给水水质	ORP（SVH）（mV）	FAC 程度
$O_2<1\mu g/L$ 或联氨$>20\mu g/L$	−350	较严重
不加联氨	0～100	一般
加入少量氧	>150	很小

Fe_3O_4 层呈微孔状（1%～15%孔隙）。沟槽将孔连接起来，从而使介质瞬时进入到钢表面。同时有一部分二价铁离子从铁素体颗粒中扩散进入水相，生成多孔的，附着性较差的 Fe_3O_4 颗粒，沉积在较紧密的 Fe_3O_4 内伸层上，形成传热性也较差的外延层。该膜在高温纯水中具有一定的溶解性。

AVT(R) 水工况时，超临界机组循环系统铁氧化膜的内伸层反应机理：

$$3Fe+4H_2O \Longrightarrow Fe_3O_4+8H^++8e^-$$

氧化膜的外伸层生成遵循 Schlkorr 反应机理：

$$Fe+2H_2O \Longrightarrow Fe^{2+}+2OH^-+H_2\uparrow$$
$$Fe^{2+}+2OH^- \Longrightarrow Fe(OH)_2\downarrow$$
$$3Fe(OH)_2 \Longrightarrow Fe_3O_4+2H_2O+H_2\uparrow$$

外伸层生成的第二个反应是决定反应速度的步骤，因此提高溶液的 pH 值有利于 $Fe(OH)_2$ 的减少，但 pH 值至少提高到 9.4 以上方见成效。第三个反应式缩合反应的反应动力学与温度密切相关，在 200℃以下反应较慢。这是因为在低温条件下，水作为氧化剂没有能量使 Fe^{2+} 氧化为 Fe^{3+} 并沉积为具有保护作用的氧化物覆盖层，从而氧化膜处于活性状态，四氧化三铁的溶解度约在 150℃时最大。也有研究认为主要是 Fe^{2+} 在此温度下的溶解度远大于 Fe^{3+}，从而使钢产生腐蚀，如果不能堵塞这些空隙就没有防蚀效果。

在凝结水管段、低压加热器和第一级高压加热器入口的水温条件下，纯水中铁的溶解一般都受到扩散控制。当局部流动条件恶化时，即还原性水质和高流速条件下，铁的溶解会转化为侵蚀性腐蚀，该条件下钢表面生成的磁性氧化铁膜疏松，易被高速水流冲走，裸露出金属本体，使金属腐蚀加速，即流动加速腐蚀。而在 200℃以上的温度区，生成 Fe_3O_4 反应式较快，$Fe(OH)_2$ 发生缩合反应，使钢铁表面生成保护性四氧化三铁。如在末级高压加热器、省煤器和水冷壁的钢铁表面会自发地生成四氧化三铁氧化膜。反应的过程如图 7-2 所示。

（二）蒸汽段氧化膜生成机理

火电厂水汽循环系统水与铁反应又可分为电化学反应和化学反应两个过程。这两种反应的机理主要依据温度条件而有所不同，从常温到 350℃左右的范围内，液态水与铁通过电化学反应生成氧化膜；在 400℃以上，水蒸气与铁则通过化学反应生成氧化膜。超临界机组氧化膜的生成一般可认为是 400℃以上的这种情况，即第六章中高温氧化反应式。

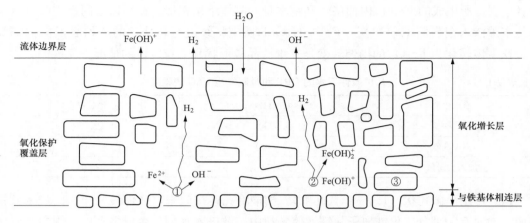

图 7-2　采用 AVT(R) 处理时的氧化膜结构示意图

即在无氧条件下铁与蒸汽直接反应，蒸汽分解提供氧离子（O^{2-}）并放出活性氢原子。由于铁离子向外扩散，氧离子向里扩散，整个氧化层同时向钢铁原始表面两侧生长，此时生成等厚致密的双层 Fe_3O_4 氧化膜，内层为尖晶形细颗粒结构，外层为棒状形粗粒结构。

有人通过测量蒸汽中氢含量证实，上述热力系统各温度段氧化膜的生成或者受损氧化膜的修复，在机组启动后约 20h 完成。

（三）无氧条件对氧化膜的影响

无氧条件下生成的氧化膜主要是 Fe_3O_4，除过热器高温段外，中低温段的氧化膜都不够致密，且 Fe_3O_4 的溶出率较高，导致给水系统局部发生流动加速腐蚀。同时，氧化膜释放出的微量铁离子会造成下游热力设备发生氧化铁污堵和沉积。另外，亚临界和超临界参数直流锅炉水冷壁管上 Fe_3O_4 氧化膜的特性是在一定条件下形成特有的波纹，就像海滩上的沙粒波纹，这种结构会对流经其表面的流体形成一个阻力，该阻力远大于一个光滑曲面的阻力，这使得锅炉压差上升且给水泵消耗增加。据报道，在 1.5～2 年的运行后，这些波纹最大高度（谷底到顶峰）可以达到 8×10^{-3} cm。

四、AVT 水化学工况的缺点

AVT 水工况的主要缺点表现在以下几个方面：

（1）AVT 方式的炉水缓冲性能较差，只要有少量的无机或有机酸性物质漏入，会引起炉水 pH 值降低，甚至引起酸性腐蚀或氢脆，这就要求一旦发生凝汽器泄漏，对汽包锅炉来讲应改用磷酸盐处理。

（2）与磷酸盐处理（PT）方式相比，AVT 方式无任何防钙镁垢的作用，这就要求给水质量高，尽管如此，采用 AVT 方式时锅炉的结垢速度高于 PT 方式，且沉积物也难以除去。

（3）与其他处理方式相比，AVT 方式的直流锅炉水冷壁上形成的铁垢较为粗糙，多为波纹状，这就是引起直流锅炉压差增高的原因之一。

（4）AVT 方式下，钢铁表面形成的 Fe_3O_4 水溶性较强，易于溶解。此外，Fe_3O_4 氧化膜耐蚀性能差，易产生 FAC。这样使得铁垢形成速度较快，给水和炉水中铁浓度高。通常情况下，机组每隔 3～4 年就需酸洗 1 次。

（5）有可能造成凝汽器空抽区铜管或水汽系统铜构件氨腐蚀。AVT 方式时加氨量相对较大，加之氨在蒸汽中分配系数较大，易于在凝汽器空抽区富集，当浓缩浓度过高时（10mg/L），铜管就会产生氨腐蚀。也有研究发现，有氧存在的情况下，氨溶液浓度高于 1mg/L 铜管就会产生氨腐蚀。

（6）凝结水精处理混床运行周期缩短。在 AVT 水化学工况下，凝结水精处理混床中阳树脂的交换容量，有相当多的一部分被凝结水中的氨消耗掉了。因此，该混床的运行周期缩短，再生频率提高，再生排放的废水量增多，处理再生废水的费用加大，而且补足再生过程所损耗的树脂量也增大，这些都提高了凝结水精处理设备的运行费用。为了解决这一问题，并且使凝结水精处理过程不除掉凝结水中的氨，有的机组采用氨化混床，即 NH_4/OH 型混合床，但采用氨化混床时，凝结水精处理系统出水水质往往低于 H/OH 型混床的出水水质，且运行工况也较复杂。

第二节 加 氧 处 理

对于以防腐为主要目的超（超）临界机组来说，不管采用何种水处理工况，其目的都是在金属表面形成并保持完整的具有保护性的氧化层，且该氧化层在机组运行中不易溶解，并能自动修复有限的损伤。加氧处理技术的出现为解决全挥发处理所存在的腐蚀问题提供了一种有效的途径。

加氧处理方式本身也在不断发展，最初是中性水处理（NWT），它是将 O_2 加入中性的高纯水中的处理方式。由于中性水处理对水的 pH 值不起任何缓冲作用，少量酸性物质就会引起 pH 值下降，甚至有导致酸性腐蚀和氢脆的可能，加之担心碳钢在低温区的腐蚀速度高和铜合金的腐蚀等问题，又开发了加氧的同时在给水中添加少量氨的技术（即联合水处理 CWT），将给水 pH 值由 6.5～7.0 提高至 8.0～9.0。我国自 1984 年开始对直流炉给水进行 CWT 研究，1988 年首次在望亭亚临界燃油直流锅炉机组上成功地进行了工业试验，取得了令人满意的结果。从应用范围来看，加氧处理最初用于全铁系合金的直流炉，后又扩大到凝汽器和低压加热器是铜合金的直流炉，目前也有应用于汽包锅炉。而且，目前也不再区分为 NWT 与 CWT，而统称为 OT。当前世界上超临界直流锅炉机组基本都采用了加氧处理。

一、OT 的化学原理

加氧处理则突破了传统理论，把过去认为会引起钢材腐蚀而必须彻底除掉的有害物质氧作为钝化剂引入，在金属表面形成完整的氧化膜层减轻腐蚀。

加氧处理的基本原理是：在高纯水的条件下，一定浓度的氧能使碳钢表面形成比 Fe_3O_4 保护性更好的 Fe_2O_3＋Fe_3O_4 双层保护膜，进而阻碍基体进一步腐蚀。氧气、过氧化氢和空气可以作为氧化剂加入。

1. 氧的作用原理

在水质较差的铁/水体系中，氧作为去极化剂，起着加速金属腐蚀的作用。在中性和碱性溶液中，腐蚀过程的阳极反应是铁的溶解，腐蚀过程的阴极反应是溶解在水中的氧的还原反应，溶氧参加阴极反应，使金属的溶解加快，起着腐蚀剂的作用。

氧又可以是阳极钝化剂，阻碍阳极过程的进行，起着保护作用。当氧起钝化剂作用时，氧的存在是降低腐蚀速度的，并且在一定浓度范围内，随着氧浓度的增加，腐蚀速度下降。在氧的扩散过程中，氧通过静止层的扩散步骤为阴极过程的控制步骤。影响氧去极化的因素有氧浓度、溶液流速、含盐量和温度等。热力系统中氧的电化学作用还表现在当热力系统金属表面氧化膜破裂时，氧在氧化膜表面参与阴极反应还原，将氧化膜破损处的 Fe^{2+} 氧化为 Fe^{3+}，使破损的氧化膜得到修复。

在水汽系统中，含盐量对氧的作用起着决定性的影响。如果用氢电导率（DDH）表征水中的含盐量水平，则当 DDH 大于 $0.2\mu S/cm$ 时，由于某些阴离子可以加速阳极过程（腐蚀过程），氧作为去极化剂在阴极还原，进一步加速了金属的腐蚀过程；当 DDH 小于 $0.2\mu S/cm$ 时，氧充足时，使阳极表面生成一层致密的氧化物薄膜，这层薄膜覆盖着金属，隔离了阳极与溶液，阻碍了金属的继续氧化溶解，腐蚀过程减缓。在流动的高纯水中添加适量氧，可以将碳钢的腐蚀电位提高数百毫伏，使金属表面发生极化或使金属电位达到钝化电位，并使金属表面生成致密而稳定的保护性氧化膜。

2. 影响氧化膜形成的因素

（1）电导率。在加氧水中，电导率与碳钢腐蚀产物溶出速度之间存在着线性关系，水中杂质特别是氯离子会妨碍正常的磁性氧化铁保护膜的生成。故给水必须为高纯度方能进行加氧处理，其 DDH 应在 $0.15\sim0.20\mu S/cm(25℃)$ 范围内。水中杂质含量高时，疏松的氧化物在金属—水界面生成，即腐蚀速度加快。因此启停阶段或水质差时（DDH$\geqslant$ $0.30\mu S/cm$）时需要停止加氧，提高 pH 值。

（2）pH 值。碳钢在无氧除盐水中的腐蚀速度，明显地与 pH 值有关。随着 pH 值的升高，碳钢的腐蚀速度逐步降低。而在有氧的纯水中，碳钢的腐蚀速度在 pH 值为 7 时降得很低，并不再随着 pH 值的升高有所变化。

从热力学观点来看，在无氧或有氧的高纯水中，铜均处于钝化状态，不过在无氧的高纯水中，铜表面形成浅黄色的氧化亚铜（Cu_2O），在有氧的高纯水中，形成黑色的氧化铜（CuO），后者在高温纯水中的溶解度大于前者，且二者均受高纯水 pH 值的影响，pH 值在 $8.5\sim9.0$ 范围内，铜合金的腐蚀速度很低。

（3）溶解氧浓度。保持纯水中一定的氧浓度是为了保证碳钢的腐蚀电位高于其钝化电位。研究发现维持 Fe_2O_3 的电位所需氧浓度比生成 Fe_2O_3 的电位所需氧浓度低得多，即钝化膜完整的情况下溶氧浓度可保持较低，实验中加氧最低浓度为 $20\mu g/L$。溶解氧浓度的确定与纯水的流动状况和温度有关，在碳钢表面氧化膜形成期需要的氧量比形成后要大得多。

在中性纯水中，CuO 在高温纯水中的溶解度大于 Cu_2O，因此加氧会使铜合金的腐蚀速度急剧增大，研究发现氧浓度 $100\pm20\mu g/L$ 时采用 CWT 处理铜合金腐蚀速度最低。

（4）给水流速。在加氧情况下，使水保持适当地流速有利于碳钢表面形成均匀的氧化膜，故水的流速是能否保持防腐效果的必要条件。流速过快，会造成钝化膜冲刷磨损，Fe^{2+} 溶出速率加快；流速太慢，则不利于氧传递，存在氧浓度差，钝化膜厚度不均，造成局部腐蚀。

二、有氧条件下氧化膜的形成

（一）加氧条件下氧化膜的形成

氧在一定的温度范围内可使铁-水系统金属表面已经存在的氧化膜完全钝化，生成更具有保护性的钝化膜。在给水加氧方式下，由于不断向金属表面均匀供氧，金属表面仍保持一层稳定、完整的 Fe_3O_4 内伸层，和通过 Fe_3O_4 微孔通道中扩散出来 Fe^{2+} 进入液相层，其中一部分直接生成由 Fe_3O_4 晶粒组成的外延层。由于 Fe_3O_4 层呈微孔状（1%～15%孔隙），通过微孔扩散进行迁移的 Fe^{2+} 在孔内或在氧化膜表面就地氧化，生成三氧化二铁或水合三氧化二铁（FeOOH），沉积在 Fe_3O_4 层的微孔或颗粒空隙中，封闭了 Fe_3O_4 氧化膜的孔口，从而阻止了 Fe^{2+} 扩散和降低了氧化的速度，其结果是在铁表面生成了致密稳定的"双层保护膜"（图 7-3）。

给水采用加氧处理（OT）后，生成的腐蚀产物主要是溶解度很低且致密的 $\alpha\text{-}Fe_2O_3$ 和 FeOOH，会充填外层的 Fe_3O_4 的间隙并覆盖在其表面上。氧化铁水合物 FeOOH 保护层在流动给水中的溶解度明显低于磁性铁垢（至少要低 2 个数量级），从而改变了外层 Fe_3O_4 层孔隙率高、溶解度高、不耐流动加速腐蚀的性质，如图 7-3 所示。若干孔内和 Fe_3O_4 层上的 Fe_2O_3，可以说明加氧处理法和 AVT 处理法所形成的 Fe_3O_4 保护层在结构上的区别。

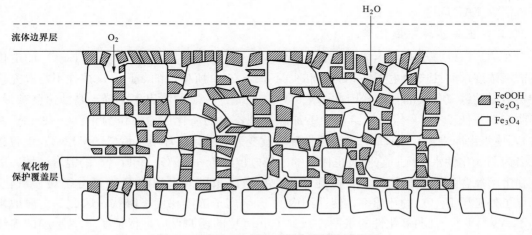

图 7-3　采用 OT 处理时氧化膜结构示意图

加氧可促使 Fe^{2+} 氧化为 Fe^{3+}，其原因是氧分子在腐蚀电池中的阴极反应中接受电子还原成为 OH^-，在水作为氧化剂的能量不能使 Fe^{2+} 转化成 Fe^{3+} 时，氧分子在阴极的还原

反应提供了 Fe^{2+} 转化为 Fe^{3+} 所需的能量。O_2 在阴极的还原反应促进了相界反应速度，同时 Fe^{3+} 为氧的传递者，充当 Fe^{2+} 转化为 Fe^{3+} 反应的催化剂，加快了氢氧化亚铁的缩合过程。因此，在铁-水系统中，氧的去极化作用直接导致金属表面生成 Fe_3O_4 和 Fe_2O_3 的双层氧化膜，从而中止了热力系统金属的腐蚀过程。两种不同结构的氧化铁组成的双层氧化膜比单纯 Fe_3O_4 双层膜更致密、更完整，因而更具有保护性（如图 7-3 所示）。从这个意义上说，氧分子又称为钝化剂。实践证明，直流锅炉应用给水加氧处理，在金属表面形成了致密光滑的氧化膜（如图 7-4 所示），不但很好地解决了炉前系统存在的腐蚀问题，而且还消除了水冷壁管内表面氧化波纹形状造成的不良影响。

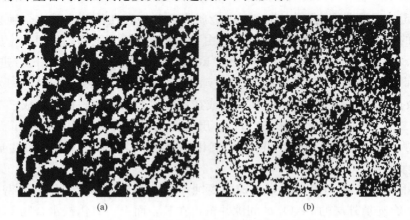

图 7-4 AVT(R) 和 OT 工况下氧化膜的表面状态

(a) AVT(R) 工况下；(b) OT 工况下

在 Fe_3O_4 区有裂纹（如由应力造成的）或破裂的地方，就可实现裂纹自发愈合，愈合速度取决于加氧量的多少。因此，采用 OT 时给水的含铁量一般不大于 $1\mu g/L$，能明显减轻或消除 FAC 问题。

（二）低氧条件下氧化膜的形成

在 AVT(O) 方式下，给水中溶氧含量一般小于 $20\mu g/L$，远低于生成 Fe_2O_3 的电位所需氧浓度，腐蚀产物主要是 Fe_3O_4 和少量 $\alpha\text{-}Fe_2O_3$，所生成的 $\alpha\text{-}Fe_2O_3$ 往往不足以充填和覆盖磁性铁氧化膜的孔隙，因此 AVT(O) 方式下 Fe^{2+} 的溶出率下降，腐蚀速度减慢，但防腐效果低于 OT。但由于给水中不加除氧剂，水的氧化还原电位为正（$0\sim80mV$ 左右），使水由原来 AVT(R) 时的还原性环境改变为弱氧化性环境，所以 AVT(O) 也曾经命名为弱氧化性水工况；它同时也使铁的电极电位处于 $\alpha\text{-}Fe_2O_3$ 和 Fe_3O_4 的混合区域，因此在溶解氧含量较低的情况下，微孔通道中扩散出来进入水相的 Fe^{2+} 部分被缓慢氧化，降低了外延层 Fe_3O_4 的孔隙率，使孔洞内的 Fe^{2+} 离子浓度梯度下降快，因此其防腐效果高于 AVT(R)。且弱氧化性的氛围，减少了 Fe_3O_4 的还原反应，保证了 Fe_3O_4 膜的连续性，使给水中铁含量远低于 AVT(R) 方式。

三、OT 的优缺点

OT 技术之所以推广应用较快，主要是由于该处理方式具有相当的优越性和明显的效益，其显著的优点包括以下几个方面：

（1）锅炉给水中的铁含量和锅炉的结垢速率均显著降低。按 CWT 方式下运行一年的结垢量推算，其年结垢速率约为 $50g/m^2$，比 AVT 工况下的结垢速率低 60%，且随 CWT 方式运行时间的延长，结垢率的降低将更明显，并由此可使酸洗周期延长 $2\sim4$ 倍。

（2）凝结水精处理的运行周期显著延长。实践证明，按 H/OH 型方式运行周期可延长 $3\sim10$ 倍；同时，还节省了凝结水精处理再生用药品消耗量。

（3）锅炉给水系统的压差上升速度变缓，可减少给水的动力消耗。如锅炉压差（ΔP_0）比 AVT（R）工况有大幅度的降低，预计在锅炉运行 $3\sim3.5$ 年时，CWT 工况下的锅炉压差要比 AVT 工况时低 $1.36\sim1.41MPa$；而且，采用 CWT 技术后，还提高了给水泵运行的经济性和安全性。

（4）有利于环保。由于该处理方式取消了联氨的使用，有利于操作人员的身体健康；同时由于减少了凝结水精处理的再生次数，减少了再生废液的排放量，有利于环境保护。

（5）改善了机组再启动水质。再启动时水汽回路中铁含量明显降低，水质达到合格的时间缩短，因此加快了机组的启动过程。

但是，对 OT 的使用仍然存在下面这些顾虑：

（1）给水泵填料滑环的钨铬钴合金在充氧的水中性能下降。

（2）奥氏体过热器和再热器管子的性能及氧化物的生长、形态及脱落现象与蒸汽的氧含量关系不明确。

（3）蒸汽侧氧化锈皮以及氧化锈皮脱落物中三氧化二铁的数量与氧含量关系不明确。

（4）在蒸汽中奥氏体不锈钢存在晶间腐蚀的可能。

四、加氧系统及运行操作

（一）加氧系统

1. 氧化剂的选择

在加氧处理中，建议使用气态氧作为氧化剂。尽管过氧化氢也可被使用，可是过氧化氢溶液的使用以及应用它的经验一直被限制在少数的几个电厂。

对于超临界机组而言，同全挥发处理一样，根据所加药剂在相应压力和温度下完全挥发且不分解的要求，最好使用气态氧作为氧化剂。另外，美国的一些发电厂已经从气态氧改变到了液态氧。

2. 加氧位置

理论上来说在没有配备除氧器的循环系统中，只需要一个加氧点；对于配备有除氧器的循环系统，在除氧器下游设第二个加氧点是需要的。这样操作灵活性大，即可利用除氧器去除不凝性气体，随后还可再加入氧气来补偿除氧器中的损失。实际运行中，考虑系统严密性和气体溶解性，因此和加氨一样，对于气态氧，有多个加氧点，这样溶氧浓度在水汽系统中更均匀，有利于系统的全面防腐。而且选择合适的加氧点有助于减轻设备腐蚀和铁沉积量。瑞金电厂二期机组第一个加氧点是在凝结水精处理出口、第二个是在除氧器出口下水管，第三个是在 1 号高压加热器汽侧。

3. 加氧设备

加氧设备由存储设备、控制设备和注入设备 3 个不同的子系统组成。

氧气贮存设备取决于机组的规模和布置形式，影响耗氧量的因素有：凝结水和给水的流量、除氧器除氧效率和排气量。在水汽循环过程中，一部分氧气在凝汽器真空中被抽走。因此，在凝汽器正常运条件下，加入的氧气基本被消耗或损失掉，不会返回到给水系统中。另外，机组的装机容量和负荷也对氧气的加入量产生影响。氧气储存量应该在机组容量和负荷的基础上确定。对于大型机组，最好使用批量贮存设备，从而避免频繁更换。

加氧控制设备包括一个调压器、几个截止阀、一个转子流量计和几个调节阀。几条并联的加氧管线可以共同使用一个调压器。每一个单独的加氧管线应配备单独的截止阀和控制阀。调压器的压力应比期望的最高加氧点压力更高，这样可消除水倒流回氧气钢瓶的可能性。

也可使用自动加氧控制系统。通过加氧速率与凝结水流量的比例关系，对加氧量进行自动控制，并通过氧含量分析仪的反馈信号来纠正加氧量，这样可使给水中的氧分布更均匀。当给水电导率超过了设定值时（一般为 $0.3\mu S/cm$），加氧系统会自动切断供氧；锅炉负荷下降到低于设定值时，也会切断氧气供应。

4. 加氨系统

给水加氧处理时，为了中和微量酸性物质，增加水汽系统的缓冲性，还需加入少量的氨以保持水汽系统的 pH 值。因此，加氨的目的是调节并维持给水与凝结水 pH 值，使氧化处理达到最佳效果。加氨一般是通过自动加氨装置完成的。氨液的配制有两种方式：一种是使用无水氨气的加压贮罐；另一种是使用氨水的常压溶液贮罐。

在超临界锅炉中，一般不使用像环己胺或吗啉等胺类替代品，因为这些胺类在超临界机组的运行条件下会发生分解，分解产物会增加水汽系统中的杂质，使蒸汽的氢电导率升高、汽轮机低压缸叶片遭受酸腐蚀。

（二）实行 CWT 水工况必须注意的事项

（1）要注意防止凝汽器和凝结水系统漏入少量空气。否则，会导致给水电导率上升、pH 值下降。

（2）实行 CWT 水工况时，不能停止或间断加药。

（3）实行 CWT 水工况时，除氧器空气门处于微开状态，使给水保持一定含氧量，同时除去水汽系统中部分不凝结气体和微量二氧化碳。

（4）停机时，提前停止加氧，提高给水 pH 值至 9.0～9.6，不加联氨。

（5）机组启动时，按规定进行清管和投运高混，实行 AVT(O) 水工况。当机组具备加氧条件时，方开始给水加氧，按照要求转换为 CWT 水工况。

机组启动时，除氧器空气门应按正常要求打开。

五、机组运行水工况的调整

（一）由 AVT(O) 运行模式向 CWT 运行模式的转换

1. 给水从 AVT(O) 向 OT 方式转换必备的条件

（1）机组处于稳定运行状态。

（2）在线仪表已投入运行，机组水汽系统各项指标正常。

（3）凝结水精处理除盐装置运行正常，禁止在高混转氨化时间段内运行，且离失效点远。

（4）给水氢电导率小于 $0.15\mu S/cm$，且水质稳定，转换前给水 pH 值在 $9.0\sim9.5$ 的范围。

（5）精处理装置总出口氢电导率小于 $0.1\mu S/cm$。

（6）加氧系统设备正常备用。

（7）锅炉水冷壁管内的结垢量应小于 $200g/m^2$。

2. 机组正常由 AVT(O) 运行模式向 CWT 运行模式的转换操作

（1）启动运行：机组首先应在 AVT(O) 运行模式下启动，直至正常运行状态。此时，加氧系统不投入运行。

（2）实施转换：当运行负荷增加并达到正常运行负荷（高于最低负荷 30%B-MCR），满足转换条件时，联系值长开启给水、凝水加氧一次门，投加氧系统。

（3）加氧控制：加氧初始阶段，控制凝结水或给水含氧量在 $150\sim300\mu g/L$ 左右。同时监测各取样点水样的氢电导率的变化。

在此阶段，若给水和蒸汽的氢电导率升高，但未超过 $0.20\mu S/cm$，且凝结水的氢电导率并不随之变化，则保持给水氧含量在 $300\mu g/l$ 左右，最高不能超过 $500\mu g/l$。

在整个转换过程中，各个阶段应加强对相应取样点水样铁、氧含量监测。

（4）除氧器空气门的调整。联系值长调整除氧器，关闭或微开除氧器排气阀，关闭 1、2、3 号高加排气阀。

（5）给水 pH 值的调整。在完成上述转换后，可对给水 pH 值进行调整。

首先调整 pH 值到 $8.5\sim9.0$ 的范围，监测给水铁含量，如无明显变化或升高，则进一步调低到 $8.0\sim8.5$ 的范围，同时监测给水铁含量，如无增加现象，则可维持在此范围内运行。

（6）机组正常运行中，应保持给水 pH 值稳定。可设计控制给水 pH 值 $8.90\sim9.20$，电导率 $2.1\sim4.3\mu S/cm$（给水纯度高时，电导率主要受氨加入后电离的 NH_4^+ 和 OH^- 量影响）。

（二）由 AVT(R) 运行模式向 CWT 运行模式的转换

在机组转化为 CWT 方式之前，应至少提前一个月停止联氨的加入，在停联氨期间，应加强对给水溶解氧和铁的监测。实际上相当于是 AVT(R) 方式转换为 AVT(O) 方式，再转换为 CWT 方式。

（三）由 CWT 运行模式向 AVT(O) 运行模式的转换

1. CWT 向 AVT(O) 转换的条件

（1）机组正常停机前 4h。

（2）给水 DDH$\geqslant0.15\mu S/cm$，精处理出水母管氢电导率大于 $0.15\mu S/cm$。

（3）加氧装置有故障无法加氧时。

（4）凝结水精处理设备撤出运行时。

（5）凝汽器严重泄漏或不合格疏水带入生水时。

（6）机组发生主燃料跳闸（MFT）时。

2.CWT 向 AVT(O) 切换操作

（1）关闭给水、凝水加氧二次门退出加氧系统，将给水 pH 值控制在 9.0～9.6 范围。

（2）联系值长开大除氧器开度。保持 AVT(O) 方式至停机保护或机组正常运行。

第八章　热力设备的结垢和积盐

超临界和超超临界参数机组与常规亚临界参数机组相比，随着温度、压力参数的提高，水汽中各种无机盐等的溶解与沉积特性也发生了显著变化，对机组设备运行的影响也随之改变。因此，研究超超临界条件下的水质控制技术，对保证设备的安全经济运行至关重要。

第一节　超超临界机组结垢问题

超临界工况下的汽水密度相同，其具有液体和气体的双重性质，形态上是一种非凝聚性气体，但密度比普通气体大两个数量级左右，与液体相似；但其黏度相对较小，同时扩散速度比液体高两个数量级左右，具有良好的流动特性和传递特性；此外溶解度特性发生明显改变。超临界工况下不再有汽、水共存的两相区存在，这一特性决定了超临界以上参数锅炉必须采用直流锅炉。它没有汽包，不能通过排污去除杂质，即所有可溶性给水污染物都会溶解在蒸汽中进入蒸汽系统，超过蒸汽溶解携带杂质含量的部分就会沉积在热负荷很高的水冷管壁内，因此给水品质必须远高于亚临界汽包炉。而蒸汽溶解携带杂质的能力随压力和温度升高而增大，因此过热蒸汽带入的杂质，会在汽轮机中蒸汽做功后，随蒸汽系统温度、压力降低可能沉积在汽轮机叶片或通流部位，这对机组的安全经济运行产生很大的危害。

一、超临界条件下蒸汽的物理特性

在超临界参数下，水汽工质在管子内壁面附近的流体黏度、比热、导热系数和质量体积等参数发生了显著变化，可能导致水冷壁管内发生类膜态沸腾，水中的盐类等杂质在受热面浓缩。图 8-1 为水和蒸汽的物理性质与温度的关系。工质的黏度、质量体积、导热系数等物理参数随压力和温度而变化，但受压力的影响较小，受温度的影响较大。在 $250\sim550℃$，工质的体积质量和动力黏度随温度变化最大。当工质温度在 $300\sim400℃$ 时，管内壁面处的工质黏度约为管中心工质黏度的 $1/3$ 左右，由此产生黏度梯度，引起流体边界层的层流化；在边界层中流体的体积质量降低，产生浮力，促使紊流传热层流化；边界层中的流体导热系数也随着降低，又使导热性差的流体与管壁接触，当进口温度较低时，壁面处的流体速度远小于管中心的流体速度，这又促使流动层流化。因此，在管子热负荷较大时就可能导致传热恶化，同时由于盐类等杂质的浓缩，受热面结垢，进一步加剧传热恶化。

当超临界参数锅炉的工作参数进一步提高，过热器出口的压力达到 31MPa 或更高时，

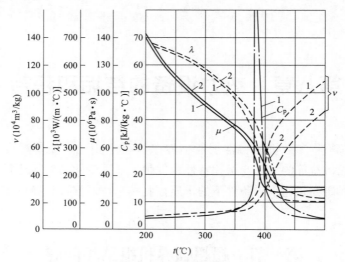

图 8-1 水和蒸汽的物理性质与温度的关系

υ、λ、μ、C_p——质量体积、导热系数、流体黏度和比热；

1—$p=25MPa$；2—$p=30MPa$

水冷壁中工质压力可达到 37MPa 或更高。根据超临界压力下工质的物理特性可知，水冷壁中工质比热特性将随压力升高而减弱，对应压力的比热值减小，但仍需注意防止类膜态沸腾引起的传热恶化。因此超临界机组给水泵提供水循环动力、水冷壁下部管采用内螺纹管等都有助于防止传热恶化，局部结垢。

二、炉水处理

1. 汽包炉炉水处理

向炉水中加入适当的化学药品，使炉水在蒸发过程中不发生结垢现象，并减缓炉水对炉管的腐蚀，即为炉水处理。锅炉用水水质不良时，汽包炉可以采用向汽包内加药和汽包排污等方法，减少水汽系统的杂质含量，防止或减缓了炉水水质不良引起的故障。汽包排污有连续排污和低负荷时定期排污两种方式。炉水加药处理主要是加入磷酸钠盐处理，一方面提高炉水 pH 值；另一方面碱性水质下其与钙、镁、硅等易结垢离子生成溶解度很小的复合磷酸盐，然后以水渣或浓溶液的形式排污去除。亚临界汽包炉压力较高、给水品质好的机组也有采用低 NaOH 处理的。而给水加入氨和联氨，炉水不再加药的处理称为全挥发处理（AVT）。其优点是不向锅炉中加入任何固体药剂，减少杂质引入，也不易产生浓缩、隐藏等现象。国内近些年已有不少电厂尝试这种处理方法，也有给水采用AVT(O) 或 OT 的方式的全挥发处理方式，但要注意的是第七章强调氨的汽、水分配系数较大，因此汽包中氨更倾向进入蒸汽，导致炉水 pH 值偏低，会造成蒸汽带硅量增加，因此需要炉水品质相应更好更稳定的机组才可使用此处理办法。

2. 直流炉炉水工况

直流炉无炉水加药处理，因此炉水中只有给水加入的药剂。超临界以上参数机组在水冷壁中无汽水分界面，因此不会因氨的两相分配问题出现大的浓度变化。但氨作为弱碱，电离常数受温度影响大，特别是高温时，氨在水中电离出 OH^- 的量大大降低，因此炉水的缓冲性弱。有实验研究数据表明，相同氨含量炉水在 25℃ 时测的 pH 值为 9.3，比水中性点 7.0 高 2.3；而在 300℃ 左右测的 pH 值为 5.9，比水中性点 5.64 高 0.26，比较两个温度下，电离出 OH^- 的浓度差接近 2 个数量级（也有研究结论浓度差为 1 个数量级左右）。因此超超临界机组加氨处理时，不能仅仅考虑 pH 值达标，还要注意氨浓度的问题。另外，炉水中杂质离子的存在也会影响炉水的 pH 值测定，如水中 HCO_3^- 和溶解性有机物等在炉水中含量高，其受热分解后释放 CO_2，也会使炉水 pH 值有相应升高。所以超临界机组对补给水、凝结水、给水等标准更严格。

而炉内加药方式的变化影响水中杂质离子的析出或被携带，也会进一步影响受热面的结垢和腐蚀状态。

三、热力设备的结垢

锅炉用水水质不良时，锅炉在经过一段时间的运行之后，与水接触的受热面上会形成一层固态附着物，这就是水垢。水垢是一种牢固附着在金属壁面上的沉积物，它对热力设备的安全经济运行有很大危害，结生水垢的现象是热力设备水质不良所引起的一种故障。

（一）水垢的特性

热力设备内的水垢如图 8-2 所示，其外观、物性和化学组成等特性因水垢生成部位不同、水质不同以及受热面热负荷不同等原因而有很大差异。例如，有的水垢坚硬，有的水垢较软；有的水垢致密，有的多孔隙；有的紧紧地与金属连在一起，有的与金属表面的联系较疏松。水垢的颜色也各不相同。为了研究水垢产生的原因，找出防垢的方法，除了应该仔细地观察各部位水垢的外观特征之外，最重要的是确定水垢的化学组成。

图 8-2　汽轮机叶片结垢

水垢的化学组成一般比较复杂，它不是一种简单的化合物，而是由许多化合物混合组成的。为确定水垢的化学组成应做以下两个方面的工作：

（1）成分分析。通常是化学分析的方法确定水垢的化学成分。水垢的化学分析结果，一般以高价氧化物的重量百分率表示。

（2）物相分析。物相分析可鉴定水垢中各种物质的化学形态，这对于研究水垢生产的原因是有益的。水垢的物相分析通常使用射线衍射仪。

（二）水垢的分类

水垢中的化学组成虽然常有许多种，但往往以某种化学成分为主。为了便于研究水垢形成的原因、防止及消除的方法，通常将水垢按其主要化学成分分为以下几类：钙镁水垢、硅酸盐垢、氧化铁垢和铜垢等。

1. 钙镁水垢

钙镁水垢中钙、镁盐的含量常常很大，甚至可达 90％左右。这类水垢又可按其主要化合物的形态分成：碳酸钙水垢（$CaCO_3$）、硫酸钙水垢（$CaSO_4$、$CaSO_4 \cdot 2H_2O$、$2CaSO_4 \cdot H_2O$）、硅酸钙水垢（$CaSiO_3$、$5CaO \cdot 5SiO_2 \cdot H_2O$）、镁垢［$Mg(OH)_2$、$Mg_3(PO_4)_2$］等。形成原因是水中钙、镁盐类的离子浓度乘积超过了溶度积，这些盐类从溶液中结晶析出并附着在受热面上。水中析出物之所以能附着在受热面上，是因为受热面金属表面粗糙不平，有许多微小的凸起的小丘。这些小丘，能成为从溶液中析出固体时的结晶核心。此外，因金属受热面上常常覆盖着一层氧化物（即所谓氧化膜），这种氧化物有相当大的吸附能力，能成为金属壁和由溶液中析出物的黏结层。

高参数机组采用二级除盐水，给水中含有的钙镁化合物主要是来自凝汽器漏泄或者由供热蒸汽返回水带入。如果凝汽器很严密、供热蒸汽返回水也经过软化处理，给水中钙镁化合物含量一般是很小的。

2. 复杂的硅酸盐水垢

复杂的硅酸盐水垢的化学成分，绝大部分是铝、铁的硅酸化合物，它的化学结构较复杂。在这种水垢中往往含有 40％～50％的二氧化硅、25％～30％的铝和铁的氧化物以及 10％～20％的钠的氧化物，钙、镁化合物的总含量一般不超过百分之几。锅炉给水中铝、铁和硅的化合物含量较高，是在热负荷很高的炉管内形成硅酸盐水垢的主要原因，化学反应式如下：

$$Na_2SiO_3 + Fe_2O_3 \xrightarrow{\text{高温}} Na_2O \cdot Fe_2O_3 \cdot SiO_2$$

以地面水作补给水水源和冷却水水源的发电厂，若补给水的预处理不当（后续设备又采用全离子交换除盐系统）或者凝汽器发生泄漏，就会使给水中含有一些极微小的黏土和较多的铝、硅化合物，它们进入锅内就可能形成硅酸水垢。预除盐采用反渗透装置的补给水处理工艺，能减少硅化合物的带入量。

3. 氧化铁垢的形成和防止

（1）成分特征。氧化铁垢的主要成分是铁的氧化物，其含量可达 70％～90％。此外，往往还含有金属铜及铜的氧化物，少量钙、镁、硅和磷酸盐等物质。氧化铁垢的表面为咖啡色，内层是黑色或灰色，垢的下部与金属接触处常有少量的、白色的盐类沉积物。

（2）生成部位。氧化铁垢最容易在高参数和大容量的锅炉内生成，但在其他锅炉中也可能产生。这种铁垢的生成部位，主要在热负荷很高的炉管管壁上，如喷燃器附近的炉管；对敷设有燃烧带的锅炉，在燃烧带上下部的炉管；燃烧带局部脱落或炉膛内结焦时的裸露炉管内等处。由氧化铁垢所引起的爆管事故，也正是发生在这些区域。

（3）氧化铁垢的形成。国内外许多研究单位，在试验台和试验锅炉上，研究了炉水中铁的含量、铁的形态、水的 pH 值和水温、炉管热负荷和沸腾工况，以及炉水中同时存在有其他物质（例如铜的化合物）时，对氧化铁垢形成过程的影响。结果表明，氧化铁垢的形成速度与炉管的热负荷有很大关系。虽然在任何热负荷下，氧化铁垢都可以形成，但是在热负荷高的条件下，它的生成速度急剧增加。氧化铁垢的形成速度受给水含铁量的影响，热负荷高时给水含铁量越高，氧化铁垢的形成速度就越快。水中铁的形态不管是 2 价或 3 价对氧化铁垢的形成速度影响无差别，铜含量高低对氧化铁垢的形成速度无影响，水循环的流速也不影响氧化铁垢的形成速度。

（4）氧化铁垢的形成原因。关于氧化铁垢的形成机理，还需深入地进行研究，目前还比较一致的看法归纳如下：

1）锅炉水中铁的化合物沉积在管壁上，形成氧化铁垢。锅炉水中铁合物的形态主要是胶体态的氧化铁，也有少量较大颗粒的氧化铁和呈溶解状态的氧化铁。在锅炉水冷壁管热负荷很高的局部区域，锅炉水在近壁层急剧汽化而高度浓缩。水中的氧化铁与金属表面之间，或者产生静电吸引力，或者依靠范德华力的作用，水中氧化铁逐渐沉积在水冷壁管上成为氧化铁垢。

2）炉管上的金属腐蚀产物转化成为氧化铁垢。在锅炉运行时，如果炉管内发生碱性腐蚀或汽水腐蚀，其腐蚀产物附着在管壁上就成为氧化铁垢；在锅炉制造、安装或停用时，若保护不当，在炉管内会因大气腐蚀生成氧化铁等铁的腐蚀产物。这些腐蚀产物有的附着在管壁上，锅炉运行后，也会转化成氧化铁垢。

（5）防止氧化铁垢的方法。为了减少给水含铁量，除了应防止给水系统金属腐蚀外，还必须减少给水的各组成部分（包括补给水、汽轮机主凝结水、疏水和生产返回凝结水等）的含铁量。因此一般采取下列措施来减少给水的含铁量：

1）调整除氧器以保证良好的除氧效果。

2）正确进行给水联氨处理，消除给水中残余氧。

3）给水加氨或加胺类处理，调节凝结水和给水的 pH 值。

4）在给水系统或汽轮机凝结水系统中装电磁过滤器或其他除铁过滤器，以减少水中的含铁量。

5）补给水设备和管道、疏水箱、除氧器水箱、返回水水箱等内壁衬橡胶或涂漆防腐。

6）减少疏水箱中疏水或生产返回水箱中水的含铁量。例如采用纸浆（纤维素）或其他物质过滤除铁。不合格的水排放掉。

7）有关单位还在试验研究往锅炉给水中加分散剂和螯合剂等，以减缓或防止氧化铁垢的生成。

4. 铜垢

水垢中金属铜的含量很大，当平均含铜量达到 20％或更多时，这种水垢叫铜垢。铜垢的特征是牢固地贴附在金属表面且垢中每层的含铜量各不相同。铜垢可以在给水含铜量大不相同的各类锅炉中产生，它形成部位明显地与热负荷有关系，热负荷的大小是影响铜垢形成的主要因素。

四、腐蚀产物在水汽系统的迁移

以国内某超临界电厂的研究为例，某厂低温段碳钢管道发生 FAC 后，大量可溶性腐蚀产物由金属基体进入到工质内，且腐蚀产物主要以离子态的形式存在，随工质在整个汽水系统内迁徙。随着工质温度的升高，经过临界点后，工质的物性参数发生极大变化，离子态腐蚀产物发生凝聚缔合反应，转变为颗粒状腐蚀产物。而腐蚀产物溶解度受到工质离子积、介电常数的影响，在临界点发生剧变，下降 3～5 个数量级。即其研究认为低于临界点时溶解度是随温度上升的，但在临界点及以上，溶解度大大降于亚临界的。

通过汽水系统各部件腐蚀产物产生和沉积比率计算及实验，发现腐蚀产物主要来源于给水系统，包括凝汽器、低压加热器、除氧器、高压加热器，汽水系统内腐蚀产物产生的比例依次为 38.9%、18.9%、14.2% 和 13.3%。其中凝汽器是腐蚀产物产生最多的部件，这是由于低压加热器壳侧发生双相流动加速腐蚀，大量腐蚀产物随疏水进入到凝汽器内。低压加热器、除氧器、高压加热器均发生流动加速腐蚀，腐蚀产物进入工质内随工质流动进行迁徙。而大量腐蚀产物在高温受热面发生沉积，约 90% 的腐蚀产物在锅炉内发生沉积，包括省煤器、水冷壁、过热器，这是由于工质在锅炉内经过临界点，工质状态由高温高压蒸汽变为超临界水，物性参数的变化将直接影响腐蚀产物形态，离子态腐蚀产物 $Fe(OH)^+$、$Fe(OH)_2$、$Fe(OH)_3^-$ 迅速凝聚成颗粒状腐蚀产物 Fe_3O_4 和 Fe_2O_3，同时超临界态下，无机盐类的溶解度迅速降低。因此大量腐蚀产物在锅炉内发生沉积。

而蒸汽段的氧化腐蚀产物，则随其溶解度随蒸汽压力变化出现沉积或再溶解情况，因此腐蚀产物的控制需要通过以下几个方面来进行：

1. 炉前系统腐蚀产物控制

对于炉前系统腐蚀产物控制方法，国内外毫无例外的首推给水加氧处理（OT）技术。加氧处理是利用纯水中溶解氧对金属的钝化作用，使给水系统金属表面形成致密的保护性氧化膜，达到热力系统防腐防垢的最佳效果。目前国外已经投运的超超临界机组的给水处理均采用加氧处理，可以使省煤器入口铁的质量浓度小于 $1\mu g/L$。国内超临界机组几乎全部采用了给水加氧处理工艺，均取得了良好的效果。因此，加氧处理是超超临界机组正常运行工况下必需的给水处理工艺。

2. 停用腐蚀产物控制

停用腐蚀的控制对减少沉积物是非常必要的。不能将其作为临时措施，应作为必备的配套设备，在设计时就应考虑进去，例如完整的充氮保护系统、干风系统和保护液加药系统等，以满足机组不同的停备用周期的保护。

超超临界机组启动时的水质控制非常重要，按照国家标准，在进行锅炉点火之前，锅炉给水的参数应达到下列极限要求：溶解氧小于 $50\mu g/L$；铁的质量浓度小于 $50\mu g/L$。只有严格按照有关机组启停的标准进行控制，才有可能最大限度地阻止停用期间产生的腐蚀产物进入热力系统。

3. 热力系统沉积物的清除

沉积在热力系统各个设备的沉积物应该用不同的方法加以清除。丹麦的超超临界机组在运行和启停的各个阶段，不断用各种方法清除热力系统的沉积物。例如，可以将返回除氧器水箱的疏水通过一个与除氧器水箱并联的管式过滤器连续处理，以除去疏水中带入的腐蚀产物。

由于过热器和再热器中的沉积物可能造成腐蚀损坏，定期在汽轮机旁路运行时，用饱和蒸汽清洗过热器和再热器。同时规定在任何较长时间停用前，应清洗再热器直到蒸汽氢电导率降至正常标准为止。

高压加热器的疏水超标时，其沉积物在负荷波动时，通过紧急排水管排至凝汽器。在计划停用前需要额外的清洗时，方法是在从尖峰负荷下来时，切断加热器的蒸汽供应，在冷却 15 min 后，再重新送入蒸汽，最初的蒸汽会在正常运行时形成降温区在整个表面凝结，从而达到将离子态沉积物洗掉，并排出系统的效果。

除氧器水箱水质必须保持符合标准要求，在正常运行时问题不大，但在启动、停用或者负荷剧变时，因为有些沉积物会释放出来，若不经精处理设备处理，水质会变坏，所以系统所有疏水应排至凝汽器并通过精处理设备处理。

4. 高温氧化和氧化皮的控制

从控制高温氧化和氧化皮角度，最根本办法是合理地设计锅炉和选材。在运行控制方面，应该严格控制过热器和再热器的金属壁温不超过金属高温氧化的突变点，在运行中摸索经验修改运行条件以尽量减少氧化层剥落问题。

五、水垢的危害

水垢造成的危害可归纳如下：

（1）水垢会降低锅炉和热交换设备的传热效率，增加热损失。这是因水垢的导热性很小，严重阻碍传热所致。例如有人估算，近代火电厂锅炉省煤器中假若结生 1mm 的水垢，燃煤消耗量将增加 1.5%～2%。还有人估算，锅炉水冷壁管内结垢厚 1mm，燃煤消耗量约增加 10%。

（2）水垢能引起锅炉水冷壁管的过热，导致管子鼓包和爆管事故。锅炉的水垢常常生成在热负荷很高的水冷壁管上，因水垢导热性很差，导致金属管壁局部温度大大升高。当温度超过了金属所能承受的允许温度时，金属因过热而蠕变，强度降低。在管内工质压力作用下，金属管会发生鼓包、穿孔、破裂，引起锅炉的爆管事故。高参数锅炉水冷壁管即使结生很薄的水垢（0.1～0.5mm），也有可能引起爆管事故，导致事故停炉。

以超高压锅炉常见的氧化铁垢为例说明之。假定锅炉高热负荷区域水冷壁管管内沉积有 0.1mm 厚的氧化铁垢，锅炉内该区域受热面的热负荷为 $q=232\times10^3$ W/ m^2，常用的钢铁的导热系数约为 46.0～69.6W/(m·℃)，氧化铁垢的导热系数为 0.116～0.232W/(m·℃)，可计算出 $\Delta t\approx200$℃。这就是说，由于氧化铁垢使管壁温度提高约200℃。我国制造的汽包压力为 15.19MPa 的超高压锅炉，相应的饱和水温度为 343℃。制造超高压锅炉水冷壁管用的是优质 20 号钢，该钢管金属的温度不应超过 500℃。按上述计算结果，氧化铁垢将使水冷壁管温度达到 543℃，显然若长时间在这样高的温度下工作，水冷壁管超温爆管事故是很难避免的。

（3）水垢能导致金属发生沉积物下腐蚀。锅炉水冷壁管内有水垢附着的条件下，从水垢的孔隙、缝隙渗入的炉水，在沉积的水垢层与管壁之间急剧蒸发。在水垢层下，炉水中的杂质可被浓缩到很高的浓度，其中有些物质如 NaOH 等在高温高浓度的条件下会对管壁金属产生严重的腐蚀。结垢、腐蚀过程互相促进，会很快导致水冷壁管的损坏，以致发生爆管事故。

（4）水垢结得太快太多，迫使热力设备不得不提前检修。因为锅炉和热力设备结垢后，安全运行的时间缩短，为了保证生产的安全，避免生产过程突然发生事故，必须把锅炉和热力设备停下来，才能进行检修检查，并用化学清洗的方法清除水垢。这样就减少了锅炉和热力设备的利用时数。检查和除垢工作还会增加设备检修工作量和检修费用，延长停运检修时间，造成巨大经济损失。

综上所述可知，水垢对锅炉和热力设备的安全、经济运行有很大影响，必须重视结垢问题，实现锅炉和热力设备的长期无垢运行。超超临界机组给水品质大大提高，凝汽器泄漏问题很少发生，因此受热面结垢速率大大降低，但也要注意超超临界机组受热面单位面积热负荷高，且受高温蒸汽氧化问题一直困扰，因此防垢问题也不能忽视。

第二节　影响蒸汽系统积盐的因素

热力设备的结垢和积盐从本质上讲都是水汽中的杂质在高温高压下溶解度减小或发生某种反应而以固态物质析出并附着在热力设备材料表面的现象。但这两者有一定的区别，结垢是在强烈热交换过程中发生在受热面和炉水之间的固体析出过程，而积盐则是在蒸汽流通过程中发生的固体析出过程。因此，积盐和结垢的主要成分及部位既有相同又有区别。

过、再热器管内积盐会引起金属管壁过热，甚至爆管；汽轮机内积盐会大大降低汽轮机的出力和效率。特别是对于高温、高压的大容量汽轮机，它的高压蒸汽通流部分的截面积很小，所以少量的积盐就会大大增加蒸汽流通的阻力，使汽轮机的出力下降。当汽轮机积盐严重时，还会使推力轴承负荷增大隔板弯曲，造成事故停机。因此防止热力设备积盐十分重要。

腐蚀产物与盐分在超临界蒸汽中的携带影响了其在蒸汽系统的沉积。蒸汽携带杂质主要有两种来源：一种是机械携带；另一种是溶解携带，对于超临界直流炉溶解携带为主。

一、蒸汽的机械携带

蒸汽的机械携带又称水滴携带，是由于饱和蒸汽中携带水滴，而水滴内溶解有杂质，从而携带杂质。蒸汽进入过热器，水滴被蒸干，盐类杂质便沉积在过热器管壁上。因此在中低压锅炉中，严重的积盐基本上都是由于机械携带引起的。影响机械携带的原因很多，如汽包内部结构、炉水含盐量、蒸汽负荷、汽包水位、工作压力等都有很大影响。

超临界以上压力机组采用直流炉形式，因此运行时干蒸气不携带水分，无机械携带，但启停阶段，蒸汽温度压力低，使用汽水分离器时，也会有少量湿蒸汽进入，且此时给水品质较差含盐量高，带入系统的杂质量高，因此启停阶段一定要严格控制好汽水品质，防止后期洁净的蒸汽溶解携带这些杂质进入蒸汽系统。

二、蒸汽的溶解携带

在超临界参数条件下，超临界蒸汽具备和超临界水同样的溶解特性。即有机物的高溶解度，可以与有机物任意比混溶；而无机盐在超临界水、汽中的溶解度非常低，远低于临界点以下水中的溶解度，高于蒸汽中的溶解度。因此，若给水中含盐量较高，在蒸汽中的盐类就会达到较高的浓度，在汽轮机和再热器中变成沉淀和浓液，造成危害。

饱和蒸汽溶解携带杂质有以下规律：

(1) 饱和蒸汽溶解携带杂质的能力与锅炉压力有关。压力愈大，溶解携带能力愈强。

(2) 饱和蒸汽溶解携带杂质有选择性，随着蒸汽压力的升高，蒸汽溶解携带的杂质种类增多。饱和蒸汽对于各种物质的溶解能力不同，如锅炉水中常见的物质，按其在饱和蒸汽中溶解能力的大小，可分为 3 大类：第一类为硅酸（H_2SiO_3、$H_2Si_2O_5$、H_4SiO_4 等），溶解能力最大；第二类为 NaCl、NaOH 等，溶解能力较硅酸低得多；第三类为 Na_2SO_4、Na_3PO_4 和 Na_2SiO_3 等，在饱和蒸汽中很难溶解。

(3) 溶解携带量随压力的升高而增大。因为随着饱和蒸汽压力的升高，蒸汽密度也随之增大，各种物质在其中的溶解量也增大。

(4) 饱和蒸汽对硅化合物的溶解携带有特性。锅炉水中的硅化合物状态分为：溶解态的硅酸盐和分子态的硅酸，饱和蒸汽溶解携带的主要是分子态硅酸，对硅酸盐的溶解能力很小，即不带电的非离子化物质更容易进入蒸汽中。

饱和蒸汽溶解的主要是硅酸 H_2SiO_3、$H_2Si_2O_5$、H_4SiO_4，对硅酸盐的溶解能力很小，所以硅酸的溶解系数与锅炉水中的硅化物形态有关，而这又取决于炉水的 pH 值。pH 值降低，蒸汽对硅酸的溶解携带增大。同时对于高参数（压力）锅炉硅酸的蒸汽溶解携带系数很大，为保证蒸汽含硅量不超过允许值，应严格控制锅炉水的含硅量。

进入水汽系统的有机物在高温下分解，易形成短链的小分子有机酸，pH 值降低，其以酸的形式更易向蒸汽中转移；而 pH 值高时，其以离子态的相应盐类存在，迁移率降低了几个少量级。这也是超临界机组控制补给水和给水有机物含量（TOC 值）的原因。超临界工况下，有机物更易与超临界水混溶，高温时得以彻底氧化，形成酸性氧化物，这是初凝水酸性的一个来源。

三、减少超临界蒸汽携带的方法

要真正减少蒸汽携带杂质量，防止蒸汽系统积盐，必须同时从以下三个方面入手：

(1) 保证各个设备处于最佳运行工况。这里所说的保证各个设备处于最佳运行工况是指凝汽器、凝结水精处理装置、低压加热器、除氧器、高压加热器及给水泵等设备均在最佳条件下运行，确保不发生任何形式的泄漏和运行故障。一般可通过热化学试验来获得最佳运行工况的各项指标，并通过及时地检修和工况调整来保证各个设备在所需的指标范围内运行。

热化学试验是寻找获得良好蒸汽品质，保证机组安全经济运行的一种试验，即热工况和化学工况结合起来进行试验，称为热化学试验。通过试验可以查明在不同的给水水质和直流炉各种运行工况下其产生的蒸汽汽质；了解给水中各种杂质在炉管内沉积的部位和数量，即确定给水水质和合适的锅炉运行工况。因此直流炉热化学试验取样点几乎在各段受热面后都有，方便掌握水汽中杂质的沉积和蒸汽携带情况。

理论上应对各台锅炉应单独进行热化试验，根据机组具体的运行条件选出合理的运行指标。但同一电厂，对同一型号的机组，其运行工况和给水水质等基本相同时，也可在一台机组上进行热化学试验后，将运行指标提供给其他机组上参考使用。但如果有差异时，需要另做热化学试验。下列几种情形均需要进行热化学试验：

1）新安装的锅炉投入正常运行一段时间后，需要掌握蒸汽品质的好坏时；

2）直流炉工作条件有很大变化时，例如机组改为调峰机组、给水水质发生大幅度变化时或改变了燃料品种，或要超铭牌负荷运行时。

热化学试验项目有改变给水水质，改变锅炉负荷，改变蒸汽参数等。由于每次试验的目的不同，可对某些项目有所侧重。进行每项试验前，应使锅炉的其他运行工况符合该项试验要求，并稳定 8h。如做改变给水水质试验，则先使直流炉在额定工况下运行 8h 以上，然后采用改变直流炉供水系统或在给水中加不同盐类的方法改变给水水质，在每一给水水质条件下进行 1～2 天试验。

每次进行试验时，都应在省煤气的给水管中、过热器出口的主蒸汽中以及水汽系统各段受热面后取样，根据试验分析数据研究给水中杂质在炉管中的沉积情况。水汽测定项目有：硬度，钠、铜、铁二氧化硅的含量，pH 值以及给水溶解氧等，取样时间间隔为 10～15min，试验时也应同时记录该炉的运行工况。

（2）防止锅炉系统的腐蚀　超临界以上机组给水品质提高和凝汽器工况良好都大大减少了炉外带入的杂质量，因此热力设备腐蚀产物的迁移造成的危害影响加大，需要防止流动加速腐蚀和蒸汽系统的高温氧化。

（3）保证给水质量　给水加药采用不同方式时，给水质量要满足一定的要求。

第三节　盐类在蒸汽系统的沉积及腐蚀

现代高效率的蒸汽轮机的发展导致积盐、磨蚀和腐蚀问题的加剧。虽然影响沉积物在蒸汽系统的各部件上沉积的因素有几个，但是不管是什么原因，其总的影响作用是一样的。沉积物黏附在蒸汽管道、汽轮机管口和弯曲的叶片，这些沉积物常常是粗糙的、不均匀的黏附在表面，使蒸汽的流动阻碍增大。改变了蒸汽的流速和压降，使汽轮机的容量和效率降低。在沉积条件的最苛刻的地方，沉积物将引起过大的转子推力。不均匀的沉积物将使汽轮机叶片不平衡，引起偏移问题。

一、过热器内盐类的溶解与沉积过程

1. 过热器内 SiO_2 的沉积

高压及以上等级的锅炉，蒸汽中的硅化物主要来源于蒸汽的溶解携带，并且以硅酸为主。硅酸在过热蒸汽中脱去水分成为二氧化硅，不易在过热器中沉积；如果饱和蒸汽带水过多，当它在过热器中被加热，水滴中的硅化物会因超过其溶解度而发生沉积。

2. 过热器内 NaCl 的沉积

高压以下等级的锅炉，NaCl 在蒸汽中的溶解度随温度升高而增大，一般不会沉积；在超高压及以上等级的锅炉中，虽然 NaCl 在蒸汽中的溶解度随温度升高而有所减小，但在过热蒸汽中溶解度远远超出饱和蒸汽携带量，也一般不会沉积。凝汽器泄漏而没有凝结水精处理设备时，会使过热器发生严重的 NaCl 沉积。

3. 过热器内 NaOH 的沉积

高压以下等级的锅炉，带水严重时，NaOH 会在过热器内浓缩成液滴，部分黏附在过热器管上，还可能与蒸汽中的 CO_2 反应，生成 Na_2CO_3 沉积在过热器中，过热器中 Fe_2O_3 多时，生成 $NaFeO_2$ 沉积；在高压及以上等级的锅炉中，NaOH 在过热蒸汽中溶解度远远超出饱和蒸汽携带量，一般不会沉积。

4. 过热器内 Na_2SO_4 的沉积

蒸汽中的 Na_2SO_4 主要是水滴携带造成的，高于 18.5MPa，硫酸盐开始被蒸汽溶解携带。蒸汽流经过热器发生降压后，由于其溶解度非常小，有可能超过溶解度析出，这极为少见。一般炉水中硫酸根浓度很低，一般不发生 Na_2SO_4 的沉积。

5. 过热器内 Na_3PO_4 的沉积

蒸汽中的 Na_3PO_4 主要是水滴携带造成的，高于 18.5MPa，磷酸盐开始被蒸汽溶解携带。蒸汽流经过热器发生降压后，由于其溶解度非常小，有可能超过溶解度析出，

二、杂质在汽轮机的沉积及造成的腐蚀

（一）蒸汽中的杂质在汽轮机中的沉积与分布

随着蒸汽压力在汽轮机中下降，盐类的溶解度也会逐渐降低。当蒸汽中某杂质的含量高于其溶解度时就会发生沉积，不同的杂质依据其溶解特性沉积在汽轮机的不同部位。另外，在最初蒸汽凝结成的水滴中，往往含盐量很高，具有较强的腐蚀性。汽轮机中的不同部位沉积的垢不一样，受到的腐蚀也不同。一般情况下，可溶物质随温度、压力变化，超过溶解度发生沉积；不可溶物质随时可以沉积，易在蒸汽流速较慢的部位，或叶片背面。

1. 高压缸

铜、铁、硫酸盐这些在蒸汽中溶解度不大，且受温度、压力影响很大的物质，当高压缸中蒸汽做功，温度和压力逐渐下降时，这些物质在蒸汽中的浓度过度饱和，急剧的沉积在高压缸。有铜系统的铜垢主要来自铜的腐蚀。铁垢因不同的水处理方式而存在不同的形态。给水采用 OT 时为 Fe_2O_3，垢量极少，颜色为红色；给水采用 AVT(R) 时以 Fe_3O_4 为主，有时 Fe_3O_4 中的 Fe 可被 Ca、Mg、Cr 等金属元素取代，垢量较多，颜色为灰黑色；给水采用 AVT(O) 时，Fe_2O_3 和 Fe_3O_4 均有，垢量介于前两者之间，颜色为暗红色或钢灰色。给水采用 OT 时，由于 OT 对水质要求严格，高压缸中一般不会发生硫酸盐的沉积；给水采用 AVT(R) 或 AVT(O) 时，只要给水水质不出现异常，也不会发生硫酸盐的沉积。

2. 中压缸

在汽轮机的中压缸部分最容易沉积的化合物是二氧化硅和硅酸钠。超临界三种水工况条件下，硅都以溶解态的形式存在，给水 pH 值及水中硅含量对于硅在汽轮机叶片上的沉积性质影响很大。硅化合物中无定形二氧化硅是最普遍的。中压缸中同样也会存在铁、铜（有铜系统）、硫酸盐垢。铁、铜垢在汽轮机高、中压缸都有沉积，相比之下，铁垢多

沉积在高压缸，铜垢多沉积在中压缸（蒸汽压力为 3~6MPa 的部位）。

3. 低压缸

在汽轮机低压缸中通常不发生垢的沉积，偶有沉积时，由于机组负荷的波动，也容易被湿蒸汽洗掉。但是，由于凝汽器泄漏和凝结水处理不正常，低压缸也可能结垢。这些水垢通常结在低压缸的倒数第四级叶片之前，因为倒数第四级叶片以后，蒸汽湿度较大，有时湿分 pH 值较低，所以常被水洗或酸洗除去了。

（二）汽轮机的磨蚀和腐蚀

1. 汽轮机的磨蚀

汽轮机叶片的磨蚀导致叶片表面粗糙的不平整的表面，进而改变蒸汽的流动路径。这就降低了汽轮机的效率和限制了汽轮机的容量。汽轮机的高压端的磨蚀常常是由蒸汽中的固体颗粒（一般是铁的氧化物）所导致的。如果在起机的时候没有使用蒸汽流冲洗那么就会有铁的氧化物颗粒存在。它们也可能是由于主蒸汽管道的氧化物的剥落导致的或者是被污染的减温水进入到蒸汽中引起的。

中压或低压叶片的磨蚀常常是由蒸汽中的水导致的。在低于蒸汽管入口设计温度的条件下运行或在低负荷条件下运行导致在这些部位有水汽的凝结，产生磨蚀问题。

凝结水中的二氧化碳或其他的酸性物质能加速损坏。采用这些针对磨蚀-腐蚀的问题，可以采用低分配系数的胺来中和凝结水中的酸和提高的 pH 值来解决。

2. 汽轮机的腐蚀

点蚀、疲劳腐蚀和应力腐蚀破裂的问题在蒸汽轮机中都会存在。引起腐蚀的主要物质是氢氧化钠、氯离子、硫酸根和硫化物。一般来说，蒸汽中污染物的含量使不至于引起腐蚀系统的部件。当蒸汽在汽轮机中膨胀做功后，污染物在蒸汽中的溶解性下降析出。但汽轮机高、中压缸运行时为干蒸气的工况，所以腐蚀并不严重。常常发生在转子、阀门和叶片处的点蚀，分析发现点蚀处有氯的沉积物的存在，这是当汽轮机在含有雾气和氧的停运环境下发生的。有氯的沉积物存在的地方的点蚀损坏是最严重的。无氧和无浓缩的环境可以防止停运的汽轮机发生腐蚀。

叶片和转子的应力腐蚀破裂和腐蚀疲劳通常是有硫酸根、氯离子和碱引起的。对于超临界锅炉，这些问题在低压缸是最常见的，而此时的特征就是高压、有裂缝和导致被浓缩的蒸汽污染物凝结的运行温度。防止方法是采用气液两相分配系数小的碱化剂或采用复配的碱化剂提高给水 pH 值。

三、蒸汽溶解特性分析

图 8-3 显示了各种盐、酸、碱和金属腐蚀产物等在过热蒸汽中的溶解度，其随压力变化明显不同。这些常见物质在过热蒸汽的溶解度随压力降低或质量体积增加而迅速地降低，随着蒸汽做功膨胀，蒸汽的溶解能力下降，在高参数下蒸汽溶解携带的物质就会随着蒸汽的转移而不断析出，沉积在后续设备的不同部位，由此会加剧机组蒸汽通流部分潜在的金属腐蚀问题。图 8-4 中的竖线表示最常见的可溶解携带的物质及其质量浓度范围。压力越高，蒸汽的溶解携带能力越强。图 8-4 表示各种物质在汽轮机不同部位的分布情况。

曾在运行的超超临界机组的水冷壁蒸发段上部、再热器、汽轮机叶片以及高压加热器的汽侧发现有沉积物，沉积物的主要成分为钠盐，阴离子为硫酸根。因此，超超临界参数机组的水质控制标准应该比超临界机组更严格。这些杂质溶解特性不同，沉积部位也不同，对金属的危害也有差别：

（1）给水中钠化合物在过热蒸汽中的溶解度较大，且随压力的增加溶解度稳步增加，对于超超临界机组而言，经验认为易在两级再热器中形成浓缩液，从而对奥氏体钢产生腐蚀。

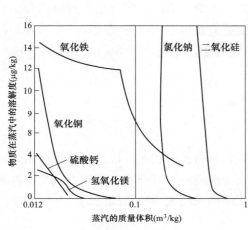

图 8-3　汽轮机典型工况下杂质
在过热蒸汽中的溶解度

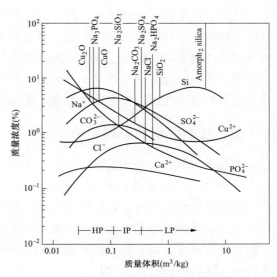

图 8-4　不同蒸汽质量体积条件下
杂质在汽轮机的沉积特性

（2）硅化合物在亚临界以上工况下的溶解度已接近同压力下水中的溶解度，且随压力的增加其溶解度也逐渐增加，因此中压缸中沉积量较大。

（3）强酸阴离子中的硫酸根离子在过热蒸汽中的溶解度较低，且随压力的增加变化不大；而氯离子在过热蒸汽中的溶解度虽然也很低，但是随压力的增加变化较大。

（4）铁氧化物在蒸汽中的溶解度随压力的升高呈不断升高趋势；铜氧化物在蒸汽中的溶解度也随压力的升高而升高，但当压力升高到一定程度（＞17MPa）时有发生突跃性增加的情况，因此超临界机组要重视给水中铜含量。

（5）注意超超临界参数蒸汽的高温氧化特性，温度过高，氧化层增厚速度快，加速剥离，导致铁化合物沉积速度加快。

四、盐类沉积的防止

防止盐类沉积的措施是减少蒸汽携带，减少蒸汽携带主要是减少水中的杂质。一般通过三个方面来解决：保证给水质量、防止系统的腐蚀、保证系统设备不漏杂质。

（1）加强汽水品质检测　配备凝结水精处理系统可以大大降低凝结水中将来形成积盐的阴、阳离子的含量，从根源上很好地控制了核电站整个汽水循环过程中盐分的保有量，减少积盐情况产生。

（2）设备防腐。在运行过程中要有效控制设备腐蚀情况：氧腐蚀和 pH 值超标腐蚀。而要控制设备氧腐蚀，主要是控制凝结水及给水的溶氧。并加强凝洁水、给水的除氧及 pH 值的控制。

（3）运行控制。及时调整锅炉的燃烧工况，保证水冷壁管在有足够流量的情况下均匀受热；机组在正常升降负荷时应该尽量缓慢，汽、水参数的变化要尽量平稳，避免因参数波动造成盐分析出；启动时，控制汽水分离器的水位在正常范围内稳定运行。

（4）机组检修。叶片清洁，对松软、均匀的积盐，通常用细砂纸轻轻地打磨，在不伤及叶片的情况下可以除去该类积盐；对于那些坚硬、粗糙的积盐用化学的方法，根据盐的成分和叶片材质，配制相应的溶液来溶解这类积盐。锅炉检修时，要着重检查汽水分离器的情况，确保该设备在机组的下一个运行周期内能够有良好的汽水分离效果。凝汽器的检修要着重检查凝汽器的真空除氧设备，还要检查真空系统是否不严密和存在泄漏的地方。

五、盐类沉积的处理措施

当盐类沉积后，处理措施主要有以下两点：

1. 锅炉系统的清洗和蒸汽吹管

超临界机组运行前，根据机组参数、管道材质、管内表面状况，以及超临界机组热力系统水汽品质的要求和安装进度，确定机组的化学清洗范围，其中高、低加汽侧及凝汽器汽侧只进行碱洗，而炉前系统水侧和炉本体系统水侧则采用先碱洗后酸洗的工艺，对于过热器和再热器只进行蒸汽吹扫。

为清除机组在制造、安装及化学清洗后残留在过热器、再热器及蒸汽管道内的焊渣、锈垢、氧化皮等杂物，防止机组运行中过热器、再热器堵塞爆管和汽轮机通流部分损伤，保证机组安全可靠运行，必须对机组的热力系统进行蒸汽吹管。

加氧冲管：管表面腐蚀产物一般以亚铁氧化物为主，在流动的高纯水中添加适量氧，可以将碳钢的腐蚀电位提高数百伏，在氧气作用下，使金属表面发生极化，亚铁转化为三氧化二铁，发生相组成变化，组织结构被破坏，在高速气流 50～80m/s 作用下沉积物被排出，在高温有氧化剂存在下，被清洗的金属表面上会生成坚固的氧化保护膜。

如吹管参数为蒸汽质量流速 50～80m/s，加氧气量为 0.5～1.0g/kg 过热蒸汽，蒸汽压力≥4MPa，温度为 400～500℃，时间为 0.5～2h。评价是硫酸铜点滴试验，评价钝化膜好坏。

启动系统的工作过程：给水进入省煤器入口集箱，经过省煤器、炉膛到汽水分离器，分离后的水通过分离器下部的贮水箱由再循环泵再次进入省煤器、分离后的蒸汽进入锅炉尾部包墙，然后依次流经一级过热器、屏式过热器、中间过热器和末级过热器，最后由主蒸汽管道引出。

其他事宜参照 DL/T 1269—2013《火力发电建设工程机组蒸汽吹管导则》的要求。

2. 汽轮机的清洗

通常汽轮机通流部分积盐的清理方法主要有三种。第一种是停机后用机械方法清除。

第二种是机组运行中采用低负荷清洗的方法清除，即利用在主蒸汽管道上加装的喷水装置，向送往汽轮机的蒸汽中喷入洁净的除盐水，喷入的水量应控制在使进入汽轮机的蒸汽湿度小于 2%；清洗过程中以汽轮机排汽凝结水含 Na^+ 量作为监视指标，当其含量与除盐水的 Na^+ 量相同时，可以认为清洗干净。第三种方法是利用机组空负荷运行清除积盐。首先将汽轮机转速控制在 800r/min，然后降低进入汽轮机的蒸汽温度，使进入汽轮机的蒸汽达到一定湿度，同样以凝结水含 Na^+ 量作为监督指标。

汽轮机积盐清洗措施建议：汽轮机发生积盐后，首先应除掉水溶性沉积物，再除去不溶性沉积物。应该根据积盐的实际情况和机组的型号和结构特性及经济效益等采用凝结水清洗法、湿蒸汽清洗法、化学清洗法、带负荷清洗法或汽轮机解体清洗法。一般所来，用凝结水清洗比饱和蒸汽清洗复杂，而且费用高。如果叶片上有铜或铁的沉积物时，采用凝结水清洗较好，对积硅严重的必须用化学清洗或解体清洗才能奏效。

（1）凝结水清洗法。先将汽轮机冷至 120℃，对于新汽温度为 450℃ 左右的汽轮机，冷却时间需要 36h，再用 6h 进行清洗。

（2）湿蒸汽清洗法。清洗前，先将清洗蒸汽管上加装冷却器，在汽轮机停机约 2～3h 后，再用外部蒸汽将气缸冷却至清洗蒸汽的温度，然后用湿蒸汽清洗半天即可。

（3）带负荷清洗法。清洗分为两个阶段进行，首先准备清洗条件，即控制锅炉参数和水工况以及各个阀门，以降低蒸汽的温度和压力，使汽轮机低压部分处于湿气区工作。然后开始正式清洗，清洗时，叶片上的可溶性沉积物被湿蒸汽溶解，随凝结水带出，通过检验凝结水的电导率来确定清洗终点。

（4）化学清洗法。用低浓度的不同酸类与缓蚀剂按一定比例混合成清洗液，对结垢部件进行清洗，清洗后再用低浓度的碱液进行中和，最后用清水清洗。或者可用高浓度的 NaOH（10%～20%），经高温，将不溶于水的硅酸盐沉积物转化为溶于水的硅酸钠，再用凝结水冲洗清洗法。

（5）解体清洗法。用刮刀清除叶片上的沉积物，再进行喷砂。

第九章　热力设备汽水取样及汽水监督

第一节　直流炉的水汽质量监督概述

为了防止锅炉及其热力系统的结垢、腐蚀和结盐等故障，要求水汽质量达到一定的标准。水汽系统通过仪表或化学分析法，测定各种水汽质量，看其是否符合标准，以便必要时采取措施。

水汽质量监督是化学监督的重要工作，其目的是通过对热力系统进行水汽品质化验，准确地反映热力系统水汽质量的变化情况，确保水汽品质合格，防止在热力系统中发生腐蚀、结垢、积盐现象，确保机组安全经济运行。

超临界机组的热负荷高，对水汽质量的要求也高，需要对锅炉补给水、给水、锅炉水、凝结水、蒸汽、发电机内冷水及凝汽器系统进行监督，确保机组运行的可靠性。

一、锅炉补给水质量的监督控制

锅炉补给水的质量，以不影响给水质量为标准，可参照表 9-1 的规定。

表 9-1　　　　　　　　　　　　　化学补给水的质量标准

项目	除盐水箱电导率（25℃，μS/cm）		二氧化硅（μg/L）	TOC（μg/L）
	进口	出口		
标准值	≤0.15	≤0.40	≤10	≤200
期望值	≤0.10			

1. 锅炉补给水的质量控制

锅炉补给水的品质直接影响给水、锅炉水和蒸汽的品质，也决定了炉管腐蚀、结垢等破坏行为的发生频率。下列措施可提高补给水品质：

（1）完善的补给水除盐设施，并设有防止水处理系统内部污染（如树脂粉末、微生物、腐蚀产物等）的装置，以保证补给水水质。

（2）除盐水箱、凝汽器补水箱设有密封装置，防止二氧化碳溶入。

（3）定期对除盐系统的在线仪表进行校核，确保水质监控的可靠性。

（4）机组在启动、事故、化学清洗等情况时，保证除盐水箱有足够的水量。

（5）停运时设备各容器应保持高水位，如无法长时间保持，需定时充水；长时间停运，需对补给水系统各容器定期冲洗、换水。

（6）机组停运及大、小修阶段，化学补给水系统应排入检修计划，进行维护与保养。

（7）保证各类再生剂质量及纯度。

2. 化学补给水处理事故预防与处理

(1) 防止离子交换设备树脂的泄漏：①设立树脂捕捉器压差保护；②发生树脂泄漏后立即停止该离子交换设备的运行，检查出水水箱有否混入树脂，如已有树脂进入凝汽器补水箱，立即要求汽轮机停止补水，立即清理。

(2) 防止铁对补给水水质的污染。离子交换设备、管道均应采用衬胶、衬塑防腐，并定期检查，防止管道、设备中铁对化学补给水的污染。

二、给水质量监督

锅炉给水虽然去除了盐类等杂质，但往往含有氧、二氧化碳，它们会引起给水系统金属的腐蚀。为此，需对给水进行加氨、除氧或加氧处理，给水品质控制指标符合表 7-1 的规定。采用加氧处理时，给水质量在热启动时 2h 内、冷启动时 8h 内达到表 9-2 的标准值。

表 9-2   加氧处理时给水水质控制标准

pH 值（25℃）	氢电导率（25℃，$\mu S/cm$）		溶解氧（$\mu g/L$）	TOC（$\mu g/L$）
	标准值	期望值		
8.0～9.0	≤0.15	≤0.10	30～150	≤200

三、蒸汽质量监督

超临界蒸汽中携带最多的是钠盐，硅酸在超临界蒸汽中溶解度大，会从给水一直被带入进汽轮机而沉积，因此监测蒸汽中钠、硅及氢电导率是确保蒸汽品质的重要手段。锅炉启动后，汽轮机冲转前的蒸汽质量应符合表 9-3 的规定，并在机组并网后 8h 内达到正常运行时蒸汽质量标准。

表 9-3   汽轮机冲转前的蒸汽质量标准

项目	氢电导率（25℃，$\mu S/cm$）	二氧化硅（$\mu g/L$）	铁（$\mu g/L$）	铜（$\mu g/L$）	钠（$\mu g/L$）
标准值	≤0.50	≤30	≤50	≤15	≤20

四、凝结水质量监督

凝结水是锅炉给水的主要组成部分，为了保证给水的质量，应监督凝结水的水质，如氢电导率、pH 值和溶解氧等指标。亚临界以上参数机组都设有精处理装置来提高凝结水水质，精处理混床是主要的除盐设备，因此高速混床在机组正常运行和启停时进水、出水控制指标和标准如表 4-1 所示。

五、闭式循环冷却水质量监督

闭式循环冷却水系统为机组各种辅助设备提供冷却水和轴封用水，其特点是冷却总面积大、水温不高、结垢少，主要问题为氧腐蚀、二氧化碳腐蚀。闭式循环冷却水水源为除盐水，来自凝汽器补水箱，其流程为闭式冷却水→水泵升压→闭式冷却水热交换器壳侧→各设备冷却用水→闭式冷却水泵入口。

闭式循环冷却水一般采用加氨调 pH 值、加联氨除氧的处理方法，运行中监督 pH 值、电导率变化情况。闭式循环冷却水的质量标准见表 9-4。

表 9-4　　　　　　　　　　　　　闭式循环冷却水质量标准

材质	pH 值（25℃）	电导率（25℃，$\mu S/cm$）
全铁系统	≥9.5	≤30
含铜系统	8.0～9.2	≤20

六、发电机内冷却水质量监督

（1）影响发电机内冷却水对铜导线的腐蚀因素为 pH 值、溶解氧、二氧化碳及其他离子杂质，通过控制发电机内冷却水的 pH 值、电导率等以有效控制铜导线的腐蚀。

（2）内冷水系统投运前及投运初期，可小流量放水、换水对系统进行彻底冲洗，并加强水质分析的频率，保证循环后水质合格。

（3）机组停运时若发电机内冷却水泵未停运，需继续进行水质监督。

（4）停运后放空系统内剩水，关闭相应阀门，确保良好密封。

七、疏水质量监督

锅炉及热力系统中的疏水，先汇集在疏水箱中，然后定时送入锅炉中的给水系统。因此各路疏水取样管汇集至集中取样间成一路水样进行监督，通过氢电导率对其进行检测监测。

因为疏水系统低于大气压，有空气溶入，因此疏水系统可能存在氧腐蚀和酸性腐蚀问题，造成水中腐蚀产物含量高。为了保证给水水质，这种疏水在送入给水系统以前，应监督其水质，符合给水质量标准回收；或按规定，疏水的含铁量不大于 $100\mu g/L$，硬度不应大于 $2.5\mu mol/L$（期望值约为 $0\mu mol/L$），送入凝结水精处理系统处理后再回收；生产回水也会受到污染，因此按规定含铁量不大于 $100\mu g/L$，硬度不应大于 $5.0\mu mol/L$（期望值不大于 $2.5\mu mol/L$），TOC 不大于 $400\mu g/L$，送入凝结水精处理系统处理后再回收。

若发现其水质不合格时，必须对进入此疏水箱的各路疏水分别取样，进行测定，找出不合格的水源，进行相应的处理。因此各高压、低压加热器疏水管道均应设取样管及取样阀门，铜、铁、TOC 和 Cl^-、SO_4^{2-} 含量定期分析，送入给水系统前应分别监督其质量。

第二节　水汽集中取样分析装置

取样架的主要目的是完成高压高温的水汽样品减压和冷却。该部分包括高温高压阀门、样品冷却器、减压阀、安全阀、样品排污和冷却水供排水管系统。上述器件与样品管路一起安装在取样架内。其主要任务是将各取样点的水和蒸汽引入取样架，由高压阀门控制，一路连接排污管，供装置在投运初期排除样品中的污物；另一路连接冷却器，冷却器内接逆向通入的冷却水，使样品冷却降温，冷却后的样品经减压阀减压后送至人工取样和仪表屏。

一、集中取样分析装置性能参数

（1）高压管路系统最大工作压力为 32MPa。

（2）冷却器出口样品温度小于 45℃。

（3）减压阀出口样品流量不小于 1000mL/min。

（4）减压阀出口压力在 0.1～1.0MPa 范围内。

（5）恒温装置出口样品温度为 25℃±1℃；或采用温度自动补偿仪表。

二、减压方式及主要设备

对于不同的样品采用不同的降温减压方式。闭冷水的样品采用直接取样；凝结水泵出口、除氧器出入口、高低加疏水的样品采用一级降温一级减压方式；温度 200℃ $\leqslant t \leqslant$ 570℃、压力 0.8MPa $<p<$ 32MPa 的样品采用二级降温一级减压方式。取样装置采用闭式循环除盐水冷却，除盐水温度 $t \leqslant$ 35℃，压力（进入取样装置）$p \geqslant$ 0.3MPa，水量不少于 25m³/h。

现对主要设备分述如下：

（1）阀门：高压的取样水采用双卡套连接或球头连接不锈钢高压阀门；冷却水系统使用低压阀门。

（2）样品冷却器：常见的冷却装置（取样冷却器）有单盘管和双盘管冷却器，取样水通过冷却器可使取样水冷却到适宜化学仪表测定和人工分析测定所需的温度。双盘管取样冷却器的结构如图 9-1 所示。它的设备型号及规范见表 9-5。

表 9-5　　　　　　　　　　　　　双盘管取样冷却器规范

型号	外套管外径×壁厚（mm）	内管外径×壁厚（mm）	冷却面积（m²）	材质
QYL-2010	$\phi25\times3.5$	$\phi12\times2$	0.20	1Cr18Ni9Ti
QYL-3910	$\phi25\times3.5$	$\phi12\times2$	0.39	1Cr18Ni9Ti

双盘管取样冷却器（图 9-1 所示）由两根直径不同的不锈钢管套在一起弯制而成。取样器的内管通流取样水，外套管与内管之间的隔层里面通流冷却水。由于冷却水通流截面较小，冷却水的流速高，使具有较高的冷却效率。双螺纹管取样冷却器只能采用洁净的除盐水作为冷却水，因为套管一旦结垢难以清理。

（3）减压阀：高温高压的取样水除了通过取样冷却器进行减温处理外，还要经减压后才能送到各取样点去。减压装置的种类也很多，而部分水汽集中取样分析装置所使用的是螺纹式减压阀。

螺纹式减压器是在一个螺纹管体内旋入一个阳螺纹杆，在阴阳螺纹之间控制一定的间隙，通过调节阳螺纹杆进入阴螺体的尺寸来实现取样水的减压。但减压阀的阳螺纹杆旋出

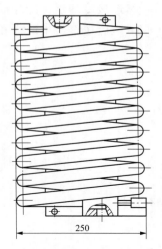

图 9-1 双盘管取样冷却器

250

长度不得超过 24mm，以防止由于螺扣过少而使阳螺杆脱出，造成高压取样水冲出。螺纹式减压的材质为不锈钢。这种减压器具有体积小、安装方便，易调节等特点。

三、取样架应用实例

1. 水汽集中取样装置的构成

瑞金电厂每台机组设 1 套水汽集中取样自动分析监督装置。水汽取样装置包括降温减压架（高温盘）、取样仪表屏（低温盘）；低温仪表取样分析监督装置：由仪表盘、手工取样架和恒温装置组成。

（1）高温高压架：对高压高温的水汽样品减压和冷却，包括减压阀、冷却器、阀门等整套的设施和部件。每个高温样点均应设有独立的预冷装置（应为每个样点设一套独立的冷却器）和二级冷却器，不可多样点合用。

（2）低温仪表取样装置：由低温仪表盘和手工取样架两部分组成。正常情况下，该装置对各取样点在线仪表进行连续检测，并将各仪表检测信号送入化学水处理控制系统。

取样仪表屏包括背压整定阀、机械恒温装置、双金属（或数字）温度计、浮子流量计、离子交换柱、电磁阀、化学仪表和报警仪等。从取样架送来的样品，按照各点需要监测的项目进行分配。一路送至人工取样屏，供人工取样分析；其余分支样品分别引入相应的化学分析仪器，进行在线测量。分析结果由微机系统进行数据采集、显示和打印制表。正常情况下，该系统对各取样点在线仪表进行连续检测，并将各仪表检测信号通过精处理 PLC 控制系统送入水网集中控制系统。

为了消除凝结水泵出口水、除氧器入口水、省煤器入口水、主蒸汽、再热蒸汽入口、再热蒸汽出口、高低加疏水、闭冷水等测点样品中含氨量对电导率测量的影响，样品经过阳离子交换后才送入仪表发送器。

（3）自动恒温装置由自动恒温系统、搅拌系统、样品水进出口盘管和不锈钢槽体等组成。

（4）汽水取样冷却水采用闭式循环冷却水，冷水水质为除盐水；冷水水压约为 0.4MPa，最高水温约为 36℃；工作环境：降温减压架≤32℃，仪表屏（包括计算机）约在 25℃。

（5）取样架每路样水应配有卸压稳压阀，以保证样品进分析仪表的压力恒定在 0.14MPa。并在超压时可以起泄压作用，设定压力固定不能调节。

（6）取样架在样水温度超过 49℃时配有进口全自动机械式温度关断保护阀，不需要供电或供气作为动力，能耐压到 34.5MPa，并有开关信号输出，以避免高温样品在超温情况下对下游仪表的损害，且应具有手动复位功能。

（7）人工取样样水流量恒定且不大于 500mL/min，流经每个监测项目的样水流量为 300～500mL/min。分析氧浓度的手工取样点，样水流量不得小于 500mL/min。

（8）过滤器有两类：一是冷却水过滤，二是进仪表的水样过滤。冷却水过滤常用0.3mm过滤精度滤芯过滤，防止冷却水系统堵塞，耐高温。水样过滤一方面防止管路堵塞，另外对仪表起保护作用，常用100目左右过滤精度滤芯过滤，最高耐温60℃。

（9）阳离子交换柱中用强酸阳离子交换树脂，体积一般约1.5L左右。

2. 水汽取样装置的设备布置

（1）水汽取样装置每台机组设置一套，分别布置在3、4号机组锅炉房0.00m层，取样间分高温取样间和仪表取样间。

（2）国内外机炉厂家对取样点的布置位置有所不同，其影响水汽样品的代表性，因此掌握取样点位置对问题分析至关重要。瑞金电厂3、4号机组取样门布置如下：

1）凝结水取样一次门：凝结水泵出口母管，汽机0m层。

2）除氧器入口取样一、二次门：5号低加出口，汽机15m层。

3）除氧器出口取样一、二次门：除氧器下降管，汽机13.7m层至电泵，28m至汽泵。

4）省煤器入口取样一、二次门：1号炉给水、省煤器入口15m层，2号炉水给水33.15m层，省煤器入口28.2m层。

5）启动分离器汽侧出口左右侧取样一次门：63.5m。左右侧取样二次门15m层。

6）主蒸汽左右侧取样一次门：锅炉77.5m层，左右侧取样二次门：锅炉63.5m层。

7）一次再热蒸汽左右取样一次门：锅炉74.5m层，左右侧取样二次门：锅炉63.5m层。

8）二次再热蒸汽左右取样一次门：锅炉77.5m层，左右侧取样二次门：锅炉63.5m层。

9）高加疏水取样一、二门：4号高加底部正常疏水管33.15m层。

10）低加疏水取样门：6号低加疏水出口，汽机6.9m层。

11）定子冷却水取一次样门：定冷水泵出口母管处，汽机0m。

12）闭式冷却水取样一次门：闭式水泵出口母管处，汽机0m。

13）辅助蒸汽取样一次门：辅汽联箱（6.9m）。

14）启动分离器排水取样一次门：汽机0m。

15）疏水扩容器入口取样一、二次门：锅炉15m层。

3. 取样点分析仪的配置及功能

超临界以上机组水汽集中取样点设置和仪表配置差别不大，就不再列出。

四、汽水取样装置的运行与控制

管路、仪表全部检查无问题，然后准备投运。

（一）汽水取样装置的投运

（1）开启汽水取样装置一次阀门，逐路开启汽水取样装置排污阀。

1）每次只能一路排污，直至水质干净。

2）排污时注意应单路逐个样水点进行间断排污，每次5min，升炉时待有足够压力时排污，排污时间炉水、给水两路不小于 20min，其余排污时间为 15min，平时单路的排污时间不小于 10min。

3）当锅炉压力大于 5.0MPa 时，应再次对炉水、给水、主蒸汽取样及其他取样管路进行逐一间断排污，每次排污时间为 5min，累计时间不小于 15min 且排污水量应尽量增大。

（2）如有排污扩容器应注意先应将排污扩容器冷却水进出口球阀打开，然后样水逐个排污，排污完毕后，应将球阀关闭。

（3）关闭排污阀的同时缓慢开启装置二次阀门。

1）高温高压阀应全开或全闭，严禁处于半开半闭状态。避免因冲刷造成阀体损坏。

2）高温高压排污时会发出尖叫声，属正常现象，可将阀门继续开大，声音即消除。

3）每次在锅炉启动时必须先进行高温高压排污，否则易堵死管路及零部件。

（4）调节节流阀至人工取样和仪表取样所需流量总和。

（5）调节仪表前不锈钢取样阀及人工取样的限流阀，使各流量符合要求。

1）人工取样所需流量为 500mL/min。

2）仪表流量所需流量为 100～300mL/min。转子流量计浮子在 5～40 之间，尽量调至 20 左右。

（6）手动取样后，人工取样管上的三通阀宜切换至回收水管。

1）回收样水经取样监测后未受到污染的样水收集回收至样水回收装置。

2）样水回收装置的运行根据回收水箱的液位控制，高液位时启动回收水泵，将回收的样水送至低位机闭式循环冷却水系统，低液位时停泵。

（7）合上仪表架总电源开关，按铭牌标示再打开所需分路电源开关。

（8）投入恒温装置，启动仪表架的超温、超压保护装置。

（9）按照仪表操作使用手册投入仪表。

（二）汽水取样装置的停运

短期停运操作（7 天内）：

（1）关闭仪表总、支路阀门。

（2）确认人工取样阀处于全开状态。

（3）关闭高温高压二次阀门和减压阀（或三次阀）。

（4）做好贵重仪表的停运保护工作（如清洗管路、浸泡电极等）。

（5）切断各分电源和总电源开关。

五、凝汽器检漏系统

1. 凝汽器检漏装置投运前的检查

（1）离子交换器内阳树脂量足，树脂没有失效。

（2）各种仪表静态调试完毕，各指标符合要求。

（3）高压侧凝结器及低压侧凝结器运行稳定，热井水位正常。

（4）凝汽器检漏系统所有阀门均在关闭状态。

（5）凝汽器检漏系统阀门、管路系统严密，无真空泄漏现象。

2. 凝汽器检漏装置的投运

（1）全开 1~8 号样品入口隔离门，汽水分离箱至低压侧凝结器回汽门。

（2）接通检漏柜电源，旋转电磁阀切换开关至"全开"位置，利用凝汽器水位和真空使吸水箱自行进水排气，从监流器应可看到有凝结水通过进入吸水箱，进水排气时间不少于 5min。

（3）适当开启检漏泵出口至凝汽器的回水门，使其处于小开度状态。

（4）启动任一检漏泵，检查泵出口压力在 0.2MPa 左右，否则调整泵出口至凝汽器的回水门开度，使压力达要求。

（5）从吸水箱压力控制器观察取样泵吸入口压力值在 15~45kPa 之间。

（6）从监流器应可看到有凝结水通过进入吸水箱。

（7）取样管路冲洗 1~2min。

（8）打开分析仪表进口门。

（9）调节人工取样门，使人工取样流量在 500mL/min 左右。调节仪表进口流量计调节门和回水流量调节门，使分析仪表样品流量在 200mL/min 左右。

（10）投运分析仪表。

（11）监督检漏系统水样水质符合控制标准，监督凝结水氢导在合格范围之内。

（12）正常情况下，将电磁阀工作模式开关置于"自动"模式。对凝结器内的 8 个测点进行自动巡回检测。

（13）当要监测特定样点的样品，将电磁阀工作模式开关置于"手动"模式，并将电磁阀切换开关置于某个需要检测的取样点对应的电磁阀号码上。当怀疑某区域存在冷却水泄漏时，可选用此方式。

3. 凝汽器检漏系统运行中的监视与维护

（1）凝汽器检漏系统水质标准如表 9-6 所示。

表 9-6　　　　　　　　　　　　凝汽器检漏系统水质标准

取样点	测试项目	单位	控制指标			监测周期	备注
			冲洗阶段	空负荷调试	正常运行		
凝汽器热井	氢电导率	μS/cm	<0.5	<0.25	<0.20	1h	异常时，随时分析

（2）定期监视凝汽器检漏装置的数据变化，出现异常数据可以手动选择，单独进行监控。

（3）对运行中的检漏装置详细检查，发现问题及时处理。

4. 凝汽器检漏系统的停运

（1）切断各仪表电源，停凝结水取样泵，关闭样品入口隔离门。

（2）旋转电磁阀切换开关至全关位置。

（3）切断检漏柜电源。

第三节 给水加药系统和设置

一、化学加药系统

1. 加药系统配置

瑞金电厂二期 3、4 号机组的水汽加药系统在机组正常运行情况下，采用加氨、加氧联合处理（即 OT 工况），给水 pH 值控制在 8.9～9.2，给水中的溶氧控制在 10～30g/L；在机组启动初期、机组停运前一段时间或在机组运行不稳定、水质异常且不能立即恢复的情况下，采用加氨处理［即 AVT(O) 工况］，给水 pH 值控制在 9.2～9.6。正常情况下，该系统对加药设备运行状况进行连续检测，并将各仪表检测信号送入水网控制系统。

（1）化学加药系统，共分给水/凝结水加氨、闭式循环冷却水加氨、给水/凝结水加氧三个单元。加药设备布置在主厂房零米，邻近化学取样间。

（2）给水和凝结水加氨系统采用手动/自动加药方式。加药泵采用变频电动机加变频器的调节方式进行加药。每台机组设一套加氨装置（含 2 台氨溶液箱、1 台给水加氨泵、2 台凝结水加氨泵、1 台闭式循环冷却水加氨泵）。氨箱配药采用液氨钢瓶充氨方式。凝结水和给水加氨点分别设在精处理高速混床出水母管和除氧器下降管上，闭式冷却水加药点设在闭式循环水泵的出口母管处。

（3）系统设置 2 套加氧装置，给水和凝结水加氧方式采用气态氧作氧化剂，由高压氧气瓶提供的氧气经减压阀减压后分两路通过质量流量控制器加入热力设备汽水系统，使热力管道表面形成致密的氧化铁保护膜，从而有效地改善水系统工况。氧气加入点分别为凝结水精处理高速混床出口母管和除氧器下降管，加氧量的控制采用自动调节。

2. 加药系统控制方式

化学加药系统由一套控制系统统一控制。一方面实现给水、凝结水各加药的自动控制；另一方面对各加药设备运行状况进行连续监测测，并将各仪表监测信号送入精处理控制系统并远传至控制室 DCS 进行监控。

（1）加药自动控制要求：给水、凝结水加氨分别根据给水或精处理混床出水母管 pH 值表送出的 4～20mA 模拟信号自动变频调节给水、凝结水的加氨量；给水、凝结水加氧处理分别根据给水或凝结水流量以及给水或精处理混床出水母管氧表送出的 4～20mA 模拟信号自动调节流量控制器，控制加氧量。

（2）加药装置内配备每部分各自的就地电源控制柜。控制盘面上设置设备（包括阀门）就地启停开关按钮，及远操/就地切换开关，并能显示设备运行状态和有关报警信号。

（3）加药系统具有下列控制功能：能在控制室软手操或自动投运处于备用状态（已配好药）的溶液箱，并同时解列已用完的药液箱。当溶液箱液位 20cm 时，加药泵自动停运。

（4）加氨系统监控信号送入精处理微机管理系统，能在控制室内实现各泵的启停操作，监控内容包括系统设备启停状态、溶液箱液位、计量泵频率显示。

3. 加药一次门布置

（1）凝结水加药门：精处理出口母管，汽机 0m 层。

（2）给水加药门：除氧器下降管，汽机 14.3m 层。

（3）闭式冷却水加药门：闭式水泵出口母管，汽机 0m。

（4）停炉保养液加药门：除氧器下降管，汽机 14.3m 层。

（5）凝结水加氧门：精处理出口母管，汽机零 m 层。

（6）给水加氧一次门：除氧器下降管，汽机 14.3m 层。

二、化学加氨装置投退操作

（一）给水、凝结水加氨操作

1. 配氨溶液操作

（1）3、4 号机组配氨用水有两路：一路由精处理冲洗水泵回流管引入；另一路由精处理出口母管引入。机组正常运行氨计量箱补水用精处理出口母管来水；开机或停机用精处理冲洗水泵回流管来水。

（2）液氨由液氨钢瓶经减压阀，进氨液管路，输到氨溶液箱，搅拌配成所需要浓度的氨溶液；氨计量箱配置氨液浓度要求电导率在 $1020 \sim 1050 \mu S/cm$。

2. 加氨泵运行操作

（1）手动加药操作：开启氨溶液箱出药门，开启氨泵进出口手动阀；在 DCS 监控电脑上启动加氨泵；依据水质分析结果调节氨泵变频器频率控制加药泵转速调整加药量。

（2）自动加药：

1）氨泵进出口手动阀开启状态。

2）凝结水自动加氨：通过凝结水泵出口出水母管 pH 值调节变频器，控制加药泵转速，实现加药自动控制。

3）给水自动加氨：通过给水流量及省煤器入口 pH 值调节变频器，控制加药泵转速，实现加药自动控制。

（二）停炉保护液系统操作

1. 配保护液操作：手动配药

除盐水经除盐水管路进入保护液溶液箱，保护液浓溶液倒进保护液溶液箱，搅拌配成所需要浓度的保护液溶液。

2. 加保护液泵运行操作：手动加药操作

（1）开启保护液溶液箱出药门，开启保护液泵进出口手动阀；

（2）在就地控制柜上按启动按钮。

（三）闭式冷却水加药操作

采用手动调节。连续对闭式冷却水监测电导率、pH 值，当 pH 值或电导率超标时进行换水，并手动启动给水加氨泵，通过就地调整行程来控制加药量，使闭式冷却水电导率、pH 值保持在合格范围内。

（四）加氨系统运行调整和维护

1. 正常维护

（1）计量泵在运行中每 4h 检查一次运行情况。

（2）注意电动机温度及运行声音是否正常。

（3）根据给水的 pH 值及时调整计量泵的给定值。

（4）运行中发现加氨泵声音不正常等缺陷应立即停运，切换备用凝水氨泵或打开给水氨泵出口联络阀，及时联系检修人员消除缺陷。

（5）计量泵润滑油油位不足时应及时添加。

2. 注意事项

（1）氨是挥发性、刺激性药品。操作时都应做好防护，在操作使用氨的位置应通风良好，工作人员应注意站在上风位置使用。

（2）给水加氨处理应维持剂量稳定均匀。氨在保管时应注意防护，避免阳光直射。

（3）氨溅入眼睛或皮肤上时应马上用大量清水冲洗，再到医务室医治。

（4）配氨液操作时，应先将氨溶液箱进水至高位，开启搅拌机后再开启进氨门，避免氨气来不及溶解从不严密处溢出。

三、液态恒值加氧系统

（一）给水从 AVT(O) 向 OT 方式转换

1. 给水从 AVT(O) 向 OT 方式转换必备的条件

（1）机组处于稳定运行状态。

（2）在线仪表已投入运行，机组水汽系统各项指标正常。

（3）凝结水精处理除盐装置运行正常。

（4）给水氢电导率小于 0.15μS/cm。

（5）精处理装置总出口氢电导率小于 0.1μS/cm。

（6）加氧系统设备正常备用。

（7）锅炉水冷壁管内的年结垢量应小于 200g/m^2。

2. 加氧前的准备工作

（1）氧气气源充足。

（2）加氧间清洁无杂物。

（3）加氧间通风良好，轴流风机运行正常。

（4）加氨系统运行正常。

（5）加氧控制柜已送电，且无故障。

3. 加氧系统的投运操作

（1）压力控制范围确认。由于精处理出口、除氧器出口下水管和1号高压加热器汽侧的压力不同，各加氧点压力控制如下：

1）凝结水、给水及高压加热器疏水加氧减压阀1出口压力为 2.0MPa（加氧汇流排）。

2）凝结水、给水及高压加热器疏水进气减压阀出口压力为 0.5～0.8MPa（加氧柜）。

3）凝结水、给水及高压加热器疏水进水减压阀出口压力为 1.0～2.0MPa（加氧柜）。

4）富氧水箱液位设定"40"，偏差设定"5"。

5）汇流排氧气瓶压力低（2.0MPa）时，需更换新的氧气。

6）稳压阀调整标准：系统压力＜稳压阀压力＜减压阀后压力。

（2）凝结水加氧。

1）缓慢打开凝结水、给水及高压加热器疏水加氧汇流排上需要使用的氧气瓶、氧气瓶的出口角阀及汇流排上的截止阀。

2）确认凝结水、给水及高压加热器疏水进气压力处于 $0.5\sim0.8MPa$，打开凝结水、给水及高压加热器疏水加氧进气阀（2F1）。

3）打开精处理出口来水就地一、二次门，打开凝结水、给水及高压加热器疏水加氧进水阀（2D）。

4）打开凝结水精处理出口加氧就地一、二次阀。

5）打开凝结水精处理出口加氧出口阀（3F2）。

6）在"凝水泵"控制柜调整泵的频率为 $30Hz$，启动加药泵。

7）调节"凝水泵"频率，控制除氧器入口溶解氧含量在 $10\sim100\mu g/L$。

8）加氧画面的"疏水泵"上，单击"手动/自动"切换按钮，切换至自动运行即可。

（3）给水加氧。

1）缓慢打开凝结水、给水及高压加热器疏水加氧汇流排上需要使用的氧气瓶、氧气瓶的出口角阀及汇流排上的截止阀。

2）确认凝结水、给水及高压加热器疏水进气压力处于 $0.5\sim0.8MPa$，打开凝结水、给水及高压加热器疏水加氧进气阀（2F1）。

3）打开精处理出口来水就地一、二次门，打开凝结水、给水及高压加热器疏水加氧进水阀（2D）。

4）打开给水出口加氧就地一、二次阀。

5）打开给水加氧出口阀（2F2）。

6）在"给水泵"控制柜调整泵的频率为 $30Hz$，启动加药泵。

7）调节"给泵"频率，控制给水溶解氧含量在 $10\sim30\mu g/L$。

8）加氧画面的"给泵"上，点击"手动/自动"切换按钮，切换至自动运行即可。

（4）高压加热器疏水加氧。

1）缓慢打开凝结水、给水及高压加热器疏水加氧汇流排上需要使用的氧气瓶、氧气瓶的出口角阀及汇流排上的截止阀。

2）确认凝结水、给水及高压加热器疏水进气压力处于 $0.5\sim0.8MPa$，打开凝结水、给水及高压加热器疏水加氧进气阀（2F1）。

3）打开精处理出口来水就地一、二次门，打开凝结水、给水及高压加热器疏水加氧进水阀（2D）。

4）打开高压加热器疏水出口加氧就地一、二次阀。

5）打开疏水加氧出口阀（3F2）。

6）在"疏水泵"控制柜调整泵的频率为 $30Hz$，启动加药泵。

7）调节"疏泵"频率，控制高压加热器疏水溶解氧含量在 $10\sim100\mu g/L$。

8）加氧画面的"疏泵"上，点击"手动/自动"切换按钮，切换至自动运行即可。

（5）汇报值长关闭或微开除氧器排气阀，关闭 1、2、3 号高压加热器排气阀。

（6）凝水、给水、高压加热器疏水加氧转换完成后，将辅网取样系统汽水品质由 AVT（O）切换到 OT 方式运行，控制给水 pH 值 8.90～9.20，比电导率 SC 2.1～4.3μS/cm。

（二）OT 工况至 AVT（O）方式的转换

OT 工况至 AVT（O）方式的转换条件：

（1）在机组停机前 4h。

（2）给水氢电导率大于 0.15μS/cm，精处理总出氢电导率大于 0.15μS/cm。

（3）凝汽器严重泄漏或不合格疏水带入生水时。

（4）加氧系统故障，导致加氧无法正常进行时。

（5）机组发生 MFT 时。

（三）机组非计划性停运时操作

（1）立即停止加氧。

（2）停止加氧时，关闭凝结水、给水及高压加热器疏水加药泵、给水及高压加热器疏水加氧出口阀（2F2、3F2）、加氧进气阀（2F1）、进水电动阀（2D）。

（3）开启除氧器排气阀和 1、2、3 号高压加热器排气阀（阀阀恢复到加氧前状态）。

（4）启动给水氨泵，调大凝水、给水氨泵的频率和冲程，尽快将给水 pH 值提高到 9.6～10.0。

（5）打开 2 号机混床旁路阀。

（四）机组计划性停运时操作

（1）正常停机时，可提前 4h 停止凝结水、给水、高压加热器加氧。

（2）关闭凝结水、给水及高压加热器疏水加药泵、给水及高压加热器疏水加氧出口阀（2F2、3F2）、加氧进气阀（2F1）、进水电动阀（2D）。

（3）长时间停止加氧时，应关闭热力系统加氧点的就地一、二次阀，将自动加氧方式变为手动方式。

（4）开启除氧器排气阀和 1、2、3 号高压加热器排气阀（阀门恢复到加氧前状态）。

（5）启动给水氨泵，调大凝水、给水氨泵的频率和冲程，将给水 pH 值提高到 9.6～10.0。

（五）加氧系统的检查及安全事项

（1）凝结水、给水及高压加热器疏水加氧汇流排一级减压阀后压力在 2.0MPa，氧气瓶压力到 2.0MPa 更换氧瓶。

（2）凝结水、给水及高压加热器疏水富氧水箱液位在 35～45cm，控制除氧器入口溶氧含量在 10～100μg/L，省煤器入口溶氧含量在 10～30μg/L，高加疏水溶氧含量在 10～100μg/L。

（3）检查备用氧气瓶数量充足，加氧间内清洁无杂物，消防设施完好。

（4）控制柜加氧流量正常，阀门指示信号正常，氧气流量计无积水，系统无漏气现象。

（5）汇流排上高压部分的氧气阀均应缓慢开启，不可快速打开，氧气瓶逐瓶使用，不能同时打开两瓶使用。

（6）手动调节阀只能细调，不可用力操作，也不能用来作为关断阀。

（7）汇流排上减压阀和加氧控制柜上的稳压器保持恒定。

（8）氧气是助燃气体，严禁烟火。确保加氧系统不接触到油类物质。

（9）搬运氧气瓶时应该轻放，不可剧烈碰撞。

第十章 发电机冷却介质

第一节 系 统 概 述

汽轮发电机在由机械能转变为电能时，难免会有一部分能量转变成热能而损耗。这些损耗的能量包括电气损耗和通风损耗两部分。电气损耗又分铜损和铁损两种。铜损又分定子铜损和转子铜损，是由于电流通过铜线绕组时，电阻发热而损耗的能量；铁损也分定子铁损和转子铁损，它们都是由于磁通通过铁芯时产生涡流发热而损耗的能量。通风损耗包括风扇动力所消耗的能量和流动的气流相互摩擦而产生的能量损耗。除此之外，还有轴承摩擦而造成的轴承损耗。这些损耗的能量最后会变成热量，使发电机各个部件的温度升高。发电机绕组的温度升高就会产生电晕现象，影响绝缘材料的使用寿命，严重时甚至可能将发电机烧毁。

所以，要想保证发电机组能在绕组绝缘材料允许的温度下长期安全运转，除采用耐热性能良好的绝缘材料之外，还必须采取一定的强制冷却措施，以连续不断地将发电机内产生的热量导出，避免这些热量在各部件上积累，引起部件的温度升高。

一、发电机冷却方式

汽轮发电机的冷却介质主要有氢气和高纯水两种，按其冷却方式又分为外冷式和内冷式汽轮发电机两种。

1. 外冷式汽轮发电机

外冷式汽轮发电机又称表面冷却式汽轮发电机，其冷却介质为气体（空气或氢气），气体在绕组导线和铁芯的表面流过，与发热体接触，吸收发热体表面的热量后随流动的气流带走。所以，表面冷却只有发热体产生的热量全部导至物体表面时才能被气体冷却。为提高冷却效果，应尽量增大接触面积。

2. 内冷式汽轮发电机

内冷式汽轮发电机又称直接冷却式汽轮发电机，其冷却介质为气体（氢气）或液体（水或油）。它是将定子和转子的绕组导线做成中空式，让氢气或水通入导线内部直接将热量带出。而定子和转子的铁芯内冷则是利用开孔或开沟槽。将冷却气体用风扇压入各个被冷却部位。以提高冷却效果。单机容量提高以后，随着电压等级的提高和绝缘层厚度的增加，绝缘层上的温降上升，绕组温升增大，会影响机组长期安全运转。

内冷式不仅能提高冷却效果，而且扩大了冷却介质的种类，如氢气、油和纯水，也可两者同时应用。

二、冷却介质的性能比较

目前，发电机的冷却介质主要有液体和气体两种类型。液体有绝缘油（变压器油）和水（超纯水或二级除盐水）；气体有空气、氢气、二氧化碳和氮气等。亚临界参数以上机组基本上采用水-氢-氢冷却方式，大型发电机中已很少采用油冷却了，二氧化碳和氮气冷却也少见，两者经常作为氢气充排时的置换气体。

1. 水（H_2O）

纯水不仅有较高的绝缘性，而且有较大的热容量。此外，在实际允许的流速下，水的黏度小，其流动是紊流，这使表面易于传热，从而保证发电机绕组与水之间的温度降很小。表 10-1 列出几种冷却介质导热性能的（以相对值表示）比较。表中所取的氢气和空气的流量是相同的，变压器油的流量为气体流量的 1/85，而水的流量是气体流量的 1/30。

表 10-1   几种冷却介质导热性能的比较

冷却介质	相对热容	相对密度	相对实际流量（按体积计）	相对导热能力	单位表面的相对表面传热系数
空气（0.1MPa）	1.0	1.0	1.0	1.0	1.0
氢气（0.1MPa）	14.35	0.07	1.0	1.0	1.5
氢气（0.3MPa）	14.35	0.21	1.0	3.0	3.6
变压器油	1.65	848	0.0118	16.5	2.0
水	3.75	1000	0.0333	125.0	60.0

由表 10-1 可以看出水的冷却能力远远大于空气的冷却能力，所以一般大型发电机常采用水冷却方式。有的大型机组采用双水内冷式；也有的定子用水冷却，转子和铁芯采用氢冷却，即水-氢-氢式，其可使定子绕组温度不高于 90℃，转子绕组不高于 100℃，定子铁芯不高于 120℃。

2. 氢气（H_2）

氢气冷却有如下优点：

（1）通风损耗低，机械（指发电机转子上的风扇）效率高。这是因为在标准状态下，氢气的密度是 0.089 87kg/m^3，空气的密度是 1.293kg/m^3，CO_2 的密度是 1.977kg/m^3，N_2 的密度是 1.25kg/m^3。由于空气的密度是氢气的 14.3 倍，二氧化碳是氢气的 21.8 倍，氮气是氢气的 13.8 倍，所以，使用氢气作为冷却介质时，可使发电机的通风损耗减到最小程度。

（2）散热快、冷却效率高。因为氢气的导热系数是空气的 1.51 倍，且氢气扩散性好，能将热量迅速导出。因此能将发电机的温升降低 10~15℃。

（3）危险性小。由于氢气不能助燃，而发电机内充入的氢气中含氧量又小于 2%，所以一旦发电机绕组被击穿时，着火的危险性很小。

（4）清洁。经过严格处理的冷却用的氢气可以保证发电机内部清洁，通风散热效果稳定，而且不会产生由于脏污引起的事故。

（5）用氢气冷却的发电机，噪声较小，而且绝缘材料不易受氧化和电晕的损坏。

氢气冷却也有如下缺点：氢气的渗透性很强，必须有很好的密封；氢气与空气混合物能形成爆炸性气体，需严禁明火；需设置一套制氢的电解设备和控制系统或外购氢气瓶，这就增加了基建投资及运行费用。但运行中，只要严格执行有关的安全规章制度和采取有效的措施还是可靠的，所以大多数发电机还是采用氢冷方式。

3. 二氧化碳（CO_2）

CO_2 的密度是空气的 1.52 倍，显然，使用 CO_2 作冷却介质，将会使通风损耗成正比地增加。且 CO_2 与机壳内的水分化合后，对绝缘材料有腐蚀作用，其反应的生成物会在发电机各部分结垢，使通风恶化。所以，CO_2 不作为冷却介质使用，但可作为气体置换的中间介质。

4. 氮气（N_2）

氮气的密度、热传导率及表面散热系数都接近空气，且不助燃，但氮气作为化工副产品，常含有腐蚀性杂质，所以，氮气不作为冷却介质长期使用，经常用作中间置换气体。

三、发电机的冷却应用

当前除了小容量（25MW 及以下）汽轮发电机仍采用空气冷却外，功率超过 50MW 的汽轮发电机都广泛采用了氢气冷却，氢气、水冷却介质混用的冷却方式。在冷却系统中，冷却介质可以按照不同的方式组合，归纳起来一般有以下几种：

（1）定、转子绕组和定子铁芯都采用氢表面冷却，即氢外冷；

（2）定、转子绕组水内冷，定子铁芯空气冷却，即水-水-空冷却方式；

（3）定、转子绕组水内冷，定子铁芯氢外冷，即水-水-氢冷却方式；

（4）定、转子绕组采用氢内冷，定子铁芯采用氢外冷；

（5）定子绕组水内冷，转子绕组氢内冷，定子铁芯采用氢外冷，即水-氢-氢冷却方式。

第二节 发电机内冷水处理及监督

发电机内冷水系统的材质：转子、定子绕组是铜材料；其他管道、冷却器一般采用不锈钢。

一、发电机内冷水腐蚀影响因素

1. pH 值

在水中，铜的电极电位低于氧的电极电位。腐蚀反应能否进行，取决于铜能否趋向于被其化合物所覆盖。如果铜的化合物在其表面的沉积速度快且致密，就能使溶解受到阻滞而起到保护作用；反之，腐蚀就会不断地进行下去。铜保护膜的形成和防腐性能，与溶液的 pH 值关系密切，pH 值过高或过低，都会使铜发生腐蚀，pH 值在 7～10，铜处于热力学的稳定状态。但由于受动力学的影响，水的 pH 值在 7～9 时，铜在内冷水中表现得相对稳定。

当水中溶有游离二氧化碳时，同样可能破坏铜表面的初始氧化膜，且随着二氧化碳含量的增大，铜的腐蚀溶出速度也增大。空气中二氧化碳常压下在纯水中25℃时的溶解度为0.436mg/L，由碳酸水溶液解离常数计算，此时溶液pH值约为6.74，铜处于受腐蚀区。

2. 电导率

从化学专业角度研究内冷水铜腐蚀速率影响因素，其对pH值变化敏感，而电导率值高低并不敏感。电气专业中有两种意见：一种意见认为电导率高对额定电压高的大型机组不利，理由是因电压高，聚四氟乙烯等绝缘引水管可能会发生绝缘内壁的爬电、闪络烧伤，所以认为电导率越低越好。另一种意见认为，大型机组绝缘引水管较长，电导率可以略高些。在新机组和大修后机组的启动初期，内冷水的电导率值往往很难控制得很低，常在5μS/cm以上，通过一段时间的运行调整，才会缓缓下降。电导率值不是越低越好，但也不可高出适当范围值。考虑到技术进步和保持现有标准的一致性，在DL/T 801—2010《大型发电机内冷却水质及系统技术要求》中，电导率取值为小于或等于2μS/cm，与GB/T 12145—2016《火力发电机组及蒸汽动力设备水汽质量》的规定相同。

3. 硬度和含铜量

化学专业普遍认为内冷水关键是控制好pH值，因其补充的是除盐水或凝结水，所以硬度可沿用现有的规程和制造商的规定，选定为小于2μmol/L。发电机内冷水中的CuO、Cu_2O都是水对中空铜线产生腐蚀的产物，严重时这些产物絮结或覆垢，将增大内冷水路的水阻和局部堵塞，使内冷水流量减小，绕组温度升高，甚至烧毁或使中空铜线腐蚀泄漏。因此，水中铜含量的监测，应该列为发电机内冷水的重要监督内容之一，它直接反映了铜线的腐蚀情况，并提示要预防发电机绕组局部超温的可能。发电机中空铜导线内沉积物引起的绕组温度升高是逐渐加速的。例如，某发电机投运初期的绕组温升是2～3℃/a，到后期则达15℃/a。

DL/T 801—2010《大型发电机内冷却水质及系统技术要求》规定含铜量小于或等于40μg/L。对于全密闭式充惰性气体的系统，或添加了缓蚀剂的系统，该指标为要求值；对于开放式系统，该指标为目标值，应积极采取措施，控制并实现内冷水含铜量小于或等于40μg/L。

4. 溶解氧

水中的溶解氧对铜的腐蚀影响较大，溶解氧会与铜发生化学反应，生成铜的氧化物，附着在中空铜导线的内表面或者溶解在内冷水中沉积，甚至堵塞中空铜导线，从而造成事故。研究表明，内冷水中含氧量达到一定程度后，铜被腐蚀生成CuO、Cu_2O。含氧量在60～1000μg/L范围内，尤其在100～800μg/L范围时，铜的腐蚀现象更明显。当内冷水中含氧量低于60μg/L或高于1000μg/L时，铜腐蚀明显减缓；当含氧量低于30μg/L或高达1200μg/L以上时，铜腐蚀将变得不明显；当水的pH值在8～9.5范围内时，水中的溶解氧对铜的腐蚀已不明显。

5. 含氨量

水中有微量氨存在时，考虑氨的水解及水的电离平衡，当内冷水pH值控制在7～9时，则水中含氨量的合理限值应小于300μg/L，此时有助于降低铜导线腐蚀速率。

6. 温度

一般来说，温度升高，腐蚀速度也会增加。对于密闭式隔离系统的发电机，温度升高，会导致腐蚀速度加快。

7. 流速

水的流速越高，对铜的机械磨损越大，水的流动会加速水中腐蚀产物向金属表面迁移，并破坏钝化膜，大量的试验结果表明，铜的腐蚀速度会随水流速的增加而增大。据资料表明，在水流速度为 0.17m/s 时，铜导线的月腐蚀量为 0.7mg/cm^2；水流速度为 1.65m/s 时，则达 2mg/cm^2；水流速度超过 4~5m/s 时，还会有气蚀现象。目前，发电机中空铜导线内水流速一般都设计为小于 2m/s，其冲刷量是很小的。

上述因素中，对铜的腐蚀影响最严重因素的是 pH 值，所以在对内冷水的处理过程中，除了要保证水的电导率外，调节 pH 值是其中重要一项。

二、发电机内冷水水质要求

发电机内冷水水质的好坏，对发电机的安全运行是至关重要的。因为内冷水在高压电场中作冷却介质，所以要求其各项指标都必须以保证发电机的安全运行为前提。发电机内冷水水质应满足 DL/T 801—2010《大型发电机内冷却水质及系统技术要求》，符合如下技术要求：

（1）发电机内冷水要有足够的绝缘性能，以防止发电机绕组短路。内冷水电导率指标反映了内冷水的绝缘性能，是一个非常重要的监控项目。

（2）内冷水不应含对发电机铜导线及对系统有腐蚀性或能在空心导线内沉积、结垢的杂质。否则，不仅会造成系统腐蚀，减小绕组的实用寿命，而且腐蚀产物和其他杂质受电场作用会在系统内沉积、结垢，导致发电机冷却效果降低，甚至堵塞空心铜导线，使发电机绕组超温、绝缘老化和失效。严重时会造成发电机绕组烧损的重大事故。

（3）冷却水应透明。纯洁、无机械杂质和颗粒。

（4）NH$_3$ 浓度越低越好，以防腐蚀铜管。

（5）pH 值要求为中性，规定值在 6~8 的范围内。

（6）为防止发电及内部结露，对应于氢气进口温度，定子水温也应当大于一定值。

三、发电机内冷水处理方法

目前，发电机定子绕组普遍采用水冷却，为确保机组的安全运行。目前，调节内冷水水质的方法主要有下面几种。

1. 单台离子交换微碱化法

典型的单台小混床 RH＋ROH 用于除去内冷水中的阴、阳离子及运行中产生的杂质，达到除盐净化的目的，其存在的主要问题：

（1）运行周期短，树脂需要频繁更换，运行费用较高。

（2）小混床中的阴树脂耐温性较差，而内冷水的回水温度通常大于 50℃，阴树脂存在着降解为低分子聚合物的危险。

（3）小混床的出水 pH＜7，达不到标准的规定值。改进型的单台小混床 RNa＋ROH 是用 Na 型树脂代替 H 型树脂，经过离子交换后，内冷水中微量溶解的中性盐 $Cu(HCO_3)_2$ 转化为 NaOH。此法对提高内冷水的 pH 值，减少铜腐蚀具有一定的作用，但存在着水质电导率容易上升、铜离子含量较大等问题，不符合国家标准。

2. 氢型混床-钠型混床处理法

在原有 RH＋ROH 小混床的基础上，并列增设一套 RNa＋ROH 小混床。运行时，交替投运 RH＋ROH 与 RNa＋ROH 小混床。当 pH 值低时，投运 RNa＋ROH 小混床，此时电导率会随钠的泄漏而逐渐上升。当电导率升至较高值时，切换至 RH＋ROH 小混床运行，内冷水的 pH 值及电导率会下降。通过交替运行不同种类的小混床，使内冷水的水质指标得到控制。这种方法存在的问题是系统复杂、占地面积大、操作麻烦，特别是经常出现电导率的超标报警现象。

离子交换法实际上由于空气中二氧化碳的溶解，pH 值在 6～8 之间（一般在 7 左右），不可避免地会导致铜的腐蚀，因此很难保证水质符合标准要求。

3. 凝结水和除盐水协调处理法

以除盐水和含氨凝结水为补充水源，提高内冷水系统的 pH 值。当内冷水的 pH 值偏低时，通过水箱排污和向内冷水箱补充含有 NH_3 的凝结水，相当于向内冷水中加入微量的碱性物质，从而提高 pH 值；当电导率偏高时，通过水箱排污和向内冷水箱补充除盐水的方式降低电导率。这种方法存在的主要问题：

（1）敞开的系统及较高的回水温度容易使氨挥发，最终使内冷水的 pH 值下降。

（2）凝结水在机组启动、凝汽器热交换管泄漏等阶段的水质不稳定，存在着向内冷水引入杂质的危险。

（3）未从根本上解决铜的腐蚀问题，只是被动地稀释了内冷水，降低了铜离子的含量。

4. 离子交换-加碱碱化法

发电机内冷水箱以除盐水或凝结水为补充水源，在对内冷水进行混床处理的同时，再加入 NaOH 溶液，提高内冷水 pH 值，进而控制铜的腐蚀情况。向内冷水中加 NaOH 溶液提高 pH 值，将内冷水由微酸性调节成微碱性，在有溶解氧存在的条件下，也能起到控制铜导线腐蚀的作用。据资料介绍，将 NaOH 配成质量浓度为 0.1％ 的工作溶液，在加药前，启动旁路净化系统小混床，将内冷水电导率调节到 $0.5\mu S/cm$ 以下，用计量泵将 NaOH 工作溶液从小混床出口管采样孔打入内冷水箱。计量泵流量设定为 1000mL/h，加药时间为 10～15min。监测发电机内冷水进水母管中的冷却水的 pH 值和电导率，控制 pH 值为 8.0±0.2，电导率小于或等于 $1.5\mu S/cm$。这种调控方法，可将内冷水铜离子含量控制在 $40\mu g/L$ 以下。在试验过程中，曾经出现过时间和流量控制不当，加药过量，导致电导率在短时间内严重超标的情况。此种方法由于需要一套专门的系统连续检测内冷水的水质情况，而且运行时存在 pH 值显示滞后的情况，目前应用很少。

5. 离子交换-充氮密封法

这种方法是内冷水箱充氮密封，水箱上面保持微正压，保持氮气压力不超过 100kPa，使水箱内的水与空气隔绝。从实际运行情况看，氮气压力维持较困难，密封效果不好，未除去内冷水及除盐水补充水中的二氧化碳，很难解决铜的腐蚀问题。

6. 添加缓蚀剂法

早期曾广泛使用适量的铜缓蚀剂和碱化剂配合使用，减少铜线腐蚀，常用的铜缓蚀剂以苯骈三唑（BTA）、2-硫醇基苯骈噻唑（MBT）为主，碱化剂以 NaOH 为主。但使用过程中，pH 值和电导率同时合格难调整，且有铜络合沉积等问题，因此现在很少使用。

7. 其他方法

（1）催化除氧法。内冷水中的溶解氧是铜导线发生腐蚀的根本原因之一。水中溶解氧对铜导线的腐蚀起到正反两个方面的作用。一般情况下，由于水中溶解氧的存在，铜导线发生氧化反应而被腐蚀。但是，在一定条件下，溶解氧与铜发生反应生成的氧化物在铜的表面形成一层保护膜，能有效阻止铜的进一步腐蚀。因此，去除水中溶解氧可以防止铜的腐蚀，控制在一定条件下的氧化法也能防止铜的腐蚀。德国西门子公司开发了一种去除发电机内冷水溶解氧的技术。向内冷水箱上部空间充氢气，使内冷水含有一定的溶解氢，在内冷水循环系统的旁路系统中，以钯树脂作接触媒介，使水中溶解氧还原为 H_2O，可将内冷水的氧质量浓度控制在小于 $30\mu g/L$。能有效控制铜导线的腐蚀。这种方法由于使用氧气而存在安全隐患，再加上钯树脂价格昂贵且对系统气密性要求高等原因，在国内没有应用。

（2）溢流换水法。发电机内冷水箱采取连续大量补入除盐水或凝结水，并保持溢流排水的运行方式，来控制内冷水导电率小于或等于 $2.0\mu S/cm$。

该处理方法简单易行，无须处理设备的投资和维护，也能够满足发电机内冷水水质的要求，但也存在着弊端。

发电机内冷水处理常用的几种方法各有利弊，在现场应用时应根据发电机组的类型、大小、冷却方式以及补水水质等因素加以选择确定，从安全可靠和经济性方面综合考虑。

四、发电机内冷水运行监督

DL/T 1039—2016《发电机内冷水处理导则》规定了内冷水 pH 值、电导率、含铜量和溶氧量 4 个水质指标。对于小型机组，一般采用投加铜缓蚀剂和频繁更换内冷水的方法来满足水质控制要求；对于大型机组，则是采用发电机制造厂家提供的小混床部分处理内冷水及充氮的工艺。

第三节　制氢原理及装置运行

用氢气作发电机的冷却介质时，也有一定的缺点，就是氢气与空气或氧气容易形成爆炸性气体，所以使用时要特别注意安全。

一、氢冷发电机的氢气系统

氢冷却方式的汽轮发电机要求建立专用的供气系统。该系统应具备以下功能：给发机充以氢气和空气；进行这两种气体的置换，补漏气；自动监视和保持氢的额定压力和纯度。具体地说，氢冷发电机的氢气系统主要由气体分配系统、气体净化系统、测量控制信号系统及安全消防系统组成，如图 10-1 所示。

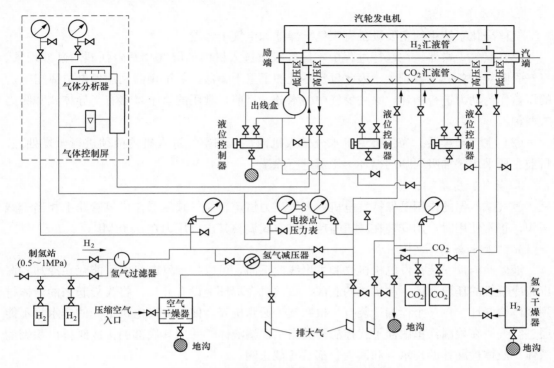

图 10-1　发电机氢冷却气体分配系统示意图

1. 气体分配系统

（1）氢气分配系统。氢气分配系统主要由制氢系统、储氢系统、阀门和管路组成。氢冷发电机的氢气来自厂内制氢站或采用外购氢气供氢方式。供氢设备包括氢气瓶单元组架、氢气汇流排、氮气瓶、惰性气体吹扫装置等。为了使制氢站在故障或正常检修时仍能正常供氢，必须备有足够储氢罐。全部储氢罐的有效容积应能满足 10 天运行的补氢量和置换最大机组一次用氢量的需要。储氢罐向现场供氢时一般都采用两根母管同事供氢又互相备用的双管供氢方式。这样既可以减伤操作量，又可防止备用管腐蚀。某电厂共设置 4 组钢瓶，每钢瓶组 20 瓶，每瓶 40L。汇流排系统采用双母管供气，整个供氢单元分为两大并列的供氢单元，在使用时可以相互切换互为备用。氢瓶初始压力为 15MPa，一级减压后转为 3.2MPa，二级减压后将压力控制在 0.3～0.5MPa。氢气集装格与汇流管通过软管连接，汇流管上设置有减压阀、止回阀、气动球阀。系统设置两套充氢汇流排，分别由 2 组氢气集装格汇集到一根母管上，然后经过减压阀二次减压后向发电机组供氢。

正常运行时，经补氢汇流排供氢，系统氢气纯度仪、氢气浓度检测仪、主厂房供氢压力等检测信号则送至 DCS，通过系统监控实现现场无人值守。

（2）空气分配系统。氢冷发电站正常时不允许空气作为冷却介质，但在气体置换或风压试验时可用空气为冷却介质。因此,系统中应安装压缩空气系统,以保证有可靠的压缩空气来源。使用前,压缩空气应先经空气干燥器后方可进入系统。发电机充空气后应将系统与氢管路隔绝开,防止氢气漏入机内与空气形成爆炸性气体而发生事故。

2. 气体净化系统

气体净化系统中的主要设备有氢气干燥器和空气干燥器。

(1)氢气干燥器。在运行过程中,氢气吸收进入机内的湿气会发生强烈的潮湿现象。氢气受潮对设备的危害较大,因此氢气系统加了氢干燥器。氢干燥器利用发电机风扇前后的压差作为动力进行循环,除去氢气中的水分。目前,常用的氢干燥器有半导体式和吸附式两种。

(2)空气干燥器。为了避免将水分带入机内,压缩空气进入机内前须进行干燥处理。目前主要采用添加吸附剂的循环干燥器进行除湿。

3. 氢气减压器

氢气减压器的作用是保持发电机内氢气压力恒定。氢气减压器在供氢管路上相当于减压阀,正常使用时,用安装在减压器后的排空阀调整其出口压力在 0.48MPa。

4. 液体检漏计

液体检漏计安装在发电机机壳和主出线盒下面,可以指示发电机内可能存在冷却器漏出或冷凝成的任何液体。在机壳的底部,每端机壳端环上设有开口,将收集起来的液体排到液体检漏计。每一个检漏计装有一根回气管通到机壳,使来自发电机机壳的排水管不能通过空气。在检漏汁里的浮子式控制开关指示泄漏液体,并用其底部的排放阀排出积聚的液体。液体检漏计的排水管和回气管都装有截止阀。

5. 氢气参数监测装置

发电机内氢气的纯度、压力和密度等参数的变化可直接通过位于分析系统柜上的表计指示。氢气纯度是通过氢气参数监测装置上的纯度风扇产生的压力来确定的。系统中使用一个负荷很小且转速恒定的感应电动机带动纯度风扇,使从发电机内抽出的氢气循环流动,因此,纯度风扇产生的压力与气体密度成正比。氢气纯度差压变送器和压力变送器将压力信号转换成电流信号,然后送至信号转换元件,通过综合运算即可直接在仪表上显示氢气压力、纯度和密度等参数。

6. 发电机局部绝缘过热报警装置

发电机局部绝缘过热报警装置的作用是监测发电机绕组和定子铁芯是否有局部过热现象,如有,则报警。

二、制氢设备

目前,国内生产的中压电解水制氢设备有 ZHDQ-3.2/5、ZHDQ-3.2/8、ZHDQ-3.2/12、CNDQ-5/3.2、CNDQ-l0/3.2 等多种产品,ZHDQ-3.2/10 产品型号的意义是中压电解水制氢,氢气压力 3.2MPa,氢气产量 $10m^3/h$。

1. 制氢原理

在直流电作用于氢氧化钾水溶液时,在阴极和阳极上分别发生下列放电反应:

阴极反应：

$$4e + 4H_2O \longrightarrow 2H_2\uparrow + 4OH^-$$

阳极反应：

$$4OH^- \longrightarrow 2H_2O + O_2\uparrow + 4e$$

阴阳极合起来的电解总反应式为：

$$2H_2O \longrightarrow 2H_2\uparrow + O_2\uparrow$$

所以，在以 KOH 为电解质的电解过程中，实际上是水被电解，产生氢气和氧气，而 KOH 只起运载电荷的作用。

2. 制氢供氢系统简介

以 ZHDQ-10/3.2 型中压水电解装置为例，制氢装置以双极压滤式电解槽为主体，主要的附属设备包括氢分离洗涤器、氧分离器、碱液循环泵、吸附干燥器、可控硅整流器、仪表控制柜、送水泵、氢气贮罐等。

(1) 制氢系统氢气产量为 $10m^3/h$（标况下），氢气纯度不小于 99.8%，露点温度不大于 $-50℃$。

(2) 设置水容积为 $13.9m^3$ 的氢气储罐 5 台，日常储氢压力在 2.30MPa 左右，可用储氢总量在 $1112m^3$（标况下）左右。

3. 中压电解水制氢装置

由电解槽电解出来的氢气经分离洗涤器后，再经过冷却就送入储存罐。由电解槽电解出来的氧气经分离洗涤器分离与洗涤后，直接送入储存罐或排放。由氢、氧分离洗涤器分离出来的碱液经过滤和冷却后，由循环泵送回电解槽。电解槽的碱液也由循环泵注入，而纯水则由专用补水泵送入氢、氧分离洗涤器。该电解制氢装置以双电极压滤机式电解槽为主体，主要的附属设备（如氢分离洗涤器、氧分离器、碱液循环泵等）都安装在一个框架内，组装后整体出厂。另外，还有一些配套设备，如晶闸管整流器、仪表控制柜、蒸馏水箱、送水泵、氢气储存罐等。

(1) 电解槽。电解槽为双电极压滤机式结构，是制氢装置中的主体设备。它由若干个电解小室组成，每个电解小室由阴极、阳极、隔膜、绝缘垫片及电解液构成。整个电解槽从中间分成左右对称的两截，中间接正极，两头接负极，左右两节各有 31 个小电解室，左半槽的小电解室之间、右半槽的小电解室之间均为串联连接，而左右两半槽整体为并联连接，总直流电压为 68V，小电解室电压为 68/31＝2.19V。总直流电流为 400～740A，小电解室电流为 200～370A。外形尺寸如图 10-2 所示。

由图 10-2 可知，电解液由电解槽中间极板两侧最下方进入，再由中间极板进入组合通道后分配至各电解室下部，然后从各小电解室一边上升一边电解，到各小电解室上部时已混合有氢气或氧气，最后从上部两端引出。这样便于电解液强制性循环、流动性好和分布均匀。

电解槽由极板框和极板组成放电的主体，氟塑和石棉布组成氟塑石棉隔膜垫，活化镍丝网和镍丝网组成正负副极板。中间极板，一个电解槽只有一块，只显正极；端极板左右各一块都显负极，整体电解槽由两块端极板用螺栓固定。

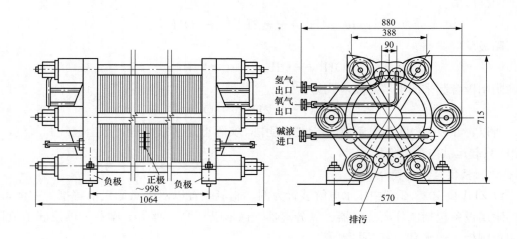

图 10-2　ZHDQ-3.2/10 型电解槽外形图

1）极板是电解槽的主要部件，有中间极板、左极板、右极板、左端极板和右端极板 5 种，但左右间的区别在于对称而方向相反，结构形式完全相同，所以实际只需介绍 3 种。

ZHDQ-3.2/10 型电解槽是分两截并联工作的，所以有中间极板，主极板用厚 2mm、直径为 560mm 的钢板冲压而成，压有均匀分布的凹凸点，以固定副极板，焊接在极板框上组成中间极板。中间极板外下方有接线板，供连接电源母线。中间极板是正极的起点，电流由此送往电解槽两侧各小室，所以极板两侧均为正极，放电面只用了向外的一面，都是接受氢氧根离子而出氧气，气孔通道只通氧气道。电解液由两侧进入中间极板的夹层内通道，再分配进入下部通往各电解小室。

镀镍是所有极板的最后一道工序，为防止氧对铁的氧化腐蚀，中间极板的向外两侧都要镀镍。镀镍层在装配前应做碳酸钠钝化处理。

左极板是指中间极板左侧的所有极板，右极板是指中间极板右侧的所有极板，左右两侧除上部排出氢气与氧气的孔方向相反外，其他完全结构一样。左（右）极板只有中间一块主极板，主极板完全与中间极板相同。同一块主极板，两侧表现的电性不同，一侧正电，另一侧负电。正负两侧全部经镀镍处理。

左（右）极板下半截有四个孔，较靠上的左右两个为进电解液孔，电解槽组合后此两个孔直通中间极板，最下面的两个孔为电解液进小室的孔，也是排放孔。中心线两侧上部有四个孔，一侧两个出氢气，另一侧两个出氧气。

端极板分左右各一块，结构相同方向相反。端极板的主极板与其他极板相同，左右端极板均为负极，都按阴极活化处理。端极板的半个小室都是排出氢气，排氧气的孔不与小室相通，进碱通道只是直通中间极板。

2）副极板。为了提高电解效率，必须增大电流密度，但主极板的面积是有限的，电流密度过大会造成发热等不利因素，所以在主极板两侧各增加阴极副极板和阳极副极板。副极板实际上不是板，而是纯镍丝编织成的网，镍丝细度只有 $\phi0.19mm$，网孔只有 $0.44mm\times0.44mm=0.1936mm^2$，是立体型的增加面积，比平面能扩大很多倍，这对增加电流有利。镍丝网副极板需经活化处理，常用烧结法。副极板镍丝网紧靠石棉隔膜，对保护石棉隔膜起很大作用，隔膜不易变形，被电解的离子又能顺利通过网状的副极板，要比平面的副极板好。

3）石棉隔膜垫。每一个电解小室分阴、阳两极，阴极产氢，阳极产氧，而氢与氧又绝对不能混合。被电解的氢离子、钾离子、氢氧根离子等还必须在小室内自由游向阴极与阳极，因此必须有一种既能隔离开两极产生的氢气与氧气，又不能阻止离子的游动的东西，石棉隔膜垫片就是起这种作用的。

可以做隔膜的材料还有聚丙烯、多孔镍板、钛酸钾纤维等，但用得较多的是石棉布。石棉布的缺点是，当温度高于 $100℃$ 时在碱液中有腐蚀现象。

ZHDQ-3.2/10 型电解槽是将石棉隔膜和聚四氟乙烯垫片合为一体，减少了组合中垫片的件数。

（2）氢气系统。从电解槽各小电解室阴极分解出来的氢气汇合后，与携带的碱液一起由碱液循环泵送入氢气分离洗涤器。在重力作用下，氢气与碱液分离，沿氢气管进入气体冷却器，冷却至 $45℃$ 以下后进入下部的气水分离器。在气水分离器中，氢气再将冷凝的水滴分离，含湿量降到 $5mg/L$ 以下，而后经过气动薄膜调节阀，再经过框架进入氢气储罐，供发电机氢冷使用。

氢气冷却器为管式表面冷却器，结构比较简单，氢气在冷却器内走管内，而冷却水走管外。这样一方面便于调节冷却水量，使氢气温度控制在 $30℃$ 以下，同时也避免氢气被二次污染。

（3）氧气系统。从电解槽的各小电解室阳极分解出来的氧气汇合后，与携带的碱液一起送入氧气分离器。在重力作用下，氧气与碱液分离，经气动薄膜调节阀后放空或经过框架二进入氧气储罐，供用户使用。

氧气是电解水制取氢气的副产物，所以，氧气分离器的结构比较简单，内部只有一个蛇形冷却水管。因为从电解槽出来的氧气只有氢气的一半，所以氧气携带的电解液不多，故分离器中可以省去洗涤，重点是冷却。

（4）碱液循环系统。从电解槽出来的携带有碱液的氢气或氧气，分别在氢气分离洗涤器和氧气分离器中依靠重力作用进行气、液分离，碱液在分离器底部的连通管中汇合，经碱液过滤器除去机械杂质，再经碱液冷却器冷却进入碱液循环泵，经泵加压后输送回电解槽，完成一个循环。

碱液循环的目的：

1）向电极区补充电解消耗的蒸馏水。

2）带走电解过程中产生的氧气、氢气和热量。

3）增强电极区域电解液的搅拌作用。

4）降低碱液中的含气度，降低小室电压，以减少能耗。

电解液过滤器外观呈圆筒状，底部有排污管，充氮气。滤筒四周有许多小孔，外圈包一层镍丝滤网。电解液由外圈向内通过镍丝滤网进入筒内，由上部侧面引出，杂质被截留在滤网上。电解液中杂质主要是在循环过程中，侵蚀作用产生一些铁的氧化物，电解槽内的石棉布也会脱落一些石棉纤维。

氧气出口在电解液过滤器之后又专门设置了一个冷却器，是在一个小的圆筒形容器内设置蛇形管，电解液走管内，冷却水走管外，冷却水源与两个分离器内的冷却水串联相接，先进入电解液冷却器后再进入两个分离器。

除了以上几种设备之外，还配置了补充水用的补水泵和电解液循环用的屏蔽式磁力泵。补水泵为 JZ200/400 型栓塞泵，额定流量为 200L/h，出口压力为 0～4MPa，往复次数为 102 次/rnin，栓塞行程为 32mm。屏蔽式磁力泵型号为 32CQ-25 型。

（5）补充水系统。在电解过程中，随着氢气和氧气的生成，水不断被消耗。补充水由补水箱供给，除盐水箱中的水通过补水泵送入氢气分离洗涤器，或送至碱液循环泵入口，与循环碱液一起输入电解槽。为保证电解水制氢设备压力系统中的气体和碱液在补水泵停转期间不外漏，在补充水管道上装有止回阀。

（6）冷却水系统。冷却水分为四路：

1）冷却水通过气动薄膜调节阀进入碱液冷却器，冷却碱液后再分别进入氢分离洗涤器和氧分离器，以冷却分离器中的碱液。冷却水量的大小由气动薄膜调节阀控制。

2）冷却水进入气体冷却器，以冷却同碱液分离后的氢气。冷却水量由手控截止阀调节。

3）冷却水进入碱液循环泵电动机，以冷却电动机。冷却水量由手控截止阀调节。

4）冷却水进入晶闸管整流柜，以冷却整流器元件。

（7）排污系统。在电解槽底部、碱液过滤器底部、气体冷却器底部及水泵、蒸馏水箱、碱液箱底部都装有专门的排污口，用以排出各种污物和残液、杂质等。

（8）储气系统。氢气可通过框架二进入氢气储罐，也可直接引至汽机房。

（9）控制系统。系统主要化学测量仪表有氢中微量氧分析仪、氢气分析仪、便携式气体露点测定仪、氢气检漏报警仪、在线氢气湿度分析仪、便携式氢气检漏报警仪。该装置除设有在控制室集中显示的仪表外，还装有压力、液位、温度等现场仪表。晶闸管各装置供给电解槽所需的直流电流。

控制柜对装置的压力、温度、氢（氧）液位进行自动调节，对压力、温度、氢（氧）液位上下限、氢体纯度等参数能集中显示和定期打印。该装置对主要参数设置了双重独立系统，当自控系统失灵，装置的运行状态达到危险值时，该独立系统可使装置自动声光报警停车，如温度、压力等。

制氢系统是一个安全系数要求很高的系统，主要是因为电解产生的氢气与氧气体积不等，如若不能即时调整氢气和氧气的出口阀门开度，必将造成氢气侧和氧气侧压力不能相等，在这种情况下，随时都有发生爆炸的可能。因此，必须随时调节氢气和氧气的出口门的开度，而且这种调节不能依靠人工而采用自动调节，包括标准气源、槽压调节、液位调节、槽温调节、补水调节等。

自动控制系统的设计原则是：按照操作程序及条件设置检测、调节、报警、连锁，以及自动切换电源等电气控制系统，以保证制氢装置可靠、安全、高质量地运行。

4. 电解液的配制

由于纯水的电阻率很高（$1.83 \times 10^7 \Omega \cdot cm$），电导率很低（$0.06 \mu S/cm$），导电能力很小，因此在电解水制氢时，必须向水中加入一种电解质，构成电解质溶液，以提高运载电荷的能力。

可以用作配制电解液的电解质不仅离子导电能力强，而且在电解过程中不分解、不挥发及不对电解槽和其他设备、管路产生腐蚀，所以氢氧化钾（钠）是最理想的电解质。其含有杂质时会影响氢气的纯度和大量消耗电能，所以氢氧化钾应符合表 10-2 的要求。

表 10-2　　　　　　　　　　氢氧化钾（钠）的纯度

项目和名称	KOH 或 NaOH 含量（%）	KCl 或 NaCl 含量（%）	硫酸盐含量（%）	碳酸盐含量（%）	其他金属离子
规范	>87~90	<0.1	<0.5	<0.1	无

电解液的质量标准应符合表 10-3 的要求。只有合格的电解质和补充水才能配制出合格的电解质溶液。超临界机组电厂补给水除盐水含盐量极低能满足要求。在配制和运行监督中，为方便起见，重点掌握其密度。

表 10-3　　　　　　　　　　电解液的质量标准

项目	单位	含量
KOH	g/L	200~260
$Fe^{2+} + Fe^{3+}$	mg/L	<3
Cl^-	mg/L	<800
Na_2CO_3	mg/L	<100

为了防止电解槽电极的腐蚀及改变电极板的表面状态，通常在电解液中加入一定量的非贵重金属的氧化物，以便在电极板表面上生成一层具有缓蚀作用的保护膜。这不仅有利于提高电极的电导能力，而且还有利于降低电极表面的含气度。在 ZHDQ-3.2/10 型电解液的配方中，通常加入五氯化二矾（V_2O_5），加入量为 2g/L，也有的加入四氧化三钴（Co_3O_4），加入量为 1g/L，因 Co_3O_4 难溶，采用较少。这些非贵重金属氧化物都称为缓蚀添加剂。

三、制氢设备常见异常及处理

1. 氢气和氧气的纯度不合格

（1）如果是石棉隔膜布破裂，致使氢、氧气体互相渗透，应停机更换石棉隔膜布。

（2）如果是电解小室的进液孔或出气孔被堵，或气体总出口或碱液循环系统被堵，产生气体压差相互渗透，应停机冲洗电解槽及管路系统，使其通畅。

2. 氢气的湿度不合格

（1）如果是电解槽温度过高，带出大量水蒸气，应降低电解槽的运行温度。

（2）如果是洗涤器和冷却器的冷却水量不足，应加大冷却水流量。

（3）如果是冷却器底部存水过多，应排尽冷却器底部存水。

（4）如果是干燥器内干燥剂或分子筛失效，应更换干燥剂和分子筛。

3. 电解槽运行温度过高

（1）如果是电解槽超负荷运行，应适当降低电解槽的负荷。

（2）当分离器的冷却水量不足时，应加大分离器的冷却水量。

（3）当电解液的浓度过大或碱管路堵塞时，应重新配电解液或冲洗碱管路。

4. 电解槽漏碱液

如果是密封和绝缘的石棉垫失去柔性或拉紧丝杠紧度不够，应更换石棉垫，或清洗电解槽和拉紧丝杠。

5. 电解槽极间电压过高或过低

（1）极间电压过低和气体纯度降低，可能是由于电解槽隔膜框、气道环、液道环处有沉积物而造成的短路现象，使极间电压降低，影响气体纯度。解决办法是查出短路原因，消除沉积物，使极间电压恢复正常。

（2）极间电压过高和气体纯度降低，可能是由于隔间出气孔或碱液管路和气流管路堵塞，造成隔间液面过低；也可能是由于碱液浓度过低或电解槽内液面过低造成的。另外，极板腐蚀严重，石棉布上附着沉淀物过多，也会造成电流密度和电阻增大，致使极间电压升高。在检查出事故原因后，可采取相应措施进行处理，一般可恢复正常。若仍然不见好转，则必须进行解体大修。

6. 电解槽的绝缘不良

造成绝缘不良的原因主要是检修后存有金属异物；石棉橡胶垫上碱晶体在潮解后流到绝缘片或绝缘套管上；绝缘套管经加热夹紧后有裂缝，水和碱残存于裂缝中；以及石棉橡胶垫片破裂等。

处理方法是用1%硼酸水擦洗绝缘器件，然后用纯水擦洗，再用空气吹干。更换有裂缝的绝缘套管及损坏的石棉橡胶垫。清洗全部绝缘零部件后，再用蒸汽通入分离器冷却管，保持电解槽液位高于出气管中线以上，并进行逆循环，然后加热至绝缘合格为止。

7. 制氢设备的出力降低

制氢设备出力不足，主要是由于电解槽内的电阻过大，因为在额定电压下难以达到额定电流值。此外，由于发生副反应和漏电损失，电流效率降低，也可造成制氢设备出力不足。通过采取如下措施，可以提高设备的出力：

（1）保证电解液的 KOH 浓度在 300～400g/L，使碱液密度在 1.25～1.30g/cm³ 之间。此外，还应设法消除阀门和其他部位的电解液泄漏。

（2）通过适当提高电解液的温度来增加其导电性能和降低氢、氧超电位。一般可以通过控制氢气的出口温度在 50～60℃来实现对电解液的温度控制。

（3）保持一定的液面高度，如果液面过低会使电阻增大，当电压一定时，就会使电解电流降低，影响设备出力。

（4）经常清洗电解槽，清除杂物，这样可减小电解槽的内阻，有利于提高出力。

（5）适当增加电解液的循环速度，可使电解液的浓度更加均匀、温度降低，并使电解液的含气度减小。电解液的循环速度也不宜过快，过快会使电解液与气体不能充分分离，从而影响气体的纯度和增加碱液的消耗。

第四节　氢气的存储及置换

一、储氢装置

（一）氢气储存

氢气的储存一般采用储氢罐和氢气钢瓶。储氢罐是用钢板焊接而成的密闭容器，工作压力为 0.1～1.5MPa。氢气钢瓶采用优质碳素钢、合金钢挤压或无缝钢管收缩而成，阀门采用黄铜或青铜制成，工作压力为 0.1～15MPa。

瑞金电厂二期工程氢汇流排和氢瓶集装格独立布置在供氢站内，并分别设置控制氢气瓶组的自动切换和漏氢的报警的控制间、汇流排间、实瓶间和空瓶间。供氢厂家每次以汽车运输方式运送氢瓶组至电厂，再通过补氢汇流排经二级减压后补氢至发电机。

（二）储氢装置的安全措施

1. 储氢罐

（1）储氢罐的位置应符合有关防火防爆规定，罐上应装有压力表、安全阀。

（2）应对储氢罐进行压强试验和气密性试验。

（3）罐区应用围墙，并设置禁火标志和防雷装置。

2. 氢气钢瓶

（1）氢气钢瓶应漆成深绿色，标有"氢气"字样，外观无破痕，阀体完整，试压检验日期用钢印打在气瓶肩部。

（2）充气时遵守安全规程，不允许超过最高工作压力。氢气瓶使用时必须留有一定量余气，压力不得低于 0.05MPa。

（3）气瓶存放和使用场所应有良好的通风，不得靠近热源及在阳光下曝晒，不准和腐蚀性、氧化性化学药品放在同一库内，氧气瓶、氢气瓶等必须隔离存放。

（4）气瓶在使用时应装减压阀，开启阀门要缓慢，搬运时要轻拿轻放，运输中应放置稳固。

（5）氢气钢瓶如果有以下情况之一时，应做报废处理。瓶壁有裂缝、鼓泡或明显变形；气瓶壁厚小于 3mm；经水压试验，气瓶的残余变形率大于 10%；气瓶质量损失大于 7.5%；气体容积增大率大于 3%；气瓶使用年限超过 30 年等情况出现时。

二、氢气的置换及使用注意事项

1. 气体置换方式

当氢冷发电机组由运行转入停机检修，或检修后机组启动转入运行，或氢气供应不足发生故障时，都存在将机内氢气转为空气或由空气转为氢气的过程。因此，为防止氢气与空气接触形成可爆炸性气体，必须使用一种中间气体使氢气与空气隔开，互不接触。通常用的中间气体是二氧化碳和氮气，它们都是既不燃烧又不助燃的惰性气体。二氧化碳作中间气体优点是二氧化碳的密度比氢气大，易于和氢气分离，同样也易与空气（平均相对分子量约 29）分离。二是氮气中往往含有腐蚀性杂质（工业普氮很多是通过压缩空气液化后纯化制取）；缺点是残留量多且氢气湿度大时造成金属酸性腐蚀。比较纯的氮气则无侵蚀性，但氮气（相对分子量约 28）与空气密度差小，置换过程耗气量增加。这种利用中间气体排除氢气或空气，或用氢气排除中间气体的过程称为间接气体置换。另一种是采用抽真空法，即利用真空泵将机壳内氢气（或空气）抽出，以减小氢气与空气混合，这种过程称为直接置换。

2. 气体置换操作

氢冷发电机组的气体置换操作可以在转子静止状态或转动状态下进行，但不能在启动过程中进行，因为启动过程中发电机运行不稳定，有可能出现火花而导致事故。

（1）间接置换操作。

1）发电机由空气冷却转换为氢气冷却的操作。用二氧化碳作中间置换气体时，二氧化碳的含量要求大于 95%，水分的含量小于 0.1%。用氮气作中间置换气体时，要求氮气的纯度大于 95%，水分的含量小于 0.1%。由氢气的性质知道，氢气与空气混合时，爆炸范围的上限是氢气占 76%，空气占 24%，而空气中氧气占 21%，所以在爆炸上限的混合气体中，氧气的含量为 24%×21%＝5.04%。因此，发电机在充氢以前，必须用惰性气体排除机壳内的空气，使气体中氧气的含量降到小于 5.04% 以下才是安全的。

所以，当发电机由停运转入运行时，应首先用 1.5～2.0 倍发电机容积的氮气（或二氧化碳）驱出氢气系统中的空气。如充入 2.0 倍发电机容积的 CO_2 气体，空气的含量将降低到 14% 左右，气体中氧气的含量也随之降为 3% 左右。具体操作时，应先开启排气门，再向机壳内充二氧化碳，充气速度先慢后快，当二氧化碳排气管中二氧化碳的含量大于 95% 和压力大于 50kPa 时，才可结束充气。当用氮气代替二氧化碳作中间置换气体时，氮气必经从原氢气母管送入，空气从二氧化碳母管排出，充氮一直到排出的混合气体中氧含量小于 2% 为止。

然后再用氢气排除氢冷系统中的二氧化碳或氮气。先开启氢气母管通向发电机的闸门和排气门，使氢气从发电机上部进入，将氢气系统内的二氧化碳或氮气驱出，一直到氢气含量大于 90%、氧含量小于 2% 和氢气压力大于 200～400kPa 时为止。向发电机充入的氢气纯度不应低于 99.5%，氧含量不大于 0.5% 和水分含量不大于 $10g/m^3$。发电机的充氢大约需要 2.5～3.5 倍发电机容积的氢气。

2）发电机由氢气冷却转换为空气冷却的操作。当氢外冷发电机需停机检修或系统发生故障时，允许短时间空气冷却。这时先用二氧化碳或氮气驱出系统内的氢气。二氧化碳或氮气从发电机下部充入，氢气从上部排出。当二氧化碳的含量大于 95%，或当用氮气排氢时，混合气体中氢气含量小于 3% 时，可认为排氢结束。

然后再用空气排出系统中的二氧化碳，即用经干燥过的空气从原氢气母管进入机内，驱出机内的二氧化碳。当机内空气含量达到 90% 时，可认为充空气结束。当用空气驱出机内氮气时，因空气比氮气的密度大，需将空气由原二氧化碳母管进入发电机下部，氮气从发电机上部氧气母管排出，当机内空气含量达到 90% 时，可认为充空气结束。

（2）真空置换操作。当发电机由停运转入运行时，首先用真空泵（或抽气器）抽真空到真空度为 96% 以后方可充入氢气，直至氢气合格为止。当发电机由氢冷转入停运检修或空气冷却时，同样先用真空泵抽真空到真空度为 96% 时，方可充入中间惰性气体，直到残余氢气含量合格为止。

在气体置换过程中，无论发电机处于何种状态，油密封的供油不能停止。

发电机的气体置换是一项非常重要的操作，它关系到设备和人身的安全。在监督中应安排 2 名有经验的化验员进行分析，并且需要进行平行试验以保证分析的准确性。

3. 供氢系统的运行操作

投运前的准备工作如下：

（1）新建设备投运前必须按照生产厂家规定的额定压力 1.5 倍的超压试验或 1.25 倍的密封性试验，要求所有系统管道严密不漏。

（2）供氢气系统检修后，应用置换气体做严密性试验，试验压力为系统工作压力。

（3）现场备足二氧化碳、氢瓶，纯度大于 99.0%。

（4）氢气纯度仪、露度仪等分析仪器完好。

（5）消防器材完好（二氧化碳或 1211 灭火器）。

（6）值班人员应熟知氢气特性、熟悉氢系统和操作规程，并经考试合格。

4. 发电机气体置换

（1）电机由空气状态置换到氢气状态。

1）用 CO_2 置换空气。①从发电机外壳底部充入 CO_2，从外壳上部排出气体（若中间气体为 N_2，则 N_2 从上部充入，空气从下部排出），在排气管道上取样分析。②当 CO_2 含量大于 85%（实际掌握 90%）时，操作人员排死角气体 3～5min。③当 CO_2 含量达到 95% 以上时，操作人员停止充 CO_2，立即用氢气置换 CO_2。

2）用氢气置换 CO_2。①从发电机外壳上部充入纯度大于 98%，湿度不大于 $≤0.5g/m^3$ 的氢气，从发电机外壳底部排出气体，在下部排气管道上取样分析。②当氢气含量达到 95% 时，操作人员排死角 3～5min。③当分析氢含量达到 96% 以上时，通知置换完毕。

（2）发电机由氢气状态置换到空气状态。

1）用 CO_2 置换氢气。①从发电机外壳底部充入 CO_2，从外壳上部排出，在上部排出管道取样分析。②当 CO_2 含量达到 90％以上时，操作人员排死角 3～5min。③当 CO_2 含量达到 95％时，停止充 CO_2，立即用空气置换 CO_2。

2）用空气置换 CO_2。①从发电机外壳上部充入空气，由发电机外壳底部排出气体，在底部排气管道取样分析。②当 CO_2 含量<10％以上时，操作人员排死角 3～5min。③当分析 CO_2<5％时，通知置换完毕。

三、发电机漏氢

氢气是最轻的气体，它有很强的渗透性和扩散性，因此在充满氢气的容器中很容易造成泄漏。

1. 氢冷发电机组漏氢的原因

（1）由于大型发电机组机体庞大，结合面多，而且光洁度和平面度加工困难，以及施工组装水平等因素，都会导致结合面处漏氢。

（2）由于密封瓦和瓦座的间隙调整不合格，以及因氢侧密封油压降低使氢气漏入油中，也会导致漏氢。

（3）由于机内的氢气冷却器是列管式换热器结构，水平铜管胀接在两端的多孔板内，严密性难以保证，也会造成漏氢。因此，在运行中，为保证冷却水不漏入氢气中，必须保证氢压大于冷却水压。

（4）发电机的出线套管的瓷件与法兰之间常用水泥黏合剂结合，很容易脱落而漏氢。因此，机组每次大修之后，必须作查漏试验。大修后的查漏点及其标准见表 10-4 所示。

机壳内的氢气通过机上的漏泄点漏到机壳外的空气中，称为外漏。由于其扩散速度快，一般危险性较小。内漏则造成系统设备内爆炸气体聚集，应定期分析其含氢量，发现气体含量增大时应及时查找原因并消除。

表 10-4　　　　　　　　发电机大修后的查漏点及其标准

查漏油部件或系统	试验压力（风压，MPa）	合格标准
定子	0.35	漏气率小于 1％
转子	0.5	6h 压降小于 20％初压
氢气冷却器	0.5	0.5h 无泄漏
氢及二氧化碳管路	0.6	4h 平均压降小于 666.610Pa
氢控制盘	0.6	—
定子内冷水系统	0.6（水压）	4h 压力不下降
线套管	0.4	无泄漏

2. 发电机找漏

目前电厂中普遍采用的氢气找漏的方法主要有肥皂水找漏和仪器找漏两种。

（1）肥皂水找漏。它是一种简单易行、效果良好的方法，主要用于停机后的找漏。在可能泄漏处涂上肥皂水，若漏氢将产生肥皂泡。

（2）微量氢测定仪找漏。运行中常采用微量氢测定仪进行找漏。根据表计指示的氢气浓度，能大致地判断出漏氢的严重程度。

微量氢检测仪主要是由气敏电阻组成，它是一种由氧化亚锡构成的多微孔状物质，当遇到还原性气体（如氢气）时，半导体的电导率增加，阻值下降。发出的信号放大后指示出来。微量氢检测仪是电力系统常用的检查仪器，它的测定结果的准确性将直接影响设备和人身的安全。因此，在使用时应严格按说明书操作并按要求定期进行灵敏度和准确性检定。

四、发电机的油密封

为了防止发电机氢气向外泄漏或漏入空气，发电机氢冷系统应保持密封，即氢冷发电机要求把氢气密封在发电机的机壳内，但发电机的大轴又要穿过机壳两端，大轴要转动，故发电机的轴承部位是唯一未经过严格密封的地方，所以必须采用可靠的轴密封装置。目前，氢冷发电机多采用油密封装置，即密封瓦，瓦内通有一定压力的密封油，密封油除起密封作用外，还对密封装置起润滑和冷却的作用。因此，密封油系统的运行必须同时实现密封、润滑和冷却这三个作用。向密封轴瓦供油的原则是：氢气侧密封油压既大于氢气压力，也大于空气侧油压。

由于密封瓦的结构不同，密封油系统的供油方式也不同，主要有单回路供油系统和双回路供油系统。

1. 单回路供油系统

单回路供油系统即向密封瓦单路供油，系统一般设置交流密封油泵、直流密封油泵、射油泵，有些系统还有高位阻尼油箱共四个油源。为了保证油质和油温，密封油系统中还有滤网和冷油器设备。单回路供油系统由于只有一路油源，使得密封油被发电机内氢气污染的油量较大，因而需要与汽轮机油系统分开，并配置专门的油除气净化设备。同时，油也将气体带入发电机内，使氢气受到污染而增加发电机的氢气损耗。

2. 双回路供油系统

双回路供油系统具有两路油源：一路是供向密封瓦空气侧的空侧油；另一路是供向密封瓦氢气侧的氢侧油。其中，空侧油中混有空气，氢侧油中混有氢气。两个油流在密封瓦中各自成为一个独立的油循环系统，空、氢侧油压通过油系统中的平衡阀作用而保持一致，从而使得在密封瓦中区（两个循环油路的接触处）没有油的交换。因此，可以认为双回路供油系统中被油吸收而损耗的氢气几乎为零（氢侧油吸收氢气至饱和后将不再吸收氢气）。空侧油因不与氢气接触，故不会对氢气造成污染。

双回路供油系统即向密封瓦双路供油，在密封瓦内形成双环流的供油型式，有空侧和氢侧分别独立的两路油。其油路是在单回路供油的基础上，增加一套氢侧油泵、氢侧密封油箱、滤网、冷油器等设备，使供油系统比单回路供油复杂一些。

3. 油密封轴瓦

氢冷发电机油密封系统中的关键设备是油密封轴瓦。一路密封油路，分别进入汽轮机侧和励磁机侧的密封瓦，经中间油孔沿轴向间隙流向空气侧和氢气侧，形成的油膜起到了密封润滑和冷却作用，然后分两路（氢侧和空气侧）回油。所以，这种密封油系统是介于单回路供油和双回路供油之间的一种密封油系统。

五、氢爆问题

1. 氢爆的基本概念

氢气的着火。燃烧和爆炸是氢气的主要特性。氢的燃烧性能好，氢氧焰可达 3400K 的高温。纯氢的火焰无色，氢燃烧的产物是水，不污染环境。

氢气的着火温度较高，但其着火能量很小。当氢气-空气混合物中氢气纯度为 30% 时，其着火能量为 0.02mJ，很容易着火。甚至化学纤维织物产生的静电能量也比氢气着火能量大几倍。因此，在接触氢气的环境中，应尽量减少和防止静电的积聚。氢气的燃烧过程由于密闭。引燃的状况和气体成分的不同，可成为爆燃和爆轰这两种燃烧反应之一。

2. 发生氢爆的条件

（1）氢气在其与空气（氧气）的混合气体中的含量达到一定的比例。当氢气在空气中的体积含量为 4.0%～75.0%，或氢气在氧气中的体积含量为 4.65%～94.0%，才形成易爆炸气体。其中 4.0% 与 4.65% 为爆炸下限、75.0% 与 94.0% 为爆炸上限。

（2）混合气体处于密闭的容器内。

（3）有明火触发。

3. 氢气着火

氢气时一种能自然的可燃性气体。常温下，氢气的化学性质不十分活泼，但在明火引燃或触媒剂的作用下，会与氧气发生反应。氢气着火的部位都是漏氢的地方，尤其是运行中温度较高的地方或氢气急剧漏出的地方，如引出线套管铜棒处、氢母管等。由于机内或管内氢压高，氢气着火时火焰一般只向外喷。因此，着火时应设法切断氢源或用二氧化碳（置换气体）进行灭火。

第五节　发电机氢气纯度、压力及温度的监测

为使氢冷发电机组稳定、安全、经济运行，必须对机壳内的氢气纯度、湿度、温度和压力等参数进行控制。

一、氢气品质控制

外购氢气的品质应满足 GB/T 3634.1—2006《氢气　第 1 部分：工业氢》的规定并符合下列要求：纯度≥99.5%（按容积计），露点温度≤−50℃。

系统气体在规定部位的取样检测项目、标准和检测周期如表 10-5 所示。

表 10-5　　　　　　　　　　系统气体纯度控制指标

取样部位	项目	标准	分析时间
氢瓶	氢气纯度	≥99.5%	接收时检测
供氢站	空气含氢量	<1.0%	充氢前后各一次

取样部位	项目	标准	分析时间
氮气瓶	氮气纯度	≥98.0%	置换前
二氧化碳瓶	二氧化碳纯度	≥98.0%	置换前
氢气汇流排	氢气纯度	≥99.5%	每周一次
	露点	≤−25℃	每周一次
发电机	露点	−25～−5℃	每周一次
	氢气纯度	≥96%	每周一次

二、气体的取样及试验方法

（一）气体取样

取样是化验的第一步，所取样品气体能否代表被化验气体的全面性是一个关键，一定要克服设备各种不便取样的缺陷，使所取气体样品具有代表性。

（1）取样用的容器、管道应保持清洁、干燥，不能有油污，胶管不能受热变质，应放在干燥地方。

（2）取样时打开阀门，缓慢排放 1～2min（发电机与干燥器停运时取样，取样管冲洗至少 5min 后方可取样），将管道内残存气体排净，待排出机内或罐内有代表性的气体后，再进行收集取样。

（3）常用的取样容器是球形胶袋（球胆），每次取样应进行 4～5 次置换排气，才能保证所取样品气体的正确性；取氢气样品时置换排放的方法是出气管口向下排气，取二氧化碳气体时则相反，是管口向上排气。

（4）取有压力的气体样品，球胆不能吹得过大，尤其是取氢气，球胆过大时胶袋皮很薄，氢气容易渗漏，影响化验结果；取样时气体流量应在 10～20L/min 之间。

（5）进行发电机氢气系统取样，必须在通知主机运行人员后方可进行取样；取样时取样人员不得离开现场。

（6）发电机和制氢系统都应装有取样阀门，遇有不规范地点取样，则需临时更改取样接头，如胶塞等方法。

（二）氢气纯度的测定注意事项

氢气纯度的测定方法参照标准方法测定，需要注意以下：

（1）气体分析前必须检查仪器严密性。

（2）做成分含量较小的试验时，取样体积控制在 99.5～100.5mL，可按 100mL 计算。

（3）做成分含量较大的试验时，按实际取样体积计算。

（4）在分析气体的操作中，必须做到两次吸收后，读数相等，方可记录读数。

（5）做气体置换的气体分析时，判断是否符合标准，必须采样、分析二次以上。

（6）气体分析时，两次吸收分析结果的误差值应小于 0.1mL，否则应检查仪器和操作的原因。

（7）做成分含量较大的试验时，应考虑仪器梳形管体积校正值。

（8）在分析操作过程中，应避免吸入空气或吸收溶液窜入梳形管中。

（9）记录读数时，平衡瓶的凹液面必须与量筒内的凹液面保持同一水平。

（10）经常检查焦性没食子酸吸收液是否失效。检查方法是测定空气中氧含量，若小于 20%，即为失效。

（三）氢气湿度

发电机对机内氢气的湿度也有规定要求，按照 DL/T 651—2017《氢冷发电机氢气湿度技术要求》规定，在运行氢压下的氢气湿度必须低于允许湿度高限。要保持氢气的湿度在规定范围之内（如氢气绝对湿度不大于 $5g/m^3$），就必须不断地除湿。氢气除湿的方法有两种，一种是冷凝法；另一种是吸附法。

三、供氢管理要求

供氢站安全规定包括以下几个方面：

（1）氢和氧混合有爆炸危险，其下限为氢 5%、氧 95%；上限为氢 94.3%、氧 5.7%。氢和空气混合也具有爆炸危险，其下限为氢 4.1%、空气 95.9%；上限为氢 74.2%、空气 25.8%。

（2）氢气设备管道冻结，只能用蒸汽或热水解冻，严禁用火烤。

（3）氢气、氧气系统的阀门，开关应缓慢进行，严禁急剧操作、排放，以免发生自燃爆炸。氢气系统严密性检查，应使用肥皂水或氢气检漏报警仪进行。

（4）供氢室应备用二氧化碳灭火器、沙子、石棉布等消防器材，值班员负责妥善保管，并熟知使用方法。

（5）油脂和油类不许和氧气管路、设施接触，以防剧烈氧化而燃烧，进行调整维护时，手和衣服不应沾有油脂，制氢设备运行中进行检修工作，应使用铜或镀铜工具，防止发生火花。

（6）非吹扫、置换状态下，氮气进气阀门、氮气瓶阀为关闭状态。系统未经置换不得供氢。

（7）在更换集装格时，汇流排上氢气进气阀为关闭状态，减压组件上的切断阀为关闭状态，输氢软管与减压组件为一整体。

（8）补氢系统运行时，不得进行任何检修作业。若必须检修，需先停止补氢装置，然后用氮气置换。在供氢站内动火时，必须办理动火工作票：必须在装置和管道内通入氮气置换掉系统内氢气，必须对补氢间空气中氢气浓度进行分析，合格后方可动火。

（9）供氢站内严禁明火、吸烟、穿钉鞋，操作人员不准穿合成纤维、混纺、毛料工作服，进入供氢站前需先释放静电。严禁金属铁器等物相互撞击，以免产生火花。

（10）供氢站内禁止存放易燃易爆物，禁止无关人员随便出入。

（11）手动操作阀门切记轻且缓，减压阀调节不得超出调节范围，不当操作可能会使减压阀失效。

（12）高压金属软管在使用过程中不要用力拉，不要打死弯，避免产生断裂。

（13）分析仪在未通气时最好关闭电源，因为长时间暴露在空气中有可能使探头失效。分析仪表遵循开机先通气后通电的顺序，关机遵循先关电再关气的顺序。

（14）使用过程中要观察二级压力，各部件是否有泄漏。

第十一章 脱 硝 系 统

煤炭是一种重要的能源资源，当今世界上电力产量的60%是利用煤炭资源生产的。中国又是一个燃煤大国，一次能源的76%是煤炭，其中一半用于燃煤电厂，燃煤发电量约占全国总发电量的70%左右。煤燃烧排放烟气中含有硫氧化物 SO_x（主要包括 SO_2、SO_3）和氮氧化物 NO_x（主要包括 NO、NO_2、N_2O_3、N_2O_4、N_2O_5），其中 SO_2、NO 和 NO_2 是大气污染的主要成分，也是形成酸雨的主要物质。脱硫、脱硝即是除去或减少燃煤过程中的 SO_2 和 NO_x，而如何经济有效地控制燃煤中 SO_x 和 NO_x 的排放量是我国乃至世界节能减排领域中急需解决的关键问题。

第一节 脱硝系统概述

氮氧化物排放量 NO_x 排放量近70%来自于煤炭的直接燃烧，火力发电厂是 NO_x 排放的主要来源之一。降低 NO_x 的污染主要有两种措施：一是控制燃烧过程中 NO_x 的生成，即低 NO_x 燃烧技术，亦称一级脱氮技术；二是对生成的 NO_x 进行处理，即烟气脱硝技术，亦称二级脱氮技术。目前低 NO_x 燃烧技术主要有二段燃烧法、炉内脱氮（三段燃烧）、烟气循环法和低 NO_x 燃烧器等，而烟气脱硝是近期内 NO_x 控制中最重要的方法，目前脱氮效率最高、最为成熟的技术是选择性催化还原（Selective Catalytic Reductio n，SCR）技术。目前世界上研究开发的烟气脱硫脱硝一体化技术可分为两大类：一类是应用传统的烟气脱硫技术（FGD）联合选择性催化还原技术（SCR）各自独立工作分别脱除烟气中的 SO_2 和 NO_x 的联合脱硫脱硝技术；另一类是应用一种技术在整个系统内同时脱除 SO_2 和 NO_x 的新的 SO_x/NO_x 联合脱除技术，即同时脱硫脱硝技术。目前同时脱硫脱硝技术大多处于研究阶段，烟气同时脱硫脱硝工艺的研究又大多集中在干法上，尚未得到大规模工业应用。

一、低 NO_x 燃烧技术

低 NO_x 燃烧技术是利用改变燃烧条件和燃烧方法来控制 NO_x 产生及减少燃料中 N 向 NO_x 的转化率。

（1）利用改变燃烧条件的控制方法降低空气比，降低燃烧温度，减少 NO_x 转化率；减少空气预热，降低燃烧温度，控制 NO_x 的生成；降低燃烧室热负荷，即降低燃烧室气体温度，从而控制 NO_x 生成。

（2）利用改变燃烧方式的控制方法采用低 NO_x 燃烧器，改变燃烧的空气的混合方式，控制 O_2 的浓度，降低火焰温度，缩短滞留时间，从而控制 NO_x 的生成；采用二段燃烧法，控制燃烧温度而减少 NO_x 的生成；采用烟气再循环燃烧法，一般循环比在 $10\%\sim20\%$；炉内喷水或蒸汽，增加燃烧气的热容量，降低燃烧温度，从而降低 NO_x 生成。

二、烟气脱硝技术

烟气脱硝技术也有湿法脱硝和干法脱硝之分，主要有气相反应法、液体吸收法、吸附法、液膜法、微生物法等几类。

（1）气相反应法包括三类：

1）电子束照射法和脉冲电晕等离子体法，是利用高能电子产生自由基将 NO 氧化为 NO_2，再与 H_2O 和 NH_3 作用生成 NH_4NO_3 化肥并加以回收的方法。

2）选择性催化还原法、选择性非催化性还原法和炽热碳还原法，是在催化或非催化条件下，用 NH_3、C 等还原剂将 NO_x 还原为无害 N_2 的方法。

3）低温常压等离子体分解法，利用超高压窄脉冲电晕放电产生的高能活性粒子撞击 NO_x 分子，使其化学链断裂分解为 O_2 和 N_2 的方法。

（2）液体吸收 NO_x 的方法较多，应用较为广泛。NO_x 可以用水、碱溶液、稀硝酸、浓硫酸等吸收。但是，由于 NO_x 不是均易溶于水或碱溶液，因而湿法脱硝效率一般比较低。

（3）吸附法脱除 NO_x。常用的吸附剂有分子筛、活性炭、天然沸石、硅胶及泥煤等，其中有些吸收剂如硅胶、分子筛、活性炭等，兼有催化的性能，能将废气中的 NO 催化氧化成 NO_2，然后可用水或碱吸收而得以回收。吸附法脱硝效率高，能吸收 NO_x，但是因吸附量小，吸附剂用量多，设备庞大，再生频繁等原因，应用不广泛。

（4）液膜法净化烟气是美国能源部能源技术中心开发的一种脱硝技术。国外如美国、加拿大、日本等国对液膜法进行了大量的研究。液膜为含水液体，原则上对 NO_x 有吸附作用的液体都可以作为液膜。

（5）微生物法烟气脱硝原理。其原理是适宜的脱氮菌在有外加碳源的情况下，利用 NO_x 作为氮源，将 NO_x 还原成最基本的无害的 N_2，而脱氮菌本身获得生长繁殖。其中 NO_2 先溶于水中形成 NO_3 及 NO_2 再被生物还原为 N_2，而 NO 则是被吸附在微生物表面后直接被微生物还原为 N_2。

目前脱硝效率最高、最为成熟的技术是选择性催化剂还原法（SCR）技术，美国、日本将该技术作为主要的电厂控制 NO_x 技术。较为成熟的气相烟气脱硝技术还有电子束照射法和脉冲电晕等离子体法。选择性非催化还原技术（SNCR）是用 NH_3、尿素等还原剂在 $850\sim1250℃$ 的高温区喷入炉内与 NO_x 进行选择性反应，不用催化剂，热量浪费、反应效率低且水冷壁腐蚀等问题使应用减少。液膜法和微生物法尚处于发展阶段，还不成熟。

但是，SCR 技术也具有一定的缺点，比如投资成本、运行成本较高；催化剂活性、寿命不够长，价格较贵等问题。

三、脱硝反应原理

选择性催化剂还原烟气脱硝技术主要化学反应如下：

$$4NH_3 + 4NO + O_2 \longrightarrow 4N_2 + 6H_2O$$

$$4NH_3 + 2NO_2 + O_2 \longrightarrow 3N_2 + 6H_2O$$

因此反应产物为对环境无害的水和氮气。工业应用时须安装相关反应的催化剂，在催化剂的作用下其反应温度降至400℃左右，否则在800℃以上的条件下才具备足够的反应速度。

SCR（脱硝系统）催化剂的工作温度是有一定范围的，温度过高（>450℃）时催化剂会加速老化，锅炉省煤器后温度正好处于这一范围内，这为锅炉脱硝提供了有利条件；当温度在300℃左右时，在同一催化剂的作用下，另一副反应也会发生：

$$2SO_2 + O_2 \longrightarrow 2SO_2$$

$$NH_3 + H_2O + SO_3 \longrightarrow NH_4HSO_4$$

即生成氨盐，该物质黏性大，易黏结在催化剂和锅炉尾部的受热面上，影响锅炉运行。因此，只有在催化剂环境的烟气温度在305～425℃之间时方允许喷射氨气进行脱硝。

四、影响 SCR 脱硝效率的因素

1. 烟气温度

脱硝一般在305～420℃范围内进行，此时催化剂活性最大。所以SCR反应器布置在锅炉省煤器与分级省煤器之间。

2. 飞灰特性和颗粒尺寸

烟气组成成分对催化剂产生的影响主要是烟气粉尘浓度、颗粒尺寸和重金属含量。粉尘浓度、颗粒尺寸决定催化剂节距选取，浓度高时应选择大节距，以防堵塞，同时粉尘浓度也影响催化剂量和寿命。某些重金属能使催化剂中毒，例如砷、汞、铅、磷、钾、钠等，尤以砷的含量影响最大。烟气中重金属组成不同，催化剂组成就不同。

3. 烟气流量

NO_x 的脱除率对催化剂影响是在一定烟气条件下，取决于催化剂组成、比表面积、线速度 LV 和空速 SV。在烟气量一定时，SV 值决定催化剂用量。LV 决定催化剂反应器的截面和高度，因而也决定系统阻力。

4. 中毒反应

在脱硝同时也有副反应发生，如 SO_2 氧化生成 SO_3，氨的分解氧化（>450℃）和在低温条件下（<280℃）SO_2 与氨反应生成 NH_4HSO_3。而 NH_4HSO_3 是一种类似于"鼻涕"的物质会附着在催化剂上，隔绝催化剂与烟气之间的接触，使得反应无法进行并造成下游设备堵塞。

催化剂能够承受的温度不得高于420℃，超过该限值长时间运行，会导致催化剂烧结。

5. 氨逃逸率

氨的过量和逃逸取决于 NH_3/NO_x 摩尔比、工况条件和催化剂的活性用量。应控制在 3mg/kg 以内。

6. SO_3 转化率

SO_2 氧化生成 SO_3 的转化率应控制在 1% 以内（一些厂家推荐≤0.75%）。

7. 催化剂结构型式

脱硝装置中脱硝催化剂采用了结构形式上最常见的蜂窝型。蜂窝型催化剂的特点是表面积大，体积小，机械强度大、阻力较大。

8. 防爆

SCR 脱硝系统采用的还原剂为氨，其爆炸极限（在空气中体积%）15%～28%，为保证氨注入烟道的绝对安全以及均匀混合，需要引入稀释风，将氨浓度降低到爆炸极限以下，一般控制在 5% 以内。

五、脱硝系统

1. 主要工艺流程

自脱硝剂制备区域来的氨气与稀释风机来的空气在氨/空气混合器内充分混合后进入烟道。稀释风机流量按 100% 负荷氨量的 1.10 倍对空气的混合比为 5% 设计。氨的注入量控制是由 SCR 进出口 NO_x 和 O_2 监视分析仪测量值、烟气温度测量值、稀释风机流量、烟气流量来控制的。

为保证氨不外泄，稀释风机出口阀设有故障连锁关闭，并发出故障信号。

混合气体进入位于烟道内的氨注入格栅，在注入格栅前设有手动调节和流量指示，在系统投运初期可根据烟道进出口检测 NO_x 浓度来调节氨的分配量，调节结束后可基本不再调整。氨气的喷入量少会使脱硝效率过低，过大容易导致氨逃逸率上升造成尾部烟道积灰。同时，4 组手动调节支管划分为 1 个自动控制区域并设有 1 个电动调节阀门，在系统投运期间可根据反应器出口巡检分区 NO_x 浓度来调节对应分区的氨分配量，实现智能化氨注入系统。

混合气体进入烟道通过氨/烟气混合器再与烟气充分混合，然后进入 SCR 反应器，在催化剂的作用下，氨气与烟气中的 NO_x 反应生成氮气和水从而达到除去氮氧化物的目的。SCR 反应器操作温度可在 305～420℃，SCR 反应器的位置位于省煤器与分级省煤器之间，温度测量点位于 SCR 反应器前的进口烟道上，温度异常时，温度信号将自动连锁关闭氨进入氨/空气混合器的快速切断阀。

在 SCR 反应器内氨与氧化氮反应生成氮气和水，其随烟气进入空气预热器。在 SCR 进口设置 NO_x、O_2、温度监视分析仪，在 SCR 出口设置 NO_x、O_2、NH_3 监视分析仪。NH_3 监视分析仪监视 NH_3 的逃逸浓度小于 3mg/kg，超过则报警。

SCR 入口 NO_x 设计浓度 $280mg/m^3$，出口 $NO_x \leqslant 28mg/m^3$，效率 $\geqslant 90\%$，氨逃逸最大值小于 3mg/kg，SO_2/SO_3 转化率小于 1%，NH_3/NO_x 摩尔比小于 0.931。在 100% BMCR 负荷时，氨耗量为 290kg/h，尿素耗量为 530kg/h。

在氨气进入装置分管阀后设有蒸汽预留阀及接口，在停工检修时用于吹扫管内氨气。

锅炉燃烧产生的飞灰将流经反应器，为防止反应器积灰，每层反应器入口布置有吹灰器，通过吹灰器的定期吹扫来清除催化剂上的积灰。设置的蒸汽吹灰器，吹扫介质为蒸汽；设置声波吹灰器，吹扫介质为仪用压缩空气。

2. 脱硝系统设备组成

本工程的烟气脱硝工艺，一炉一个反应器，反应器本体中触媒总层数：3（初始层）＋

1（预留层）＝ 4 层；存储、卸料、尿素制氨等为公用系统。

（1）烟气系统。

（2）SCR 反应器和催化剂：反应器本体中触媒层数为 3 层如图 11-1 所示，反应器内装填的催化剂数量取决于设计的处理烟气量、脱硝效率以及催化剂的性能。催化剂模块是商业催化剂的最小单元结构，如图 11-2 中的蜂窝催化剂，每个模块上开有 22×22 个气流口，若干个催化剂模块组成箱体结构，若干只箱体再组成催化剂层。图 11-2 为方型蜂窝状柱体的催化剂单元，钒钛系催化剂质量符合 GB/T 31587—2015《蜂窝式烟气脱硝催化剂》规范。

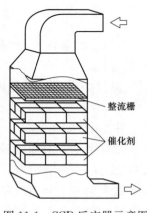

图 11-1　SCR 反应器示意图

整流栅

催化剂

图 11-2　方型蜂窝状柱 SCR 催化剂单元

（3）催化剂的吹灰系统：每台机组共 24 台蒸汽吹灰器和 36 台声波吹灰器。

（4）脱硝尿素水解系统。

（5）氨的空气稀释和喷射系统：每个机组设置两台（一用一备）稀释空气风机和一台用于加热稀释风的蒸汽暖风器，通过氨注射格栅喷入烟道。

（6）烟气取样系统。

（7）工业水系统。

（8）其他由主系统接出的水、蒸汽等辅助系统的设计。

3. 反应器长期使用的维护

如系统运行超过两年以上，建议每两年碱煮一次（如系统运行能满足脱硝需要则不需要碱煮），碱煮过程如下：

（1）反应器内溶液排净后加除盐水至高液位冲洗后，在加除盐水煮洗，煮洗完成后排空除盐水。

（2）利用催化剂罐加水溶碱（用脱盐水溶解纯碱 Na_2CO_3 250kg、Na_3PO_4 15kg 至催化剂罐液位 1500mm），开搅拌机，使溶剂尽快溶解。

（3）利用催化剂泵将溶好的碱液打入反应器，补除盐水至高液位，同时用蒸汽加热反应器内水溶液提压至 0.1MPa。

（4）注除盐水和升温同时进行，最终达到压力 0.2MPa，饱和温度（120℃）下煮洗至少 24h 左右（碱洗过程中不排气，每隔 4h 排污 2min，保持液位）。

（5）脱盐水再次清洗：碱洗结束后先从各个导淋排放口排放碱液直至完全排空，再充入脱盐水冲洗一遍。

六、SCR 系统的腐蚀与防护

1. SCR 系统的腐蚀

SCR 系统中，烟气与加入的氨混合后，经催化反应 NO_x 脱除，同时也生成了对 SCR 设备具有强腐蚀性的盐，但因其进口的烟气温度在 300～400℃，温度高于其露点温度，因此烟气对金属腐蚀较小，仅存在轻微的高温氧化腐蚀。但是 SCR 装置长时间的运行，仍不可避免地受到物理和化学性的腐蚀和破坏。SCR 系统的腐蚀主要形式为化学腐蚀和磨蚀。

（1）化学腐蚀。在采用 SCR 脱硝后，约 1‰的 SO_2 会转化成 SO_3，这样酸露点将提高，在高温下酸的凝结量加大，空气预热器冷端的腐蚀会略有增加。同时，反应过程中生成的硫酸氢铵，它是一种黏附性很强并对金属具有强腐蚀性的物质。

为了避免对空气预热器的腐蚀，首先要控制氨的逃逸率；其次要根据烟气的温度来控制液氨的喷入，再次空气预热器需要按时进行水的冲洗，清洗换热元件表面的沉积物，来控制硫酸氢铵的腐蚀。

（2）磨蚀。金属的磨蚀主要与烟气的含尘量、粉尘粒径及烟气的流速有关，高含尘量的烟气以一定的速度流经金属表面时，会对金属表面产生磨蚀，破坏金属表面的钝化膜，使下层的金属基体面继续暴露在腐蚀环境中发生腐蚀。设计 SCR 系统时，要选择合理的烟气流速，并在烟道的转弯处放置导向板，并采取适当的防磨措施。

2. SCR 系统的防腐

SCR 系统装置防腐设计时要考虑到以下几个因素：

（1）设备及管道的结构形式、放置位置和在系统中的重要性；

（2）设备及管道的工作环境，例如介质成分、设备和管道在介质中的腐蚀情况、温度等；

（3）防腐蚀工程的施工条件；

（4）防腐蚀材料的价格、使用或施工、维护的费用及供货的便捷性。

七、运行注意事项

1. 烟气温度

通常，向含 SO_x 的低温烟气中注入氨的话，在催化剂层会生成硫酸氢铵（NH_4HSO_4）。它会导致催化剂的微孔结构闭塞，性能下降。这种情况如果在短时间内能回到正常运行的高温区，硫酸氢铵会分解，催化剂性能会恢复。但如果长时间停留在低温区，或在短期内频繁地陷入低温区运行的话，即使再回到高温区，性能也难以恢复。结果会使寿命缩短。因此，本装置可正常使用的最低温度，确定为能保证催化剂性能的 305℃；绝不允许在 305℃以下运行。

2. 脱硝反应器压差

反应器内催化剂的堵孔现象，在正常运行时是不会发生的。但是，如异常燃烧情况不断地出现，由灰引起的堵孔偶尔也是可能的，所以有必要监视催化剂层前后的压差（如堵灰出现，压差会缓慢上升）。

3. 水解气（氨气）的稀释空气

本装置用压力送风机的出口空气将水解气稀释到 5% 氨浓度左右，然后注入烟气中。氨气是爆炸性气体，因此空气将氨稀释时，要避免接近爆炸限度（15.7%），本装置设定为 5% 以内，8% 应引起注意，超过 12% 系统将自动退出。烟气内的氨气注入量越多，则扩散效果越好。与烟气的混合效果也越好。当稀释浓度计的发出警报时，应确认一下氨的注入量，并迅速检查稀释空气管路的情况，加以处理。

4. 管道气体置换措施

氨气爆炸极限的问题，因此在机组初次投运脱硝供氨系统时，喷氨管道需先进行惰性气体（氮气）置换，防止在管路中氨气浓度达到爆炸极限。当供氨管路及箱罐存在检修工况时，也必须进行气体惰性气体置换，防止由于氨气浓度处于极限浓度范围，导致爆炸现象的发生。

紧急关机时，必须及时手动吹扫氨气管线，停机后必须及时手动吹扫废气管线，以防止氨气在管路中凝结堵塞管路。

第二节 尿素水解制氨工艺

选择性催化还原法（SCR）是目前世界上技术最成熟、应用最多的电厂烟气脱硝工艺。根据其反应原理，SCR 烟气脱硝所需还原剂为氨气。氨气通常可以通过氨水、液氨或尿素三种原料获取。

氨水由于建造、运行成本高，运输、卸料、储存、使用等环节均存在安全隐患的原因，自 20 世纪 90 年代以后，已经很少被用作脱硝还原剂。液氨在前几年的项目中应用广泛。但由于液氨（NH_3）属易燃、易爆、有毒危险品，因此在运输、卸料、储存、运行、检修等各个环节均存在极大安全隐患。在前期投资中，液氨系统较尿素系统投资较低，但从占地面积看，由于液氨属于危化品，液氨储罐需要额外的占地；尿素系统的年运行费用远高于液氨系统，系统维护简单。且由于液氨属于危险化学品，在建设项目安全许可工作的各个审查阶段耗时费力。

所以尿素作为原料制取氨气相对于氨水及液氨具有较高的安全性、经济性，随着近几年国家对安全运行要求的提高，已逐步代替液氨作为还原剂制备原料。目前国内主要采用尿素热解的方法来制取 NH_3，尿素水解法采用较少。

尿素热解法的工艺流程为：袋装尿素储存于干尿素储藏间，由斗式提升机输送到溶解罐里，用除盐水将干尿素溶解成 50%～60% 质量浓度的尿素溶液（外部加热保持溶液温度不小于 40℃），通过尿素溶液给料泵输送到尿素溶液储罐；尿素溶液经由循环/传输装置、计量与分配装置、雾化喷嘴等进入绝热分解室，从锅炉空气预热器抽取的一次风进入电加热装置加热后进入热解室。雾化后的尿素液滴在绝热分解室内（外部供热温度约为 450～600℃）分解，生成 SCR 脱硝系统所需的还原剂 NH_3，保持在热解室足够停留时间确保尿素到氨的 100％转化率。因此虽然转换效率高，但需要外部热源运行费用高，且热解炉尾部积物较快。

一、脱硝尿素水解系统概述

1. 尿素水解制氨原理

尿素水解制氨过程实际是尿素制造的逆反应，尿素水解制氨工艺的原理是尿素水溶液在一定温度下会发生水解反应产生氨气。其化学反应方程式为：

$$NH_2CONH_2 + (1+x)H_2O \rightleftharpoons 2NH_3\uparrow + CO_2\uparrow + (x)H_2O$$

2. 尿素水解系统工艺流程

瑞金电厂尿素水解系统工艺流程如下：

罐车装尿素（或袋装尿素→斗提机）→尿素溶解罐→尿素溶解泵→尿素溶液储存罐→尿素溶液输送泵→水解反应器→脱硝系统

用溶解液泵将约 90℃的溶解液送入尿素溶解罐，同时颗粒状尿素经斗式提升机也输送到尿素溶解罐，经搅拌后，配制成浓度约 40％～50％（Wt）的尿素溶液；经搅拌溶解合格的尿素溶液（温度约为 60℃），利用溶解液泵送入尿素溶液储存罐。尿素溶液再由尿素溶液输送泵加压至 2.6MPa 送入水解换热器，先于水解器出来温度约 200℃的残液换热，温度升至 185℃左右，然后进入尿素水解反应器进行分解。尿素水解反应器的蒸汽加热方式分为直接加热和间接加热方式。

（1）直接加热。尿素水解器的操作压力为 2.2MPa，操作温度约 200℃，水解器用隔板分为 9 个小室。采用绝对压力为 2.45MPa 的蒸汽通入塔底直接加热，蒸汽均匀分布到每个小室。在蒸汽加热和不断鼓泡、破裂的蒸汽和水流的搅拌作用下，使呈 S 形流动的尿素溶液得到充分加热与混合，尿素分解为氨和二氧化碳。

（2）间接加热。尿素水解反应器的蒸汽加热方式采用间接加热方式。尿素溶液经过泵输送到水解反应器中，蒸汽与尿素溶液间不混合，在温度 130～160℃，气液两相平衡体系的压力约为 0.4～0.6MPa 条件下，尿素水解成 NH_3、H_2O、CO_2。尿素水解采用电厂的辅助蒸汽，多数电厂使用冷再蒸汽，BMCR 工况下每台水解反应器的制氨量不小于 640kg/h。浓度约 40％～60％的尿素溶液被输送到尿素水解反应器内，饱和蒸汽通过盘管的方式进入水解反应器，通过盘管回流，冷凝水由疏水箱、疏水泵回收。从水解反应器出来的低温饱和蒸汽，用来预加热进入水解反应器前的尿素溶液。水解反应器产生的氨气在 SCR 区根据锅炉负荷的需要量经过氨气流量调节阀组调解后进入氨气空气混合器。氨气输送管道应设置伴热。

水解器顶部出口温度约 190℃、压力约 2.0MPa 的氨、二氧化碳、水蒸气混合气进入到气氨缓冲罐减压到 0.2MPa 左右，作为电厂脱硝还原剂使用。

从水解器底部排出的温度约 200℃、含 1％左右氨和微量尿素的水解残液经水解换热器换热后，温度降至 90℃，进入溶解液槽，作尿素溶解液使用，多余的水解残液送污水处理站（或直接抛洒煤场）。

从气氨缓冲罐的氨、二氧化碳、水蒸气混合气，与加热后的稀释风混合进入脱硝氨喷射系统，氨与空气的混合物温度维持在175℃以上。

因此水解制氨系统不但前期投资略低于热解制氨系统，运行成本更是远低于后者，但水解制氨由于操作温度高，设备更易受到腐蚀，可能造成设备泄漏产生安全隐患。

瑞金电厂二期脱硝系统入口烟气参数及尿素水解系统列于表11-1。

表 11-1　　　　　　　　　　　　　　脱硝系统入口烟气参数

序号	项目名称		单位	数据（90%脱硝效率）		
				设计煤种	校核煤质 1	校核煤质 2
1.1	烟气参数	省煤器出口湿烟气量	m³/h	6 497 118	6 440 658	6 700 927
		省煤器出口烟气温度	℃	375	375	376
		烟气含尘量	g/Nm³	12.01	25.11	6.01
1.2	入口处 NO_x 浓度			200	200	200
1.3	总压损 （含尘运行）	催化剂（3 层）	Pa	600	600	600
		全部烟道	Pa	400	400	400
		NH_3/NO_x	mol/mol	0.931	0.931	0.931
		NO_x 脱除率（3 层）	%	90	90	90
1.4	消耗品	一尿素	t/h	0.419	0.419	0.419
		工艺水（瞬时）	m³/h	50	50	50
		电耗	kW	120	120	120
		压缩空气	m³/h	80	80	80
		蒸汽	t/h	5	5	5
1.5	SCR 出口 污染物浓度	NO_x	mg/m³	20	20	20
		NH_3	mg/kg	3	3	3

脱硝系统制取还原剂的原料为尿素，其品质应符合 GB/T 2440—2017《尿素》技术指标的要求。尿素品质参数如表 11-2 所示。

表 11-2　　　　　　　　　　　　　　尿素品质参数

项　　目	工业用		
	优等品	一等品	合格品
总氮（N）（以干基计）	46.5	46.3	46.3
缩二脲	0.5	0.9	1.0
水分（H_2O）	0.3	0.5	0.7
铁（以 Fe 计）	0.0005	0.0005	0.0010

续表

项 目		工业用		
		优等品	一等品	合格品
碱度（以 NH$_3$ 计）		0.01	0.02	0.03
硫酸盐（以 SO$_4^{2-}$ 计）		0.005	0.010	0.020
水不溶物		0.005	0.010	0.040
亚甲基二脲（以 HCHO 计）				
粒度	D0.85～2.80mm	90	90	90
	D1.18～3.35mm			
	D2.00～4.75mm			
	D4.00～8.00mm			

注 1. 若尿素生产工艺中不加甲醛，可不做亚甲基二脲含量的测定。

2. 指标中粒度项只需符合四档中任一档即可，包装标识中应标明。

3. 系统连续运行温度

在满足 NO$_x$ 脱除率、氨的逃逸率及 SO$_2$/SO$_3$ 转化率的性能保证条件下：

（1）最低连续运行烟温为 300℃。

（2）最高连续运行烟温为 420℃。

（3）同时能承受运行温度 430℃不少于 5h。

（4）停止喷氨温度为 300℃。

二、水解制氨系统运行操作

1. 尿素溶液的配置操作

（1）尿素溶液配置前检查。

1）确认尿素溶解罐、尿素溶液储存罐和废水池等相关设备工作票已结束。管道密闭无外漏，保温良好，液位计、温度计投入。溶解罐、储存罐的人孔门、底排门、取样门关闭，尿素溶液储罐蒸汽加热温度、压力正常。

2）确认尿素溶解罐除盐水进水手动门、尿素溶解罐、尿素溶液储罐蒸汽入口管道手动门、疏水阀旁路手动门（待系统稳定时，且管道杂质排尽后再打开疏水阀前后手动门，关闭旁路手动门）、尿素溶解泵进出口手动门已开启。

3）确认尿素溶解罐加热汽源正常，管道暖管结束。

4）检查尿素溶解罐搅拌器、尿素溶解泵电动机绝缘合格，送电备用。

5）明确配制溶液的浓度，按 50% 左右配制。

（2）尿素溶液配制操作。

1）打开除盐水气动阀，向尿素溶解罐内注入除盐水。当液位至 3m 时，关闭除盐水气动阀，启动搅拌器（注：当系统中疏水品质满足要求时，优先使用疏水进行尿素溶液的配置）。

2）打开溶解罐蒸汽入口气动阀，对除盐水进行加热，控制溶解罐温度 45℃。

3）关闭尿素溶解泵出口母管气动阀。

4）打开尿素溶解泵入口气动阀，启动尿素溶解泵，打开尿素溶解罐再循环气动阀。

5）启动斗提机进行人工加入尿素。配置尿素溶液密度约 $1135kg/m^3$。

6）当尿素溶液储罐液位低至 2m 时，打开尿素溶解泵至尿素溶液储罐手动门，打开尿素溶解泵出口母管气动阀，关闭尿素溶解罐再循环气动阀，向尿素溶液储罐注入溶液。

（3）尿素溶液停止配制操作。

1）待溶解罐液位小于 0.8m 时，关闭尿素溶解泵至尿素溶液储罐手动门。

2）停运尿素溶解泵，关闭尿素溶解罐溶液出口气动阀。

3）疏水箱液位大于 0.45m，打开疏水泵前后手动门，启动疏水泵。

4）打开尿素溶解泵冲洗水管道气动阀，打开尿素溶解罐至尿素溶液储罐手动门，15s 后关闭尿素溶 解罐至尿素溶液储罐手动门、尿素溶解泵出口母管气动阀。

5）打开尿素溶解罐再循环气动阀，15s 后关闭尿素溶解泵冲洗水管道气动阀、尿素溶解罐再循环气动阀。

6）打开尿素溶解罐疏水入口气动阀或除盐水气动阀，补充溶解罐液位至 3m。

2. 水解反应器系统的操作

（1）启动前检查。

1）检查无检修工作票。

2）尿素车间至水解反应器蒸汽至减温减压站前已暖管完成。

3）水解反应器联锁投入。

4）尿素溶液储罐液位在 1/2 以上，尿素溶液充足。

5）投入系统管线伴热系统，所有尿素溶液管线必须保持最小温度为 30℃，反应液管线保持最小温度为 70℃，氨气管线保持最小温度为 140℃。

6）检查水解器液位计投入。

（2）反应器启动操作。

1）填料：打开水解反应器进水门，注入除盐水至 0.35m。

2）打开尿素溶液储罐出口手动门、尿素溶液储罐回流入口手动门。

3）打开尿素溶液输送泵入口手动门、气动阀，15s 后启动尿素溶液输送泵，打开尿素溶液输送泵出口手动门。

4）打开尿素溶液输送管线回流手动门（该阀门用于调节泵出口压力，禁止在泵运行中处于完全关闭状态）。

5）打开水解反应器入口手动门，向运行的水解反应器中输送尿素溶液，直至输送至 1.1m 后，停止尿素溶液输送泵。

6）预热：投运减温减压装置，打开水解反应器蒸汽入口调节阀对水解反应器进行预热，直至温度缓慢上升至 130℃。

7）准备喷氨：当水解反应器压力大于 0.55MPa 时进入准备喷氨程序，控制水解反应器压力在 0.6MPa。此时维持准备喷氨状态，并注意疏水箱液位。

8）喷氨：当 SCR 反应区具备喷氨条件时，将喷氨总阀打开，并将氨气调节模块 A/B

侧调节阀保持一定开度，以保证足够的氨蒸汽进入 SCR 反应器，打开氨蒸气出口调节阀，进入喷氨状态。

9）控制系统投自动：运行过程中维持反应器压力在 0.6MPa，根据供氨目标量控制水解器出口至 SCR 区调节门开度，使氨产量满足生产需要。根据反应器液位控制尿素溶液至水解器调节门，使反应器液位维持在 1.1m。

10）设备运行过程中，每月进行一次尿素水解反应器在线排污。排污前检查排放管路伴热温度符合要求，排污过程中控制反应器液位不低于 1m。排污量约反应液体积的 5%，不允许两个排污口同时排污。

（3）反应器停运操作。

1）关闭水解反应器氨蒸汽出口调节阀，将水解器温度设定到 100℃，此时因水解反应温度压力处于"喷氨"状态，水解反应器内尿素溶液继续在反应，水解反应器内压力会逐渐上升到 0.9MPa，氨气泄压阀开始打开向废水池内泄压直至压力降低到 0.55MPa。注意检查这条管线电伴热系统运行情况及废水池水位。

2）打开蒸汽吹扫阀，吹扫"水解器至 SCR 反应区管道"时间大于 10min，当吹扫完毕，打开氨气流量调节阀模块 A/B 处排污阀排净管道内残液。

3）关闭供氨总阀，关闭氨蒸汽流量调节阀模块 A/B 处调节阀，继续投运水解反应上电伴热系统，并间隔 2h 检查记录一次电伴热运行情况及水解反应器压力、温度、液位。

4）如停运 72h 以上关闭水解反应器入口蒸汽阀，停运尿素溶液输送系统，并对管道进行冲洗。

5）如停运一个月以上，打开手动排净管道将水解器内尿素溶液排放至废水池，注入除盐水稀释清洗水解器。当水解反应器液位在 1.2m 以上时，停止注入，进行排空。

（4）尿素水解系统的运行监视与调整。

1）水解反应器运行中的检查、监视。①检查水解反应器 DCS 内液位指示和就地指示一致，液位在（1.1±0.1）m。②检查水解反应器运行压力 0.55～0.6MPa。③检查水解反应器 DCS 内温度和就地温度一致，正常在 135～160℃左右。④检查水解反应器系统无泄漏。⑤检查各系统无报警。

2）尿素水解系统联锁保护和报警。①废水泵联锁：废水泵一台运行，一台备用，联锁投入，运行泵跳闸，泵用泵自动启动。废水液位不小于 3m，允许启动废水泵；废水液位不大于 2.5m，联锁停止废水泵。②尿素溶液储罐及溶解罐蒸汽气动门联锁开启条件：尿素溶液储罐及溶解罐温度不大于 45℃。③尿素溶液储罐蒸汽气动门联锁关闭条件：尿素溶液储罐及溶解罐温度不小于 55℃。④尿素溶解罐、尿素溶液储罐液位与尿素溶解泵联锁保护条件：尿素溶液储罐液位大于 5m 时将报警，并联锁关闭尿素溶解泵；尿素溶解罐液位小于 0.7m，联锁关闭尿素溶解泵。

3. 水解系统辅助设备的操作

（1）疏水系统。

1）疏水泵启动条件。①疏水泵无故障报警。②疏水箱液位大于 0.5m。

2）疏水泵无保护停止条件。

3）疏水泵的启动。①疏水泵入、出口门已开。②疏水泵出口至尿素溶解罐气动门或至水解器手动门或尿素输送泵、尿素溶液输送泵冲洗门已开。③检查完毕后启动疏水泵。

（2）尿素制备车间废水系统。

1）尿素制备车间废水泵启动条件。①废水池液位大于0.5m。②废水泵电动机无故障。

2）尿素制备车间废水泵启动。①废水泵电动机送电。②启动废水泵，液位降低至1m时停止废水泵。

（3）尿素溶解泵的启动检查。

1）检查尿素溶解泵无检修工作票。

2）检查尿素溶解泵电动机接地线良好，照明充足。

3）尿素溶解泵联锁试验良好。

4）尿素溶解罐液位大于0.5m。

5）出口门、入口门已开，冲洗门已关。

6）任一尿素溶液储罐液位小于4.5m。

（4）减温水箱增压泵的启动检查。

1）检查减温水箱增压泵无检修工作票。

2）检查电动机接线良好，照明充足。

3）检查减温水箱增压泵联锁保护试验良好。

4）启动前检查入口门、再循环门以及至减温减压器手动门开关位置，减温水箱液位大于0.5m。

（5）尿素溶液输送泵的启动检查。

1）检查尿素溶液输送泵无检修工作票。

2）电动机接线良好，照明充足。

3）联锁保护试验良好。

4）入口门、出口门开关位置正确。

5）任一尿素溶液储罐液位大于0.5m。

（6）尿素水解系统运行中的监视。

1）疏水泵系统运行中的检查、监视。疏水箱水位在0.5~1.9m之间；检查疏水泵油位在1/2~2/3之间；疏水箱温度在45~80℃之间；疏水泵出口压力正常；疏水泵及电动机各轴承温度正常。

2）废水泵运行中的监视、检查。废水池液位在0.5~2.5m之间；废水泵出口压力正常；废水泵轴承油位在1/2~2/3之间；废水泵及电动机各轴承温度正常。

3）伴热系统运行中的监视、检查。①检查伴热系统各点温度正常，尿素溶液温度在50℃左右，水解反应器溶液伴热温度大于150℃，氨蒸汽管道大于140℃。②检查蒸汽伴热系统已投入，系统管道无泄漏。

三、尿素水解系统注意事项

（1）尿素溶液正常供给期间，水解反应器疏水箱必须保证温度正常，疏水泵维持正常运行。

（2）水解反应器跳闸后，尿素溶液管道未冲洗时，不得停运水解反应器区疏水泵，以防尿素溶液管道失去伴热，造成尿素溶液结晶。

（3）疏水箱液位低于 0.5m 时不得投运蒸汽加热系统（初次投运或检修后除外）。

（4）所有气动调节阀前均有气动阀，只有在气动阀开启的情况下，气动调节阀才可以开始调节。

（5）在未经专业许可情况下，不得随意更改各调节阀参数设定。

（6）水解反应器气相回流气动阀为失气失电开，其他气动阀均为失气失电关，即在压缩空气或磁阀供电突然中断时，除水解反应器气相回流气动门自动打开，其他气动门均关闭。此时应立即关闭水解反应器气相回流手动门，开启水解反应器出口旁路手动门，蒸汽入口旁路手动一、二次门，恢复供氨。

（7）两台水解反应器同时投运时，应将一台水解反应器出口调节阀设为手动，开度初设为20%～30%之间，靠另一台水解反应器出口调节阀自动调节供氨出口压力，如因负荷变化，出现水解反应器内压力过高时，可适当调整该水解反应器出口调节阀手动开度。

（8）两台尿素储存罐溢流管联络门处于开启状态，排污总管至集水池联络门处于关闭状态，防止水解反应器超压时液相阀动作导致尿素排至集水池，因溶解罐溶积较小，故溶解罐溢流管联络门处于关闭，可在卸尿素时开启。卸完后关闭。

（9）因尿素系统停运时间较久易结晶，系统采用双水解反应器并列运行，两根出口管并列运行，A、B水解反应器出口供氨管路联络门开启，供氨管路上联络门开启，两个储存罐并列运行，尿素输送泵和循环泵每两日切换一次。尿素输送泵在不输送尿素溶液的情况下打循环防止尿素结晶。

四、尿素水解制氨应用中容易发生的故障

1. 腐蚀问题

尿素水解过程中会生成一些酸性物质，如氨基甲酸铵等，其会严重破坏不锈钢表面的氧化膜，使系统的腐蚀速度加快，超过 190℃时，一般的不锈钢材料（如 304SS）会遭受严重腐蚀，当超过 220℃时，即使采用钛（Ti）等耐腐蚀材料，系统也会遭受腐蚀。水解反应器由于操作温度较高，更易受到腐蚀。腐蚀可能造成设备的泄漏，从而产生安全隐患。因此，箱罐、管道、阀门等设备的材料应采用 316L 或者 321 等材质。

2. 管道堵塞

尿素水溶液受热可发生水解作用，在高温下进行缩合反应生成缩二脲、缩三脲和三聚氰酸等，水温低时溶解度下降明显；此外尿素溶液及氨气管道当温度过低时易结晶堵塞，结晶堵塞后的管道不易疏通。因此为防止管道结晶、堵塞影响正常运行，尿素水溶液浓度不能过高，且在系统停车时注意尿素溶解槽缓冲罐到汽提塔段管路的清洗；且最好在安装时尿素溶液及氨气管道进行管道伴热和保温施工，以保证管道正常运行所需的温度。

第十二章　废水处理系统

第一节　火电厂废水的种类及性质概述

一、燃煤电厂废水来源

燃煤电厂废水来源主要有汽轮机凝汽器的冷却排水或循环冷却水系统的排污水、水力冲灰、冲渣废水、烟气脱硫废水、化学水处理废水、锅炉化学清洗和停炉保护废水、含煤、含油废水、其他废水、生活废水等。

（一）冲灰水

电厂通过除尘器将绝大部分的粉煤灰加以收集，渣则从炉底排出。多数新电厂采取干排灰方式，也有少量水力冲灰、冲渣将其排至贮灰场及贮渣场。故灰场水组成较为复杂，治理难度也较大。

统计表明在灰水的各监测项目中，我国火电厂灰水超标较严重的是 pH 值及悬浮物两个项目，超标平均在 30％以上，COD、硫化物、氟化物以及砷等项目，也有超标情况，其超标平均在 10％以下。其他各监测项目如油类、挥发酚、各种重金属元素等超标率均为零。

（二）生活污水

电厂生活污水包括厂区内各生产建筑物、附属、辅助建筑物的生活污水排水等。由于生活污水包括粪便用水、洗菜用水、淘米用水以及各种洗涤用水，其化学成分主要有蛋白质、脂肪和各种洗涤剂，其 COD 含量很高。生活污水的 BOD_5 可达几百 mg/L，悬浮物含量也有 $200\sim400$ mg/L 左右。经处理后多用作冲灰水或达标后排至下水道。对生活污水的主要监控项目为悬浮物和 BOD_5。

（三）工业废水

在燃煤电厂，除灰水及生活污水外的其他一切废水，统称为工业废水，它包括补充水除盐系统再生废水、凝结水系统除盐再生废水、化验室废水、锅炉排污水、煤场排水、锅炉水侧与火侧清洗废水、空气预热器及除尘器冲洗废水等，如安装烟气脱硫装置，则还包括脱硫废水。上述各种污水主要来自主厂房、化学车间及煤场。

1. 脱硫废水

在各种烟气脱硫系统中，湿法脱硫工艺因其脱硫效率高在国内外应用比较多。但湿法脱硫在生产过程中，需要定时从脱硫系统中的持液槽或者石膏制备系统中排出废水，即脱硫废水，以维持脱硫浆液物料的平衡。脱硫废水的水质较差，含有的污染物种类多，有高浓度的悬浮物、盐分以及各种重金属离子。是火电厂各种排水中处理项目最多的特殊排水。

2. 含油污水

电厂含油污水主要包括点火油罐区的油罐脱水，点火油泵房、汽机房内场地和设备以及汽车冲洗的含油污水，油罐区防火堤内和变压器区的雨水排水等。其排水性质呈周期性、间断性，水量较少，难以准确计算。

3. 含煤废水

电厂含煤废水主要包括渣仓、灰库地面冲洗水、输煤系统除尘、冲洗水、煤场含煤雨水等，当灰渣综合利用顺畅，不需要干灰调湿时，经处理后的脱硫废水也可能进入含煤废水处理系统。含煤废水悬浮物含量高，经常可超过 1000mg/L，短时间内可能更高，色度高。

4. 化学废水

化学水处理再生废水、锅炉化学清洗和停炉保护废水等废水中，呈间断性，水中悬浮物含量一般不高，但含盐量或 COD 值（如 EDTA）可能很高，pH 值也可能很高或很低，一般需要单独处理后再进入相应废水处理系统。

二、废水的收集

废水的收集应遵循清污分流的原则，特别对于工厂废水的收集，应根据所排放废水的清浊程度以及废水处理的工艺要求，进行分类收集，以便分质处理。

火电厂废水由于种类很多，将每种废水都进行分类收集是不现实的，因此，火电厂的废水收集系统有混合收集和单独收集两种方式。混合收集是将水质相似的排水收集在一起进行集中处理；单独收集是将一些水质特殊的废水或其他废水分别收集单独处理。下面是火电厂集中收集和单独收集的几种主要废水。

1. 混合收集的废水

一般将某些水量较小或间断性排水，水质相似的废水混合收集进行处理。例如，将锅炉排污、蒸汽系统排放的疏水、主厂房地面冲洗、设备冷却排水等集中收集，进行处理。

2. 单独收集的废水

有些废水因为水质特殊，不能混合收集，设备位置偏僻不便于收集或者废水要循环使用等原因，需要单独收集。单独收集的经常性废水有冲灰（渣）废水、含油废水、含煤废水、生活污水、化学再生废水。

三、火力发电厂工业废水处理的工艺流程

工业废水按水量也可分为两种类型：经常性废水和非经常性废水。

（1）经常性废水主要包括锅炉补给水系统的排水、凝结水精处理系统的排水、锅炉排污水、取样装置排水、蒸汽系统排放的疏水、工业冷却水系统排水、厂房地面冲洗水等。这部分废水的特点是废水来源比较复杂，水质、水量和水温波动很大。

（2）非经常性排水主要包括设备维护期间排出的各类废水，包括锅炉酸洗排水、空气预热器和省煤器等设备的冲洗水、锅炉停炉保护排水等。这些排水的特点是产生间隔时间

长，但每次的废水量很大。

目前设计采用的工艺流程有两种：一种叫分散处理系统；另一种叫集中处理系统。

（1）分散处理系统。这种处理系统是根据所产生的废水水量就地设置废水贮存池，池内设置机械搅拌曝气装置或压缩空气系统。根据水质情况在池内直接投加所需的酸、碱及氧化剂等药剂，废水在此处理达到标准后或者回收利用或者排入天然水体（或灰场）。

这种处理系统的特点是基建投资省，占地面积小，使用灵活、检修和维护工作量少，比较适合于燃煤电厂，特别是采用水力冲灰的电厂。

（2）集中处理系统。这种处理系统是将全厂各种工业废水分别收集贮存，根据水质情况选用一定的工艺流程集中进行处理，使水质达到标准后排放。

1）经常性废水的工艺流程为：

$$经常性废水 \longrightarrow 中和 \longrightarrow 处理 \longrightarrow 回收或排放$$

在这种工艺流程中由澄清设备排出的泥浆废水和除盐设备排出的冲洗、再生废水，是一种经常性废水，一般只含有碱性物质或酸性物质及一些中性盐类，所以应首先排入 pH 值调整槽，在此投加碱性或酸性药剂调节至合适 pH 值范围。同时投加铝盐混凝剂，此时便逐步形成许多块状絮凝体。进入混合槽后再投加助凝剂，使絮凝体进一步长大，并流入澄清池。上部澄清水用泵送入过滤器，进一步降低悬浮物之后流入最终中和槽，再次投加碱性或酸性物质，使 pH 值调节至 6.0～9.0，最后排入天然水体。

由澄清池底部排出的泥浆废水（含泥 2%），用排泥泵送入浓缩槽，浓缩至 4% 左右之后，再用泥浆泵送入离心脱水机制成滤饼，定期运出。

2）非经常性废水的工艺流程。对于含铁量或含氨量较高的非经常性废水，应首先由贮槽送至氧化槽，用酸或碱调节 pH 值后，投加氧化剂，并在反应槽内进行氧化反应，然后流入 pH 值调整槽，按以上工艺再进一步处理。

对化学清洗过程中排出的非经常性废水，由于 COD 达 500mg/L 以上，需进行特殊的氧化处理，即首先在排水槽内进行 1～2 天的曝气氧化，然后再投加碱性药剂和 COD 降低剂，并进一步曝气氧化 10h，最后再按经常性废水进行常规处理。

第二节　火电厂废水处理的方式及设施

废水处理排出的水质标准可分为两类：一类是根据水的不同用途而制定的水质标准，即针对不同的用途而建立起相应的物理、化学和生物学的水质质量标准，在废水回收利用系统中，常根据用水设备对水质的要求而定；另一类是在直流排水系统中，水质控制要求根据排放标准而定，这是为保护环境、保护水体的正常用途，对排入水体的生活污水和工业废水水质提出一定的限制与要求，即污水排放标准。

一、废水处理方法

废水中污染物的处理方法很多，但按其处理的本质，通常可分为以下几类：

1. 物理处理法

通过物理作用分离和去除污水中不溶解的悬浮固体（包括油膜和油珠）的方法。这种处理方法的设备大都比较简单，操作方便，分离效果良好，使用极为广泛。根据物理作用的不同，可分为筛滤截留法、重力分离法和离心分离法等。

2. 化学处理法

通过化学反应和传质作用来分离、去除废水中呈溶解、胶体状态的污染物和将其转化为无害物质的方法。这种方法具有设备简单、操作方便的特点，但是其成本一般较高。在化学处理中，以投加药剂产生化学反应为基础的方法有中和法、氧化还原法和混凝法等。以传质作用为基础的方法有萃取法、电渗析、汽提法、电解法等。

3. 生物处理法

通过生物的代谢作用，使废水中呈溶液、胶体以及细微悬浮状态的有机污染物，转化为稳定且无害的物质的废水处理法，也称生物化学处理法。根据微生物的不同，可分为需氧生物处理法和厌氧生物处理法两种类型。

4. 物理化学处理法

这是一种通过物理和化学的综合作用使废水得到净化的方法。一般是指物理方法和化学方法组成的废水处理系统，或包括物理过程和化学过程的单项处理方法，如吸附、吹脱、萃取、电渗析、离子交换、反渗透等。

二、电厂工业废水的处理

根据电厂各种工业废水的性质，其处理方式分为调节 pH 值处理、去除重金属处理及需要焚烧或化学氧化处理三种类型。

（一）工业废水处理系统特征

一般说来，工业废水处理系统应具有如下特征：

（1）一般处理程序是澄清→回收→毒物处理→再利用或排放；

（2）往往形成循环用水系统；

（3）在直流排水系统中，水质控制要求根据排放标准而定；

（4）在废水回收利用系统中，根据用水设备对水质的要求而定。

（二）各种类型工业废水的处理

1. 酸碱废水的处理

电厂的化学酸碱废水通常为低浓度酸性及碱性废水。由于其中酸碱含量低，回收价值不大，常采用中和法处理，使其 pH 值达到国家废水排放标准。

中和处理时，酸性污水用碱中和，碱性污水用酸中和生成盐和水。当进行酸碱中和反应时，酸碱当量数相等，二者恰好中和。由于酸碱的相对强弱不同，并考虑到生成盐的水解作用，等当点时，溶液可能呈现不同的情况：强酸弱碱中和时呈酸性；强碱弱酸中和时呈碱性；强酸强碱中和时呈中性。

中和酸性污水的方法通常是：

（1）投入碱性药剂的中和处理法；

（2）通过碱性滤料的中和处理法；

（3）利用碱性污水及废渣的中和处理法；

（4）利用天然水体及土壤中碳酸盐及重碳酸盐碱度的中和处理法。

电厂化学车间既产生酸性废液，又产生碱性废液，故电厂常用第（3）种方法来处理酸性废水。化学车间所排酸性污水中重金属离子含量一般较少，而由锅炉车间所排废水中重金属离子含量一般较高，通常需对其处理而加以去除。

对于碱性废水，则要用酸性物质来中和，通常采用的方法是：

（1）利用废弃的无机酸，如硫酸、盐酸。

（2）利用酸性废气，如锅炉烟气；锅炉烟气中因含有大量的 CO_2 及一部分 SO_2，它们可中和碱性污水。将锅炉烟气与碱性废水逆流接触，废水及烟气均得以净化，既中和了碱性污水，又具有除尘作用。

（3）利用酸性废液。

2. 含重金属离子废水的处理

废水中的重金属离子，如铅、镉、汞、锌、镍、铬、铜等均可通过化学沉淀去除。该法是指向废水中投加某些化学药剂，使之与废水中污染物直接发生化学反应，形成难溶的固体物，然后进行固液分离，从而除去废水中污染物的一种方法。

由于氢氧化物沉淀法对重金属的去除范围广，沉淀剂如石灰、石灰石、白云石等来源丰富，价格低廉，又不造成二次污染，故应用得最为广泛。

3. 脱硫废水的处理

脱硫废水含有的污染物种类多，是火电厂各种排水中处理项目最多的特殊排水。主要处理项目有 pH 值、悬浮物（SS）、氟化物、重金属、COD 等。对不同组分的去除原理分别是：

（1）重金属离子—化学沉淀；

（2）悬浮物—混凝沉淀；

（3）还原性无机物—曝气氧化、絮凝体吸附和沉淀；

（4）氟化物—生成氟化钙沉淀。

常用的处理技术如下：

（1）中和。中和就是向废水中加入碱化剂（又称中和剂），将废水的 pH 值提高至 6～9，使重金属（如锌、铜、镍等）离子生成氢氧化物沉淀。

（2）化学沉淀。采用氢氧化物和硫化物沉淀法处理脱硫废水，可同时去除以下污染物质：

1）重金属离子（如汞、锡、铅、锌、镍、铜等）；

2）碱土金属（如钙和镁）；

3）某些非金属（如氟、砷等）。常用的药剂有石灰、硫化钠和有机硫化物（简称有机硫）等。

（3）混凝澄清处理。经化学沉淀处理后的废水中仍含有许多微小而分散的悬浮物（包括未沉淀的重金属的氢氧化物和硫化物）和胶体，必须加入混凝剂和助凝剂，使之凝聚成大颗粒而沉降下来。常用的混凝剂有硫酸铝、聚合氯化铝、三氯化铁、硫酸亚铁等，常用的助凝剂有石灰、高分子絮凝剂等，如聚丙烯酰胺。

（4）膜处理技术。脱硫废水中的 Cl^- 可通过反渗透等膜技术处理。

4. 含油废水的处理

汽机房内场地和设备冲洗排水、变压器区的含油雨水排入汽机房前的事故油池，事故油池设计具有隔油池的功能，处理后排至厂区雨水排水管道。

厂区冲洗汽车排水经油水分离、沉淀处理后，排入厂区生活污水排水管道。

点火油罐区的油罐脱水、点火油泵房冲洗水以及油罐区防火堤内的雨水经含油污水处理设备处理后，进入复用水池，废油回收利用。

含油污水处理主要工艺流程为：含油污水→隔油池→油水分离器→清水池→清水回用水泵→含煤废水中间水池→ 中间水泵→全自动过滤器→复用水池→复用水泵→输煤系统冲洗、输煤系统除尘、煤场喷洒、灰库地面冲洗、渣仓地面冲洗、浇洒道路和绿化用水等。

5. 含煤废水的处理

含煤废水处理主要工艺流程为：煤场含煤雨水及输煤系统冲洗水等→煤场区域煤水调节池→煤场区域煤水提升水泵→ 电子絮凝器→离心沉淀反应器→ 中间水池→ 中间水泵→多介质过滤器→复用水池→复用水泵→输煤系统冲洗、输煤系统除尘、煤场喷洒、灰库地面冲洗、渣仓地面冲洗、浇洒道路和绿化用水等，煤水调节池内煤泥通过潜水搅动耐磨泥浆泵抽送至煤场自然干化或通过汽车运至煤场自然干化。

（三）工业废水处理系统采用的一般流程

工业废水（按不同水质进入不同的废水贮存池）→废水贮存池（可在池内进行曝气、氧化和 pH 值调整）→废水输送泵→pH 值调整槽（通过 pH 值表的测量信号自动调整加酸或加碱量）絮凝槽（加凝聚剂）→反应槽（加助凝剂）→斜板澄清池→最终中和池（通过 pH 值表的测量信号自动调整加酸或加碱量）→清净水池（回收水泵）→废水回用水池。

工业废水处理流程中，斜板澄清池会产生大量的泥浆，其含水率较高，需要进行浓缩脱水，再进行干化处理，一般采用流程为斜板澄清池泥浆→污泥浓缩池（上层清液回流到废水处理系统，浓缩泥浆加药混凝处理）→脱水干化机（可采用离心、压滤等形式）→干泥外运。

系统说明：

（1）不同水质的工业废水排放至不同的废水储存池分质储存，当废水储存池水位达到一定高度时，停止送水，储存池依次切换，根据其 pH 值（启动罗茨风机及进气阀，进行搅拌），进行加酸（碱）预调 pH 值（启动加酸、碱计量泵及阀门），pH 值合格后停止搅拌及加酸碱（停罗茨风机，关酸、碱计量泵对应的阀门）。

（2）当废水储存池水位高于设定值时，废水输送泵启动，将废水输送到 pH 值调整槽，根据其 pH 值加酸（碱）调节至合格范围，pH 值合格后，废水自流到絮凝反应槽。

（3）废水进入絮凝反应槽后，启动加混凝剂、助凝剂计量泵进行投加药液，同时启动反应槽搅拌机进行搅拌，使废水与药剂充分混合，产生混凝反应，形成矾花。

（4）混凝反应后的废水进入斜板澄清池，进行水与污染物的分离，比重较大的污染物形成矾化沉淀到澄清池底部，澄清后的水从上部流出，由此，废水得以净化处理。污染物形成矾化沉淀到澄清池底部后，形成泥水，定期排泥至污泥浓缩池，再经脱水干化处理后，形成干污泥外运。

（5）斜板澄清池上部出水进入最终中和池，对废水的 pH 值进行最后调整，当废水的 pH 值超出设定范围时，投加酸（碱）调节至合格范围后，废水流入清水池。

（6）废水进入清水池后，已经达到相应的回用水质要求，启动回用水泵，将处理合格后的废水泵送至回用地点。

三、灰水处理

灰水中污染物超标的处理方法如下：

（1）悬浮物超标的治理。冲灰水中的悬浮物主要是灰粒和微珠（包括漂珠和沉珠），去除灰粒和沉珠可通过沉淀的方法，去除漂珠可通过捕集或拦截的方法。

（2）pH 值超标的治理。灰渣中碱性氧化物含量高的电厂，灰水中所含游离氧化钙量也高。对于闭路循环系统，灰水的 pH 值和钙硬度在输灰管道内逐渐上升，导致管路结垢。如果不进行处理，将会影响电厂的正常运行。

（3）其他有害物质的治理。煤是一种构成复杂的矿物质，当其燃烧时，煤中的一些有害物质—氟、砷以及某些重金属元素，就会以不同的形式释放出来，并有相当一部分进入灰水。

火电厂含氟、含砷废水具有水量大，氟、砷浓度低等特点。这些使得灰水除氟具有一定难度，为此多年来人们进行了大量的探索研究工作。

1）氟超标治理。除氟的方法有化学沉淀法、凝聚吸附法和离子交换法等。目前最实用的是以化学沉淀法和吸附法为基础形成的一些处理方法。

2）砷超标的治理。灰水除砷的方法有铁共沉淀法、硫化物沉淀法、石灰法、苏打—石灰法。

（4）灰水闭路循环处理。灰水闭路循环（或称灰水再循环）是将灰水经灰场或浓缩沉淀池澄清后，再返回冲灰系统重复利用的一种冲灰水系统。灰水闭路循环不但是一种节水的运行方式，而且可以同时控制多种污染物。

四、生活污水处理

目前有些火力发电厂的生活污水（包括厂区生活污水和居住区生活污水）采用了生物转化处理。

（一）生物处理

生物转化处理按其起主要作用的微生物对氧气的要求不同，可分为好气生物转化处理和厌气生物转化处理。

1. 好气生物转化处理

好气生物转化处理是在有氧的条件下，借助于好气微生物和兼气微生物氧化分解的有机物的一种方法。

2. 气生物转化处理

厌气生物转化处理是在无氧的条件下，借助于厌气微生物分解有机物的一种方法。它主要用于污泥和有机物废水的消化处理。

3. 好气生物转化处理和厌气生物转化处理的区别

好气生物转化处理与厌气生物处理方法相比，其主要区别在于：

（1）起作用的微生物群不同；

（2）有机物被转化的产物不同；

（3）有机物转化速率相差很大；

（4）对环境要求条件有别。

（二）生活污水处理系统

1. 生活污水的典型处理系统

生活污水按其出水水质要求的不同，可分为一、二、三级。

（1）一级处理。主要处理对象是较大悬浮物，采用的设备依次为格栅、沉砂池及沉淀池。一级处理有时也称为机械处理。

（2）二级处理。在一级处理的基础上，再进行生物处理。其处理对象是废水中的胶体及溶解状态的有机物。采用的典型设备为生物曝气池（或生物滤池）及二次沉淀池。二级处理也称生物处理或生化处理。

（3）三级处理。在二级处理后，对污水中的营养物质（氮和磷）及溶解物质，采用化学凝聚——过滤等方法处理。三级处理的对象包括污水中的细小悬浮物、难生物降解的有机物、微生物等。它可用吸附、离子交换、反渗透、消毒等方法来加以实施。三级处理也称为高级处理。

2. 生活污水处理工艺流程

生活污水处理主要工艺流程为：生活污水→格栅井→污水调节池→生活污水提升水泵→初沉池→三级接触氧化（兼曝气）→二沉池→消毒池（采用氯锭）→含煤废水中间水池→中间水泵→全自动过滤器→复用水池→复用水泵→输煤系统冲洗、输煤系统除尘、煤场喷洒、灰库地面冲洗、渣仓地面冲洗、浇洒道路和绿化用水等。

第三节　废水综合利用和废水零排放

废水综合利用的内容有两个，一个是火电厂内部废水的综合利用；另一个是外部废水资源的利用，目前主要是利用城市二级处理水作为电厂循环冷却水。

一、各系统排水的重复利用

（1）火力发电厂各系统的排水。

（2）火力发电厂排水重复利用。

（3）火力发电厂的废水处理优先采用以废治废的综合准则，并按 DL/T 5046—2018

《发电厂废水治理设计规范》执行。

（4）为了便于处理并利用各类非经常性废水，火力发电厂应设置一定容量的废水贮存池。

（5）冷却水的重复利用。

（6）水源条件受限制的火力发电厂，凝汽器的冷却水应采用带冷却塔的循环供水系统。

（7）带冷却塔的循环冷却水系统的浓缩倍率应根据水源条件（水量、水质和水价等）、节约用水要求、环境保护要求、水处理费用及药品来源等因素经技术经济比较后确定。

（8）带冷却塔的循环冷却水系统一般可采用以下方法防垢：①加硫酸；②加阻垢剂；③补充水石灰软化处理法或弱酸氢离子交换处理法等；④上述方法的联合处理。

（9）凝汽器的冷却水排水（直流供水系统）或排污水（循环供水系统），宜直接或经过简单处理后作为除灰渣或其他系统的供水水源。

（10）火力发电厂的辅机冷却水排水宜循环使用或梯级使用。

（11）灰水回收利用时应注意研究出现结垢的可能性。采用湿式石灰石—石膏法烟气脱硫的火力发电厂，石膏脱水后的废水循环利用。

二、热力系统水的回收再利用

（1）热力设备和管道应设置完善的疏水、放水和锅炉排污水回收利用系统。

（2）设置汽轮机旁路装置的再热式机组应充分发挥旁路回收工质的功能，减少机组启停过程和锅炉负荷不平衡时的锅炉排汽量。

（3）热水热力网宜采用闭式双管制系统，热网水循环使用。

（4）蒸汽热力网的凝结水，应根据凝结水的水质、回水量及火力发电厂的水源条件等，经技术经济比较后确定回收方案。

三、其他生产废水的回收处理再利用

这些生产废水经处理后一般宜用于除灰渣系统或作为工业杂用水。

（1）上述生产废水可根据电厂规模和环保要求采用集中处理或分散处理。

（2）酸性废水和碱性废水宜收集到一起先使其自行中和，根据中和后的水质，再进一步处理，水质合格后回收利用。当水力除灰渣系统的灰水呈碱性时，亦可利用酸性废水作冲灰渣补充水。

（3）对预处理装置的排污水、煤场及输煤系统冲洗排水、地面冲洗排水等含悬浮物的废水，一般应先进行初沉淀，再集中进行沉淀或絮凝、澄清处理。

（4）对于锅炉无机酸清洗排水、空气预热器冲洗排水、凝结水精处理系统再生排水等含重金属（铁、铜等）的废水，当采用集中处理时，可采用氧化、pH值调整和絮凝、澄清为主的工艺流程，其设施应与其他废水（酸碱废水、含悬浮物废水）统筹安排；当进行分散处理时，可采用氧化、pH值调整的简易工艺流程，处理后的水可考虑用于水力除渣系统。

（5）当锅炉采用 EDTA 清洗时，回收 EDTA 后的废液经中和处理满足用水要求后，可作为水力除灰系统的补充水。

四、本厂废水综合利用和处理系统

（一）工业废水处理系统

（1）一期已设有一套完整的工业废水处理系统，并设有 2 座 2000m³ 废水贮存池。

1）经常性废水出力工艺为：再生废水等经常性废水→贮存池最终中和→清水排放或回用，其正常出力 100m³/h，最大出力 200m³/h，经 pH 值调整至 6～9 后回用或排放；

2）非经常性废水工艺为：非经常性工业废水→贮存并均匀水质→pH 值调整→絮凝→凝聚澄清→最终中和→清水回用或排放。设备出力为 100m³/h，废水经 pH 值调整、氧化、絮凝、澄清后，上层清水经 pH 值调整至 6～9 后回用或排放，下层泥水设计经泥浆泵依次送入浓缩池、脱水机，最终的泥饼由汽车外运处置。

（2）二期工程不再单独设置工业废水处理系统，仅对一期工业废水处理车间的部分老旧设备（加药装置、搅拌器等）进行更换、维修，盐酸储罐改造为硫酸储罐，并对废水贮存池进行增容。

1）因非经常性废水贮池的容量应至少能接纳电厂所有非经常性废水中的最大一次发生量中不可直接排放的废水量，即二期 1000MW 机组一次锅炉化学清洗的不可直接排放的废水量（预计约为 6000m³/次），所以二期工程增设 2 座 2000m³ 的非经常性废水的贮存池，并增加相应的废水泵和搅拌用罗茨风机，用于收集本期机组及辅助设施排出的各类工业废水后送至一期工业废水处理车间进行处理。

废水贮存池控制要求：①非经常性废水：废水贮存池进水阀必须处于开启状态；②机组检修期间：进水阀开闭根据实际情况定。

运行注意事项主要有：

①所有的泵低液位应停泵；②当废水中悬浮物含量较高时，可开启罗茨风机进行搅拌，避免悬浮物沉积。

2）新增非经常性废水贮存池布置在一期生活污水处理站一侧的预留场地内，废水泵安装于废水池顶部平台上；在 3、4 号机组中间、锅炉房后设一座 300m³ 机组排水槽、3 台机组排水槽排水泵及 1 台罗茨风机，用于收集、输送 3、4 号机组排水。机组排水槽设 1 台搅拌用罗茨风机及 1 套废水曝气搅拌装置。

机组排水槽控制要求：①机组正常运行（排水槽排水泵未运行）时，凝结水精处理系统来再生废水可直接通过排水槽排水泵的出水母管排至废水贮存池；②当机组清洗大量排水时，应事先保证本期及一期的废水贮存池（非经常性废水）液位均处于低液位，排水槽排水泵宜优先将废水输送至一期的废水贮存池；③锅炉来排废水在进机组排水槽前应加入工业水，控制温度降至 60℃ 以下。

（二）生活污水处理系统

瑞金电厂生活污水处理系统有一期生活污水处理装置和二期生活污水处理装置两套设备，用来处理厂区生活污水。

一期安装两套 WSZ5 M3/H 型地埋式生活污水处理设备，处理量为 $2\times5m^3/h$；采用接触氧化法，使生活污水经处理后达到回用标准。出水水质为 $BOD_5\leqslant10mg/L$，$SS\leqslant10mg/L$。回用至沉煤池回用水池。

二期 $3\times10m^3/h$ 地埋式生活污水处理设施采用二级生化处理工艺，以生物接触氧化为核心，经初沉、厌氧、好氧、二沉、污泥回流硝化、消毒等工艺流程，有效地去除生活污水中的 SS、浊度、BOD_5、COD、色度、总大肠杆菌群、油脂等污染物的同时，兼有脱氮除磷的功能，使电厂生活污水达到国家 GB 8978—1996《污水综合排放标准》中的一级指标。

过滤器采用石英砂、活性炭过滤工艺，对二级处理完的排放达标污水进行继续深度处理，进一步去除其中的 SS、浊度、BOD_5、COD、磷等有害物质，使其水质标准达到《生活杂用水水质标准》和《城市污水回用设计规范》中规定的厕所便器冲洗及绿化用水指标。

1. 系统配置

生活污水处理站无人值班，定期巡视检查，所有设备均可通过自带就地控制箱实现自动或就地人工操作，所有运行状态、报警信号均预留 PLC 系统集中监控接口。污水处理达标后，由污水回用水泵升压用于全厂绿化，该泵由人工根据需要启停。PLC 采用施耐德元件，提供与一期化水系统通信。

当过滤器进出水压差达到设定制时，由压差变送器联锁启动反冲洗泵，进行自动反洗，也可根据调试及运行经验，定时进行反冲洗，处理完毕的回用水作为反冲洗水源，反洗污水自流排回调节池内。

（1）格栅：阻拦、打捞污水中的杂物，防止损坏后续设备。

（2）调节池：废水水质、水量的变化对排水设施及废水处理设备，特别是生物处理设备正常发挥其净化功能是不利的，甚至还可能造成破坏。在这种情况下，经常采取的措施是在废水处理系统之前设调节池，用以进行水量的调节和水质的均和，以保证废水处理的正常进行。此外，调节池还可以起到临时贮存事故排水的作用。

（3）缺氧池：缺氧池底安装 YBM-II-215 型可变微孔曝气器，池内填装 $\phi150$ 型组合填料，填充率为 80%。污泥回流至该池，熟污泥和生污泥混合后，可以摄取污水中的磷，磷最终由污泥池排出，起到脱氮除磷的效果。

（4）接触氧化池：接触池分两级，池底安装 YBM-II-215 型可变微孔曝气器，池内填装 $\phi150$ 型组合填料，填充率为 80%。接触氧化池成熟后在池内及填料表面悬浮和栖息着大量的好氧微生物，污水在流经填料表面时微生物利用水中充足的溶解氧不断地氧化、分解、吸收有机物使之转化为 CO_2 和 H_2O，达到净化污水的目的。当水中的碳质有机物吸收完毕后氮质有机物被氧化成硝酸盐和亚硝酸盐。

（5）二沉池：经两级生化处理后的污水会产生较多的悬浮物及老化脱落的生物膜随着出水进入二沉池。二沉池为二只竖流式沉淀池，并联运行，进行泥水分离。沉淀出水采用齿形集水槽集水，沉淀池污泥由液压式排至污泥池。

（6）消毒池：消毒采用固体氯片接触溶解的消毒方式，根据出水量的大小改变加药量。

（7）风机：为接触氧化池提供充足的氧气。

（8）石英砂、活性炭过滤器：对二级处理完的排放达标污水进行继续深度处理，达到绿化用水指标。

2. 工艺流程

二期生活污水来源主要有施工生活区和厂区生活污水，主要为粪便污水、办公洗涤用水、食堂废水、浴室废水等。污水流经格栅后进入调节池中，再由污水一次升压泵将污水排入初沉池中进行初步沉淀。澄清过的水先后通过缺氧池、二级氧化池，在鼓风作用下进行接触氧化。之后进入二沉池再次沉淀，澄清后的水由二沉池的溢流管流入消毒池进行消毒处理。消毒后的水经污水二次升压泵提升至砂过滤器、活性炭过滤器过滤处理，排至回用水池，经回用水泵回用至厂区绿化。

初沉池以及二沉池中的污泥直接排至污泥池中，当污泥池中污泥较多时需要进行清理。二期生活污水系统通过开启罗茨风机至初沉池和二沉池的电磁阀进行加压排泥。

处理流程：建筑室内下水道→厂区自流污水下水道→污水调节池→污水一次升压泵→生活污水处理设备（曝气风机、污泥回流泵）→污水二次升压泵→砂过滤器→活性炭过滤器→回用水池→回用水泵→厂区绿化。

3. 水质控制

处理后达到污水综合排放标准中的一级标准，生活杂用水水质标准以及当地污水排放标准。生活污水处理设备出口水质应达到表 12-1 所列的标准。

表 12-1　　　　　　　　　　　生活污水处理后水质指标

序号	水质指标		控制标准	单位
1	悬浮物	SS	≤10	mg/L
2	五日生化需氧量	BOD$_5$	≤10	mg/L
3	化学需氧量	COD	≤50	mg/L
4	氨氮	NH$_3$-N	≤5	mg/L
5	总磷	P	≤0.5	mg/L
6	油脂		≤10	mg/L
7	色度（稀释倍数）		≤5	
8	总大肠杆菌群		≤3	个/L
9	pH 值		6～9	

4. 生活污水处理系统的操作

（1）生活污水处理系统的运行。

1）打开污水一次升压泵出口阀、罗茨风机出口阀、消毒池出水阀。

2）打开污水二次升压泵出口阀、砂过滤器、活性炭过滤器进出水阀。

3）打开机械格栅进水和调节池进水阀，生活污水处理系统进水。

4）将生活污水处理系统控制柜上"工作方式旋钮"转向"自动"位，生活污水处理系统投入自动运行。

5）生活污水处理系统需根据初沉池和二沉池的泥量不定期启动污泥泵排泥至污泥池。

6）当污泥池中污泥较多时需要进行清理。

（2）生活污水处理系统的停运。主要包括：①将生活污水处理系统控制柜上"工作方式旋钮"转向"停止"位。②关闭机械格栅和调节池进水阀。

（3）生活污水处理系统自动运行的连锁设置。主要包括：①调节池液位低于中水位，污水一次升压泵不启动；超过中水位，启动1台污水升压泵，每隔4h自动倒换一次污水升压泵；超过高水位，启动2台污水升压泵；若运行泵有故障报警，自动切换至另一台运行。②清水池液位低于中水位，污水二次升压泵不启动；超过中水位，启动1台污水升压泵，每隔4h自动倒换升压泵；超过高水位，启动2台升压泵；若运行泵有故障报警，自动切换至另一台运行。③如果污水一次升压泵运行，罗茨风机每隔8h自动倒换一次；如果污水一次升压停止运行，每30min运行10min；若运行风机有故障报警，自动切换至另一台运行。④二期生活污水处理系统中罗茨风机出口至初沉池、二沉池的电磁阀每24h轮流运行5min。

第二篇
电厂化学监督及检测

第十三章　分析化学基础知识

第一节　分析化学概论

分析化学是化学学科的一个分支，是人们获得物质组成、结构和含量信息的科学，即表征与测量的科学。

一、分析化学的分类

工科应用主要学习定量分析化学。定量分析化学的分类方法很多，可以分为例行分析是指一般化验室日常生产中的分析，又叫常规分析；裁判分析是指不同单位对某一产品的分析结果有争论时，要求某单位用指定的方法进行准确的分析，以判断分析结果是否准确，又称仲裁分析。在习惯上主要还是以化学分析和仪器分析方法分类，如图13-1所示。

化学分析法。以物质的化学反应为基础的分析方法，又称经典分析法，主要是重量分析法和滴定分析法（容量分析法）。

仪器分析法。以物质的物理和物理化学性质为基础的分析方法称为物理和物理化学分析法。

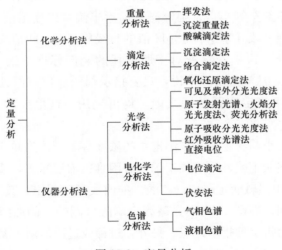

图13-1　定量分析

（一）化学分析法

化学分析法又称经典分析法，主要是重量分析法和滴定分析法（容量分析法）。滴定分析按原理分类又包含酸碱滴定法、络合滴定法、氧化还原滴定法、沉淀滴定法等。

1. 酸碱滴定法

酸碱滴定法是利用酸碱反应进行滴定的一种分析方法，又叫中和滴定法。酸碱滴定法常用于测定酸、碱、酸式盐、碱式盐、酸碱度等。酸碱反应一般非常快速，能够满足滴定分析的要求；酸碱反应的完全程度同酸碱的强度以及浓度等因素有关，酸、碱越弱，或浓度越小，反应的完成程度就越差，即滴定误差较大。

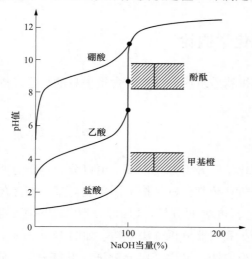

图 13-2　0.1mol/L 氢氧化钠溶液滴定
0.1mol/L 盐酸、乙酸、硼酸的滴定曲线

酸碱滴定 pH 值变化曲线受酸碱浓度、强度、指示剂选择等因素影响，图 13-2 为 0.1mol/L 氢氧化钠溶液滴定 0.1mol/L 盐酸、乙酸、硼酸的滴定曲线，以此曲线来分析强碱滴定酸的实验影响。

可以看到，滴定前被滴定剂是 HCl 溶液，所以起初显强酸性 pH 值约为 1；滴定开始时加入氢氧化钠溶液 pH 值上升很慢，加入 90% 等当量时 pH 值约为 2.28；接近等当点之前，加入氢氧化钠溶液至 99.9% 等当量时（若实验中需要 20mL 滴定剂，相当于距终点差 0.02mL）pH 值约为 4.30；等当点后，NaOH 过量至 100.1% 等当量时，pH 值约为 9.70；随后再继续滴加氢氧化钠溶液 pH 值又开始缓慢升高。在实际实验中常用 25mL 酸碱滴定管，一般 1 滴溶液约 0.05mL，半滴溶液约 0.02mL，从减小仪器误差角度来讲，滴定剂消耗量 10～25mL 引入误差较小，所以假设实验中需要 20mL 滴定剂至等当点，则等当点前后半滴可以使溶液 pH 值从 4.30 突跃至 9.70，滴定曲线上出现一段几乎平行于 pH 值的直线段，此 pH 值突变阶段称为滴定的突跃范围，简称滴定突跃。这 1 滴溶液对于所消耗的全部标准溶液（20mL）而言，只是 ±0.1% 的误差。因此，从滴定实际来说，只要指示剂的变色范围处于滴定曲线突跃范围之内，甚至只部分处于滴定突跃范围之内，均可选用，这里酚酞和甲基橙指示剂差别不大。

滴定突跃范围的大小与滴定剂和被滴定物的浓度有关，浓度越大，突跃范围越长。必须注意，浓度太小，突跃不明显，选择指示剂有困难；浓度越大，突跃越长，可供选择的指示剂越多。图 13-2 中强碱滴定弱酸（乙酸）的曲线可以看出，其选择使用酚酞指示剂，不能使用甲基橙指示剂；而图 13-2 中强碱滴定弱酸（硼酸）的曲线则没有出现突跃，因此弱酸弱碱滴定不能用指示剂指示终点。另外，过稀或过浓的溶液都会导致指示剂变色不明显，并增加滴定误差。因此，通常所用标准溶液的浓度均在 0.01～1mol/L 之间。

强酸滴定碱液的情况类似于强碱滴定酸液，只是 pH 值变化曲线正好是与图 13-2 相反的下降趋势。而由图 13-1 也可以推断，若用弱酸滴定弱碱或相反过程，滴定将不会多元酸（碱）的滴定中，因为其是分级离解的，因此中和滴定反应也是逐级进行的。所以只要有一定的突跃范围和对应的指示剂，可用指示剂指示滴定终点。如多元碱的滴定中，碳酸及碳酸盐的滴定是常接触的。如 Na_2CO_3 是二元弱碱，其 K_{b1} 为 1.79×10^{-4}，K_{b2} 为 2.38×10^{-8}，由于 K_{b1}/K_{b2} 接近 4，故第一等当点突跃不算明显。因此可用酚酞指示剂，但最好使用甲酚红液与百里酚蓝混合指示剂［变色范围 8.2（粉红）－8.4（紫）］，采用 $NaHCO_3$ 溶液作参比液，减少方法误差。由于 K_{b2} 不大，H_2CO_3 的饱和浓度为 0.04mol/L，因此第二等当点不理想，可用甲基橙作指示剂，这时易形成过饱和 CO_2 溶液，使酸度稍增大，终点稍提前，因此终点前可加热除去 CO_2。

由此分析酸碱滴定中 CO_2 的影响。除盐水吸收空气中的 CO_2，使 pH 值偏酸性，碱性溶液很易吸收 CO_2，生成 CO_3^{2-}，在滴定过程中也有吸收 CO_2 的现象，CO_2 的吸收对滴定的影响主要取决于怎样滴定以及滴定终点时的 pH 值。如用 0.5mol/L HCl 滴定 0.5mol/L NaOH。若用甲基橙作指示剂，那么在终点时，NaOH 溶液所吸收的 CO_2 基本上未被滴定。若用酚酞作指示剂，CO_2 转为 HCO_3^-，此时对结果即产生影响，所以在强酸滴定强碱实验中尽量选择甲基橙作指示剂。用强碱滴定弱酸时，等当点在碱性范围内，故 CO_2 的影响较大，可采用同一指示剂在同一条件下进行标定和测定，则 CO_2 的影响可以部分抵消。

酸碱滴定至等当点若本身不发生任何外观的变化，需借助酸碱指示剂的颜色变化来指示等当点，酸碱指示剂一般是弱的有机酸或有机碱，其中，酸式及其共轭碱式具有不同的颜色，当滴定至等当点时，过量的酸或碱使指示剂得到或失去质子，由碱式变为酸式，引起颜色的变化。所以指示剂的理论变色 pH 值范围为 $pK_{In} \pm 1$，指示剂的变色范围越窄越好。实际观察因为变色依靠人眼观察，而眼对各种颜色的敏感度不同，可能含有 ± 0.2 个单位的差异。表 13-1 按 pH 值变色范围由小到大列出了常用酸碱滴定指示剂的配制及变色范围，方便后续使用时选择合适的酸碱指示剂。

表 13-1 列出了常用酸碱滴定指示剂的配制及变色范围

酸碱指示剂	变色范围	pK_{In}	颜色变化		常 用 浓 度
			酸色	碱色	
百里酚蓝（麝香草酚蓝）	1.2~2.8	1.65	红	黄	0.1%的20%酒精溶液
甲基黄	2.9~4.0	3.3	红	黄	0.1%的90%酒精溶液
甲基橙	3.1~4.4	3.40	红	黄	0.05%的水溶液
溴酚蓝	3.0~4.6	3.85	黄	蓝紫	0.1%的20%酒精溶液或其钠盐水溶液
甲基红	4.4~6.2	4.95	红	黄	0.1%的60%酒精溶液或其钠盐水溶液
溴百里酚蓝（溴麝香草酚蓝）	6.2~7.6	7.1	黄	蓝	0.1%的20%酒精溶液或其钠盐水溶液
中性红	6.8~8.0	7.4	红	黄	0.1%的60%酒精溶液
酚红	6.7~8.4	7.9	黄	红	0.1%的60%酒精溶液或其钠盐水溶液
酚酞	8.0~10.0	9.1	无	红	0.5%的90%酒精溶液
百里酚酞（麝香草酚酞）	9.4~10.6	10.0	无	蓝	0.1%的90%酒精溶液

影响指示剂变色范围的因素有温度、溶剂、盐类、指示剂用量、滴定顺序等，因此实验中要控制这些因素防止引入误差。在酸碱滴定中，有时为了滴定终点限制在很窄的范围内，可用混合指示剂，因为指示剂变色越敏锐，变色范围越窄，就能指示更窄的突跃范围。

2. 配位滴定法

利用配位反应进行滴定分析的方法，称为配位滴定法。它是用配位剂作为标准溶液直接或间接滴定被测物质，并选用适当的指示剂指示滴定终点。配位剂有无机配位剂和有机配位剂，常用的配位剂氨羧配位剂，如乙二胺四乙酸（EDTA），是一类含有氨基二乙酸—$N(CH_2COOH)_2$ 基团的有机化合物，其分子中含有氨基氮和羧基氧两种配位能力很强的多个配位原子（系多齿配位体），可以和很多金属离子形成稳定的螯合物。

虽然配位反应很多，但并非都可用以进行配位滴定，只有满足下列条件的配位反应，才能用于配位滴定：

（1）配位反应必须完全，即配合物有足够大的稳定常数；

（2）在一定反应条件下，只形成一种配位数的配合物（如 EDTA 配位剂）；

（3）配位反应速度要快；

（4）有适当的方法确定反应的等量点。

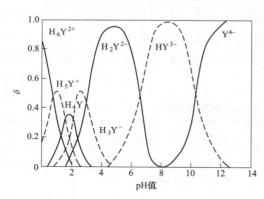

图 13-3　不同 pH 值时 EDTA 各种型体分布图

常用的配位剂 EDTA 在水中的溶解度很小，通常把它制成二钠盐，习惯上仍称 EDTA，用符号 $Na_2H_2Y_2 \cdot H_2O$ 表示。EDTA 配位剂在水中有七种形态（如图 13-3 所示），在不同 pH 值条件 EDTA 的主要存在型体不同，但只有在 pH>10.3 时才主要以 Y^{4-} 形态存在，能与金属离子直接配位。Y^{4-} 的结构具有两个氨基氮原子和四个羧基氧原子，因此它既可以作为四齿配位，也可以作为六齿配位体。由于大多数金属离子的配位数为 4 或 6，这样 EDTA 不仅能和绝大多数的金属离子起配位反应，而且能满足一个 EDTA 分子与一个金属离子配位的要求。

在一般情况下，EDTA 与金属离子起配位反应时，不论金属离子是二价、零价还是四价，均形成 1∶1 的配合物。因此，EDTA 滴定法关键的是选择滴定的问题。在混合离子体系提高络合滴定选择性的途径有：控制酸度分步滴定法和掩蔽法，掩蔽法包含络合掩蔽、氧化还原掩蔽、沉淀掩蔽等，也可以利用不同滴定方式来提高选择性。

在配位滴定过程中，随着配位剂的加入，由于配合物的形成，溶液中金属离子的浓度不断减少，如以 pM（M 代表金属）为纵坐标，加入配位剂的量为横坐标作图，可以得到与酸碱滴定相类似的滴定曲线。配位滴定需要额外注意的是，EDTA 的酸效应及酸效应系数，不同金属的条件稳定常数差异影响反应，另外金属指示剂还可能出现封闭、僵化和氧化变质现象。

3. 氧化还原滴定法

以氧化还原反应为基础的滴定分析方法称为氧化还原滴定法。在氧化还原滴定中，选用适当的氧化剂作为标准溶液可以滴定某些还原性物质，选用适当的还原剂作为标准溶液可以滴定某些氧化性物质。有些不能直接进行氧化还原反应的物质，还可以用间接滴定法进行滴定。氧化还原滴定法是应用很广的一种滴定分析方法。

因为氧化还原反应的速度影响，常采用增加反应物浓度、提高反应温度、加入催化剂和诱导剂等方法，或采用返滴定方法等来进行。氧化还原滴定中的指示剂可以选择合适的指示剂如邻二氮菲、二苯胺磺酸钠等，也可以利用自身颜色变化如高锰酸钾作为指示剂，还有特殊的如淀粉等作为指示剂。还要注意的是，因为空气中氧气的影响，氧化还原滴定中的滴定剂配制时要注意，如高锰酸钾配制好后需要陈化2周，然用标准溶液进行标定后使用。

4. 沉淀滴定法

利用沉淀反应进行滴定分析的方法称为沉淀滴定法。适合沉淀滴定法的沉淀反应必须具备下列条件：

（1）反应能定量地完成，沉淀的溶解度要小；

（2）反应速度要快，不易形成过饱和溶液；

（3）有适当的方法确定滴定终点；

（4）沉淀的吸附现象不影响滴定终点的确定。

从沉淀滴定曲线可见，在等当点附近pM有一突跃，与酸碱滴定一样。浓度影响突跃范围，标准溶液及滴定溶液浓度愈大，突跃范围亦愈大。突跃范围还与反应形成的沉淀物的溶解度有关，沉淀物的溶解度愈小，则其突跃愈大。

目前应用较广泛的是生成难溶性银盐的反应，称为银量法。应用在 Cl^-、Br^-、I^-、CN^-、SCN^-、Ag^+ 等的测定。银量法根据指示终点的方式不同可分为直接法和间接法两类，根据所用的指示剂不同又分为莫尔法、佛而哈德法、法扬斯法三种方法。

5. 重量分析法

重量分析法是通过称重测定物质含量的一种分析方法。适用于测定含量大于百分之一的常量组分，准确度高，相对误差一般为 $0.1\%\sim0.2\%$，但操作繁琐、耗时长。重量分析法根据原理分为气化法、电解法和沉淀法。

（二）仪器分析法

仪器分析就是利用能直接或间接地表征物质的各种特性（如物理的、化学的、生理性质等）的实验现象，通过探头或传感器、放大器、分析转化器等转变成人可直接感受的已认识的关于物质成分、含量、分布或结构等信息的分析方法。

仪器分析准确度和灵敏度高，常用来分析含量较少的组分。仪器分析方法按原理分类，所包括的分析方法有电化学分析法、核磁共振波谱法、原子发射光谱法、气相色谱法、原子吸收光谱法、高效液相色谱法、紫外-可见光谱法、质谱分析法、红外光谱法、其他仪器分析法等。分析所用的仪器种类更多。每一种分析方法所依据的原理不同，所测量的物理量不同，操作过程及应用情况也不同。

仪器分析方法的基本性能经常由如下几个指标表征：

（1）标准曲线（工作曲线）　标准曲线是标准物质的物理/化学属性跟仪器响应之间的函数关系。在分析化学实验中，常用标准曲线法进行定量分析，通常情况下的标准工作曲线是一条直线。仪器分析方法的适用性受标准曲线的线性范围影响，一般被测物的最高和最低检出浓度均应该在仪器的线性范围内，才能减小仪器误差；标准曲线的线性度用相关系数（r）表示，一般要求 $r=0.999\pm0.001$。

（2）灵敏度也就是标准曲线的斜率。斜率越大，方法的灵敏度就越高。

（3）精密度是指使用同一方法，对同一试样进行多次测定所得测定结果的一致程度。精密度常用测定结果的标准偏差 s 或相对标准偏差 sr 量度。同一分析人员在同一条件下测定结果的精密度称为重复性；不同实验室所得测定结果的精密度称为再现性。

（4）试样含量的测定值与试样含量的真实值（或标准值）相符合的程度称为准确度。准确度常用相对误差度量。

（5）某一方法在给定的置信水平上可以检出被测物质的最小浓度或最小质量，称为这种方法对该物质的检出限。检出限表明被测物质的最小浓度或最小质量的响应信号可以与空白信号相区别。

一般情况下有如下关系，即方法的灵敏度越高（工作曲线的斜率越大），精密度越好，检出限就越低。

二、分析工作的一般步骤

定量分析的任务是测定物质中某种或某些组分的含量，一般包括以下几个步骤：

（1）试样的采集。分析试样应具有代表性。

（2）试样的制备。一些样品的缩制、溶解等。

（3）试样的分解。

（4）中间处理（干扰的分离、预测定等）。应注意干扰的排除，几乎没有无干扰的测定方法，可以说研究分析测定方法，就是研究排除干扰法。常用方法有两种，一是分离；二是掩蔽。分离法有沉淀分离、萃取分离、色谱分离等；掩蔽法有沉淀掩蔽、络合掩蔽、氧化还原掩蔽等。

（5）选择方法。根据被测组分的性质、含量和对分析结果的要求，采用不同的分析方法。

（6）定量分析测定。

（7）数据记录。被测组分已知需测其含量，可用实际存在的组分的形式的含量来表示。

（8）测定结果的计算及数据评价。

三、分析反应

（一）化学反应速度和化学平衡

化学反应虽然成千上万，种类繁多，但是都要涉及两个方面的问题：第一是反应进行的快慢，也就是化学反应速度问题；第二是反应进行的程度，即有多少反应物可以转化为生成物，这就是化学平衡的问题。这两个问题无论对理论研究和生产实践都是有重要意义的。

1. 化学反应速度

化学反应速度指在一定条件下，化学反应中的反应物转变为生成物的速度。化学反应速度通常用单位时间内反应物浓度的减少量或生成物浓度的增加量来表示。影响化学反应速度的因素很多，除了温度、浓度、催化剂以外，还有压强（有气体参加的反应）、光、超声波、激光、放射线、电磁波、反应物颗粒的大小、扩散速度和溶剂等。对某些反应来说，这些因素都是影响反应速度的一些重要条件。例如煤粉的燃烧就比煤块快得多，溴化银见到光很快分解等。

温度对化学反应速度的影响特别显著，因此在反应过程中，常常用提高或降低反应温度的办法来控制反应速度；在一定温度下，增加反应物的浓度使单位时间内反应物分子有效碰撞的频率增加，从而使反应速度加快；催化剂能改变化学反应速度，反应前后本身的化学组成和数量保持不变，加快反应速度的物质叫正催化剂，凡能减慢反应速度的物质叫做负催化剂。

催化剂具有两个基本性质：一是改变反应速度；二是具有特殊的选择性。需要注意的是催化剂能够同等程度地增加正逆反应速度，因此它不能使化学平衡移动。但使用催化剂能够大大地缩短反应达到平衡所需的时间。

2. 化学反应的可逆性和化学平衡

所谓化学平衡是在可逆反应中，正逆反应速度相等，反应物和生成物的浓度不再随时间而改变的状态。一般常把反应方程式从左到右进行的反应叫正反应，从右向左进行的反应叫逆反应。一个反应可以按反应方程式从左向右进行，也可以从右向左进行，这种现象体现了反应的可逆性。可逆反应的进行，必然导致化学平衡。化学平衡的特征是：

（1）平衡时正反应速度等于逆反应速度。

（2）反物、生成物的浓度保持不变。

（3）有条件的动态平衡（反应似乎已经停止，实际上正逆反应仍在进行，不过两者速度相等而已）。

因此，化学平衡是相对的、暂时的、有条件的。当外界条件发生变化时，化学平衡就要被破坏，反应物与生成物的浓度随之也要改变，从而建立起新的平衡。此时，使化学反应由原来的平衡状态转变到新的平衡状态的过程，叫化学平衡的移动。影响化学平衡的因素主要有浓度、压力和温度。对已达到平衡的可逆反应，升高温度，平衡向吸热反应的方向移动；反之，降低温度，平衡向放热反应的方向移动。表 13-2 所示为外界条件（温度、浓度、压力、催化剂）对反应速度和化学平衡的影响。

表 13-2　　　　　　　　　　外界条件对化学反应速度和化学平衡的影响

条件改变	反应速度	速度常数	化学平衡	平衡常数
恒温、恒压下，增加反应物浓度	加快	不变	向生成物的方向移动	不变
恒温下，增加压力（气体反应）	加快	不变	向气体分子数目减少的方向移动	不变
恒压、恒浓度，升高温度	加快	增加	向吸热方向移动	变
恒温、恒压、恒浓度，加催化剂	加快	改变	不变	不变

3. 平衡常数

根据质量作用定律，对任何一个可逆反应在一定温度下达到平衡时，反应物平衡浓度 [A]、[B] 与生成物平衡浓度 [C]、[D] 之间都有如下的关系：

$$K = \frac{[C]^M [D]^n}{[A]^a [B]^b}$$

这个平衡常数表示式也反映了质量作用定律，它用文字叙述为，在一定温度下，可逆反应达平衡时，生成物的浓度以反应方程式中计量系数为乘幂的乘积与反应物的浓度以反应方程式中计量系数为乘幂的乘积之比是一个常数。

如果化学反应是气体反应，平衡常数既可如上述用物质平衡浓度之间的关系来表示，也可以用平衡时的分压来代替浓度。

由于平衡常数表示式是以生成物浓度的乘积为分子，它能很好地表示化学反应进行的程度，K 值越大，在平衡混合物中产物越多，反应进行的程度越大。

平衡常数的大小与化学反应的浓度无关，只随温度变化而变化。

只要测定各反应物和生成物在平衡状态时的浓度，就可以计算出这个反应在实验时温度下的平衡常数。

（二）分析反应的灵敏性

分析反应的灵敏性是指能检出被检物质的灵敏程度，通常用检出限量和最低检出浓度（限界稀度）表示。检出限量又叫最低检出量，是指在一定条件下，利用某反应可以检出的离子的最小量，符号为 m。m 越小，反应越灵敏。最低检出浓度是指在一定条件下待检离子能得到肯定反应的最低浓度，用 mg/kg 或 $1 : G$ 表示（$1 : G$ 表示 1 份质量的离子溶于 G 质量的溶剂中）。鉴定反应的灵敏度应用最低检出浓度和检出限量来表示。

（三）分析反应的选择性和特效性

分析反应要求选择性愈高愈好。所谓选择性是指在其他离子共存时，所加入的试剂有选择地只和其中少数离子起反应的性质。这种只与为数不多的离子发生类似现象的化学反应称为选择性反应，所加入的试剂称为选择性试剂。

如果与加入的试剂起反应的离子愈少，则这一反应的选择性就愈高。如加入的试剂只对一对离子起反应而产生特殊现象，其他离子都无类似现象产生则这一反应的选择性最高，这种反应就称为该离子的特效反应。这种试剂就称为该离子的特效试剂。

第二节 溶液的浓度及相关计算

一、化学分析计算

溶液的浓度是表示一定量的溶液所含液质的量。实际应用上，都是根据需要来配制各种浓度的溶液。根据我国法定计量单位规定，可用（物质的）质量分数、（物质的）体积分数和（物质的）浓度（即物质的量浓度）等来表示。

1. 质量分数

以前称为重量百分浓度。它表示物质 B（溶质 B）的质量与溶液的质量比，用符号（W_B）表示，即：

$$W_B = \frac{物质 B 的质量}{混合物的质量} = \frac{溶质 B 的质量}{溶液的质量}$$

习惯上为方便起见也可用百分数（%）表示。

2. 体积分数（质量浓度）

表示物质 B（溶质 B）的质量除以混合物的体积用符号 ρ_B 表示，即

$$\rho_B = \frac{溶质 B 的质量}{溶液的体积}$$

单位可用百分数表示，也可用克每升（g/L），或毫克每升（mg/L），或微克每升（μg/L）。若溶液用百分数表示，以指示剂称呼者，其浓度则不标注（体积分数）。

3. 体积比浓度

体积比浓度是指液体试剂与溶剂按 $x+y$ 的体积关系配制溶液，符号（$x+y$）。如硫酸溶液（1+3）是指 1 体积的浓硫酸与 3 体积的水混合而成的硫酸溶液。

4. 滴定度

滴定度是指 1mL 溶液中所含相当于待测成分的质量，用符号 T 表示。单位为毫克每毫升（mg/mL），或微克每毫升（μg/mL）。

5. 浓度（即物质的量浓度）

物质的量浓度简称浓度，以前称为（体积）摩尔浓度和当量浓度。它是用物质 B（溶质 B）的物质的量除以混合物（溶液）的体积，用符号 CB 表示，在化学中也表示成 [B]，即

$$[B] = \frac{溶质 B 的物质的量}{溶液的体积 V}$$

单位为摩尔每升（mol/L）或毫摩尔每升（mmol/L）或微摩尔每升（μmol/L）。

根据摩尔的定义，在使用摩尔这一单位时，必须指明基本单元。规定在使用物质的量浓度 [B] 时，也必须标明 B 是什么粒子，基本单元是多少。

6. 市售试剂的浓度

测定中使用的市售试剂均称为浓某酸、浓氨水。其浓度和密度 kg/m³。应符合国标中规定。

二、滴定分析的标准溶液

已知其准确浓度的一种溶液，称为标准溶液。

1. 直接法

准确称取一定量的纯物质，溶解后定量地转移到容量瓶中，并定容。根据称取纯物质的质量和容量瓶的容积，计算出该标溶液的准确浓度。直接法最大的优点是操作简便，所配制标准溶液不需要用其他办法确定其浓度，就可直接用来滴定。

不是什么试剂都可以用来直接配制标准溶液，能用于直接配制标准溶液的物质，称为基准物质或标准物质。基准物质应组成稳定、与它的化学式完全相符、纯度足够高（≥99.9%）、有较大的摩尔质量（相对误差小）。

2. 标定法

很多物质不符合基准物质条件，不能直接配制标准溶液。一般先将这些物质配成近似所需浓度溶液，再用基准物测定其准确浓度。标定的方法有直接标定和间接标定两种，间接标定的系统误差比直接标定要大，因此实验方法中尽量减少需间接标定的标准溶液的使用。

三、滴定度的换算

滴定度一般只用于滴定分析中，方便计算，对于常测项目待测液浓度变化不大时，滴定度比较方便省力。

滴定度要考虑化学反应，对不同的反应物，其值是不同的。如一定浓度的盐酸溶液，它的量浓度是固定的，但是它对 NaOH 和 Na_2CO_3 的滴定度从数值上是不同的。

滴定度有两种表示方法：

（1）T_s：每毫升标准溶液中所含滴定剂（溶质）的克数。单位 g/mL。

例如：$T_{HCl} = 0.001\ 012$g/ml 的 HCl 溶液，表示每毫升此溶液含有 $0.001\ 012$g 纯 HCl。

（2）$T_{s/x}$：以每毫升标准溶液所相当于被测物的克数。

$$T_{S/X} = m_X / V_S$$

式中：下标 S/X 中 S 代表滴定剂（标准溶液）的化学式，X 代表被测物的化学式；m_X 指被测物质 X 的质量；V_S 指滴定相应 m_X 质量的 X 所用的标准溶液 S 的体积。例如：

1）$T_{HCl/Na_2CO_3} = 0.005\ 316$g/mL 的 HCl 溶液，表示每毫升此 HCl 溶液相当于 $0.005\ 316$g Na_2CO_3。

2）$T_{K_2Cr_2O_7/Fe} = 0.70\%$/mL 表示固定试样为某一重量时，1mL 的 $K_2Cr_2O_7$ 标准液相当于试样中铁的含量为 0.70%。

3）$T_{K_2Cr_2O_7/Fe} = 0.002\ 50$g/mL 则表示 1mL 的 $K_2Cr_2O_7$ 标准液相当于试样铁的质量为 $0.002\ 50$g。

四、化学试剂

1. 化学试剂的等级与标志

我国各厂生产的化学试剂，都有统一规定的质量要求。通常的标志和意义如下：

（1）GB 表示符合国家标准；

（2）HG 表示符合化工部部颁标准。

化学试剂的等级与标志及特征，具体见表 13-3。

表 13-3   **我国化学试剂的等级与标志**

级别	基准试剂	一级品 保证试剂	二级品 分析试剂	三级品	
中文标志		优级纯	分析纯	化学纯	色谱纯
代号		G·R	A·R	C·P	
标签颜色	浅绿色	绿	红	蓝	
说明	纯度极高，用于标定或直接配制标准溶液	纯度很高，用于精确地飞分析研究工作，也经常用作基准试剂	纯度很高，用于一般分析及科研	纯度稍差，用于工业分析及化学试验	是指色谱专用溶剂或者试剂，在色谱条件下只出现指定化合物的峰，不出现杂质峰。一般比分析纯试剂纯度更高

2. 化学试剂的保管和储存

化学试剂中，很多是易燃、易爆、有腐蚀性的，在保管与储存时，一定要注意安全，防止发生事故。

一般化学试剂要按酸类、碱类、盐类和有机试剂类分别存放，以便于使用。

对于危险药品或易燃、易爆、易制毒药品的管理，要严格遵照《危险化学品安全管理条例》执行，应分别储藏在铁柜或耐腐蚀柜内，并要求有专人保管。且要注意远离明火或电源，千万不能混合存放。

对于实验室产生的废液也要注意按照环保要求分类存放，产生的一、二次清洗液也不能直接排放。

第三节　有效数字及运算规则

一、有效数字及其运算

每一个实验都要记录大量原始数据，并对它们进行分析运算。但是这些直接测量数据都是近似数，存在一定误差，因此这就存在一个实验时记录应取几位数，运算后又应保留几位数的问题。

直接测量的有效数字的位数决定于测量仪器的精度，只有数据中的最后一位是可疑数字，因此有效数字意义重大，决定了相对误差的大小。因此，在确定有效数字时，应注意以下几点：

（1）数字"0"有时为有效数字，有时只起定位作用。

（2）pH、pM、pK 等，有效数字取决于小数部分的位数，整数部分不影响。

（3）有些数字如 44 000、6800 等，其有效数字位数不定，而科学计数法 4.40×10^4 有效数字为 3，4.4×10^4 有效数字为 2。

（4）计算中涉及的一些常数如 π、$\sqrt[2]{2}$、e（自然对数的底）以及一些自然数等，可以认为是其有效数字位数很多或无限多。

二、有效数字的运算规则

由于间接测量值是由直接测量值计算出来的，因而也存在有效数字的问题，通常的有效数字的运算规则：

（1）计算有效数字位数时，公式中某些系数不是由实验测得，计算中不考虑其位数。

（2）在加减运算中，运算后得到的数所保留的小数点后的位数，应与所给各数中小数点后位数最少的相同。

（3）在乘除运算中，运算后所得的商或积的有效数字与参加运算各有效数中位数最少的相同。

（4）在乘方、开方运算中，运算后所得的有效数字的位数与其底的有效数字位数相同。

（5）计算平均值时，若为 4 个数或超过 4 个数相平均，则平均值的有效数字位数可增加一位。

（6）在对数运算中，对数位数的有效位数应与真数的有效位数相同。

（7）计算有效数字位数时，若首位有效数字是 8 或 9 时，则有效数字要多计一位，例如 9.35 虽然实际上只有 3 位，但在计算有效数字时，可按 4 位计算。

（8）"四舍六入五成双"的数字修约原则，即需要保留的有效数字位数的后一位小于 5 则舍，大于 5 则入，等于 5 时有效数字最后一位为奇数则入，为偶数则舍，这样 5 的舍入概率各半。如数字 0.035 6543 保留 3 位有效数字为 0.0356，而 0.035 5543 保留 3 位有效数字也为 0.0356。

三、真值与平均值

实验过程中要做各种测试工作，由于仪器、测试方法、环境、人的观察力、实验方法等均不可能做到完美无缺，我们无法测得真值（真实值）。如果我们对同一考察项目进行无限多次的测试，然后根据误差分布定律正负误差出现的几率相等的概念，可以求得各测试值的平均值，在无系统误差（系统误差的含义请参阅"误差与误差的分类"）的情况下，此值为接近真值的数值。一般来说，测试的次数总是有限的，用有限测试次数求得的平均值，只能是真值的近似值。

常用的平均值有下列几种：①算术平均值；②均方根平均值；③加权平均值；④中位值（或中位数）；⑤几何平均值。平均值计算方法的选择，主要取决于一组观测值的分布类型。

1. 算术平均值

算术平均值是最常用的一种平均值，当观测值呈正态分布时，算术平均值最近似真值。设 x_1、x_2、$\cdots$、x_n 为各次观测值，n 代表观测次数，则算术平均值定义为：

$$\overline{x} = \frac{x_1 + x_2 + \cdots + x_n}{n} = \frac{1}{n}\sum_{i=1}^{n} x_i \qquad (13\text{-}1)$$

2. 均方根平均值

均方根平均值应用较少，其定义为：

$$\overline{x} = \sqrt{\frac{x_1^2 + x_2^2 + \cdots + x_n^2}{n}} = \sqrt{\frac{\sum_{i=1}^{n} x_i^2}{n}} \qquad (13\text{-}2)$$

3. 加权平均值

若对同一事物用不同方法去测定，或者由不同的人去测定，计算平均值时，常用加权平均值。计算公式为：

$$\overline{x} = \frac{\omega_1 x_1 + \omega_2 x_2 + \cdots + \omega_n x_n}{\omega_1 + \omega_2 + \cdots + \omega_n} = \frac{\sum_{i=1}^{n} \omega_i x_i}{\sum_{i=1}^{n} \omega_i} \qquad (13\text{-}3)$$

式中　ω_i——与各观测值相应的权。

各观测值的权数 ω_i，可以是观测值的重复次数，观测值在总数中所占的比例，或者根据经验确定。

4. 中位值

中位值是指一组观测值按大小次序排列的中间值。若观测次数是偶数，则中位值为正中两个值的平均值。中位值的最大优点是求法简单。只有当观测值的分布呈正态分布时，中位值才能代表一组观测值的中心，趋向于真值。

5. 几何平均值

如果一组观测值是非正态分布，当对这组数据取对数后，所得图形的分布曲线更对称时，常用几何平均值。

几何平均值是一组 n 个观测值连乘并开 n 次方求得的值，计算公式如下：

$$\overline{x} = \sqrt[n]{x_1 \cdot x_2 \cdots x_n} \qquad (13\text{-}4)$$

也可用对数表示：

$$\lg \overline{x} = \frac{1}{n}\sum_{i=1}^{n} \lg x_i \qquad (13\text{-}5)$$

第四节　误差分析及数据处理

一、误差与误差的分类

实验过程中，各项指标的监测常需通过各种测试方法去完成。由于被测量的数值形式通常不能以有限位数表示，且因认识能力不足和科技水平的限制，测量值与其真值并不完全一致，这种差异表现在数值上称为误差。任何监测结果均具有误差，误差存在于一切实验中。

1. 绝对误差与相对误差

观测值的准确度一般用误差来量度。个别观测值 x_i 与真实值 μ 之差称为个别观测值的误差，即绝对误差 E_i，用公式表示为：

$$E_i = x_i - \mu \tag{13-6}$$

绝对误差 E_i 的数值愈大，说明观测值 x_i 偏离真实值 μ 愈远。若观测值大于真实值，说明存在正误差；反之，存在负误差。

实际上，对于一组观测值的准确度，通常用各个观测值 x_i 的平均值 $\bar{x} = \frac{1}{n}\sum_{i=1}^{n} x_i$ 来表示观测的结果。因此，绝对误差又可表示为：

$$E_i = \bar{x} - \mu \tag{13-7}$$

在实际应用中由于真实值不易测得，所以常用观测值与平均值之差表示绝对误差，严格地说，观测值与平均值之差应称为偏差，但在工程实践中多称为误差。

显然，只有绝对误差的概念是不够的，因为它没有同真实值联系起来。相对误差是绝对误差与真实值的比值，即：

$$E_r = E_i / \mu \tag{13-8}$$

实际应用中由于真实值 μ 不易测得，常用观测的平均值 $\bar{x} = \frac{1}{n}\sum_{i=1}^{n} x_i$ 代替真实值 μ。

相对误差用于不同观测结果的可靠性对比，常用百分数表示。

2. 系统误差与随机误差

根据误差的性质及发生的原因，误差可分为系统误差、偶然误差和过失误差三种。

（1）系统误差。系统误差也称为可测误差，是指在测定中未发现或未确认的因素所引起的误差。其特征是单向性，即误差的符号与大小恒定，或按照一定的规律变化；系统性即在相同的条件下进行同样的测定时会重复出现。在一般情况下，如果能找到产生的原因，可对其进行校正或设法加以消除。产生系统误差的原因有以下几个方面：

1）方法误差。这是由于实验方法不当造成的，是比较严重的误差，一般均能找到物理或化学的原因。

2）仪器或试剂误差。这是由于装置不良或试剂不纯引起的误差。

3）操作误差。由于操作人员的生理缺陷、主观偏见、不良习惯或不规范操作而产生的误差。是与操作人员的素质有关的，因此，又称为个人误差。

4）环境的改变。主要是指外界的温度、压力和湿度等的变化。

（2）随机误差。随机误差也称为偶然误差，它是由难以控制的因素引起的，通常并不能确切地知道这些因素，也无法说明误差何时发生或者不发生，它的出现纯粹是偶然的、独立的和随机的。但是随机误差服从统计规律，可以通过增加实验的测量次数来减小，并用统计学的方法对测定结果作出正确的表述。实验数据的精密度主要取决于随机误差。

（3）过失误差。过失误差又称错误，是由于操作人员工作粗枝大叶、过度疲劳或操作不正确等因素引起的，是一种与事实明显不符的误差。只要操作者加强责任心，提高操作水平，过失误差是可以避免的。

二、准确度与精密度

1. 准确度与精密度的关系

准确度是指测定值与真实值的偏差的程度，它反映了系统误差和随机误差的大小，一般用相对误差表示。

精密度是指在控制条件下用一个均匀试样反复测量，所得数值之间的重复程度。它反映了随机误差的大小，与系统误差无关。因此，评定观测数据的好坏，首先要考察精密度，然后考察准确度。

一般，实验结果的精密度很高，并不等于准确度也很高，这是因为即使有系统误差的存在，也不妨碍结果的精密度。两者的关系可以由下图 13-4 来说明。

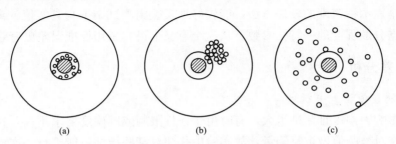

图 13-4　准确度与精密度关系的打靶图

（a）精密度和准确度均好；（b）精密度好，准确度差；（c）精密度差，准确度好

2. 提高准确度和精密度的方法

为了提高实验方法的准确度和精密度，必须减少和消除系统误差和随机误差。主要应该做到减少系统误差，增加测定的次数，选择合适的实验方法。

3. 精密度的表示方法

若在某一条件下进行多次测试，其误差为 σ_1，σ_2，$\cdots$，σ_n。因为单个误差可大可小、可正可负，无法表示该条件下的测量精密度，因此常采用极差、算术平均误差、标准误差等表示精密度的高低。

（1）极差。极差也称为范围误差，是指一组观测值中的最大值与最小值之差，是用来描述实验数据分散程度的一种特征参数。在本章的正交实验设计中也稍有阐述，其计算公式为：

$$R = x_{\max} - x_{\min} \tag{13-9}$$

极差的缺点是只与两极值有关，而与观测次数无关。用极差反映精密度的高低比较粗糙，但计算方便。在快速检验中可以度量数据波动的大小。

（2）算术平均误差。算术平均误差是观测值与平均值之差的绝对值的算术平均值。其表达式为：

$$\delta = \frac{\sum_{i=1}^{n} |x_i - \overline{x}|}{n} = \frac{\sum_{i=1}^{n} |d_i|}{n} \tag{13-10}$$

4. 标准误差

标准误差也称为均方根误差或均方误差，是指各观测值与平均值之差的平方和的算术平均值的平方根。其计算式为：

$$\sigma = \sqrt{\frac{1}{n}\sum_{i=1}^{n}(x_i - \overline{x})} = \sqrt{\frac{\sum\limits_{i=1}^{n} d_i^2}{n}} \qquad (13\text{-}11)$$

在有限的观测次数中，标准误差常表示为：

$$\sigma_{n-1} = \sqrt{\frac{1}{n-1}\sum_{i=1}^{n}(x_i - \overline{x})^2} \qquad (13\text{-}12)$$

由式（13-12）可以看到，当观测值越接近于平均值时，标准误差越小；当观测值与平均值偏离越大时，标准误差也越大。即标准误差对测试中的较大误差或较小误差比较灵敏，所以它是表示精密度的较好方法，能较好地反映出测试结果与真实值的离散程度，是表明实验数据分散程度的一特征参数。从这个意义上讲，采用标准误差更有效些。

三、误差分析

1. 单次测量值误差分析

实验的影响因素多且测试量大，有时由于条件限制或准确度要求不高，特别是在动态实验中不容许对被测值做重复测量，故实验中往往对某些指标只能进行一次测定。这些测定值的误差应根据具体情况进行具体分析。例如，对偶然误差较小的测定值，可按仪器上注明的误差范围进行分析计算；无注明时，可按仪器最小刻度的 1/2 作为单次测量的误差。如某溶解氧测定仪，仪器精度为 0.5% 级。当测得 DO$=3.2$mg/L 时，其误差值为 $3.2 \times 0.005 = 0.016$mg/L；若仪器未给出精度，由于仪器最小刻度为 0.2mg/L，每次测量的误差可按 0.1mg/L 考虑。

2. 重复多次测量值误差分析

条件允许的情况下，进行多次测量可以得到比较准确可靠的测量值，并用测量结果的算术平均值近似替代真值。个别测定值与测定的平均值之差，称为偏差。偏差的大小可用算术平均偏差和标准偏差来表示。工程中多用标准偏差来表示。

3. 间接测量值误差分析

实验过程中，经常需要对实测值经过公式计算后获得另外一些测得值用于表达实验结果或用于进一步分析，称为间接测量值。由于实测值均存在误差，间接测量值也存在误差，称为误差的传递。表达各实测值误差与间接测量值间关系的公式称为误差传递公式。

四、可疑观测值的取舍

在整理分析实验数据时，有时会发现个别观测值与其他观测值相差很大，则把此数据视为可疑值，也称离群值。可疑值可能是由于偶然误差造成的，也可能是由于系统误差引起的。如果保留这样的数据，可能会影响平均值的可靠性。但是把属于偶然误差范围内的数据任意弃去，暂时可以得到精密度较高的结果，但这是不科学地影响了平均值的可靠性。因此，在整理数据时，如何正确地判断可疑值的取舍是非常重要的。可疑值的取舍，实质上是区别离群较远的数据究竟是偶然误差还是系统误差造成的。对于离群值的统计检验，大都是建立在被检测的总体服从正态分布。基于此，在给定的检出水平或显著水平 α（通常取值为 0.05 或 0.01）和样本容量 n 条件下，可查表获得临界值，再通过计算统计量后与临界值比较，若统计量大于临界值就判为异常。将一组正态样本的观测值，按其大小顺序排列为 x_1，x_2，x_3，…，x_n。其中最小值 x_1 或最大值 x_n 为离群值（x_{out}）。

（1）标准偏差已知情况下采用奈尔检验法（样本容量 $3 \leqslant n \leqslant 100$），根据式（13-13）计算统计量 R_n：

$$R_n = \frac{|x_{\text{out}} - \overline{x}|}{\sigma} \tag{13-13}$$

根据检出水平 α 和样本容量 n 查奈尔检验的临界值表值 $R_P(n)$，若 $R_n > R_P(n)$，判定为异常值，否则未发现异常值。

（2）标准偏差未知情况（离群值数量为 1 时），此时可采用的检验可疑值的方法较多，如拉依达法（$3s$ 法）、$4d$ 检验法、t 检验法、格鲁布斯（Grubbs）检验法、Q 检验法等。

拉依达法（$3s$ 法）根据式（13-14）判定：

$$|x_{\text{out}} - \overline{x}| > 3s \tag{13-14}$$

式中：s 表示标准偏差。当所要检测的离群值满足上述条件时，判定为异常值，否则未发现异常值。

$4d$ 检验法根据式（13-15）判定：

$$|x_{\text{out}} - \overline{x}| > 4\overline{d} \tag{13-15}$$

式中：$\overline{x}$ 和 $\overline{d}$ 分别表示去掉离群值后其余数据的平均值和平均偏差。当所要检测的离群值满足上述条件时，判定为异常值，否则未发现异常值。

t 检验法根据式（13-16）判定：

$$k_n = \frac{|x_{\text{out}} - \overline{x}|}{s} \tag{13-16}$$

式中：s 和 $\overline{x}$ 都是由不包括离群值的 $n-1$ 个数据计算所得。查 t 检验的临界值表值 $k_P(n)$，当 $k_n > k_P(n)$，判定为异常值，否则未发现异常值。

格鲁布斯（Grubbs）检验法根据式（13-17）判定：

$$G_n = \frac{|x_{\text{out}} - \overline{x}|}{s} \tag{13-17}$$

查格鲁布斯检验的临界值表值 $G_P(n)$，当 $G_n > G_P(n)$，判定为异常值，否则未发现异常值。

Q 检验法中，统计量 Q 值的计算极为简单，即用可疑值与其最邻近值之差 $[(x_n - x_{n-1})$ 或 $(x_2 - x_1)]$ 除以极差（$x_n - x_1$），即

$$Q_1 = \frac{x_2 - x_1}{x_n - x_1} \quad \text{或} \quad Q_n = \frac{x_n - x_{n-1}}{x_n - x_1} \tag{13-18}$$

根据测定的次数和给定的置信度查临界值表值 $Q_P(n)$，若 Q_1（或 Q_n）$> Q_P(n)$ 则为异常值，否则未发现异常值。

（3）标准偏差未知情况（离群值数量大于 1 时），可采用的检验可疑值的方法有偏度—峰度检验法（偏度检验法适用于离群值出现在单侧的情形，峰度检验法适用于双侧情形）、狄克逊（Dixon）检验法、格鲁布斯（Grubbs）检验法等。离群值在同一侧时，同偏度检验法的原理。离群值在不同侧时，先检验偏离较大的离群值，若未判定为异常值，另一离群值也自然被保留。若判定为异常值，测定次数相应减 1，检验更小的离群值。

五、方差分析

方差分析是分析实验数据的一种方法，它所要解决的基本问题是通过数据分析，搞清与实验研究有关的各个因素（可定量或定性表示的因素）对实验结果的影响及影响的程度、性质。

方差分析的基本思想是通过数据的分析，将因素变化所引起的实验结果间差异与实验误差的波动所引起的实验结果的差异区分开来，从而弄清因素对实验结果的影响，如果因素变化所引起实验结果的变动落在误差范围以内，或者与误差相关不大，我们可以判断因素对实验结果无显著影响；相反，如果因素变化所引起实验结果的变动超过误差范围，我们就可以判断因素变化对实验结果有显著的影响。从以上方差分析基本思想中可以了解，用方差分析法来分析实验结果，关键是寻找误差范围，利用数理统计中 F 检验法可以帮助我们解决这个问题，用于两个及两个以上样本均数差别的显著性检验。

六、实验数据的表示法

在对实验数据进行误差分析、整理剔除错误数据和分析各个因素对实验结果的影响后，还要将实验所获得的数据进行归纳整理，用图形、表格或经验公式加以表示，以找出影响研究事物的各因素之间相互影响的规律，为得到正确的结论提供可靠的信息。

常用的实验数据表示方法有列表表示法、图形表示法和方程表示法三种。表示方法的选择主要是依靠经验，可以用其中的一种方法，也可两种或三种方法同时使用。

实验数据用列表或图形表示后，使用时虽然较直观简便，但不便于理论分析研究，故常需要用数学表达式来反映自变量与因变量的关系。

方程表示法通常包括下面两个步骤：

（1）选择经验公式。表示一组实验数据的经验公式应该是形式简单紧凑，式中系数不宜太多。一般没有一个简单方法可以直接获得一个较理想的经验公式，通常是先将实验数据在直角坐标纸上描点，再根据经验和解析几何知识推测经验公式的形式，若经验表明此形式不够理想，则应另立新式，再进行实验，直至得到满意的结果为止。表达式中容易直接用于实验验证的是直线方程，因此，应尽量使所得函数形式呈直线式。若得到的函数形式不是直线式，可以通过变量变换，使所得图形变为直线。

（2）确定经验公式的系数。确定经验公式中系数的方法有很多种，在此仅介绍直线图解法和回归分析中的一元线性回归、一元非线性回归以及回归线的相关系数与精度。

用上述方法得出的回归线是否有意义？两个变量间是否确实存在线性关系？在数学上引进了相关系数 r 来检验回归线有无意义，用相关系数的大小判断建立的经验公式是否正确。

$$r = \frac{n\sum X_i^2 - \sum X_i \sum Y_i}{n\sum X_i^2 - (\sum X_i)^2}$$

相关系数 r 是判断两个变量之间相关关系的密切程度的指标,相关系数只表示 x 与 y 线性相关的密切程度,当 $|r|$ 很小甚至为零时,只表明 x 与 y 之间线性相关不密切,或不存在线性关系,并不表示 x 与 y 之间没有关系,可能两者存在着非线性关系。相关系数的绝对值越接近于 1,x 与 y 的线性关系越好。一般分析检测中,标准曲线 $|r| \geqslant 0.999$,否则要查找原因并加以纠正,重新制作标准曲线以达到要求。标准曲线的采样点一般应 $\geqslant 5$。

第十四章 电厂水、汽系统及分析

化学监督是保证发电和供电设备安全、经济、稳定、环保运行的重要基础工作之一。因此，应采用适应电力生产发展的科学的管理方法、完善的管理制度和先进的检测手段，掌握机组参数和设备状态，及时发现和消除与化学监督有关的发电、供电设备隐患，防止事故发生。

第一节 电厂化学监督的特点

火力发电厂化学监督的基本特点之一就是化学监督贯穿于机组设计、基建、调试、运行、检修的电力生产全过程中，这是保证设备安全经济运行，防止事故发生的重要措施。

一、电厂化学监督的特点

电厂水汽监督、油务监督及燃料监督，既有共同点，又有各自的特点。了解水汽监督的特点与要求，不仅可以加强对水汽监督重要性的认识，而且有利于更好地掌握水汽监督的方法与规律，从而为做好水汽监督工作创造条件：

（1）涉及面广。电厂的水汽监督直接关系到电厂锅炉、汽轮机、发电机三大主机的安全经济运行，对电厂生产来说具有十分重要的意义。如给水、炉水水质直接关系到锅炉运行；蒸汽品质直接关系到汽轮机运行；内冷水水质则直接关系到发电机的运行。

（2）系统性强。水汽系统上一环节处理不当，水质不良，就将直接影响下一环节的水质，并进而对整个水汽系统的运行产生不良影响。因而，这就要求在任何一个环节的监督上都不能出现问题。对高参数大容量机组各种水质要求更高，因而技术难度也更大。

（3）隐蔽性大。水汽监督工作的一个很大的特点，就是隐蔽性大。除非出现加错药的情况，一般水质有所恶化，并不能直接显示出它的危害性，热力系统金属设备的结垢与腐蚀是长期运行所造成的，也正因为如此，水汽监督要执行"预防为主，质量第一"的方针，水汽监督不力对电厂造成的危害是一种难以彻底治愈的慢性病。故在日常监督工作中，各个岗位的人员都必须认真操作，执行标准，才能及时发现与消除事故隐患。

（4）技术要求高。由于各电厂所用水源水质的不同，各厂机组配置与参数各不相同，对各个环节的用水，所采用的处理方法与工艺也将有所差异，最终带入水汽系统的杂质也不相同。因而必须针对本厂实际情况，研究与改进水汽监督工作，控制并掌握水汽系统的最佳运行条件是至关重要的。因此采用先进的在线水汽检测仪表并建立水汽在线检测系统和评价体系将是水汽监督的发展方向。这就要求电厂加强对水汽监督人员的培训，确定培训对象与重点，制定培训规划，努力提高水汽监督人员的技术水平。

（5）需协作分工。水汽监督虽是化学监督的范畴，但水汽质量的保证不是化学一个部门所能完成的，它直接与三大主机的运行有关外，还涉及大修时锅炉的化学清洗、凝汽器管的清洗、预膜等工作。因此，要做好水汽监督工作，必须要加强协调管理，合理分工，各负其责。因此制定和贯彻有关规章制度，也是做好电厂水汽监督工作的基本保证。

二、化学监督质量评价

化学监督的效果如何，通常可通过下列五个方面的情况予以评价。

1. 根据监督指标的检测结果判断

如对新进的电力用油的质量评价，通过检测，如其结果符合国家及电力行业有关标准要求，则认为新油合格，可供电厂使用；否则，则不能允许这种不合格的产品进厂。对入厂煤质的验收，也是如此。

2. 根据水、油处理效果判断

如原水的处理，就要根据对处理前后原水的水质变化来判断，也就是经过处理后，看水质的监督指标能否满足达到补给水的要求；对油的处理，也有相似的要求。化学监督的任务就是在此生产环节中，监督处理设备是否正常运行，处理效果是否达到标准规定的要求。

3. 根据水、油监督指标的合格率判断

在不同生产阶段，不同参数的机组对给水、炉水、蒸汽、凝结水质，各相关标准均有不同要求的规定，通过采样、检测，统计其合格率，反映该厂水汽监督质量的总体水平。

各电厂水汽质量的年、月合格率，是检查与评价该电厂水汽监督质量的一个重要方面，是各厂间对水汽监督评比考核的主要指标之一。同样，电厂对油品合格率也有相似的要求，并确定了控制指标及检测周期。

4. 根据机组大修检查结果判断

水汽监督质量的好坏，最终将反映在机组的运行状态及安全经济水平上。

锅炉大修，要对炉管抽样割管，检查其内部是否结垢、腐蚀；汽轮机大修；则要对汽轮机通流部位及叶片上的沉积物进行采样分析；观测其金属表面是否存在腐蚀等。例如，蒸汽监督指标合格，那么汽轮机就不至于有明显积盐、结垢情况，也不至于产生明显的腐蚀。因为汽轮机通流部位及叶片上的沉积物及产生腐蚀，主要取决于蒸汽的质量。又如凝汽器铜管的腐蚀与结垢，主要与循环冷却水质量有关。因此对机组大修采样分析检查，是评价化学监督质量的重要依据，它有助于分析化学监督中存在的问题，以便采取措施加以防范。故该项工作是化学监督工作的重点，也是难点之一，各电厂必须切实加强这方面的监督检查。

还有一点值得注意的是各项水质合格率很高，普遍都接近100%或者达到100%，而大修对锅炉、汽轮机、凝汽器铜管相关部位进行检查时，发现腐蚀结垢相当严重，此时就必须对水处理工艺、设备以及日常的水汽采样及测试步骤进行全面系统的排查，找出问题所在加以克服。对沉积物与腐蚀产物的检测并不难，必要时，还可将样品送往各地电力试验研究院所去测定。难的是如何根据检测结果来分析产生问题的原因，提出解决问题的办法与措施。

5. 根据与化学监督有关的故障及事故评价

一般说来，由于水汽监督不力，某些监督指标超标，在短时间内，尚不致引起电力生产设备的运行故障或出现事故；而油、煤的监督则与此不同。例如，变压器运行中总烃产生速率过快或设备超温过高，就可能在很短时间内引起变压器的运行故障。又如入炉煤质量控制不好，造成锅炉灭火、结渣等，也将给机组的安全运行带来巨大威胁。

一旦发生了与化学监督相关的设备故障与事故，则应认真分析原因，总结经验教训，检查化学监督中存在的问题，提出改进措施。真正做到化学监督"预防为主，质量第一"力求防止事故的发生，并大力减少故障的发生频率，降低其损失程度。

机组日常运行阶段的化学监督，在第一篇第九章中已经论述过，本章主要讲述其他工况下的化学监督任务。

第二节　机组启动和停运阶段的化学监督

如果不在机组启动试运前、试运期间进行热力系统冲洗和水汽品质监督，使其水汽品质满足指标要求，热力设备水汽侧会形成杂质沉积，使新设备快速出现结垢、积盐等问题，严重时还会发生爆管和严重积盐等事故。因此，进行严格的启动前热力系统冲洗非常重要和十分必要。

一、冷态及热态冲洗

为了达到满足启动的水质要求，热力系统水冲洗一般要进行冷态冲洗和热态冲洗。

（一）冷态冲洗

冷态冲洗水水质要求满足给水标准，进水的同时启动加药泵加氨。首先冲洗凝结水系统，待凝结水系统冲洗水质合格后再冲洗给水系统，给水系统冲洗合格后可给锅炉本体上水冲洗。

（1）凝结水系统、低压加热器给水系统的冷态冲洗。一般冲洗回路：凝结水补充水泵→凝汽器→精处理旁路→轴封加热器→低压加热器→5 号低加排放口。当凝结水及除氧器出口水 Fe 量大于 $1000\mu g/L$ 时，采取排放冲洗方式；当冲洗至 Fe 量小于 $1000\mu g/L$ 时，采取循环冲洗方式；当除氧器出口水含 Fe 量降至不大于 $200\mu g/L$，浊度不大于 3NTU，凝结水系统、低压加热器给水系统冲洗结束。

（2）高压加热器给水系统、锅炉本体及启动分离器的冷态冲洗。启动电动给水泵，冲洗高压加热器、省煤器、水冷壁、启动分离系统、疏水扩容器等，出口水含 Fe 量大于 $1000\mu g/L$ 时，采用排放冲洗；当出口水含 Fe 量小于 $1000\mu g/L$ 时，采取循环冲洗，并借助凝结精处理装置除去水中铁氧化物。冲洗至各排水口出水含 Fe 量降至不大于 $200\mu g/L$，出水悬浮物含量不大于 3NTU 停止。

（3）热力系统循环水冲洗回路冷态冲洗。将冲洗合格的前两个系统，建立循环冲洗回路，启动锅炉再循环泵。冲洗过程中，通过调整电动给水泵和再循环泵流量，增加和减少储水箱排放流量，对系统进行冲洗，提高冲洗效率和效果。当储水箱排水 Fe 含量不大于 $100\mu g/L$ 时，循环冲洗结束。

（二）热态冲洗

热态冲洗（点火后热冲洗）一般针对新机组或大修机组进行。某些电厂为减少热态冲洗的时间和耗水量，提高冲洗效果，进行热态冲洗前，利用除氧器辅汽将给水温度提高到 $85℃$ 进行温态冲洗。建议温态冲洗至排水口出水含 Fe 量降至不大于 $50\mu g/L$ 时，停止冲洗。控制除氧器出口给水的 Fe 含量不大于 $100\mu g/L$ 开始点火，系统升温将水冷壁出口温度控制在 $170℃$ 左右，开始进行热态冲洗。投入除氧器加热蒸汽，尽可能提高给水温度，以加强热力除氧，给水水温不小于 $150℃$ 时，停加联氨。开始热力系统循环水冲洗回路热态冲洗，此时不宜采用闭式循环的方式，同样通过调整电动给水泵和再循环泵流量，对系统进行冲洗。当储水箱出水 Fe 含量小于 $50\mu g/L$（新建机组标准可以放宽至小于 $100\mu g/L$）、$SiO_2<20\mu g/L$ 时，热态冲洗结束，准备冲转（或新机组吹管）。

在冷态及热态冲洗过程中，合适的加氨和联氨处理，控制冲洗水 pH 值至 $9.0\sim9.6$、联氨在 $50\sim100\mu g/L$，以减少冲洗时造成的腐蚀。且在冲洗过程中，应监督给水、凝结水中的悬浮物、Fe、SiO_2 含量和 pH 值等。为节约用水，一般热态冲洗排水水质满足 Fe 含量不大于 $200\mu g/L$、悬浮物含量不大于 $500\mu g/L$ 时可以回收。冲洗后，蒸汽品质仍不能满足汽轮机冲转要求时，需要进行蒸汽系统净化，达标后再冲转。

二、启动化学监督

（一）监督项目及水质指标

锅炉启动并汽或汽轮机冲转前的蒸汽质量，应根据 GB/T 12145—2016《火力发电机组及蒸汽动力设备水汽质量》的规定控制，见表 14-1。

表 14-1　　　　锅炉启动并汽或汽轮机冲转前的蒸汽质量（μg/kg）

炉型	二氧化硅	铁	铜	钠
直流锅炉	≤30	≤50	≤15	≤20

锅炉启动时，给水质量要符合表 14-2 规定，并在数小时内达到正常标准。

表 14-2　　　　锅炉启动时的给水品质要求（μg/kg）

炉型	铁	溶氧	二氧化硅
直流锅炉	≤50	≤30	≤30

机组启动时，凝结水质量按 GB/T 12145—2016《火力发电机组及蒸汽动力设备水汽质量》的规定（见表 14-3）开始回收。

表 14-3　　　　　　　　　　　　　　机组启动时的凝结水品质要求

外状	硬度（μmol/L）	铁	二氧化硅	铜
			μg/L	
无色透明	≤10	≤80	≤80	≤30

注　1. 对于海滨电厂还应控制含钠量不大于 80μg/L；

　　　2. 凝结水精处理正常投运，铁的控制标准可小于 1000μg/L。

（二）启动监督中的注意事项

（1）水汽系统的水质分析，对除盐水箱、凝汽器补水箱、疏水箱及凝汽器热井储水进行分析，确保 Fe、SiO_2 和电导率合格。

（2）凝结水泵启动前，应保证两台前置过滤器处于备用状态。投运凝结水精处理时，要求凝结水温度不高于 50℃，以确保精处理树脂的性能。

（3）对于长期停用且被钝化液保护的锅炉，启动时应准备充足的除盐水，以备连续的冲洗和排放使用。

三、停运阶段的化学监督

在锅炉停运期间，空气会进入水汽系统中，在未采取有效措施的情况下，水汽系统金属表面将会发生腐蚀，因而做好停运设备的保护监督，是电厂水汽监督的一项重要工作。

在锅炉停运期间需要进行防护，因此在使用前要对防锈蚀保护用的化学药品、气体等纯度进行检测，防止杂质进入热力系统。应根据 DL/T 956—2017《火力发电厂停（备）用热力设备防锈蚀导则》要求进行监督，其监督项目与控制指标见表 14-4。

表 14-4　　　　　　　　　　　　各种防锈蚀方法的监督项目与控制标准

防锈蚀方法	监督项目	控制标准	监测方法	取样部位	其他
（1）热炉放水余热烘干法； （2）负压余热烘干法； （3）邻炉热风烘干法	相对湿度	<70% 或不大于环境相对湿度	干湿球湿度计法	空气阀 疏水阀 放水阀	烘干过程 1 次/h 测定，停用期 1 次/d 测定
干风干燥法	相对湿度	<50%	干湿球湿度计法	排气阀	干燥过程 1 次/h 测定，停用期每 48h 测定 1 次
热风吹干法	相对湿度	不大于环境相对湿度	干湿球湿度计法	排气阀	烘干过程 1 次/h 测定，停用期 1 次/周
气相缓蚀剂法	缓释剂浓度	>30g/m³	由供应商提供测定方法	空气阀 疏水阀 放水阀 取样阀	充气过程 1 次/h 测定，停用期 1 次/周

续表

防锈蚀方法	监督项目	控制标准	监测方法	取样部位	其他
氨、联氨钝化烘干法	pH 值、联氨含量	停炉前 4h,无铜系统给水 pH 值升至 9.6~10.5,联氨 0.5~10mg/L,炉水联氨加大到 200~400mg/L	GB/T 6904—2008《工业循环冷却水及锅炉用水中 pH 的测量》GB/T 6906—2018《锅炉用水和冷却水分析方法 联氨的测定》	汽水取样	停炉期 1 次/h 测定
氨碱化烘干法	pH 值	停炉前 4h,给水 pH 值升至 9.6~10.5	GB/T 6904—2008《工业循环冷却水及锅炉用水中 pH 的测定》	汽水取样	停炉期 1 次/h 测定
充氮覆盖法	压力、氮气纯度	0.03~0.05MPa >98%	气相色谱仪或氧量仪	空气阀疏水阀放水阀取样阀	充氮过程中,记录氮压 1 次/h,充氮结束测定排气中氮的纯度,停用期 1 次/班
充氮密封法		0.01~0.03MPa >98%		汽水取样	
氨水法	氨含量	500~700mg/L	GB/T 12146—2005《锅炉用水和冷却水分析方法 氨的测定 苯酚法》	汽水取样	充氨液时 1 次/2h,保护期 1 次/d
氨—联氨法	pH 值、联氨含量	pH 值 10.0~10.5 联氨≥200mg/L	GB/T 6904—2008《工业循环冷却水及锅炉用水中 pH 的测定》GB/T 6906—2018《锅炉用水和冷却水分析方法 联氨的测定》	汽水取样	充氨—联氨液时 1 次/2h,保护期 1 次/d
成膜胺法	pH 值、成膜胺含量	pH 值 9.2~9.6 成膜胺使用量由供应商提供	GB/T 6906—2018《锅炉用水和冷却水分析方法 联氨的测定》成膜胺含量测定方法由供应商提供	汽水取样	停机过程测定
蒸汽压力法	压力	>0.5MPa	压力表	锅炉出口	每班记录 1 次
给水压力法	压力、pH 值、氢电导率、溶氧	压力 0.5~1.0MPa 满足 pH 值、氢电导率、溶氧要求	压力表 GB/T 6904—2008《工业循环冷却水及锅炉用水中 pH 的测定》	汽水取样	每班记录 1 次压力,测定 1 次 pH 值、溶解氧、氢电导率

第三节 机组基建与调试阶段的化学监督

机组进行基建阶段,热力设备很多处于出厂的防腐状态,一般涂有 0.5~1.0mm 的防腐油脂涂层,但可能长时间放置未安装,防腐效果下降;还有设备处于粉尘、锈蚀和安装杂物的污染状态。因此,机组基建阶段的化学监督主要是为了检验设备及部件之间有没有严重的腐蚀和破损现象,通过水压试验、化学清洗、试运行等手段来达到检验的结果,如果设备存在一定的隐患,应及时处理,并加以保护,防患于未然,为其后的正式运行把好质量第一关。

一、基建化学监督

超临界机组基建阶段的化学监督除常规的水、汽、油、煤分析外,要密切注意省煤器、水冷壁、过热器、主蒸汽管及其他热力设备在安装过程中发生的腐蚀。机组安装过程中要特别注意锅炉及管道内部是否清洁、是否有严重的腐蚀产物,对锅炉受热面管排及集箱要逐一严格清扫,对所有集箱全部采用内窥镜进行检查、清除异物;锅炉冲管后,对受热面所有的屏式过热器集箱及部分高温过热器集箱进行割口,采用内窥镜检查,确认没有任何异物。另外,要高度关注油系统的清洁度,抗燃油管道安装前先用蒸汽将管道冲洗干净,安装时再用无水酒精清洗;汽轮机润滑油系统安装后使用仪用压缩空气吹扫,在随后的油循环冲洗中,进行大流量滤油处理。

从化学清洗开始,超临界机组的整个调试阶段都要对水汽品质进行严格的监督。通常将高压加热器与低压加热器的汽侧、疏水管路、给水泵及其再循环回路列入炉前碱洗范围,以提高启动阶段水汽品质合格率。在蒸汽冲管清洗阶段,要重视给水、锅炉水 pH 值的监测。同时,还要关注与汽水品质相关的设备和系统的运行维护,如除盐水箱、凝结水补水箱的密封问题,防止空气渗入其中,导致电导率迅速升高、pH 值下降的问题。

二、调试阶段的水质控制指标

(一)水汽系统化学监督的注意事项

水汽系统化学监督的注意事项为:

(1)机组在线取样系统的管道核对与冲洗,消除取样系统自身的缺陷与问题;

(2)取样系统过滤器、减压阀等部件的拆卸与清洗,消除取样系统自身释放的杂质;

(3)机组调试过程中,应及时投入水汽系统的在线监测仪表,通常启动一开始就应投入电导率表和 pH 值表,硅表、钠表和溶解氧表在 168h 试运后期水质稳定后投入;

(4)加强对氢电导率表等在线仪表的监视,发现水样的氢电导率超标,需立即进行人工取样,至少每 8h 一次,查找其原因所在。

(二)水汽系统化学监督的控制指标

表 14-5～表 14-7 给出了超临界机组调试阶段的水汽指标控制值。

表 14-5　　　　　　　　　　　　　调试阶段水质控制指标

项目	pH 值 (25℃)	全铁 ($\mu g/L$)	浊度 (NTU)	DO ($\mu g/L$)	SiO_2 ($\mu g/L$)	联氨 ($\mu g/L$)	DDH ($\mu S/cm$)
凝汽器排水(凝结水泵出口取样)	9.0～9.5	<500	≤3		≤30		≤0.5
凝汽器循环(投精处理,凝结水出口取样)	9.0～9.5	<50				10～50	≤0.5

续表

项目	pH 值 (25℃)	全铁 ($\mu g/L$)	浊度 (NTU)	DO ($\mu g/L$)	SiO_2 ($\mu g/L$)	联氨 ($\mu g/L$)	DDH ($\mu S/cm$)
低压加热器冲洗排放（除氧器出口取样）	9.0～9.5	<500	≤3			10～50	≤0.5
低压加热器冲洗循化（除氧器出口取样）	9.0～9.5	<50		≤10	≤30	10～50	≤0.5
高压加热器冲洗排放（高压加热器出口取样）	9.0～9.5	<500	≤3			10～50	≤0.5
高压加热器冲洗循环（高压加热器出口取样）	9.0～9.5	<50		≤10	≤30	10～50	≤0.5
锅炉冷态清洗排放（启动分离器储水箱出口取样）	9.0～9.5	<500	≤3		≤30	10～50	≤0.5
锅炉冷态清洗循环（启动分离器储水箱出口取样）	9.0～9.5	<200		≤10	≤30	10～50	≤0.5
锅炉热态清洗循环（启动分离器储水箱出口取样）	9.0～9.5	<100		≤10	≤30	10～50	≤0.5

表 14-6　　　　　　　　　　　　冲管阶段水质控制指标

项目	pH 值（25℃）	全铁（$\mu g/L$）	溶解氧（$\mu g/L$）	SiO_2（$\mu g/L$）	联氨（$\mu g/L$）	氢电导率（$\mu S/cm$）
省煤器进口	9.0～9.5	<50	≤7	≤50	10～50	≤0.5
启动分离器出口	9.0～9.5	<100	≤7	≤50	10～50	≤0.5

表 14-7　　　　　　　　　　　机组整套启动阶段水质控制指标

项目		空负荷阶段	带负荷阶段	满负荷阶段
凝结水 （精处理出口）	溶解氧（$\mu g/L$）			≤20
	氢电导率（$\mu S/cm$）			≤0.2
	Na^+（$\mu g/L$）			≤5
给水（省煤器进口）	溶解氧（$\mu g/L$）	≤30	≤20	≤7
	硬度	～0	～0	～0
	全铁（$\mu g/L$）	≤50	≤50	≤10
	SiO_2（$\mu g/L$）	≤50	≤50	≤15
	pH 值	9.0～9.5	9.0～9.5	9.0～9.5
	联氨（$\mu g/L$）	10～50	10～50	20～50
	氢电导率（$\mu S/cm$）			≤0.2
主蒸汽（过热器出口）	SiO_2（$\mu g/L$）	≤30	≤30	≤15
	Na^+（$\mu g/L$）	≤20	≤20	≤10
	氢电导率（$\mu S/cm$）			≤0.2
低压加热器疏水回收	全铁（$\mu g/L$）	≤80	≤80	≤80
	SiO_2（$\mu g/L$）	≤80	≤80	≤80
高压加热器疏水回收	全铁（$\mu g/L$）	≤30	≤30	≤30
	SiO_2（$\mu g/L$）	≤30	≤30	≤30

三、水汽品质异常时的三级处理原则

当水汽质量偏离控制标准时，应迅速检查取样的代表性及确定测量的准确性，综合分析系统中水汽质量的变化情况，确认判断无误后，应立即采取措施使水、汽质量在允许的时间内恢复到标准值，水汽质量劣化时可遵循三级处理原则，对每一级处理如在规定的时间内尚不能恢复正常时则应采取更高一级的处理方法。

一级处理：有造成腐蚀、结垢、积盐的可能性，应在72h内恢复至标准值。

二级处理：肯定会造成腐蚀、结垢、积盐，应在24h内恢复至标准值。

三级处理：正在加快腐蚀、结垢、积盐，如果水质不好转，应在4h内停炉。

第四节　机组大修阶段的化学监督

机组经过一定时间运行后，需要停机大修，以消除隐患，保证机组的经济性与安全性。大修中化学监督与检查的目的是通过检查重点设备的腐蚀、结垢、积盐状况，评估机组在运行期间所采用的给水处理方法是否合理；评价机组在基建和停用期间所采用的保护方法是否恰当；并对检查中发现的问题进行分析，提出改进方案和建议。机组大修中锅炉设备应重点检查水冷壁、省煤器、过热器及再热器；汽轮机设备重点为汽轮机本体、凝汽器管、除氧器、高压加热器、低压加热器。

机组大修时工作要求：

（1）机组在大修时，生产管理部门和机、炉、电专业的有关人员应根据化学检查项目，配合化学专业进行检查。在热力设备解体时，应通知化学专业人员检查内部情况，及时与检修的人员共同检查设备的内部腐蚀、结垢情况，并采集样品，进行包括照相、录像在内的详细记录。并应按化学检查的具体要求进行割管或抽管、检查和修改取样点位置（炉水）等，化学人员进行相关检查和分析。汽包、汽轮机、凝汽器等重要设备打开后先做化学检查，然后再进行检修。对大修期间需更换的炉管，应事先进行化学清洗。检修完毕后及时通知化学专业有关人员参与检查验收。

（2）参看机炉专业人员做的大修期间机组运行分析，主要内容包括汽轮机监视段压力；凝汽器端差及真空；发电机水内冷系统阻力、流量的变化。

（3）凡是在大修期间化学检查发现的问题，应查清产生的原因、性质、范围和程度，采取相应的措施，防止事故的发生。机组大修结束后一个月内应提出化学检查报告。

（4）主要设备的垢样或管样应干燥保存，时间不少于一个大修周期。机组大修化学检查技术档案应长期保存。

一、水冷壁检查

1. 水冷壁割管检查根数、位置及长度要求

（1）机组大修时，水冷壁至少割管两根，而双面水冷壁锅炉，还应增加割管两根。一般在热负荷最高或认为水循环不良的部位割取。

（2）如发生爆管，应在爆管及邻近管进行割管检查。如果发现炉管外观变色、胀粗、鼓包或局部火焰冲刷减薄等情况，要增加对异常管段的割管检查。

（3）割管的长度：锯割时至少0.5m，火焰切割时至少1m。

2. 水冷壁割管的标识、加工及垢样制取

（1）割取的管样应避免强烈振动和碰撞，并且管样不可溅上水，要及时标明管样的详细位置和割管时间。

（2）火焰切割的管段，需先除去热影响区，然后进行外观描述和测量记录；而异常管段，需照相再截取管样。

（3）测量垢量的管段先除去热影响区，将外壁车光薄至2～3mm，再依据管径大小截割成为约40～50mm的管段（适于分析天平称量）。

（4）取水冷壁管垢样，进行化学成分分析。

（5）更换监视管时，应选择内表面无锈蚀的管材，并测量其垢量，当超过$30g/m^2$时要进行处理。

二、过热器检查

（1）过热器内部检查的重点是立式弯头处有无积水、腐蚀，管内有无结盐或盐痕。如有，对于微量积盐用pH值试纸测pH值。积盐较多时，应进行成分分析。

（2）检查高温段过热器、烟流温度最高处氧化皮的生成状况，测量氧化皮的厚度，记录氧化皮脱落情况。过热器进行化学清洗后或检修后，要检查下弯头有无腐蚀产物堆积或堵塞。

（3）根据需要割取1～2根过热器管，一般割管位置选择顺序为发生爆管及其附近部位，管径发生胀粗或管壁颜色有明显变化，最后为烟温高的部位。

（4）管样割取长度根据不同的切割方式来确定，锯割时至少0.5m，火焰切割时至少1m。

三、再热器检查

（1）检查再热器管内有无积盐，立式弯头处有无积水、腐蚀。如有对于微量积盐用pH值试纸测pH值，积盐较多时应进行成分分析。

（2）检查高温段再热器、烟流温度最高处氧化皮的生成状况，测量氧化皮的厚度，记录氧化皮脱落情况。

（3）对于再热器管样的割取位置及长度要求与过热器割管取样一致。如过热器检查中所述。

四、省煤器检查

（1）机组大修时省煤器管至少割管两根，其中一根应是监视管段，应选取易造成腐蚀部位割管，如入口段的水平管或易被飞灰磨蚀的管。

（2）管样割取长度，锯割时至少0.5m，火焰切割时至少1m。

（3）省煤器割管的标识、加工及管样的制取与分析与水冷壁管的处理相同，如上所述。

五、锅炉其他辅助设备检查

锅炉的炉膛水平烟道、烟井及烟风系统、制粉系统、燃油系统、除尘系统的设备，一般不进行化学检查，如有关部门认为有特殊需要，大修过程中发现的异常情况涉及水、汽、油质或能影响到内部结垢、腐蚀情况时，可要求化学专业进行检查和取样分析。

六、汽轮机检查

1. 高压部分检查

（1）检查记录各级叶片及隔板的积盐情况，对沉积量较大的叶片，用不锈钢铲或其他硬质工具刮取结垢量最大部位的沉积物，进行化学成分分析并计算单位面积的沉积量。

（2）检查调速级及随后数级叶片有无机械损伤或坑点。对于机械损伤严重或坑点较深的叶片应进行详细记录，包括损伤部位、坑点深度、单位面积的坑点数量（个/cm^2）等，并与历次检查情况进行对比。

（3）用除盐水润湿广泛 pH 值试纸，粘贴在各级叶片结垢较多的部位，测量出 pH 值。当 pH<7 或 pH>11 时，应重点检查凝汽器的泄漏、凝结水精处理、给水水质和汽包锅炉的汽水分离等情况，以便采取相应的措施。

（4）定性检测各级叶片有无铜垢。

2. 中压部分检查

（1）检查记录各级叶片及隔板积盐情况，对沉积量较大的叶片，用硬质工具刮取结垢量最大部位的沉积物并进行成分分析。

（2）检查中压缸的前数级叶片有无机械损伤或坑点。对于机械损伤严重或麻点较坑的叶片应进行详细记录，包括损伤部位、坑点深度、单位面积的坑点数量（个/cm^2）等，并与历次检查情况进行对比。

（3）测量出各级叶片垢的 pH 值。对于有铜机组，定性检测各级叶片有无铜垢。

3. 低压部分检查

（1）检查内容和结垢量的测量方法同上。沉积物的沉积量在 2 级以上应作成分分析。

（2）测量出各级叶片垢的 pH 值。检查最后几级叶片是否发生酸性盐类腐蚀现象。

（3）对于有铜机组，定性检测各级叶片有无铜垢。

（4）检查末级叶片的水蚀情况。

七、凝汽器检查

1. 水侧检查

（1）检查水室淤泥和杂物的沉积及凝汽器管入口的污堵情况。

（2）检查凝汽器铜管管口冲刷、污堵、结垢和腐蚀情况，检查管板的防腐层是否完整。

（3）检查水室内壁、内部支撑构件的腐蚀情况。

（4）检查凝汽器水室及其管道的阴极（牺牲阳极）保护情况，并记录凝汽器灌水查漏情况。

2. 汽侧检查

（1）检查顶部最外层凝汽器管有无砸伤、吹损情况。检查重点是受汽轮机启动旁路排汽、高压疏水等影响的凝汽器管。

（2）检查最外层管隔板处的磨损或隔板间因振动引起的裂纹情况。

（3）检查凝汽器内壁锈蚀情况及外壁的腐蚀产物沉积情况。

（4）检查凝汽器底部沉积物的堆积情况。检修完毕后清扫干净，化学人员验收合格后封口。

3. 抽管检查

（1）对于凝汽器铜管，如果没有发生泄漏或结垢情况，可不进行抽管。否则视情况，在泄漏严重或结垢部位抽1～2根管。对于凝汽器钛管、不锈钢管，一般不进行抽管。

（2）对于抽出的管按一定的长度（通常100mm）上、下半侧剖开。如果管中有浮泥，应用水冲洗干净。烘干后测量单位面积的结垢量，通常采用化学方法测量。对于易冲洗、易用橡皮擦洗干净的管，也可用物理方法。

（3）检查金属表面的腐蚀情况。若换热管腐蚀减薄严重或存在严重泄漏情况，则应进行全面涡流检测探伤查漏。

（4）沉积物的沉积量在2级以上应做成分分析。

八、其他设备检查

1. 除氧器检查

（1）除氧头：内壁颜色及腐蚀情况，内部的多孔板装置是否完好及喷头有无脱落。

（2）除氧水箱：内壁颜色及腐蚀情况、水位线是否明显、底部沉积物的堆积情况。

2. 高、低压加热器的检查

检查水室底部沉积物的堆积情况、水室换热管端的冲刷腐蚀和管口腐蚀产物的附着情况；如腐蚀严重或存在泄漏情况，应进行汽侧上水查漏，必要时进行涡流探伤检查。

3. 给水泵检查

检查叶轮的磨蚀、气蚀及氧化铁的附着情况。

4. 阀门类检查

（1）锅炉给水调节阀解体后，应通知化学专业进行检查，测量阀芯、套筒、节流板处有无结垢及垢的厚度等。

（2）重点检查主汽门、高压、中压调节汽门氧化皮的厚度及脱落情况。

5. 油系统检查

对抗燃油箱和汽轮机润滑油箱等进行腐蚀检查和底部油泥沉积情况检查。

6. 发电机冷却水系统检查

（1）检查发电机内冷却水系统的水箱及冷却器的腐蚀和微生物的附着生长情况。

（2）检查内冷却水系统有无异物、冷却水管有无氧化铜沉积。

（3）检查外冷却水系统冷却器的腐蚀和微生物的附着生长情况。

7．循环水冷却系统检查

（1）检查塔内填料沉积物附着、支撑柱上藻类附着、水泥构件腐蚀、池底沉积物及杂质情况。

（2）检查冷却水管道的腐蚀、生物附着、黏泥附着等情况。

（3）检查冷却水系统防腐（外加电流保护、牺牲阳极保护或防腐涂层保护）情况。

九、腐蚀、结垢及积盐的评价标准

1．结垢、积盐的评价标准

结垢、结盐的评价标准用沉积速率或总沉积量或垢层厚度表示，其标准见表 14-8。

表 14-8　　　　　　　　　　热力设备化学检查结垢评价标准

部位	一级	二级	三级
省煤器	结垢速率小于 40g/（m²·年）	结垢速率 40～80g/（m²·年）	结垢速率大于 80g/（m²·年）
水冷壁	结垢速率小于 40g/（m²·年）	结垢速率 40～80g/（m²·年）	结垢速率大于 80g/（m²·年）
汽轮机转子叶片、隔板	（1）结垢、积盐速率小于 1mg/（cm²·年）； （2）沉积物总量小于 5mg/cm²	（1）结垢、积盐速率 1～10mg/（cm²·年）； （2）沉积物总量 5～25mg/cm²	（1）结垢、积盐速率大于 10mg/（cm²·年）； （2）沉积物总量大于 25mg/cm²
凝汽器管	（1）沉积物总量小于 8mg/cm²； （2）垢层厚度小于 0.1mm	（1）沉积物总量 8～40mg/cm²； （2）垢层厚度 0.1～0.5mm	（1）沉积物总量大于 40mg/cm²； （2）垢层厚度大于 0.5mm

2．腐蚀评价标准

腐蚀评价标准用腐蚀速率或总腐蚀深度表示，其标准见表 14-9。

表 14-9　　　　　　　　　　热力设备化学检查腐蚀评价标准

部位	一级	二级	三级
省煤器	基本没腐蚀或点蚀深度小于 0.3mm	轻微均匀腐蚀或点蚀深度 0.3～1mm	有局部溃疡性腐蚀或点蚀深度大于 1mm
水冷壁	基本没腐蚀或点蚀深度小于 0.3mm	轻微均匀腐蚀或点蚀深度 0.3～1mm	有局部溃疡性腐蚀或点蚀深度大于 1mm
过热器再热器	基本没腐蚀或点蚀深度小于 0.3mm	轻微均匀腐蚀或点蚀深度 0.3～1mm	有局部溃疡性腐蚀或点蚀深度大于 1mm
汽轮机转子叶片、隔板	基本没腐蚀或点蚀深度小于 0.1mm	轻微均匀腐蚀或点蚀深度 0.1～0.5mm	有局部溃疡性腐蚀或点蚀深度大于 0.5mm
凝汽器铜管	无局部腐蚀，均匀腐蚀小于 0.005mm/年	均匀腐蚀 0.005～0.02mm/年或点蚀深度不大于 0.3mm	均匀腐蚀大于 0.02mrn/年或点蚀深度大于 0.3mm 或已有部分管子穿孔

3. 汽轮机本体积盐、腐蚀评价标准

汽轮机本体中转子、隔板和叶片的积盐、腐蚀评价标准见表14-10。

表 14-10　　　　　　　汽轮机本体中转子、隔板和叶片的积盐、腐蚀评价

部位	一级	二级	三级
积盐	基本不积盐或积盐量小于 $1mg/(cm^2 \cdot 年)$	有少量积盐，积盐量 $1\sim10mg/(cm^2 \cdot 年)$	积盐较多，机理、积盐量大于 $10mg/(cm^2 \cdot 年)$
腐蚀	基本无腐蚀	低压缸有轻微锈蚀，初凝区隔板有轻微腐蚀	下隔板有较严重锈蚀，不锈钢部件出现针孔或初凝区隔板有严重腐蚀

腐蚀结垢的垢量可通过酸洗法、轧管法和氧化皮测量厚度法来进行测定，腐蚀坑面积、深度及单位面积腐蚀点的测量方法可参照 DL/T 1115—2009《火力发电厂机组大修化学检查导则》。

第五节　水质全分析及校核

一、一般规定

1. 仪器校正

为了保证分析结果的准确性，对分析天平砝码，应定期（1~2）年进行校正，对分光光度计等分析仪器应根据说明书进行校正，对容量仪器，如滴定管、移液管、容量瓶等，可根据实验的要求进行校正。

2. 空白试验

（1）在一般测定中，为提高分析结果的准确度，以空白水代替水样，用测定水样的方法和步骤进行测定，其测定值称为空白值。然后对水样测定结果进行空白值校正。

（2）在微量成分比色分析中，为校正空白水中待测成分含量，需要进行单倍试剂的空白试验。单倍试剂空白试验，与一般空白试验相同。双倍试剂空白试验是指试剂加入量为测定水样所用试剂量的两倍，测定方法和步骤均与测定水样相同。根据单、双倍试剂空白试验结果可求出空白水中待测成分的含量，对水样测定结果进行空白值校正。

3. 空白水质量

测定方法中的"空白水"是指用来配制试剂和作空白试验用的水，如蒸馏水、除盐水、高纯水等。对空白水的质量要求规定如下：

（1）蒸馏水：电导率小于 $3\mu S/cm(25℃)$，高锰酸钾试验合格；

（2）除盐水：电导率小于 $1\mu S/cm(25℃)$，高锰酸钾试验合格；

（3）高纯水：电导率（混床出口、25℃）小于 $0.2\mu S/cm$，Cu、Fe、Na 小于 $3\mu g/L$，SiO_2 小于 $3\mu g/L$。

4. 干燥器

干燥器内一般用氯化钙或变色硅胶作干燥剂。当氯化钙干燥剂表面有潮湿现象或变色硅胶颜色变红时，表明干燥剂失效，应进行更换。

5. 蒸发浓缩

当溶液的浓度较低时，可取一定量溶液先在低温电炉上进行蒸发，浓缩至体积较小后，再移至水浴锅进行蒸发。在蒸发过程中，应注意防尘和爆沸溅出。

6. 灰化

在重量分析中，沉淀物进行灼烧前，必须在电炉上将滤纸彻底灰化后，方可移入高温炉燃烧。在灰化过程中应注意不得有着火现象发生，必须盖上坩埚盖，但为了有足够的氧气进入坩埚，坩埚盖不应盖严。

7. 恒重

测定中规定的恒重是指在灼烧（烘干）和冷却条件相同的情况下，最后两次称量之差不大于 0.5mg。如在测定中另有规定者，不在此限。

二、水样的采集

水质全分析中样品的采集（包括运送和保管）是保证分析结果准确性极为重要的一个步骤。必须使用设计合适的取样器，选择有代表性的取样点，并严格遵守有关采样、运送和保管的规定，才能获得符合要求的样品。

1. 取样装置

（1）取样器的安装和取样点的布置，应根据机炉的类型、参数、监督的要求，进行设计、制造、安装和布置，以保证样品有充分代表性。

（2）除氧水、给水的取样管，均应采用不锈钢管制造。

（3）除氧水、给水、炉水和疏水的取样装置，必须安装冷却器。取样冷却器应有足够的冷却面积，并接在能连续供给足够冷却水量的水源上，以保证水样流量在 500～700mL/min 时，水样温度仍低于 30～40℃。在现有条件的情况下可采用除盐水做冷却水，以保证取样冷却器具有良好的换热效率。

（4）取样冷却器应定期检修和清除水垢。机炉大修时，应安排检修取样器和所属阀门。

（5）取样管道在取样前要冲洗 5～10min。冲洗后水样流量调至 500～700mL/min，待稳定后方可取样，以确保样品有充分代表性。

（6）测定溶解氧的除氧水和汽机凝结水，其取样门、盘根和管路应严密不漏空气。

2. 水样的采集方式

（1）采集接有取样冷却器的水样时，应调节取样阀门开关，使水样流量在 500～700mL/min，并保持流速稳定，同时调节冷却水量，使水样温度为 30～40℃。

（2）给水、炉水的样品原则上应保持常流。采集其他水样时，应先把管道中的积水放尽并冲洗后方能取样。

（3）盛水样的容器（采样瓶）必须是硬质玻璃瓶或塑料制品。

测定硅或微量成分分析的样品时，必须使用塑料容器。采样前，应先将采样瓶彻底清洗干净，采样时再用水样冲洗三次（测定中另有规定者除外），才能收集样品。采样后应迅速盖上瓶塞。

（4）在生水管路上取样时，应在生水泵出口处或尘水流动部位取样，采集井水样品时，应在水面下 50cm 处取样；采集自来水样时，应先冲洗管道 5～10min 后再取样；采集江、河、湖和泉中的地表水样时，应将采样瓶浸入水面下 50cm 处取样，并且在不同的地点分别采集，以保证水样有充分的代表性。江、河、湖和泉的水样，受气候、雨量等的变化影响很大，采样时应注明这些条件。

（5）所采集水样的数量应满足试验和复核的需要。供全分析用的水样不得少于 5L，若水样浑浊时应分装两瓶，每瓶 2.5L 左右。供单项分析用的水样不得少于 0.3L。

（6）采集供全分析用的水样应粘贴标签，注明水样名称、采集人姓名、采集地点、时间、温度以及其他情况（如气候条件等）。

（7）测定水中某些不稳定成分（如溶解氧、游离二氧化碳等）时，应在现场取样测定，采样方法应按各测定方法中规定进行。采集测定铜、铁、铝等的水样时，采集方法应按照各测定方法中的要求进行。

三、水样的存放与运送

水样在放置过程中，由于种种原因，水样中某些成分的含量可能发生很大的变化。原则上说，水样采集后应及时化验，存放与运送时间尽量缩短。有些项目必须在现场取样测定，有些项目则可以取样后在实验室内测定。如需要送到外地分析的水样，应注意妥善保管与运送。

（1）水样存放时间，水样采集后其成分受水样的性质、温度、保存条件的影响有很大的改变。此外，不同的测定项目，对水样可以存放时间的要求也有很大差异。所以可以存放的时间很难绝对规定，根据一般经验，表 14-11 所列时间可作为参考。

表 14-11　　　　　　　　　　　　　　水样允许存放时间

水样种类	允许存放的时间（h）
未受污染的水	72
受污染的水	12～24

（2）水样存放与运送时，应检查水样瓶是否封闭严密。水样瓶应放在不受日光直接照射的阴凉处。

（3）水样的运送途中，冬季应防冻，夏季应防曝晒。

（4）化验经过存放或运送的水样，应在报告中注明存放的时间和温度条件。

四、水质全分析的工作步骤

水质全分析时，应做好分析前的准备工作。根据试验的要求和测定项目，选择适当的分析方法，准备分析用的仪器和试剂。然后再进行分析测定。测定时应注注意下列事项：

（1）开启水样瓶封口前，应先观察并记录水样的颜色，透明程度和沉淀物的数量及其他特征。

（2）透明的水样在开瓶后应先辨识气味，并且立即测定 pH 值、氨、化学耗氧量、碱度、亚硝酸盐和亚硫酸盐等易变项目；然后测定全固体、溶解固体和悬浮固体；接着测定硅、铁铝氧化物、钙、镁、硬度、磷酸盐、氯化物等项目。

（3）浑浊的水样应取其中经澄清的一瓶，立即测定 pH 值、氨、酚酞碱度、亚硝酸盐、亚硫酸盐等易变项目；过滤后测定全碱度、硬度、磷酸盐、氯化物等项目。将另一瓶水样混匀后，立即测定化学耗氧量，并测定全固体，溶解固体，悬浮固体，硅、铁铝氧化物以及钙、镁等项目。

（4）在水样全分析时，开启瓶封后对易变项目的测定会有影响，为尽可能减少影响，开启瓶封后要立即测定，并在 4h 内完成这些项目的测定。

（5）在水样 pH 值大于 8 的情况下，给水、炉水、疏水等水样中含有的铁、铜等杂质有相当一部分以胶体、悬浮固体的形式存在，要获得有充分代表性的水样较为困难。取样方法规定，为了防止胶体物质，悬浮固体影响水样的代表性，系统查定时，要充分冲洗管道，冲洗后应根据具体条件间隔适当时间才能取样。

五、水质全分析结果的校核

水质全分析的结果及使用全分析数据时，应进行必要的审查，分析结果的审查分为数据检查和技术性审查两个方面。数据检查是保证数据库不出差错；技术性审查是根据分析结果中各成分的相互关系，检查是否符合水质组成的一般规律，从而判断分析结果是否正确。现将常用的审查方法叙述如下：

1. 阳、阴离子校核

根据物质是电中性的原则，正负电荷的总和相等。因此水中各种阳离子和各种阴离子的一价基本单元物质的量总数必然相等。

在测定各种离子时，由于各种原因会导致分析结果产生误差，使得各种阳离子浓度总和（$\sum C_{阳}$）和各种阴离子浓度总和（$\sum C_{阴}$）往往不相等，但是 $\sum C_{阳}$ 与 $\sum C_{阴}$ 的差值应在一定的允许范围（δ）内。一般认为 δ 小于 2% 是允许的。δ 可由式（14-1）计算：

$$\delta = [(\sum C_{阳} - \sum C_{阴})/(\sum C_{阳} + \sum C_{阴})] \times 100 \leqslant \pm 2\% \qquad (14-1)$$

如果 δ 超过 $\pm 2\%$，则表示分析结果不正确，或者是分析项目不全面。

在使用式（14-1）时应注意以下几个方面：

（1）分析结果 $\sum C_{阳}$ 与 $\sum C_{阴}$ 均应换算成一价基本单元物质的量（mmol/L）表示，即各种离子的浓度单位如 $\mu g/L$，mg/L，mol/L 需换算为 mmol/L。

（2）计算各种弱酸、弱碱阴、阳离子浓度时，应根据在实测 pH 值下电离常数得出各种离子所占总浓度的百分比进行校正。

（3）如果总含盐量低于 100mg/L，δ 要求不超过 $\pm 5\%$。如果钠钾离子是根据阴、阳离子差值而求得的，则式（14-1）不能应用。钾的含量可根据多数天然淡水中钠和钾的比例 7：1(摩尔比) 近似估算。

2. 总含盐量与溶解固体校核

水的总含盐量是指水中阳离子和阴离子浓度（mg/L）的总和，即：

$$总含盐量 = \sum A_{阳} + \sum A_{阴}$$

通常溶解固体（RG）的含量可以代表水中的总含盐量。根据溶固测定方法测得的溶解固体含量不能完全代表总含盐量，因此，用溶解固体含量来检查总含盐量时，还需作如下校正。

（1）碳酸氢根浓度的校正。在溶解固体的测定过程中发生如下反应：

$$2HCO_3^- \longrightarrow CO_3^{2-} + CO_2 \uparrow + H_2O \uparrow$$

由于 HCO_3^- 变成 CO_2 和 H_2O 挥发而损失，其损失量约为：

$$(CO_2 + H_2O)/2HCO_3^- = 62/122 \approx 1/2$$

（2）其他部分的校正。按溶固测定方法测得的溶解固体，除包括水中阴、阳离子浓度的总和外，还包括胶体硅酸，铁铝氧化物以及水溶性有机物等，因而需要校正。

测得：

$$RG = (SiO_2)_全 + R_2O_3 + \sum_{有机物} + \sum B_阳 + \sum B_阴 - \frac{1}{2}HCO_3$$

所以校正值由式（14-2）可得：

$$(RG)_校 = RG - (SiO_3)_全 - R_2O_3 - \sum_{有机物} + \frac{1}{2}HCO_3 \qquad (14\text{-}2)$$

式中　$(SiO_2)_全$——全硅含量（过滤水样），mg/L；

$\quad\quad R_2O_3$——铁铝氧化物的含量，mg/L；

$\quad\quad \sum B_阳$——除 Fe^{3+}、Al^{3+}、Fe^{2+} 外的阳离子之和，mg/L；

$\quad\quad \sum B_阴$——除活性硅外的阴离子浓度之和，mg/L；

$\quad\quad \sum_{有机物}$——水溶性有机物的总量，mg/L；

$\quad\quad (RG)_校$——校正后的溶解固体含量，mg/L。

由于大部分天然水中，水溶性有机物的含量都很小，计算时可忽略不计。用式（14-2）进行各种离子浓度计算时，也和式（14-1）一样，应考虑弱酸，弱碱，阴阳离子浓度在不同的 pH 值下，各种离子所占总浓度的百分比。

用式（14-2）审查分析结果时，溶解固体校正值 $(RG)_校$ 与阴阳离子总和之间的相对误差，允许为 5%。即满足式（14-3）的要求，即：

$$\{[(RG)_校 - (\sum B_阳 + \sum B_阴)]/(\sum B_阳 + \sum B_阴)\} \times 100 < 5\% \qquad (14\text{-}3)$$

对于含盐量小于 100mg/L 的水样，该相对误差可放宽至 10%。

3. pH 值的校核

对于 pH<8.3 的水样，其 pH 值可根据重碳酸盐和游离二氧化碳的含量由式（14-4）算出：

$$pH = 6.37 + lg[HCO_3^-] - lg[CO_2] \qquad (14\text{-}4)$$

式中　$[HCO_3^-]$——重碳酸盐碱度，mmol/L；

$\quad\quad [CO_2]$——游离 CO_2 的含量，mmol/L。

pH 值的计算值与实测值的差，一般应小于 0.2。

4. 碱度的校正

OH^-、CO_3^{2-}、HCO_3^- 浓度的计算：

（1）有游离的 OH^- 存在 $[2(JD)_酚 > (JD)_全]$ 时：

$$A = (JD)_{酚} - 1.074[1/3PO_4^{3-}] - 1.94[1/2SiO_3^{2-}] - \qquad (14\text{-}5)$$
$$0.898[NH_3] - 0.075[1/2SO_3^{2-}]$$

$$B = (JD)_{全} - (JD)_{酚} - 0.926[1/3PO_4^{3-}] - 0.06[1/2SiO_3^{2-}] - \qquad (14\text{-}6)$$
$$0.0102[NH_2] - 0.925[1/2SiO_3^{2-}] - (FY)'$$

式中　　A——校正后的 $OH^- + 1/2CO_3^{2-}$ 碱度，mmol/L；

　　　　B——校正后的 $1/2CO_3^{2-}$ 碱度，mmol/L；

$[1/3PO_4^{3-}]$——磷酸盐总浓度，$[1/3PO_4^{3-}] = PO_4^{3-}(mg/L)/95.0$，mmol/L；

$[1/2SiO_3^{2-}]$——硅酸盐总浓度，$[1/2SiO_3^{2-}] = SiO_3^{2-}/76.1$，mmol/L；或$[1/2SiO_3^{2-}] = SiO_2(mg/L)/60.1$，mmol/L；

$[1/2SO_3^{2-}]$——亚酸盐总浓度，$[1/2SO_3^{2-}] = SO_3^{2-}(mg/L)/80.1$，mmol/L；

　　（FY)'——校正后的腐殖酸盐，mmol/L。

（FY)'由式（14-7）根据测得的腐殖酸盐浓度核算得出，即：

$$(FY)' = FY - 0.926[1/3PO_4^{3-}] - 0.06[1/2SiO_3^{2-}] - \qquad (14\text{-}7)$$
$$0.102[NH_3] - 0.925[1/2SO_3^{2-}]$$

式中　　FY——按标准方法测出的未经校核原腐殖酸盐浓度，mmol/L。

因此根据式（14-5）和式（14-6）可推出 OH^-、CO_3^{2-} 浓度，如式（14-8）和式（14-9）所示：

$$OH^- = (A - B) \times 17.0(mg/L) \qquad (14\text{-}8)$$
$$CO_3^{2-} = 2B \times 30.0(mg/L) \qquad (14\text{-}9)$$

若用上述方法计算所得 A 或（A-B）为负值，说明无游离 OH^- 存在，否则应按下文（2）中所述方法计算。

（2）无游离 OH^- 存在 $[2(JD)_{酚} > (JD)_{全}$，但 A 或（A-B）为负值；$2(JD)_{酚} < (JD)_{全}$，且 pH≥8.3]：则 A、B 值的校正值 A'、B'分别由式（14-10）和式（14-11）得出：

$$A' = (JD)_{酚} - \{[OH^-]_{原} + [1/3PO_4^{3-}]_{原} - [H_2PO_3^-]_{原}$$
$$+ [H_2PO_4^-]_{8.3} + 2[1/2SiO_2^{2-}]_{原} + [HSiO_3^-]_{原} - [HSiO_3^-]_{8.3} \qquad (14\text{-}10)$$
$$+ [NH_3]_{原} - [NH_3]_{8.3} + [1/2SO_4^{2-}]_{原} - [1/2SO_3^{2-}]_{8.3}\}$$

$$B' = (JD)_{全} - (JD)_{酚} - 0.926[1/3PO_4^{3-}] - 0.06[1/2SiO_3^{2-}] - 0.102[NH_3] \qquad (14\text{-}11)$$
$$- 0.925[1/2SO_3^{2-}] - (FY)' = (JD)_{全} - (JD)_{酚} - FY$$

式中　　A'——校正后的 $[1/2CO_3^{2-}]$ 碱度，mmol/L；

　　　　B'——校正后的 $[1/2CO_3^{2-} + HCO_3^-]$ 碱度，mmol/L；

　　　　[　]——平衡浓度，单位为 mmol/L，有注脚"8.3"的指 pH 值为 8.3 时的平衡浓度；

$[OH^-]_{原}$——由原溶液测出的 pH 值算出，例如原溶液 pH=10.8 即 p$[OH^-]$=3.2，故 $[OH^-]_{原}$=0.631mmol/L；

$[1/3PO_4^{3-}]_{原}$——$[1/3PO_4^{3-}]$ 乘原溶液 pH 值时，PO_4^{3-} 所占总浓度的百分比；

$[H_2PO_4^-]_{原}$——$[1/3PO_4^{3-}]$ 乘原溶液 pH 值时 $H_2PO_4^-$ 所占总浓度的百分比。

$[H_2PO_4^-]_{8.3}$——$[1/3PO_4^{3-}]$ 乘 pH 值＝8.3 时 $H_2PO_4^-$ 所占总浓度的百分比。

$[SiO_3^{2-}]_原$、$[HSiO_3^-]_{8.3}$ 等以此类推，$(FY)'$、FY 等均同前。

可由式（14-12）和式（14-13）推导出 CO_3^{2-}、HCO_3^- 浓度值，即

$$CO_3^{2-} = 2A' \times 30.0 \text{mg/L} \tag{14-12}$$

$$HCO_3^- = (B'-A') \times 61.0 \text{mg/L} \tag{14-13}$$

氨、磷酸、硅酸、亚硫酸及其离了在不同 pH 值下占相应总浓度的百分比可查得。其理论意义是指溶液酸碱平衡中，酸碱组分的分布。

酸碱平衡体系中，通常同时存在多种酸碱组分，这些组分的浓度，随溶液中 H^+ 浓度的改变而变化。溶液中某酸碱组分的平衡浓度占其总浓度的分数，称为分布分数，分布分数决定于该酸碱物质的性质和溶液中 H^+ 的浓度而与其总浓度无关。分布分数的大小，能定量说明溶液中的各种酸碱组分的分布情况。知道了分布分数，便可求得溶液中酸碱组分的平衡浓度。

第六节 （盐）垢与腐蚀产物分析及结果校核

DL/T 1151—2012《火力发电厂垢和腐蚀产物分析方法》规定了火力发电厂垢与腐蚀产物分析方法所应遵循的一般要求和规定，适用于热力系统内聚集的水垢、盐垢、水渣和腐蚀产物化学成分的测定。通过分析垢样成分，可为分析设备缺陷原因、查找水汽系统有害离子污染源、验证相关在线检测仪表准确性提供重要依据。

一、采集试样的原则和方法

（1）试样的代表性。当取样部位的热负荷相同，或者为对称部位时，可以多点采集等量的单个试样，混合成平均样。对同一部位，若垢和腐蚀产物的颜色、坚硬程度明显不同，则不能采集混合试样，而应分别采集单个试样。

（2）采集试样的数量。在条件允许的情况下，采集试样的质量应大于4g，尤其是呈片状、块状等不均匀的试样，更应多取试样，一般取样质量应大于10g。

（3）采集试样的工具。采集不同热力设备中聚集的垢和腐蚀产物时，应使用不同的采样工具。常用的采样工具有普通碳钢或不锈钢特制的小铲，其他非金属片、竹片、毛刷等。使用采样工具时要注意工具应结实、牢靠，不可过分地尖硬，以防止采样时工具本身及金属管壁损坏，造成带入金属屑或其他异物而"污染"试样。

（4）刮取试样。在一般情况下，垢和腐蚀产物试样是在热力设备检修或停机时，以人工刮取或割管后人工刮取获得。刮取试样时，可用硬纸或其他类似的物品承接试样，随后装入专用的广口瓶中存放，并粘贴标签。注明设备名称、设备编号、取样部位、取样日期、取样人姓名等事项。

（5）挤压采样。若试样不易刮取，可用车床先将试样管的外壁切削薄，然后放在台钳上挤压变形，使附着在管壁上的试样脱落，取得试样。

二、分析试样的制备

一般情况下垢和腐蚀产物的试样数量不多，颗粒大小也差别不大，因此，可直接破碎成 1mm 左右的试样，然后用四分法将试样缩分。取一份缩分后的试样（一般不小于 2g），放在玛瑙研钵中磨细。对氧化铁垢、铜铁垢、硅垢、硅铁垢等难溶试样，应磨细到试样能全部通过 0.1192mm(120 目) 筛网；对于钙镁垢、盐垢、磷酸盐垢等较易溶试样，磨细到全部试样能通过 0.149mm(100 目) 筛网即可。过筛网也滤掉带入的金属渣。

制备好的分析试样，应装入粘贴有标签的称量瓶中备用。其余没有磨细的试样，应放回原来的广口瓶中妥善保存，供复核校对使用。

三、试样的分解

本方法适用于碳酸盐垢、磷酸盐垢、硅酸盐垢以及氧化铁垢、铜垢等垢和腐蚀产物试样的分解。

1. 酸溶样法

试样经盐酸或硝酸溶解后，稀释至一定体积成为多项分析试样。对大多数碳酸盐垢、磷酸盐垢，可以完全溶解，但对于难溶的氧化铁垢、铜垢、硅垢，往往留有少量酸不溶物。可以用碱熔法，将酸不溶物溶解，再与酸溶物合并，并稀释至一定体积，成为多项分析试液。

2. 氢氧化钠熔融法

试样经氢氧化钠熔融后，用热蒸馏水提取，用盐酸酸化、溶解，制成多项分析试液。

3. 碳酸钠熔融法

试样经碳酸钠熔融分解后，用水浸取熔融物，加酸酸化制成多项分析试液。需要费时较多，且需用铂坩埚，但分解试样较为彻底，是常用的方法。

4. 溶样过程注意事项

（1）样品要铺叠均匀；熔化剂散落均匀，在融化过程中充分熔融，避免溶样不匀。

（2）马弗炉温度正确，注意使用坩埚的类型。用错温度可能造成银坩埚融化等。

（3）浸取样品时要避免引入污染物：如用镊子引入铁、HF 溶液用玻璃棒导流引入硅等。

（4）含硅高的样品，碱溶后加酸速度过快，则因含溶液中含硅量高，局部形成胶体，使样品浑浊。

（5）铜、铁、锌、铝等金属离子的氢氧化物沉淀时的 pH 值较低，所以在试验过程中，从取样到分析整个过程中都应保持溶液是酸性的（加入适量优级纯酸防止金属离子水解）。

四、灼烧减（增）量的测定

测定垢和腐蚀产物的灼烧减（增）量有测 450℃ 灼烧减（增）量和测 900℃ 灼烧

减（增）量两种测定方法。

1. 450℃灼烧减（增）量的测定

准确称取 0.5～1.0g 分析试样（称准至 0.2mg），平铺于预先在 900℃灼烧至恒重的瓷舟内。将瓷舟放入 450±5℃的高温炉中，灼烧 1h，然后放入干燥器中冷却至室温，并迅速称其质量。

2. 900℃灼烧减（增）量的测定

把已测定过 450℃灼烧减（增）量的试样（带瓷舟）置于 900±5℃的高温炉中灼烧 1h，取出放入干燥器中，冷却至室温，迅速称其质量。

五、垢与腐蚀产物分析程序

垢和腐蚀产物的各分析项目应是单独进行测定的，对测定顺序无一定要求。各测定项目可平行测定，通过以下分析方法对样品进行分析：

（1）半定量分析：使用荧光能谱分析仪对组成垢的各元素进行分析。

（2）定量分析方法：根据电力标准中的系列分析方法对主要化学成分进行定量分析；具体分析程序见图 14-1 和图 14-2 所示。

（3）物相分析：根据元素分析结果，使用 X 射线荧光分析仪对垢样的物相进行分析。但对于非晶型物质（如无定形 SiO_2）使用此方法无法测定。

注意：对含油、灰的垢样应先灼烧，然后再溶样，否则溶样后上方漂浮一层悬浮物，影响分光光度分析。先灼烧后溶样，结果中灼烧减量。

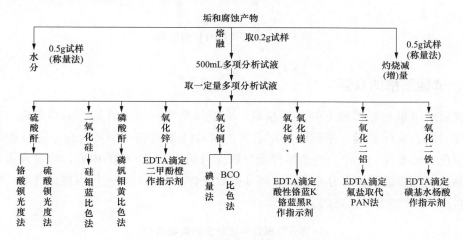

图 14-1 垢与腐蚀产物分析程序图

电力标准中图 14-1 所示分析方法为化学分析方法，有条件的采用相应的仪器分析方法测定，因此一般试验步骤如下：

（1）称取一定量的垢样，在 105℃条件下烘干，测定水分 X（%）；

（2）测定垢样在 450℃和 900℃时的灼烧减量 S_1（%）和 S_2（%）。对含油、灰或有机物过高的样品，先灼烧后溶样，结果中灼烧减量；

（3）测定垢样酸溶成分中的钠离子、钾离子含量，以 $Na^+(\%)$、$K^+(\%)$ 表示，计算 Na_2O、K_2O 百分含量；

（4）同样测定垢样中氯离子含量 $Cl(\%)$、硫酸酐含量 $SO_3(\%)$、磷酸酐含量 $P_2O_5(\%)$、氧化铁含量 $Fe_2O_3(\%)$、氧化铝含量 $Al_2O_3(\%)$、氧化铜含量 $CuO(\%)$、氧化钙含量 $CaO(\%)$、氧化镁含量 $MgO(\%)$ 等；

（5）测定垢样碱熔成分中的全硅含量，以 $SiO_2(\%)$ 表示。

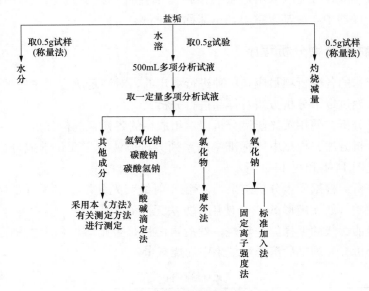

图 14-2　可溶性垢分析程序图

六、试验结果的表述

试验结果应包括垢样的下列各项信息，有机组名称、机组容量、垢样名称、采样部位、采样日期、采样数量、采样人、厂名等。试验结果的表述中还应包括垢样的物理特征，如颜色、形态等。一个完整的垢样全分析应包括表 14-12 中的内容，将各项分析结果换算成高价氧化物的质量百分率表示。各项的百分含量总和，再进行灼烧减（增）量（S）校正之后应在 $(100\pm5)\%$ 之内。

表 14-12　　　　　　　　　　垢样分析报告中应包含的各项组分

测定项目	化学式	单位
三氧化二铁	Fe_2O_3	%
三氧化二铝	Al_2O_3	%
氧化钙	CaO	%
氧化镁	MgO	%
氧化钠	Na_2O	%
氧化钾	K_2O	%

续表

测定项目	化学式	单位
氧化铜	CuO	%
氧化锌	ZnO	%
二氧化硅	SiO_2	%
磷酸酐	P_2O_5	%
硫酸酐	SO_3	%
氯离子	Cl	%
灼烧减（增）量	—	%

在实际工作中，对于每次大小修所收集的各种垢样，一般不按照程序全部做下来，这样太费时也没有必要。但一些含量很小、有疑问的成分应作分析，以便查找来源，查处热力系统存在的问题。

第十五章　电厂燃料分析

第一节　煤　质　概　述

世界上煤炭资源储量较多的国家有美国、俄罗斯、印度、中国、澳大利亚和南非，六国的煤炭储量总和占世界的 85%。其中美国是世界上最大的储煤国，占世界总储量的 27%。中国是世界最大的产煤国，其储量却只相当于美国的一半。我国煤炭资源丰富，但分布极不均衡。我国煤炭资源量大于 10 000 亿 t 的省区有新疆、内蒙古两个自治区，占全国煤炭资源量的 60.42%。

一、煤炭的分类

在地球上储量最多的煤由高等植物形成，统称为腐植煤，即现代被广泛使用的褐煤、烟煤和无烟煤等。高等植物的有机化学组成主要为纤维素和木质素，此外还有少量蛋白质和脂类化合物等；无机化学组成主要为矿物质。古代丰茂的植物随地壳变动而被埋入地下，经过长期的细菌生物化学作用以及地热高温和岩层高压的成岩、变质作用，使植物中的纤维素、木质素发生脱水、脱一氧化碳、脱甲烷等反应，而后逐渐成为含碳丰富的可燃性岩石，这就是煤。该过程称为煤化作用，它是一个增碳的碳化过程。根据煤化程度的深浅、地质年代长短以及含碳量多少可将煤划分为泥炭、褐煤、烟煤和无烟煤四大类。其中褐煤又分两小类，烟煤分十二小类，无烟煤分三小类。

煤的种类繁多，性质各异，不同种类的煤各有不同的用途。GB/T 5751—2009《中国煤炭分类》中包括了全部褐煤、烟煤和无烟煤的工业技术分类标准，是综合考虑了煤的形成、变质、各种特性以及用途等确定的。此外，对商品煤另有煤炭产品的分类方法，这种分类方法便于商品统配煤的计价，在电力工业中为便于选用动力煤种又有发电用煤的分类。

（一）中国煤炭分类法

中国煤炭分类法是采用表征煤化程度的参数，即干燥无灰基挥发分 V_{daf} 作为分类指标将煤划分为三大类，即褐煤、烟煤、和无烟煤。凡 $V_{daf} \leq 10\%$ 的煤为无烟煤，$V_{daf} > 10\%$ 的煤为烟煤，$V_{daf} > 37\%$ 的煤为褐煤。

为了便于现代化管理，分类中采取了煤类名称、代号与数字编码相结合的方式，各类煤用两位阿拉伯数码表示：十位数系按煤的挥发分划分的大类，即无烟煤为 0，烟煤为 1~4，褐煤为 5；个位数：无烟煤为 1~3，表示煤化程度；烟煤类为 1~6，表示黏结性；褐煤类为 1~2，表示煤化程度。

（二）按加工方法分类

按煤的加工方法和质量规格可分为原煤、精煤、粒级煤、洗选煤和低质煤等五类。原煤是指从地下或地下采掘出的毛煤经筛选加工去掉矸石、黄铁矿等后的煤。精煤是指经过精选（干选或湿选）后生产出来的，符合质量要求的产品。粒级煤是指煤通过筛选或精选生产的，洗选煤是指将原煤经过洗选和筛选加工后，已除或减少原煤中所含的矸石、硫分等杂质，并按不同煤种、灰分、热值和粒度分成若干品种等级的煤。低质煤是指灰分含量很高的各种煤炭产品。

（三）发电用煤的分类

为适应火电厂动力用煤的特点，提高煤的使用效率，发电用煤的分类是根据对锅炉设计、煤种选配、燃烧运行等方面影响较大的煤质项目制定的。这些项目为无灰干燥基挥发分 V_{daf}、干燥基灰分 A_d、全水分 M_t、干燥基全硫 $S_{t,d}$ 和煤灰的软化温度 ST 等五项。因发热量 $Q_{net,ar}$ 与煤的挥发分密切相关，并能影响锅炉燃烧的温度水平，所以用它作为 V_{daf} 和 ST 的一项辅助指标，两者相互配合使用。这种分类如表所列，表中各项目均划分成不同级别，其中 $V_{daf}(Q_{net,ar})$ 分为 5 级，A_d 分为 3 级，$M_f(V_{daf})$、$M_t(V_{daf})$、$ST(Q_{net,ar})$ 各分为 2 级。各项分级界限值是根据试验室和现场的大量数据，经数理统计最优分割法得出的，它对锅炉设计、选用煤种及安全经济燃烧都有指导意义。

二、煤的组成

植物在成煤过程漫长的地质年代中，其原始的组成和结构发生了变化，形成一种新物质。据现代研究表明：煤中有机物的基本结构单元，主要是带有侧链和官能团的缩合芳香核体系，随着变质程度的加深，基本结构单元中六碳环的数目不断增加，而侧链和官能团则不断减少。对于煤的分子可视为一种不确定的非均一、分子量很高的缩聚物，而不是聚合物。

组成植物质的有机质元素主要为碳、氢、氧和少量氮、硫和磷。这些元素在成煤过程随着地质年代的增长，变质程度加深，含碳量逐步增加，氢和氧逐步减少、硫和氮则变化不在各类煤中碳、氢、氧三元素相对含量的变化可由下面的化学实验式表示：

$$\text{植物} \quad C_{17}H_{24}O_{10} \xrightarrow[C_{16}H_{18}O_5]{-3H_2O、-CO_2} \text{泥碳} \xrightarrow[C_{16}H_{14}O_3]{-2H_2O} \text{褐煤} \xrightarrow[C_{15}H_{14}O]{-CO_2} \text{烟煤} \xrightarrow[C_{13}H_4]{-2CH_4、-H_2O} \text{无烟煤}$$

煤中无机物的组成也极为复杂，所含元素多达数十种，常以硫酸盐、碳酸盐（主要是钙、镁、铁等盐）、硅酸盐（铝、钙、镁、钠、钾）、黄铁矿（硫）等矿物质的形态存在。此外还有一些伴生的稀有元素，如锗、硼、铍、钴、钼等。

煤仅作为能源使用时，就没有必要对其化学结构作详尽的了解，只从热能利用（即燃料的燃烧）方面去分析和研究煤的组成，基本上就能够满足电力生产的要求。在工业上常将煤的组成划分为工业分析组成和元素分析组成两种，了解这两种组成就可以为煤的燃烧提供基本数据。工业分析组成是用工业分析法测出的煤的不可燃成分和可燃成分，前者为水分和灰分；后者为挥发分和固定碳。这种分析方法带有规范性，所测得的组成与煤固有的组成是浑然不同的，但它给煤的工艺利用带来很大方便。元素分析组成是用元素分析法测出煤中的化学元素组成，该组成可示出煤中某些有机元素的含量。元素分析结果对煤质研究、工业利用、燃烧炉设计、环境质量评价都是极为有用的资料。工业分析组成和元素分析组成如图 15-1 所示。

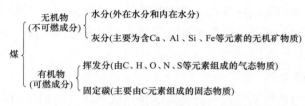

$$煤 \begin{cases} \text{无机物} \\ \text{(不可燃成分)} \begin{cases} \text{水分(外在水分和内在水分)} \\ \text{灰分(主要为含Ca、Al、Si、Fe等元素的无机矿物质)} \end{cases} \\ \text{有机物} \\ \text{(可燃成分)} \begin{cases} \text{挥发分(由C、H、O、N、S等元素组成的气态物质)} \\ \text{固定碳(主要由C元素组成的固态物质)} \end{cases} \end{cases}$$

图 15-1　煤的工业分析组成和元素分析组成

由上可以看出，工业分析组成包括水分、灰分、挥发分和固定碳四种成分，这四种成分的总量为 100。元素分析组成包括碳、氢、氧、氮和硫五种元素，这五种元素加上水分和灰分，其总量为 100。

必须指明的是，工业分析组成并不是煤中原有组成，而是在一定条件下，用加热的方法，将煤中原有的组成加以分解和转化而得到的成分，可用普通的化学分析方法去分析化验。它们仅是煤中有机组成在一定条件下的转化产物，所以具有一定的规范性。

火电厂使用的液体燃料多为重柴油、重油、渣油等，这些液体燃料主要由多种高分子烃——芳香烃、环烷烃、烷烃以及含氧和含硫化合物组成。确定这些成分的含量是很困难的，仅为取得热能没有必要对各类烃的含量进行分析，只要取得元素分析组成以及水分、灰分的含量就足以。

火电厂很少使用气体燃料发电，除了那些建立在天然气或油田气产地的火电厂，为就地取材，才使用气体燃料。此外建在大型钢铁厂附近的电厂，也可燃用高炉煤气。这气体燃料的成分比较简单，多由气态烃——甲烷、乙烷、丙烷以及可燃气体如 CO、H_2 等组成。

三、煤的性质

作为动力用煤的主要性质及其定义、符号、计量单位有如下几个方面：

1. 发热量

发热量的定义为，单位质量的煤完全燃烧时释放出的热量，符号为 Q，计量单位为 J/g 或 MJ/Kg。它是动力用煤最重要的特性，它决定煤的价值，同时也是进行热效率计算不可缺少的参数。

2. 可磨性

煤的可磨性是表示煤在研磨机械内磨成粉状时，其表面积的改变（即粒度大小的改变）与消耗机械能之间的关系的一种性质，用可磨性指数表示，符号为 HGI（哈氏指数）。它具有规范性，无量纲。其规范为规定粒度下的煤样，经哈氏可磨仪，用规定的能量研磨后，在规定的标准筛上筛分，称量筛上煤样质量，并由用已知哈氏指数标准煤样绘制的标准曲线上查得该煤的哈氏指数。它是设计和选用磨煤机的重要依据。

3. 煤粉细度

煤粉细度是表示煤粉中各种大小尺寸颗粒煤的质量百分含量。它可用筛分法确定，即使煤粉通过一定孔径的标准筛，计量筛上煤粉质量占试样重量的百分数。煤粉细度符号为 R_x，下标为标准筛的孔径。在一定的燃烧条件下，它对磨煤能量耗损和燃烧过程中的热损失有较大的影响。

4. 煤灰熔融性

煤灰是煤中可燃物质燃尽后的残留物，它由多种矿物质转化而成，没有确定的熔点。当煤灰受热时，它由固态逐渐向液态转化而呈塑性状态，其黏塑性随温度而异。熔融性就是一表征煤灰在高温下转化为塑性状态时，其黏塑性变化的一种性质。煤灰在塑性状态时，易粘在金属受热面或炉墙上，阻碍热传导，破坏炉膛的正常燃烧工况。所以，煤灰的熔融性是关系锅炉设计、安全经济运行等问题的重要性质。

5. 真（相对）密度、视（相对）密度和堆积密度

煤的真密度定义为，20℃时煤的质量与同温度、同体积（不包括煤的所有孔隙）水的质量之比，符号为 TRD，无量纲。

煤的视密度定义为，20℃时煤的质量与同温度、同体积（包括煤的所有孔隙）水的质量比，符号为 ARD，无量纲。

煤的堆积密度是指单位容积所容纳的散装煤（包括煤粒的体积和煤粒间的空隙）的重量，单位为 t/m^3，目前尚未有法定符号。

在涉及煤的体积和重量关系的各种工作中，都需要知道密度这一参数。真密度用于煤质研究、煤的分类、选煤或制样等工作。视密度用于煤层储量的估算。而堆积密度在火电厂中，主要用于计算进厂商品煤装车量以及煤场盘煤。

6. 着火点

煤的着火点是在一定条件下，将煤加热到不需外界火源，即开始燃烧时的初始温度单位为℃，无法定符号。它的测定具有规范性，使用不同的测试方法，对同一煤样，着火点的值会不同，着火点与煤的风化、自燃、燃烧、爆炸等有关，所以它是一项涉及安全的指标。

四、煤炭主要成分及化验

煤炭化验主要检测项目主要是煤的水分、灰分、挥发分、固定碳、全硫、发热量、碳、氢、灰熔融性、全水、炉渣含碳量、焦煤、石油焦、型煤等相关项目测定。

入厂煤化验必须进行发热量测定、全硫测定、全水分测定、工业分析中的水分、灰分、挥发分测定，煤炭的元素分析可根据实际需要定期检测。入厂煤化验必须严格执行国家标准，相关的国家标准包括 GB/T 211—2007《煤中全水分的测定方法》、GB/T 212—2008《煤的工业分析方法》、GB/T 213—2008《煤的发热量测定方法》、GB/T 214—2007《煤中全硫的测定方法》等。

对新的供煤单位来煤或供煤单位变换矿点的煤炭，在常规检测项目基础上要根据需要增加灰熔点、元素分析的测试。

第二节　煤的组成及分析基准

一、煤的基准

煤由可燃成分和不可燃成分组成，如图 15-1 所示。由于煤中不可燃成分的含量，易受外部条件如温度和湿度的影响而发生变化，故可燃成分的百分含量也要随外部条件的变化而改变。例如，当水分含量增加时，其他成分的百分含量相对地就减少；水分含量减少，其他成分的百分含量就相对增加。有时为了某种使用目的或研究的需要，在计算煤的成分的百分含量时，可将某种成分（如水分或灰分）不计算在内，这样，按不同的"成分组合"计算出来的成分百分含量就有较大的差别。这种根据煤存在的条件或根据需要而规定的"成分组合"称为基准。如所取的基准不同，同一成分的含量计算结果也不同。因此，为了准确地表达煤的组成并能使不同煤的组成相互比较，就必须按一定基准表示煤中成分的含量以求统一。

二、基准表示法

在工业上通常使用以下四种基准。

（1）收到基（旧称应用基）。计算煤中全部成分的组合称收到基。对进厂煤或炉前煤都应按收到基计算其各项成分。

（2）空气干燥基（旧称分析基）。不计算外在水分的煤，其余的成分组合（内在水分、灰分、挥发分和固定碳）称空气干燥基。供分析化验用的煤样是在实验室温度的条件下，由自然干燥而失去外在水分的，其分析化验的结果应按空气干燥基计算。

（3）干燥基。不计算水分的煤，其余的成分组合（灰分、挥发分和固定碳）称为干燥基。

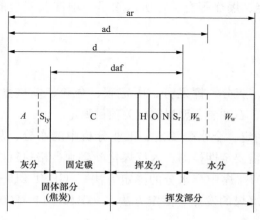

图 15-2　四种基准所包括的工业
分析成分或元素分析成分

（4）干燥无灰基（旧称可燃基）。不计算不可燃成分（水分和灰分）的煤，其余成分的组合（挥发分和固定碳）称为干燥无灰基。上面所述四种基准所包括的工业分析成分或元素分析成分如图 15-2 所示。

必须指出，收到基是包括煤中全水分的成分组合。全水分中的外在水分变易性较大，由于时间、空间等条件的差异，水分会有较大的变化，因此，同一种煤虽是按同一的收到基计算出来的成分百分含量，也会有差异。

煤的成分和特性（即煤质分析项目）通常都是用一定符号表示的，GB/T 483—2007

《煤质分析试验方法一般规定》中对煤质分析项目的符号作了统一规定，即采用国际标准化组织规定的符号。

三、基准的换算

由于煤质分析所使用的样品为空气干燥后的煤样，分析结果的计算是以空气干燥基为基准得出的。而实际使用和研究时，往往要求知道符合原来煤质状态的分析结果，例如出矿、进厂、入炉、计价、分类时的计算，为此，在使用基准时，必须按符合实际的"成分组合"进行换算。换算公式如表 15-1 所示。

表 15-1　　　　　　　　　　煤不同基准换算公式

换算 \ 已知	收到基	空气干燥基	干燥基	干燥无灰基
收到基	1	$\dfrac{100-M_{ar}}{100-M_{ad}}$	$\dfrac{100-M_{ar}}{100}$	$\dfrac{100-M_{ar}-A_{ar}}{100}$
空气干燥基	$\dfrac{100-M_{ad}}{100-M_{ar}}$	1	$\dfrac{100-M_{ad}}{100}$	$\dfrac{100-M_{ad}-A_{ad}}{100}$
干燥基	$\dfrac{100}{100-M_{ar}}$	$\dfrac{100}{100-M_{ad}}$	1	$\dfrac{100-A_d}{100}$
干燥无灰基	$\dfrac{100}{100-M_{ar}-A_{ar}}$	$\dfrac{100}{100-M_{ad}-A_{ad}}$	$\dfrac{100}{100-A_d}$	1

注　表中右上方公式均小于 1，左下方公式均大于 1。

第三节　动力用煤的采样和制样方法

在煤质分析前，正确的采样和制样是获得可靠分析结果的必要前提。采样根据需要可以分为入场煤采样、入炉煤采样、热效率试验用煤、制粉系统采样等。入场煤采样用于商务结算，需要进行工业分析、发热量、全硫的测定，也可能需要测定煤灰的熔融性；入炉煤采样是计算煤耗的需要，要进行工业分析、发热量测定等；热效率试验用煤则需要进行工业分析、元素分析、可磨性等的测定；制粉系统采样则化验的是唯一的经过加工的煤样，测定煤样的水分和煤粉细度等指标。

一、采样原理

煤炭采样和制样的目的，是为了获得一个其试验结果能代表整批被采样煤的试验煤样。

采样和制样的基本过程，是首先从分布于整批煤的许多点收集相当数量的一份煤，即初级子样，然后将各初级子样直接合并或缩分后合并成一个总样，最后将此总样经过一系列制样程序制成所要求数目和类型的试验煤样。

采样的基本要求，是被采样批煤的所有颗粒都可能进入采样设备，每一个颗粒都有相等的几率被采入试样中。

1. 采样精密度

在所有的采样、制样和化验方法中，误差总是存在的，同时用这样的方法得到的任一指定参数的试验结果也将偏离该参数的真值。采样的代表性是以采样的精密度来衡量的。所谓采样的精密度，就是指采样所允许达到的偏差程度。样本对总体而言，偏差是客观存在的，但必须是无系统偏差。采样精密度与被采样煤的变异性（初级子样方差、采样单元方差）、制样和化验误差、采样单元数、子样数和试样量有关。

国家标准 GB 475—2008《商品煤样人工采取方法》规定了各种煤的采样精密度（按灰分计算），如表 15-2 所示。

表 15-2　　　　　　　　　采样精密度表

原煤、筛选煤		精煤	其他洗煤 （包括中煤）
$A_d \leqslant 20\%$	$A_d > 20\%$		
按 $\pm 0.1 A_d$ 计算，但不得小于 $\pm 1\%$	$\pm 2\%$	$\pm 1\%$	$\pm 1.5\%$

在实际采样工作中，也可以不必实测煤的不均匀度 σ，而直接按煤的灰分（A_d）由表15-3 查出应采的份数。在使用表时，有可能对某些煤种造成采样份数过多；而另外一些煤种，则造成采样份数不足的情况。但对于简单快速确定采样份数来说，该表仍有一定的使用价值。

2. 子样数的确定

按国家标准规定，以 1000t 煤作为一个采样化验单位。如一批煤量不足 1000t 时，应采的子样数可根据实际吨数，按表 15-3 中规定的数字按比例递减，但不得少于表中所规定子样数的 1/3。若煤量超过 1000t 时，则子样数按式（15-1）计算：

$$m = n\sqrt{\frac{M}{1000}} \tag{15-1}$$

式中　m——实际应采的子样数；

　　　n——表 15-3 中所规定的子样数；

　　　M——实际煤量，t。

表 15-3　　　　　　　　　煤的取样点数

采样地点	原煤、筛选煤		精煤	其他洗煤（包括中煤）
	$A_d \leqslant 20\%$	$A_d > 20\%$		
煤流	30	60	15	20
火车、汽车、煤堆、船舶	60	60	20	20

3. 子样质量的确定

一批煤中，大、小粒度的煤量是不同的，这种粒度组成的不同也会影响煤的不均匀度 σ。每个子样的最小质量根据商品煤标称最大粒度按表 15-4 确定。

总样的最小质量由标称最大粒度和样品种类决定与制样统一（多大粒度的样品，需要一定量才能具有代表性）。

子样质量，即每个子样的最小质量 $m_a = 0.06d$ 计算，但最小不能少于 $0.5kg$。其中，m_a 为子样最小质量，单位为千克（kg）；d 为被采样煤标称最大粒度，单位为毫米（mm）。

表 15-4   子样质量与煤最大粒度的关系表

标称最大粒度 $d*$（mm）	100	50	25	13	≤ 6
子样质量参考值（kg）	6.0	3.0	1.5	0.8	0.5

* 标称最大粒度 d 的确定方法。

按粒度分析样品采样方法采样，以火车采样，以 1000t 煤为一个采样单元，样品分别用 150、100、50、25mm 圆孔筛筛分，称出筛上物质量（称准到 0.5kg）计算筛上物占整个煤样的质量百分比，大于 150mm 以上筛上物产率为大于 150mm 煤块的比率，筛上物产率接近并不大于 5％的那个筛子尺寸就为原煤最大粒度。

如煤样通过筛分实验得到如下结果依次用 150、100、50、25mm 圆孔筛筛分，筛上物比例依次为 1.0％、2.0％、3.0％、4.9％、89.1％，则筛上物累积比例依次 1.0％、3.0％、6.0％、10.9％、100.0％，则判断该批煤的最大标称粒度为 100mm；若煤样通过筛分实验得到如下结果，即筛上物比例依次为 1.5％、4.0％、3.0％、7.9％、83.6％，则筛上物累积比例依次 1.5％、5.5％、8.5％、16.4％、100.0％，则判断该批煤的最大标称粒度为 150mm。

4. 子样分布方法

（1）系统采样法。将采样车厢/驳船表面分成若干面积相等的小块并编号，然后依次轮流从各车/船的各个小块中部采取 1 个子样，第一个子样从第一车/船的小块中随机采取，其余子样顺序从后继车/船中轮流采取。

（2）随机采样。将采样车厢/驳船表面分成若干个边长为 1～2m 的小块并编上号（一般为 15 块或 18 块，图 15-3 为 18 块示例），制作数量与小块数相等的牌子并编号，然后用随机方法依次选择个车辆的采样点位置。

1	4	7	10	13	16
2	5	8	11	14	17
3	6	9	12	15	18

图 15-3   火车上采样子样分布图

决定第 1 个采样车/船的子样位置时，从袋中取出数量与需从该车/船采取的子样数相等的牌子，并从与牌号相应的小块中采取子样，然后将抽出的牌子放入另一个袋子中；决定第 2 个采样车/船的子样位置时，从原袋剩余的牌子中，抽取数量与需从该车/船采取的子样数相等的牌子，并从与牌号相应的小块中采取子样。以同样的方法，决定其他各车/船的子样位置。当原袋中牌子取完时，反过来从另一袋子中抽取牌子，再放回原袋。如是交替，直到采样完毕。

以上抽号操作也可在实际采样前完成，记下需采样的车/船号及其子样位置。实际采样时按记录的车/船及其子样位置。

5. 静止煤采样方法

适用于火车、汽车、驳船、轮船等载煤和煤堆的采样。静止煤采样应首选在装/堆煤或卸煤过程中进行，如不具备在装煤或卸煤过程中采样的条件，也可对静止煤直接采样。

直接从静止煤中采样时，应采取全深度试样或不同深度（上、中、下或上、下）的试样；在堆/卸煤新工作面、刚卸下的小煤堆采样时，根据煤堆的形状和大小，将煤堆表面划分成若干区；将区分成若干面积相等的小块（煤堆底部的小块应距底面≥0.5m），然后用随机采样法决定采样区和每区（小块）的位置，从每一个小块采取煤样；在非新工作面情况下，采样时应先除去 0.2m 的表面层。不要直接在静止的、高度超过 2m 的大煤堆上采样。当必须从静止大煤堆表面采样时，也可以使用煤堆取样如图 15-4 所示的采样，但其结果极可能存在较大的偏倚，且精密度较差。从静止大煤堆上，不能采取仲裁煤样。

在能够保证运载工具中的煤的品质均匀且无不同品质的煤分层装载时，也可从运载工具顶部采样。在从火车、汽车和驳船顶部煤采样的情况下，在装车（船）后应立即采样；在经过运输后采样时，应挖坑至 0.4～0.5m 采样，取样前应将滚落在坑底的煤块和矸石清除干净。子样应尽可能均匀布置在采样面上，要注意在处理过程（如装卸）中离析导致的大块堆积（例如，在车角或车壁附近的堆积）；用于人工采样的探管/钻取器或铲子的开口应当至少为煤的标称最大粒度的 3 倍且不小于 30mm，采样器的容量应足够大，采取的子样质量应达到表 15-4 要求。采样时，采样器应不被试样充满或从中溢出，而且子样应一次采出，多不扔，少不补。采取子样时，探管/钻取器或铲子应从采样表面垂直（或成一定倾角）插入。采取子样时不应有意地将大块物料（煤或矸石）推到一旁。如图 15-5 所示。

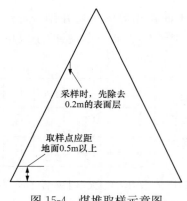

图 15-4　煤堆取样示意图

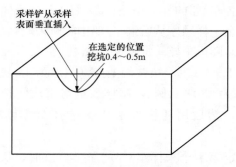

图 15-5　顶部煤采样示意图

6. 皮带煤流采样

（1）移动煤流采样方法。移动煤流采样可在煤流落流中或皮带上的煤流中进行。为安全起见，本标准不推荐在皮带上的煤流中进行。

采样可按时间基或质量基以系统采样方式或分层随机采样方式进行。从操作方便和经济的角度出发，时间基采样较好。

采样时，应尽量截取一完整煤流横截段作为一子样，子样不能充满采样器或从采样器中溢出。试样应尽可能从流速和负荷都较均匀的煤流中采取。应尽量避免煤流的负荷和品质变化周期与采样器的运行周期重合，以免导致采样偏倚。如果避免不了，则应采用分层随机采样方式。

（2）落流采样法。该方法不适用于煤流量在 400t/h 以上的系统。煤样在传送皮带转输点的下落煤流中采取。

采样时，采样装置应尽可能地以恒定的小于 0.6m/s 的速度横向切过煤流。采样器的开口应当至少是煤标称最大粒度的 3 倍并不小于 30mm，采样器容量应足够大，子样不会充满采样器。采出的子样应没有不适当的物理损失。

采样时，使采样斗沿煤流长度或厚度方向一次通过煤流截取一个子样。为安全和方便，可将采样斗置于一支架上，并可沿支架横杆从左至右（或相反）或从前至后（或相反）移动采样。

对于在皮带上刮板式采样机械，其采样器（头）、破碎机、缩分器、余煤回流处理装置等部件性能应满足 DL/T 747—2010《发电用煤机械采制样装置性能验收导则》的要求。

对于在落煤流处采样的采样机械，其采样头的规格应满足其开口宽度（锥形切割口最窄端）不小于煤流标称最大粒度的 3 倍；可穿越和采集整个落煤流横断面作为一个子样；采样器切割速度不大于 1.5m/s；其容积大小应在装入一个子样后仍有裕度，一般宜为子样体积的 1.1～1.3 倍；其他部件应满足 DL/T 747—2010《发电用煤机械采制样装置性能验收导则》中的技术要求。

（3）停皮带采样法。有些采样方法趋向于采集过多的大块或小粒度煤，因此很有可能引入偏倚。最理想的采样方法是停皮带采样法。它是从停止的皮带上取出一全横截段作为一子样，是唯一能够确保所有颗粒都能采到的、从而不存在偏倚的方法，是核对其他方法的参比方法。常规采样情况下，停皮带采样操作是不实际的，故该方法只在偏倚试验时作为参比方法使用。

7. 入炉煤粉的采样

（1）对于中贮式制粉系统，可在旋风分离器下粉管或给粉机落煤管中采样。在旋风分离器下粉管中采样时，可采用煤粉活动采样管。

（2）落煤管中采样时，可采用自由沉降采样器。采样管应安装在给粉机出口的垂直下粉管上，所采粉样应能代表仓内不同部位的煤粉。

（3）对于直吹式制粉系统，可在一次风煤粉管道中采用等速采样器采样。采样管要安装在风粉流向下的垂直管道中，管口对准管道中心。

对于机械采样，每班（值）定时取回样品，按 GB/T 474—2008《煤样的制备方法》进行制样（包括制出全水分样品），并立即进行全水分检验。全部班（值）的样品收齐后，按等比例混合成当日样品。

8. 采样方法

采样方法包括人工采样和机械采样两种，执行 GB/T 475—2008《商品煤样人工采取方法》。人工采样法劳动强度大，人为误差大，甚至使煤样失去代表性。因此，应加强采样人员培训，严格按规定进行采样。

机械采样的效率高，采样均匀，精密度高。目前，我国火电厂使用的机械采样装置多用于炉前煤的采样。

采样时的注意事项主要有以下几个方面：

（1）采样点位及均匀布置，不人为避开；

（2）子样数量，子样重量及均匀度；

（3）煤炭质量的差异对子样数量的影响；

（4）煤炭标称最大粒度对子样重量影响；

（5）车运煤注意上下煤质基本一致；

（6）煤堆要关注质量差异大的分堆；

（7）水分样采取密封保管。

二、采样工具及设备

采样工具及设备如下：

（1）采样铲。用以从煤流和静止煤中采样。铲的长和宽均应不小于被采样煤最大粒度的 2.5～3 倍，对最大粒度不大于 150mm 的煤可用长×宽约为 300mm×250mm 的铲。

（2）接斗。用以在落煤流处截取子样。斗的开口尺寸至少应为被采样煤的最大粒度的 2.5～3 倍。接斗的容量应能容纳输送机最大运量时煤流全断断面的全部煤量。

（3）静止煤采样的其他机械。凡满足 GB/T 475—2008《商品煤样人工采取方法》规定全部条件的人工或机械采样器都可应用。如采样器开口尺寸为被采样煤最大粒度的 2.5～3 倍，能在规定的采样点上采样，采样时煤样不损失，性能可靠，无系统偏差。

三、煤样的制备步骤

用上述方法获得的原始平均样本的质量和粒度都是很大的，一般为几百公斤，最大块度可达 100mm 以上。但供作分析化验用的试样只需数百克，粒度小于 0.2mm，因此必须从大量煤中取出少量的在组成和性质上基本上与原煤近似的试样，并且将采得的原煤样按一定的步骤进行缩制，直至制成分析化验所要求的粒度和重量的试样为止。

缩制煤样的全过程包括破碎、过筛、掺合、缩分以及干燥五个步骤。这五个步骤虽简单，但也容易产生偏差，致使煤样的代表性变差。制样工作不能返工，故每个步骤都要严格地遵循一定规则进行。

制样必须在专用的制样室内进行。制样室应要求不受环境的影响（如风、雨、灰、光、热等），否则缩制后的煤质将发生变化。制样室内应有必要的防尘、防毒措施，地面应为光滑的水泥面，并铺有一定面积的钢板。

（一）破碎

破碎煤样可采用机械法和人工法。机械法破碎煤样不仅可以减少劳动量，又能保证样本的代表性。常用的机械设备有粗碎用的锤击式和颚式破碎机，进料粒度可大至 100mm，出料粒度为 3～6mm。细碎时可用对辊式、圆盘式破碎机和球磨机，出料粒度都可达 0.2mm 以下。GJ1 型实验室专用密封式制样机适用于制备少量试样，进料粒度＜6mm，可磨细至 120～200 目，2min 就可磨制 100g 试样。

人工碎煤不仅劳动强度大，也容易产生人为系统误差。人工碎煤要在表面光滑的硬质钢板上进行。碎煤工具主要是手锤和钢辊。破碎和缩分要交替进行，对原始煤样必须先全部粉碎到 25mm 以下，才允许进行缩分。破碎和缩分交替进行时煤样的重量和粒度的关系主要是煤样的最大粒度小于 25mm 时缩分后的最小质量为 60kg；粒度小于 13mm 时缩分后的最小质量为 15kg；粒度小于 3mm 时缩分后的最小质量为 3.75kg，这样规定可以减少破碎和缩制的工作量。

（二）筛分

为使煤样破碎到必要的粒度，需用各种筛孔的筛子筛分。过筛后凡未通过筛子的煤样都要重新进行破碎和筛分，直到全部煤样都通过所用的筛子为止。

筛分煤样用的筛子，一般有 25mm×25mm、6mm×6mm、6mm×6mm、3mm×3mm、1mm×1mm 方孔筛，此种筛有木制的矩形外框。此外，还有 ϕ3mm 的圆孔筛，0.20mm×0.20mm、0.10mm×0.10mm 方孔标准筛试验等。

用标准筛筛分煤样时，最好采用机械筛分，如用电动振筛机筛分。人工筛分劳动强度大且效果差。

（三）掺合

当煤样经破碎、筛分到一定粒度后，要进行缩分，为使缩分后的煤样不失去代表性，每次缩分前都应将煤样加以掺合。掺合煤样一般采用堆锥法。将破碎筛分后的煤一铲一铲地铲起，在钢板上堆成一个圆锥体。堆锥时，由于煤样中大小不同颗粒的离析作用，粗粒的煤总是分布在圆锥体的周围，细粒的煤及煤粉则集中于煤堆的中部和顶部。为使煤样中的大小颗粒在煤堆中分布得比较均匀，堆锥时必须围着煤堆一铲一铲地将煤从锥底铲起，然后从锥顶自上向下洒落，使每铲煤都能沿煤堆顶部均匀地向四周滑落。堆掺工作重复进行 3 次，就认为粒度不同的煤已分布均匀，可进行缩分。

（四）缩分

1. 四分法

堆掺工作结束后，用压锥圆铁板将煤堆压成厚度一定的扁圆体，再将扁圆体用十字缩分器分成 4 个形状大体相等的扇形体，弃去对角的两个扇形体，把剩余的两个扇形体的煤样继续进行掺合和缩分。

2. 二分器缩分法

粒度小于 13mm 的煤样可用二分器缩分。二分器是由一组偶数目的长方小格槽组成，每间隔一个小格槽分向两侧开口。缩分时用与二分器宽度相同的簸箕铲取煤样，从二分器顶部均匀倾入，煤样则从两边分成两份，任取一边的煤样作试验用或继续缩分；另一边的煤样抛弃。二分器同时兼有掺合作用，所以用二分器缩分时，不需先经掺合，直接把试样倒入二分器内即可，但必须使二分器的间隙大于最大粒度的 2.5～3 倍。

3. 机械缩分法

人工缩分劳动强度大，易产生误差，最好使用机械缩分和破碎的联动装置。

（五）干燥

空气干燥方法是将煤样放入盘中，摊成均匀的薄层，于温度不超过 50℃下干燥。如连续干燥 1h 后，煤样的质量变化不超过 0.1%，即达到空气干燥状态。空气干燥也可在煤样破碎到 0.2mm 之前进行。

四、煤样制备方法注意事项

制样的目的是将采集到的煤样，经过破碎、混合和缩分等程序制备成能代表原来煤样的分析（试验）用煤样。制样方案的设计，以获得足够小的制样方差和不过大的留样量为准。需满足 GB/T 474—2008《煤样的制备方法》有关规定。

（1）收到煤样后，应按来样标签逐项核对，并应将煤种、品种、粒度、采样地点、包装情况、煤样质量、收样和制备时间等项详细登记在煤样记录本上，并进行编号。如系商品煤样，还应登记车号和发运吨数。

（2）煤样应按 GB/T 474—2008《煤样的制备方法》要求及时制备成空气干燥煤样，或先制成适当粒级的试验室煤样。如果水分过大，影响进一步破碎、缩分时。应事先在低于 50℃温度下适当地进行干燥。

（3）除使用联合破碎缩分机外，煤样应破碎至全部通过相应的筛子，再进行缩分。粒度大于 25mm 的煤样未经破碎不允许缩分。

（4）煤样的制备既可一次完成，也可分几部分处理。若分几部分，则每部分都应按同一比例缩分出煤样，再将各部分煤样合起来作为一个煤样。

（5）每次破碎、缩分前后，机器和用具都要清扫干净。制样人员在制备煤样的过程中，应穿专用鞋，以免污染煤样。

对不易清扫的密封式破碎机（如锤式破碎机）和联合破碎缩分机、只用于处理单一品种的大量煤样时，处理每个煤样之前，可用采取该煤样的煤通过机器予以"冲洗"，弃去"冲洗"煤后再处理煤样。处理完之后，应反复开、停机器几次，以排净滞留煤样。

（6）煤样的缩分，除水分大、无法使用机械缩分者外，应尽可能使用二分器和缩分机械，以减少缩分误差。

（7）缩分后留样质量与粒度的对应关系。粒度小于 3mm 的煤样，缩分至 3.75kg 后，如使之全部通过 ϕ3mm 圆孔筛，则可用二分器直接缩分出不少于 100g 和不少于 500g，分别用于制备分析用煤样和作为存查煤样。

粒度要求特殊的试验项目所用的煤样的制备，应按 GB/T 474—2008《煤样的制备方法》的各项规定，在相应的阶段使用相应设备制取、同时在破碎时应采用逐级破碎的方法。即调节破碎机破碎口，只使大于要求粒度的颗粒被破碎，小于要求粒度的颗粒不再被重复破碎。

（8）缩分机必须经过检验方可使用。检验缩分机的煤样包括留样和弃样的进一步缩分，必须使用二分器。

（9）使用二分器缩分煤样，缩分前不需要混合。入料时，簸箕应向一侧倾斜，并要沿着二分器的整个长度往复摆动，以使煤样比较均匀地通过二分器。缩分后任取一边的煤样。

（10）堆锥四分法缩分煤样，是把已破碎、过筛的煤样用平板铁锹铲起堆成圆锥体，再交互地从煤样堆两边对角贴底逐锹铲起堆成另一个圆锥。每锹铲起的煤样，不应过多，并分两三次撒落在新锥顶端，使之均匀地落在新锥的四周。如此反复堆掺三次，再由煤样堆顶端，从中心向周围均匀地将煤样摊平（煤样较多时）或压平（煤样较少时）成厚度适当的扁平体。将十字分样板放在扁平体的正中，向下压至底部，煤样被分成四个相等的扇形体。将相对的两个扇形体弃去，留下的两个扇形体按图程序规定的粒度和质量限度，制备成一般分析煤样或适当粒度的其他煤样。

煤样经过逐步破碎和缩分，粒度与质量逐渐变小，混合煤样用的铁锹，应相应地适当改小或相应地减少每次铲起的煤样数量。

（11）在粉碎成 0.2mm 的煤样之前，应用磁铁将煤样中铁屑吸去，再粉碎到全部通过孔径为 0.2mm 的筛子，并使之达到空气干燥状态，然后装入煤样瓶中（装入煤样的量应不超过煤样瓶容积的 3/4，以便使用时混合），送交化验室化验。

（12）煤芯煤样可从小于 3mm 的煤样中缩分出 100g，然后按（11）规定利制备成分析用煤样。

（13）全水分煤样的制备：

1）测定全水分煤样既可由水分专用煤样制备，也可在制备一般分析用煤样过程中分取。

2）除使用一次能缩分出足够数量的全水分煤样的缩分机外，煤样破碎到规定粒度后，稍加混合，推平后立即用九点法缩取，装入煤样瓶中封严（装入煤样的量应不超过煤样瓶容积的 3/4），称出质量，贴好标签，迅速送化验室测定全水分。全水分煤样的粒度和质量详见 GB/T 211—2017《煤中全水分的测定方法》。全水分煤样的制备要迅速。

第四节　煤　质　分　析

一、煤的工业分析

煤的工业分析也叫技术分析和实用分析。通常包括水分、灰分、挥发分和固定碳四项。近年来，随着动力用煤按发热量计价和环保的需要，把发热量及硫分两项也列入工业分析中并称为广义的工业分析。工业分析是一切工业用煤的基础资料。对于发电用煤，为了使煤粉易于燃烧，保持炉膛热强度，提高锅炉热效率，要求燃煤挥发分不低于 10%，灰分不大于 35%。分析方法参照 GB/T 212—2008《煤的工业分析方法》和 DL/T 1030—2006《煤的工业分析 自动仪器法》等标准。

（一）煤的水分

1. 煤的水分测定

水分是煤的一个组成部分，其含量的变化范围很大，它的变化规律与煤化程度有关。煤中水分的存在形态分为外在水分（M_t）、内在水分（M_{inh}）、结晶水。

外在水分又称之为表面水分或游离水分，它是指煤在开采、运输、贮存及洗煤时，在煤的表面上和大毛细孔（直径大于 10^{-4}mm）中的水分。将煤放置在空气中，水分会不断蒸发，直至其中的湿度与空气中的相对湿度平衡为止，此时失去的水分就称为外在水分或湿分。外在水分与外界条件（如温度、湿度）密切相关，与煤质并无直接关系。失去外在水分的煤称为风干煤（即空气干燥基煤）。含外在水分的煤称为收到基煤。外在水分的严格含义是在温度为20℃，相对湿度为65%时失去的水分。在实际测定中，是指煤样达到空气干燥状态下所失去的水分。

在煤中以物理化学方式吸附或凝结在煤的小毛细管（直径小于10^{-4}mm）中的水分称为内在水分。内在水分的蒸汽压力小于纯水的蒸汽压力，因而在室温条件下不易除去，所以必须将煤加热到105～110℃时才能除去。失去内部水分的煤称为干燥基煤。煤中内在水分的含量与其变质程度有一定的关系，即煤的碳化年代越久，含水量越少；反之，则越多。因此，内在水分是研究煤质的重要指标。

结晶水是指煤中矿物质所含的结晶水，如高岭土（$Al_2O_3 \cdot 2SiO_2 \cdot 2H_2O$），硫酸钙（$CaSO_4 \cdot 2H_2O$）等。结晶水在105℃时不能被除去，只有在200℃以上的高温条件下才能除去。工业分析中所测定的水分不包括结晶水，只包括外在水分和内在水分，这两种水分合称为全水分。

2. 煤的水分对应用的影响

煤中水分过多，会使引火困难，而且水分的蒸发、气化，增加了烟气排放量和热量损失，降低了锅炉热效率，还容易造成煤仓出口及输煤管道的堵塞，增加破碎能耗，增加锅炉尾部腐蚀，也使运输费用增加。

适量的水分气化后，与炉中灼热的焦炭反应，可生成水煤气，这样会有利于燃烧。在链条炉中，往往要专门在煤上加适量的水分，以减小煤层阻力，提高通风量，改善燃烧状况。

（二）煤的灰分

1. 灰分的含义

在一定温度下，煤中的所有可燃物完全燃尽，其中矿物质也发生了一系列地分解、化合等复杂的反应，最后遗留下一些残渣，这些残渣的含量称为灰分产率，通常称为灰分。用它来表示煤中矿物质的含量。

煤中所含元素多达60余种，其中矿物质含量较多的有硅、铝、铁、镁、钙、钠、钾、硫、磷等。这些元素在灰中主要以氧化物的形态存在，只有少数为硫酸盐形态。

2. 灰分对燃烧的影响

灰分同水分一样，是煤中有害杂质之一。灰分含量越高，发热量越低，炉膛燃烧温度下降，引起燃烧不良；加大了受热面的磨损，还会增加锅炉受热面的污染、积灰，增加热阻，减低热效率；加大了磨煤机电耗、增加了热损失、使粉尘和灰渣剧增、还造成锅炉结渣和腐蚀，不利于安全经济运行。燃用高灰分煤会给电厂带来一系列的困难。

3. 煤中矿物质在燃烧过程中的变化

煤的灰分测定是将煤样在高温炉中灼烧，这时煤中矿物质发生了一系列变化，主要有以下几种：

（1）黏土、石膏等水合物失去结晶水；

（2）氧化亚铁和硫化铁发生氧化反应；

（3）碳酸盐受热分解放出二氧化碳气体；

（4）氯化物和碱金属氧化物的挥发作用。

碱金属化合物和氯化物在 700℃以上开始部分挥发。上述各种反应在 800℃时基本完成，所以测定灰分的温度规定为（815±10）℃，记为灰分产率 A_{ad}（%）。

灰分的测定方法分为缓慢灰化法和快速灰化法两种。快速灰化法测定结果较缓慢灰化法测定结果偏高，而且偏高值随试样中钙、硫含量的增加而增加，这是因为快速灰化法中二氧化硫未及时排出而被氧化钙吸收了的缘故。

4. 灰分测定注意事项

（1）高温炉通风要良好，且要安装烟囱，以使生成的硫的氧化物及时从烟囱排出，从而得到正确的测定结果。一般要求烟囱内径为 25～30mm，这需要根据炉膛体积的大小来决定。烟囱安装在炉膛后部上方，连接处要严密。烟囱高度要合适，一般为 60cm 左右。炉门一直径为 20mm 的通风孔。

（2）热电偶位置要正确，不要紧贴炉底，应与炉底有 20～30mm 的距离，恰好在灰皿架下方或灰皿上方。热电偶要套有保护管，以防热端受腐蚀，套管端部最好填充氧化铝粉，以减少热滞后性。

（3）灰皿在炉膛内位置要合适，同时快速测定多个样品时，要将含硫高的煤样放在炉膛后部，含硫低的放在近火门处，这样可以减少由于逸出的硫的氧化物在炉内"交叉作用"而影响测定结果。

（4）测定多个样品时，灰皿要放在恒温区域内，以保持温度的一致性。

（5）要求煤样完全灰化。煤样灰化除了炉内有充分的空气外，还要求称好样品后，要轻振灰皿，以使煤样摊平，其单位面积上的质量不超过 0.15g/cm²。

（6）空气中冷却时间要一致。从炉中取出灰皿时，一般要求在空气中冷却不超过5min，而后移入干燥器中继续冷却。这是因为热态灰分吸湿性很强，因此时间过长会使灰分中的水分质量增加，影响测定结果。

（7）采用快速灰化法时，应适当掌握煤样进炉速度，防止速度过快而使煤样爆燃。灼烧时，打开箱型电炉的通气孔使空气对流，充分燃尽灰样。

（8）对某一地区的煤样，经缓慢灰化法反复核对符合误差要求时方可采用快速灰化法。

（三）煤的挥发分

1. 挥发分的定义

把煤样与空气隔绝，在一定温度下加热一段时间，从煤中有机物分解出的液体和气体总称为挥发分。应当指出的是，挥发分并不是原来就存在于煤中的物质，而是煤在高温下受热的产物。不同温度有不同的挥发分产率，其化学成分也有差异，因此挥发分测定结果不宜称为挥发分含量，而应称为挥发分产率，常简称为挥发分。

煤在高温下受热裂解出的气态产物主要是低分子烃类，如甲烷、乙烷、乙炔、丙烯等，还有常温下呈液态的苯及酚类化合物。此外，还有由煤中芳烃的侧键基裂解生成的 CO、CO_2、H_2O、SCN 和 CH_4，矿物质热解析出的结晶水、CO_2、硫磺蒸气和 H_2S 等。当然气态产物中还含有煤样中的水分，在计算挥发分产率时应当减掉它。

2. 挥发分对燃烧的影响

挥发分是发电用煤的重要指标之一。挥发分高的煤易着火，火焰大，燃烧稳定，但火焰温度较低。相反，挥发分低的煤不易被点燃，燃烧不稳定，不完全燃烧热损失增加，严重的还会引起熄火。此外，锅炉燃烧器的形式和一、二次风的选择，炉膛形状及大小，燃烧带的敷设、制粉系统的选型和防爆措施的设计等都与挥发分有密切关系。所以在供应煤时，应尽可能根据原设计煤种的挥发分供给，否则，就会造成许多麻烦。

例如，原来设计烧低挥发分的炉子改烧高挥发分后，炉膛火焰中心逼近喷燃器出口处，可能烧坏喷燃器造成停炉事故或使火焰中心偏斜，造成炉膛前后烟温偏大，水冷壁受热不均匀，引起管子局部过热、胀粗或爆管等；反之，原来设计用高挥发分煤的炉子改烧低挥发分后，火焰中心远离喷燃器出口，送入的煤粉一时得不到高温烟气加热就会推迟着火，相应缩短了煤粉在炉内燃尽的时间和空间，使炉温降低，影响燃烧速度，降低煤粉燃尽度，增加飞灰可燃物和机械不完全燃烧热损失。因此，燃料供煤要尽可能考虑与锅炉原设计相匹配挥发分的煤种。

3. 挥发分测定注意事项

煤的挥发分测定结果与人为选定的条件有关，如试样质量、加热温度和时间、坩埚材质、大小、厚薄等都会影响挥发分产率。因此，标准测定方法对这些条件都有严密的规定，以保证测定方法的规范性。

值得一提的是，加热温度和加热时间是影响挥发分测定结果的两个重要因素，特别是加热温度。试验证明，在 850～900℃ 的温度下，褐煤尚有 2%，烟煤有 1%～2%，无烟煤有 1% 以下的逸出量；加热时间 6min 比 7min 测定结果偏低 0.33%，而加热 8min 比加热 7min 则偏高 0.17%。可见加热温度和加热时间对其测定结果都会产生影响。因此除了时注意以下方面：

（1）称样前坩埚要在高于实验温度下灼烧至恒重。

（2）称取试样的质量要在 1g±0.1g 范围内（称准至 0.0002g），并轻振坩埚使试样摊平。

（3）根据炉子的恒温区域，确定一次要放入坩埚的数量，通常以不超过 4～6 个为宜。

（4）坩埚的几何形状和容积大小都要符合规定要求。坩埚总质量为 15～20g，坩埚盖子必须配合严密。每次试验最好放同样数目的坩埚，其支架的热容量应基本一致。

（5）装有煤样的坩埚放入马弗炉后，要注意观察恢复到 900±10℃ 所需的时间，要求在 3min 内恢复炉温，否则试验作废。且总加热时间（包括温度恢复时间）要严格控制为 7min。

（6）热电偶安装位置要正确，并在有效检定期内使用。

（7）定期测量马弗炉的恒温区，装有煤样的坩埚必须放在马弗炉恒温区内。

（8）坩埚要放在坩埚架上，坩埚架用镍铬丝或其他耐热金属丝制成，规格尺寸是能使

所有坩埚都在高温炉恒温区内，坩埚底部位于热电偶热接点上方并距炉底 20～30mm
为准。

（9）坩埚从马弗炉取出后，在空气中冷却时间不宜过长，以防焦渣吸水。

（四）煤焦渣特性的鉴定和固定碳含量的计算

1. 煤焦渣特性的鉴定

测定挥发分所得的焦渣特征是指测定煤挥发分之后遗留在坩埚底部的残留物黏结、结
焦形状。根据残留物的特征，可以粗略的评估煤的黏结性质，其如下序号即为焦渣特征
代号：

（1）粉状——全部是粉末，没有相互黏着的颗粒。

（2）黏着——用手指轻碰即成粉末或基本是粉末，其中较大的团块轻轻一碰即成
粉末。

（3）弱黏结——用手指轻压即成小块。

（4）不熔融黏结——以手指用力压才裂成小块，焦渣上表面无光泽，下表面稍有银白
色光泽。

（5）不膨胀熔融黏结——焦渣形成扁平的块，煤粒的界线不易分清，焦渣上表面有明
显银白色金属光泽，下表面银白色光泽更明显。

（6）微膨胀熔融黏结——用手指压不碎，焦渣的上、下表面均有银白色金属光泽，但
焦渣表面具有较小的膨胀泡（或小气泡）。

（7）膨胀熔融黏结——焦渣上、下表面有银白色金属光泽，明显膨胀，但高度不超
过 15mm。

（8）强膨胀熔融黏结——焦渣上、下表面有银白色金属光泽，焦渣高度大于 15mm。

挥发分逸出后遗留的焦渣特征系表示煤在骤热下的黏结结焦性能。它对电力用煤有如
下意义，对于链条炉粉状焦渣特征的煤，则容易被空气吹走，造成燃烧不完全，黏结性强
的焦渣黏附在炉栅上，增加煤层阻力，妨碍通风；对于煤粉炉，黏结性强的煤，则在喷入
炉膛吸热后立即黏结在一起，形成空心的粒子团，未燃尽就被烟气带出炉膛，增加飞灰可
燃物。上述这些情况，都会导致锅炉效率降低，增加一次能源的消耗，降低火电厂的经济
效益。因此，焦渣特征类型对锅炉燃烧用煤的选择和指导都有着实际应用价值。

2. 固定碳含量的计算

从测定煤的挥发分时残留下来的不挥发固体（即焦渣，其中包括灰分）的重量中减去
灰分的重量，则得出所谓固定碳的数量。

固定碳并非纯碳，其中还含有少量的其他成分，主要为氢、氮、氧和硫。这些成分在
加热中残留下来。从气煤到无烟煤，在固定碳的组成成分中，碳均为 95％左右，氢为
1％～11.3％，氮为 0.7％～1.5％，硫加氧为 2.02％～2.95％。

固定碳含量是在测定水分、灰分、挥发分产率之后，用差减法求得的，通常用 100 减
去水分、灰分和挥发分得出。它积累了水分、灰分、挥发分的测定误差，所以它是个近
似值。

二、煤的发热量测定

所谓发热量就是单位质量的燃料，在一定温度下完全燃烧时所释放出的最大反应热。煤的发热量（亦称热值）是煤的质量指标之一，对于火力发电厂，这一指标显得尤为重要，它对于电力安全和经济运行均具有重要的意义。

煤的发热量与煤中可燃物的化学成分及燃烧条件有关，只有规定了燃烧条件，才能测出准确的发热量值。燃烧条件：一是煤中可燃成分完全燃烧，否则，由于煤中热量未全部放出，而使发热量的测定值偏低；二是对燃烧后产物的状态和最终温度也做了具体规定，这里主要是指水的状态，当水由液态向气态转化时要吸收热量，由气态向液态转化时则放出热量，这都会使煤的发热量发生变化。发热量的单位为"焦耳/克"（J/g）或"千焦/千克"（kJ/kg）。而发热量的测定结果以"兆焦/千克"（MJ/kg）表示。

1. 实际应用发热量定义

由于实验室条件的限制，以及在实际应用中的要求等，一般按照不同的情况，将发热量分为三种。

（1）弹筒发热量（$Q_{b,ad}$）。单位质量的燃料（气体燃料除外）在充有过量氧气的氧弹内完全燃烧，其终点温度为25℃，终点产物为氧气、氮气、二氧化碳、硫酸和硝酸、液态水和固态灰时所释放的热量，称为弹筒发热量（$Q_{b,ad}$）。在氧弹中测得的发热量要比在空气中、常压下的实际燃烧过程放出的热量高，它是燃料的最高热值，在实际应用时还要换算成以下两种热值。

（2）高位发热量（$Q_{gr,ar}$）。高位发热量是指1kg煤完全燃烧所放出来的热量，其中包括燃烧产物中的水蒸气凝结成水所放出的汽化潜热，用$Q_{gr,ar}$表示，单位kJ/kg。煤在工业锅炉装置内的燃烧过程中，其中的硫只生成二氧化硫、氮则成为游离的氮，这与氧弹中的情况不同。其终点产物为氧气、氮气、二氧化碳、二氧化硫、液态水和固态灰。因此，由弹筒发热量中减掉硫酸生成热和二氧化硫生成热之差，以及硝酸的生成热所得出的热量就是高位发热量。高位发热量可以作为评价燃烧质量的标准。

（3）低位发热量（$Q_{net,ar}$）。电厂锅炉的排烟温度一般在110~160℃之间，煤燃烧生成的水和煤中原有的水都是呈蒸汽状态随废气排出的，即水蒸气不可能凝结成水放出汽化潜热被锅炉有效利用，这与氧弹中水蒸汽全部凝结成液态水是不同的。其终点产物氧气、氮气、二氧化碳、二氧化硫、气态水和固态灰。因此，由高位发热量减去水的汽化潜热后所得出的热量即是低位发热量，亦称恒容低位发热量。低位发热量是燃料能够有效利用的热值。

2. 测定发热量

氧弹热量计是按照能量守恒定律设计的。测定发热量的基本原理是把一定量试样置于充有过量氧气的氧弹内充分燃烧。用一定量的水吸收释放出的热量，同时，准确测定水的温升值，而后依据预先标定好的量热体系的热容量和水的温升值。发热量的测定一般采用恒温式热量计法和绝热式热量计法，此外还有电脑量热仪。发热量测定需要注意试验室条件、温度计刻度修正、温升的冷却校正（恒温式热量计）等，还需要提前标定设备热容量（常用苯甲酸）。

在煤的发热量不便测定或勿需精确测定时，也可根据门捷列夫经验公式进行估算：

$$Q_{net,ar} = 339C_{ar} + 1031H_{ar} - 109(O_{ar} - S_{ar}) - 25.1M_{ar}$$

同一种煤的发热量用氧弹测出的和用经验公式算出来的，两者误差一般不超过 3%～4%。

3. 标准煤和煤的折算成分

在工业上为核算企业对能源的消耗量，便于比较和管理，统一计算标准，采用标准煤的概念。统一规定以收到基低位发热量为 29 310kJ/kg(7000kcal/kg) 的燃料，称为标准煤。若煤的收到基低位发热量为 $Q_{net,ar}$，实际煤的消耗量为 $B(t/h)$，折合成标准煤的消耗量为 B_b，其计算公式为：

$$B_b = \frac{Q_{net,ar}}{29\ 310}B$$

为了比较煤中水分、灰分和硫分这些有害成分对锅炉工作的影响，更好地鉴别煤的性质，引入折算成分的概念。规定把相对于每 4190kJ/kg（即 1000kcal/kg）收到基低位发热量的煤所含的收到基水分、灰分和硫分，分别称为折算水分、折算灰分和折算硫分，其计算公式分别为：

$$折算水分：M_{ar,zs} = \frac{M_{ar}}{Q_{net,ar}} \times 4190\%$$

$$折算灰分：A_{ar,zs} = \frac{A_{ar}}{Q_{net,ar}} \times 4190\%$$

$$折算硫分：S_{ar,zs} = \frac{S_{ar}}{Q_{net,ar}} \times 4190\%$$

如果燃料中的 $M_{ar,zs} > 8\%$，称为高水分燃料；$A_{ar,zs} > 4\%$，称为高灰分燃料；$S_{ar,zs} > 0.2\%$，称为高硫分燃料。

三、煤的元素分析方法

煤的元素分析是指利用化学分析方法来测定组成煤的有机质中各种元素成分（碳、氢、氧、氮、硫）的含量。对于不同的煤种，其元素含量不同。

元素分析还为计算燃烧理论烟气量、过量空气系数、以及热平衡计算等提供了原始资料。因此，元素分析数据在锅炉的设计和运行上都有极为重要的意义。

（一）碳、氢元素的分析

煤的组成包括有机质和无机质两部分，无机质部分包括水分和矿物质，一般它们是一种废物；而有机质部分（主要为碳氢化物）则为煤的主要成分，它是煤燃烧时产生热量的主要来源。它的含量的多少决定了发热量的高低。因此对于燃烧效率，碳、氢含量的测定有着十分重要的意义。

碳、氢含量的测定可采用两种标准测定方法，一为经典的低温燃烧法（800℃），一为高温燃烧法（1350℃）。

经典法又可分为三节炉法和两节炉法。测量原理为一定量的煤样或水煤浆干燥煤样在氧气流中燃烧，生成的二氧化碳和水分别被相应的水吸收剂和二氧化碳吸收剂吸收，根据吸收剂的增量计算出煤中碳和氢的质量分数。煤样中硫和氯对碳测定的干扰在三节炉中用铬酸铅和银丝卷消除，在二节炉中被高锰酸银热解产物消除。氮对碳测定的干扰用粒状二氧化锰消除。

高温燃烧法测定碳和氢的原理是将试样在 $1250 \sim 1350℃$ 的高温下和大流量氧气中（300L/min）燃烧，其中碳和氢分别转化为二氧化碳和水，并被相应的吸收剂吸收，二氧化硫和氯被加热至 800℃ 的煤中银丝卷吸收。氮以氮气的形式析出，不干扰测定。根据水分吸收剂和二氧化碳吸收剂的增量，计算出煤中碳和氢的含量。

标准方法中也可以采用电量—重量法碳氢测定仪进行测量，仪器主要由净化系统、燃烧装置、铂-五氧化二磷电解池、电量积分器和吸收系统等构成。其方法原理是一定量的煤样在氧气流中燃烧，生成的水与五氧化二磷反应生成偏磷酸，电解偏磷酸，根据电解所消耗的电量，计算煤中氢含量；生成的二氧化碳用二氧化碳吸收剂吸收，由吸收剂的增量计算出煤中碳质量分数。硫、氯和氮的干扰用二节炉法同样的消除方法。

（二）硫元素的分析

煤中硫的存在形态分为两大类，一类是以与有机物结合而存在的硫称为有机硫；另一类是以与无机物结合而存在的硫称为无机硫，此外，有些煤中还有少量以单质状态存在的硫叫单质硫，它也属于无机硫。

有机硫的组成相当复杂，就所含官能团而言，有硫醇类、硫醚类、硫醌类及噻吩类等。无机硫分为硫化物硫和硫酸盐硫。硫化物硫中绝大部分是黄铁矿，也有少量是白铁矿，它们的化学成分都是硫化铁。此外，还有少量其他硫化物，如硫化锌、硫化铅等。硫酸盐硫主要的存在形态是石膏（硫酸钙），有些受氧化的煤有时还含有硫酸亚铁等。

根据煤中不同形态的硫能否在空气中燃烧，可以分为可燃硫和不可燃硫。有机硫、黄铁矿硫和单质硫都能在空气中燃烧，故均属于可燃硫。煤炭在燃烧过程中除原不燃硫留在煤灰中外，还有部分可燃硫固定在灰分中，所以又叫固定硫。固定硫以硫酸盐硫（主要是硫酸钙）的形态存在。

我国煤炭各种形态硫与全硫的关系大致有一个变化规律，当全硫含量低于 1% 时，往往以有机硫为主；当全硫含量高时，则大部分是硫化铁硫（也有个别高硫煤矿地区的煤以有机硫为主），硫酸盐硫一般含量极少，通常为 $0.1\% \sim 0.2\%$。

煤中各种形态硫的总和叫全硫（S_t），也就是说全硫为硫酸盐硫（S_s）、黄铁矿硫（S_p）和有机硫（S_n）的总和。

煤中硫分燃烧时虽然也放出热量，但其生成的二氧化硫能对锅炉部件造成严重的腐蚀，并对环境产生污染，所以它是一种有害物质。因此在进行煤的元素分析时，总含硫量几乎是经常必测的分析项目。测定煤中存在不同形态硫的含量，一般只用于研究上。

目前，常用的测定煤中全硫的方法有艾士卡法、库仑滴定法、高温燃烧中和法、红外光谱法、氧弹法等。GB/T 214—2007《煤中全硫的测定方法》中规定了艾士卡法、库仑滴定法、高温燃烧中和法的测定和计算方法。

（三）氮元素的分析

氮在煤中含量很少，当煤燃烧时，或多或少地会生成氮氧化物进入烟气中，是煤中的一种有害惰性物质。氮在锅炉中燃烧时，大部分呈游离状态随烟气逸出，故从燃烧的角度来看，氮是煤中的无用成分，其中约有 $20\%\sim40\%$ 在燃烧能变成 NO_x，随烟气排出，增加了环境污染。

氮在煤中含量很小，变化范围不大，从褐煤到无烟煤变化范围为 $0.5\%\sim3.0\%$，而且随着煤的变质程度的增高而降低。

测定煤中氮的常用方法有开氏法、蒸汽燃烧法。煤中氮的测定一般采用开氏法（DL/T 476—2001《煤的元素分析方法》）。其测定原理是煤样在催化剂的存在下用浓硫酸消化，其中氮和硫酸作用生成硫酸氢铵。在碱性下通以蒸气加热赶出氨气，被硼酸吸收，最后用硫酸标准溶液滴定，根据消耗标准溶液量计算出煤中氮的含量。开氏法所用仪器设备简单，但不能完全准确地测出煤中氮的总含量。这是因为煤样消化时，其中以吡啶、吡咯、喹啉等形态存在的有机杂环氮化物部分地以气态氮的形式吸出，使结果偏低，对于贫煤和无烟煤，杂环更多一些，测定结果偏低程度也增大。如果要准确地测出总氮，可采用精密度高的蒸汽燃烧法。该法能使煤中的氮及其氮化物在大量一氧化碳和氢的还原气氛中全部被还原成氨，而后被硫酸吸收。但它需要一套较复杂的热解煤样设备。

蒸汽燃烧法测定煤中氮的原理是在钠石灰作催化剂的条件下，向升温到 $1000℃$ 的燃烧管中通入水蒸气，当水蒸气通过高温的煤样时，煤发生气化，分解为大量的一氧化碳和氢，使整个系统呈还原状态。此时，煤中氮及其氧化物将全部还原成氨，可用硫酸吸收，然后加入苛性碱蒸馏，放出的氨再用硼酸吸收，最后用标准硫酸液滴定，根据消耗的标准溶液计算煤中的含氮量。

此外，在 GB/T 476—2008《煤中碳和氢的测定方法》中还有一种测定氮的方法称之为半微量测定法，能大大缩短消化时间（需 $20\sim30min$）和整个测定过程。

半微量法测定的要点是向煤样中加入浓硫酸与催化剂，然后在电炉上加热消化，使煤中的氮转化为硫酸铵，并加碱蒸馏，用硼酸吸收铵，最后用硫酸滴定并确定含氮量。半微量测定主要采用的药品有硫酸钠、硫酸汞和硒粉组成的催化剂及氢氧化钠和硫化钠组成的混合碱溶液。加入硫酸钠能提高硫酸的沸点使消化温度升高，硒能溶于浓硫酸中生成亚硒酸（H_2SeO_3），在有汞盐存在的情况下，亚硒酸能被氧化成硒酸，它能加速有机物的分解，缩短消化时间。但是汞盐能与氨生成稳定的络合物硫酸汞氨 $Hg(NH_3)_2SO_4$，阻碍氨析出，因此，在蒸馏前必须加入混合碱溶液。加入硫酸钠（或硫酸钾）会使汞生成硫化汞沉淀，破坏上述生成的络合物，使氨析出。另外，由于溶液中含有大量的硫酸，当加入硫化钠之后会生成硫化氢，而硫化氢会抑制氨的析出。因此，蒸馏时必须加入过量的氢氧化钠将消化液中剩余的硫酸中和掉。

（四）氧元素的计算

氧在煤中呈化合态存在。组成煤的有机物中的氧含量变化很大，随着煤化程度的加深，氧含量有规律性地下降，如泥炭中含氧量可高达 $30\%\sim40\%$，褐煤中为 $10\%\sim30\%$，烟煤中为 $2\%\sim10\%$，而无烟煤中仅有 2% 左右，这与含碳量的不断增加是密切相关的。

碳的相对含量增高，即由于氧含量的降低。

氧本身不燃烧，但加热时，易使有机组分分解成挥发性物质，烟煤及褐煤的含氧量较高，所以能生成较多的挥发物。煤中含氧量增高，碳、氢含量相对减少，因而发热量降低，不利于燃烧。

为了精确地计算煤中氧含量，应以煤中可燃硫（S_c）含量代替式中的全硫含量（$S_{t,ad}$）。但在绝大多数的煤中，这两种硫的含量相差不大，因比可以互相代用。

（五）碳酸盐二氧化碳的测定方法

煤中常含有一些碳酸盐物质，如碳酸钙、碳酸镁、碳酸亚铁等。这些矿物质含量的多少与成煤环境条件有关。我国多数煤中碳酸盐二氧化碳含量低于 1%，但也有少数高达 10% 以上。当煤被加热到 850℃ 时，它会全部分解，并放出二氧化碳，以致使元素分析中的碳和工业分析中的挥发分测定值偏高。同时，碳酸盐分解呈吸热反应，对煤的发热量测定也有影响。此外，还影响锅炉灰量平衡的计算，因此，需要测定煤中碳酸盐二氧化碳含量 [GB/T 218—2016《煤中碳酸盐二氧化碳的测定方法》和 DL/T 1431—2015《煤（飞灰、渣）中碳酸盐二氧化碳的测定 盐酸分解—库仑滴定法》]，对上述各项给予相应的修正。

四、煤的物理化学特性

1. 煤的密度

煤的密度测定包括真相对密度的测定和视相对密度的测定。煤的真相对密度的测定通常采用密度瓶法和转换法。GB/T 217—2008《煤的真相对密度测定方法》中的密度瓶法近似地测出煤的真相对密度，方法简单。煤的视相对密度也称为煤的假密度。其测定方法有凡士林法、水银法和涂蜡法。目前我国常用 GB/T 6949—2010《煤的视相对密度测定方法》涂蜡法测定煤的视相对密度。

2. 煤粉细度的测定方法

将煤磨成粉状燃烧，是火力发电厂广泛应用的一种燃烧方式。所谓煤粉细度，就是煤粉颗粒的大小，它表征煤粉中各种粒度的分布占总体质量的百分率。能很好地反映煤粉的均匀特性，是监督制粉系统运行工况的重要煤质指标。

煤粉颗粒的大小对磨煤过程中能量的消耗，燃烧过程中不完全燃烧热损失，都具有很大的影响。悬浮燃烧的煤粉锅炉都须配备与之相适应的制粉系统，以源源不断地供给煤粉。对制粉系统制备的煤粉要求不能过细或过粗，过细固然可以因减少机械不完全燃烧热损失而降低燃料消耗，但却增加了制粉系统运行的耗能、磨煤机金属的磨损等；过粗虽然可以降低磨煤时消耗的能量，但是粗煤粉在燃烧过程中难以烧尽，使用化学、机械不完全燃烧热损失增加。因此，要求每台锅炉机组都要通过试验确定一个最适合的煤粉细度，在这种煤粉细度下运行，制粉系统的能耗和锅炉燃烧的热损失之和达到最小值，使整个锅炉机组运行的经济性最佳，这个最合适的煤粉细度就是经济煤粉细度。所以，在锅炉运行中，每班都要取两次煤粉样，进行细度的测定，以监督磨煤设备的磨制工况。

影响煤粉细度的因素有煤的类别、挥发分、磨煤机类型及有无分离器、燃烧设备工况等。对于挥发分高的煤燃烧较快，可以磨得粗些，相反挥发分低则需磨得细些。对每个具体的燃烧系统，煤粉的经济细度要由运行过程中的实际试验求得。通过实测制粉系统的煤粉获得最佳经济煤粉细度，对改善锅炉燃烧性能，减少机械未完全燃烧热损失，以及节约磨煤机能耗都有积极的作用。

对于煤粉细度的控制各厂不一，其测定方法大都是机械筛分。称取一定质量的煤粉置于规定的试验筛中，在振筛机上筛分完全，根据筛上残留煤粉质量计算出煤粉细度。

3. 煤的可磨性指数

煤是一种脆性物料，当受到外界机械力作用时，就会被磨碎成许多大小不同的颗粒。可磨性指数是指在干燥空气条件下，将风干状态的标准煤磨碎成一定细度所消耗的能量，与试样在同一条件下磨碎成同样细度所消耗能量的比值。故可磨性指数是个无量纲的物理量，它的大小反映了煤样被破碎成细粉的相对难易程度。在工程上通常用哈氏仪或VTI仪测定煤的可磨性，并用哈氏指数（HGI）或可磨指数（VTI）表示。其值越大，则煤越易磨碎；反之，则难以磨碎。据统计，我国动力用煤可磨性（用哈氏指数表示）的变化范围为45~127HGI，其中绝大多数为55~85HGI。煤的可磨性可用于设计制粉系统时选择磨煤机类型、计算磨煤机出力，也可用于运行中更换煤种时估算磨煤机的单位制粉量等。

可磨性指数与煤的变质程度、显微组成、矿物质种类及其含量多少等有关。煤质越软，则其指数越大，即相同质量、规定粒度的煤样，煤质软的磨至相同细度时所消耗的能量小。换句话说，在消耗能量一定的条件下，相同质量、规定粒度的煤样磨碎成粉的粒度越小，则可磨性指数越大，反之，则越小。实验室测定哈氏可磨性指数的仪器设备就是根据上述原理设计的。

第五节　煤灰特性及采制分析

煤灰是煤中可燃物质燃尽后的残留物，它由煤中多种矿物质转化而成。煤灰成分十分复杂，主要有 SiO_2、Al_2O_3、Fe_2O_3、CaO、MgO、SO_3 等。灰的熔化温度主要取决于灰的成分及各成分含量的比例，没有固定的熔点，而仅有一个熔化温度的范围。煤灰开始熔化的温度远比其中任一组分纯净矿物质熔点为低。一般来讲，煤灰中的 SiO_2 和 Al_2O_3 的含量愈高，则灰的熔化温度就愈高。当 SiO_2 和 Al_2O_3 的含量之比大于 1.18 时，自由 SiO_2 易与 FeO、CaO、MgO 等组分形成一种共熔体，这种共熔体在熔化状态时，有熔解煤灰中其他高熔点物质的性能，从而改变了熔体的成及其熔化温度。同一种煤质，在还原性气氛中要比在非还原性气氛中的熔化温度低，这是高温还原性气氛中生成的 FeO 影响。

因此将煤灰在某一确定的温度下发生变形、软化和熔融的温度称为灰熔点。灰熔点与灰的化学组成、灰周围高温的环境介质性质和煤中灰的含量有关。

一、煤灰熔融性

煤灰的熔融性和煤灰的利用取决于煤灰的组成。熔融性就是表征煤灰在受热时变形，其黏塑性变化的一种性质。煤灰熔融性常用四个特征物理状态对应的特征温度表征：

(1) 变形温度（DT）：灰锥尖端或棱开始变圆或弯曲时的温度；

(2) 软化温度（ST）：灰锥弯曲至锥尖触及托板或灰锥变成球形时的温度；

(3) 半球温度（HT）：灰锥形变至似半球形，即高约等于底长的一半时的温度；

(4) 流动温度（FT）：灰锥融化展开高度在 1.5mm 以下的薄层时的温度。

如灰锥尖保持原形，则锥体收缩和倾斜不算变形温度。一般用软化温度作为煤灰熔融性的主要指标：小于或等于 1100℃ 为易熔灰分，大于 1100～1250℃ 为低熔灰分，大于 1250～1500℃ 为高熔灰分，大于 1500℃ 为难熔灰分。图 15-6 为灰锥熔融特性示意图。

图 15-6　灰锥熔融特性示意图

（一）测定目的

煤灰熔融性是动力用煤的重要指标，它反映煤中矿物质在锅炉中的变化动态。测定煤灰熔融性温度在工业上特别是火电厂中具有重要意义：

（1）可提供锅炉设计选择炉膛出口烟温和锅炉安全运行的依据。在设计锅炉时，炉膛出口烟温一般要求比煤灰的软化温度低 50～100℃，在运行中也要控制在此温度范围内，否则会引起锅炉出口过热器管束间灰渣的"搭桥"，严重时甚至发生堵塞，从而导致锅炉出口左右侧过热蒸汽温度不正常。

（2）预测燃煤的结渣。因为煤灰熔融性温度与炉膛结渣有密切关系，根据煤粉锅炉的运行经验，煤灰的软化温度小于 1350℃ 就有可能造成炉膛结渣，妨碍锅炉的连续安全运行。

（3）为不同锅炉燃烧方式选择燃煤。不同锅炉的燃烧方式和排渣方式对煤灰的熔融性温度有不同的要求。煤粉固态排渣锅炉要求煤灰熔融性温度高些，以防炉膛结渣；相反，对液态排渣锅炉，则要求煤灰融熔性温度低些，以避免排渣困难。因为煤灰熔融性温度低的煤在相同温度下有较低的黏度，易于排渣；对链条式锅炉，则要求煤灰熔融性温度适当，不宜太高，因为炉箅上需要保留适当的灰渣以达到保护炉栅的作用。

（4）判断煤灰的渣型。根据软化区间温度（DT～ST）的大小，可粗略判断煤灰是属于长渣或短渣。一般认为软化区温度大于 200℃ 为长渣，小于 100℃ 的为短渣。通常锅炉燃用长渣煤时运行较安全。

（二）测定方法和种类

目前，我国测定煤灰熔融性的方法有角锥目测法和热显微照相法两种。GB/T 219—2008《煤灰熔融性的测定方法》推荐的角锥目测法设备简单、操作方便，一次可同时进行多个样品的测定，使用较普遍。热显微照相法运用了先进的 CCD 摄像技术，将高温下的图像实时传送到计算机内供显示和处理，可同时测定多个样品，与角锥目测法相比，大大地提高了测定精度，减轻了操作人员的劳动强度和高温下强光对眼睛的损伤。

1. 热显微照相法

其测定方法是将煤灰制成 ϕ3cm 的正圆柱体，置于专用的带有铱合金丝的电炉中，并通以等体积比的 H_2 和 CO_2。以一定升温速度加热，观察在升温过程中，经光放大系统放大 5 倍（或 10 倍）后在网格板上显示出来的灰体形态变化的图像。由于用网格作为内标，圆柱体形态只要发生细微的变化就能观察到，记下四个特征温度。

2. 角锥目测法

将按 GB/T 212—2008《煤的工业分析方法》灰化的煤样，用玛瑙研钵研细至 0.1mm 以下，煤灰与糊精溶液混合，做成灰锥，在高温炉弱还原气氛（通气法及封碳法）中加热，随时观察灰锥的形态变化，记录四个特征温度；也可在氧化性气氛下测定，炉内不放含碳物质，空气自由流通。

二、煤灰黏度

煤灰黏度是动力用煤高温特性的重要测定项目之一，煤灰黏度要求在更高的温度下进行测定。它表征了灰渣在熔化状态时流动状态，即提供了在不同高温下的黏温特性，是确定熔渣的出口温度必不可少的依据。液态排渣炉一般要求煤灰在炉内完全熔化并具有很好的流动性，以保证液态化熔渣能很流畅地从排渣口流出。根据实践经验，当煤灰在 1450℃ 以下，黏度小于 5～10Pa·s 时，锅炉能连续安全运行，但当黏度超过 25Pa·s 时就会使排渣口堵塞，造成炉内积渣的严重事故。因此，测定灰渣黏度对液态排渣炉的设计和运行均具有重要的意义。

DL/T 660—2007《煤灰高温黏度特性试验方法》规定了煤灰等高温黏度特性试验的原则和方法及煤灰黏度特性结渣性。测定方法是在特殊高温炉（最高温度不小于 1800℃）中放一个耐高温的刚玉坩埚，将煤灰试样制成灰柱或圆球放入坩埚内并在还原性氛围下加热使其熔融，而后在熔融试样中插入一根耐高温和耐腐蚀的钼（或镀铂）金属搅拌浆，以恒速电动机带动悬吊搅拌浆作匀速运动。由于沉没在黏滞煤灰中的搅拌浆受到煤灰黏滞力的作用，悬吊搅拌浆的弹性金属丝产生一个扭转角，在金属丝的弹性范围内和转速恒定的条件下，扭转角大小正比于煤灰的黏滞力，亦即正比于液体的黏度。在煤灰黏度测定前，一般先用一种或一组已知黏度的标准物质分别测定金属丝在其中的扭转角，然后作出曲线，在实际测定煤灰黏度时，只要测出扭转角后，就可从曲线上查出相应的黏度值。

煤灰黏度是煤灰熔体的主要特征，在不同的温度下，煤灰熔体有不同的黏度。煤灰黏度曲线所处的范围越大，温度水平越低，黏度越高，则结渣指数值越高，则煤灰的结渣性就越严重。煤灰的黏度特性为煤灰熔体降温过程中的属性，符合锅炉内结渣和流渣时的实际状况。

煤灰黏度结渣性特性指数 R_N：

$$R_N = 1.5127(T_{25} - T_{1000}) \cdot \exp(-0.004\ 243 T_{200})$$

式中：T_{25}、T_{200}、T_{1000} 为还原氛围中煤灰黏度分别为 25、200、1000Pa·s 时的温度，℃。

表 15-5 煤灰黏度特性结渣性指数 R_N 的分级界限，即对应指数的结渣倾向。

表 15-5　　　　　　　　　煤灰黏度特性结渣性指数分级界限

结渣性指数 R_N	结渣倾向
<0.19	低
$0.19\sim0.50$	中
$0.50\sim0.93$（不含 0.50）	高
≥0.93	严重

三、飞灰和炉渣的采样方法

飞灰是指烟气流中的灰尘。飞灰中未燃尽物质称为飞灰可燃物，可燃物在飞灰中的含量是评价燃烧效果的重要指标之一。为了监督锅炉燃烧工况，需要定时采取飞灰样本，分析飞灰可燃物的含量。DL/T 567—2016《火力发电厂燃料试验方法》中规定了飞灰和炉渣样品的采取和制备。

（一）飞灰样品的采集

飞灰取样器有四种类型，即直通式取样器、外接抽气式飞灰取样器、自抽式飞灰取样器、撞击式飞灰取样器。

1. 集灰斗出口采样

采用直通式取样器进行连续或间隔采样。采样前，打开取样阀，放空积灰，用采样瓶接取飞灰样品。按均匀布点的原则采取不少于 10 个子样，每个集灰斗至少取 1 个子样，将所有子样合并成 1 个总样以供检验。

2. 烟道取样

使用撞击式飞灰取样器可进行连续取样。采样器应安装在空气预热器出口的水平烟道或省煤器后的垂直烟道上，集样瓶一次取样量不足时可分多次采取。采样器要求密封，外露部分应予以保温。由于撞击式飞灰采样器捕捉到的主要是较粗粒度的飞灰，故测得的可燃物量一般偏高，在使用这种取样器时，应先用抽气式等速飞灰采样系统进行比较标定，求得其修正因数。

使用等速取样器取样，可采用多点循环采样、单点间隔采样和单点连续采样方式。采取每个子样前，将取样瓶从取样器卸下并清除干净后再装上，然后调节抽气泵的抽气阀或文丘里抽气器可调喷嘴使差压计读数为零后开始取样。

对于多点循环采样方式，每个循环采样结束后，卸下取样瓶，将飞灰样品取出。待取样周期结束后，将所有单次试样合并为 1 个试样以供检验；若采用单点间隔采样和单点连续采样方式，待采样间隔或采样周期结束后，从取样器卸下取样瓶，将飞灰样品取出，最后将子试样合并为 1 个试样以供检验。

（二）炉渣采样

（1）捞渣机链式输送带上。在机械或水力除渣系统出灰口的链式输送带上，选择适当位置用采样铲定期实施系统采样，子样点均匀布置在采样过程中。采样时应观察渣块的大小和颜色，合理分布子样位置，每次采样子样数不少于 10 个，子样质量应基本相等。

（2）集渣罐放渣口采样。在集渣罐放渣时，用采样斗接取炉渣样品；根据放渣过程的时间，估算取样间隔，每次采样子样数不少于 10 个。

（3）若用小车出灰则可采用点摆法在车上采样。采样注意事项主要有以下方面：

1）采样工具的宽度，原则上应能装入最大渣块；

2）采样时要注意渣块的大小比例及其外观颜色；

3）每值每炉采样量约为总渣量的 5/10000，但不得小于 10kg。

四、飞灰和炉渣样品的制取

按 DL/T 567.3—2016《火力发电厂燃料试验方法 第 3 部分：飞灰和炉渣样品的采取和制备》的要求制取飞灰和炉渣的样品。

1. 飞灰样品的制备

将飞灰样品混合均匀，再用二分器缩分出不少于 60g 的试样磨细至 0.2mm 以下待分析。飞灰样品较潮湿时，首先称取一定量样品晾干至空气干燥状态，每小时质量变化不超过 0.1%，记下游离水分损失量备查。特殊检验项目如飞灰粒度分布，缩分后试样不少于 200g，达到空气干燥状态立即装瓶。

2. 炉渣样品的制备

炉渣样品沥干水分后，将大块破碎，置于温度为 50℃ 的鼓风干燥箱中至空气干燥状态。将样品破碎至粒度小于 3mm（圆孔筛）后缩分出不少于 100g。室温下晾干至空气干燥状态，即每小时质量变化不超过 0.1%，用密封式制样粉碎机磨细至粒度小于 0.2mm 装瓶以供检验。

五、飞灰和炉渣可燃物测定方法

飞灰和炉渣可燃物可以反映锅炉燃烧情况，反映煤粉燃尽程度和燃烧效率，进而反映火电厂管理水平。因此测量准确度就显得尤为重要。

（一）飞灰和炉渣可燃物的组成

从字面上看，可燃物就是可以燃烧的部分，因而其成分应该和煤的可燃成分一致，即可燃的碳、氢、氮、硫等元素，其不可燃部分为灰分、水分和氧元素。

从实际使用角度看，飞灰和炉渣可燃物是煤在燃烧过程中不完全燃烧产物中扣除不可燃部分的那部分。因而它不仅包括可燃的碳、氢、氮、硫等元素，更重要的是还包括有机氧元素。有机氧元素虽然不直接燃烧，但它在分子结构上与可燃的有机碳、氢、氮、硫等元素紧密结合共生共灭，事实上参与了燃烧过程，所以实际应用中可燃物包括有机氧元素。

（二）飞灰和炉渣可燃物测定方法

飞灰和炉渣可燃物测定方法是称取一定质量的飞灰或炉渣样品，在充足氧气条件下按规定的升温程序、时间对其进行灼烧，根据其灼烧减量扣除水分和碳酸盐二氧化碳含量后，作为可燃物含量。DL/T 567.6—2016《火力发电厂燃料试验方法 第 6 部分：飞灰和炉渣可燃物测定方法》规定了两种测定方法。其中自动工业分析仪（仪器符合 DL/T 1030—2006《煤的工业分析　自动仪器法》要求）可按次序进行或同时测定水分和灼烧减量，对有自动恒重判别功能的仪器，无需在（815±10）℃检查性灼烧。

第十六章　电力用油（气）

第一节　电力用油（气）基础知识

电力系统广泛使用的变压器油、汽轮机油、断路器油、电缆油等油品，都是天然石油炼制而成的。石油的化学组成十分复杂。不同的油井开采出的石油，其化学组成各不相同。组成石油的元素主要有碳和氢这两种元素。此外还有少量的硫、氮及氧元素。但碳氢含量占 85% 左右，氢含量占 12% 左右，其他元素占 2% 左右，也含有微量的铁、铜、镍、磷、砷等。在石油中各种元素并不是以单质存在，而是以碳、氢两元素为主形成的复杂的有机化合物存在。

石油中除含有大量烃类化合物外，还有少量非烃化合物，如含硫化合物、含氧化合物等，它们的存在可对设备产生腐蚀或降低油品化学稳定性。石油中此类化合物越多，则油的颜色越深。

一、石油产品的分类

1. 石油产品的分类

我国制定了石油产品及润滑剂的总分类（GB/T 498—2014《石油产品及润滑剂分类方法和类别的确定》）及石油产品和有关产品（L类）的分类（GB/T 7631.1—2008《润滑剂、工业用油和有关产品（L类）的分类　第1部分：总分组》），根据其应用领域将润滑剂产品分成16个组，并将变压器油、断路器油、电容器油、电缆油都并入L类电器绝缘组（N）组，汽轮机油列入L类汽轮机组（T）组。

2. 电力用油牌号的划分

（1）变压器油。GB 2536—2011《电工流体　变压器和开关用的未使用过的矿物绝缘油》将矿物绝缘油根据抗氧化添加剂含量的不同，分为三个品种：①不含抗氧化添加剂油，用 U 表示；②含微量抗氧化添加剂油，用 T 表示；③含抗氧化添加剂油，用 I 表示。变压器油的标准最低冷态投运温度（LCSET）为 −30℃，比 GB/T 1094.1—2013《电力变压器　第1部分：总则》中规定的户外式变压器最低使用温度低5℃。

（2）超高压变压器油。我国石油化工行业标准 SH 0040—1991《超高压变压器油》将超高压变压器油按低温性能分为25、45号两个牌号，适用于500kV变压器及有类似要求的电气设备。

（3）电容器油。GB 4624—1984 将电容器油按用途划分为1、2号两种牌号，其中1号为电力电容器油，2号为电信电容器油。

（4）汽轮机油。GB 11120—2011《涡轮机油》规定了涡轮机油的产品品种及标记、要求和试验方法、检验规则等。适用于以精制矿物油或合成原料为基础油，并加入抗氧化剂、腐蚀抑制剂和抗磨剂等多种添加剂调和而成的。

新标准按不同质量将油划分为优级品、一级品和合格品三个等级，并增加了黏度指数、起泡性试验、液相锈蚀试验、铜片试验和空气释放值等五项指标。

3. 石油添加剂的分类

根据我国石油化工行业标准 SH 0389—1992《石油添加剂的分类》的体系划分，石油添加剂产品大类别名称用汉语拼音字母"T"表示，并按应用场合分成润滑剂添加剂、燃料添加剂等。电力用油中使用的添加剂基本上都属于润滑剂中添加剂部分。

石油添加剂的名称用符号表示。石油添加剂的品种由 3 个或多个阿拉伯数字所组成的符号来表示，其第一个阿拉伯数字（当品种由 3 个阿拉伯数字所组成时）或前两个阿拉伯数字（当品种由 4 个阿拉伯数字所组成时），总是表示该品种所属的组别（组别符号不单独使用）。

二、电力用油的炼制工艺

油品的生产工艺通常是根据原油的性质和产品的要求而定，由石油炼制生产电力用油的工艺过程大致分为原油预处理、蒸馏、精制和调和等工序，最后得到成品油。原油经预处理和常（减）压蒸馏等工序后，按照产品要求得到的馏分油称作基础油。其含有的一些含硫化合物、含氧化合物、含氮化合物、胶质、沥青等不良成分，使油品不能正常使用，还必须进一步进行精制。常用的精制方法有酸碱精制、溶剂精制、加氢补充精制和白土补充精制。为了改善油的低温流动性，在润滑油特别是生产变压器油、断路器油等电气用油时通常要进行脱蜡。脱蜡的方法主要有冷冻脱蜡、溶剂脱蜡、尿素脱蜡、分子筛脱蜡、加氢降凝等。此外，对产品性能要求不同，按计算得出的数量，将各组分油从原料储罐打入调和罐，再根据需要加入有关添加剂进行调和，使成品油符合有关产品质量的要求。

三、电力用油性质指标

（一）物理性能

1. 外观颜色和透明度

新油一般为淡黄色，优质油的外观是清彻透明的。

2. 密度

影响油密度主要是油品中烃类和非烃类化合物的含量和外界的温度。油品中芳香烃或非烃化合物含量愈大，则油品的密度也越大；反之，越小。温度对油品的影响较大，随着温度上升，油品的体积明显增大，因而密度减小，反之增大。

3. 黏度、黏温性和黏温指数

（1）黏度。黏度是指油品在外界力的作用下，作相对层流运动时，油品分子间产生内摩擦阻力的性质。它的大小视液体的成分及其他因素，如液体的温度等而定。自石油中馏出分愈重，即分子量愈大，其黏度也愈大。黏度的表示方法，大体分为两类：直接测得的绝对黏度（如动力黏度、运动黏度等）和一定条件下与已知黏度的液体比较测得的相对黏度或条件黏度（如恩氏黏度等）：

1）动力黏度。通常用 η 表示之。其数值上等于面积为 $1cm^2$ 的两液体薄层，当其中以 1m/s 的速度作相对移动时的黏性摩擦应力。单位为 $N \cdot s/m^2$，即 $Pa \cdot s$。主要应用于科学研究。

2）运动黏度。又称内摩擦系数，通常用 γ 表示。是表征液体流动时相邻液层间的内摩擦力的内摩擦系数，其值为温度为 $t℃$ 时的动力黏度 η 与其密度 ρ_t 比值。单位是 cm^2/s。运动黏度较普遍用于工业计算润滑油管道，油泵和轴承内的摩擦等。国际上常用运动黏度进行油品的仲裁、校核试验。

3）条件黏度。也称恩氏黏度 E_t。是在某规定温度（常用 20、50、100℃）下，200mL 试油从恩氏黏度计中流出的时间（τ_t）与 20℃ 时流出同体积蒸馏水所需的时间（K_{20}）之比值，以"恩格勒度"表示。以往我国常以恩氏黏度表示油品的黏度特性，至今某些单位仍在沿用。

（2）黏温性和黏温指数。将油品黏度随温度而变化的程度称为油品的黏温性或黏温特性。评定润滑油的黏温特性，通常用以下三种方法：

1）黏度比：表示某油品 50℃ 时黏度与 100℃ 时黏的比值（γ_{50}/γ_{100}），此值愈小黏温性愈好；

2）黏温系数：表示油品在规定的温度范围内，温度每变化 1℃ 时黏度的平均变化，此值愈小，黏温性愈好；

3）黏温指数：是目前国际上通用的表示工业用润滑油的油品黏温特性的一个工业参数，用 Ⅵ 符号表示，Ⅵ 值愈大黏温性愈好。使用中一般从黏度指数计算图上直接查到（参见 GB/T 2541—1981《石油产品粘度指数算表》及 GB/T 1995—1998《石油产品粘度指数计算法》）。

黏度是油品的重要质量指标之一，也是划分汽轮机油牌号的依据。为了保证油品的润滑作用，应根据使用条件选择油品的黏度（如使用中的温度、负荷、运动速度和方式等）。

4. 闪点、燃点和自燃点

油品在规定的条件下加热，油蒸气与空气的混和气体在与外界火焰相接触，发生短暂蓝色火焰的最低油温，称为油品的闪点。如继续将油品加热，油蒸气浓度增大，当外界引火后，其火焰超过 5s 不熄灭，此油品燃烧起来时的最低油温即称为燃点。若不用外界引火而温度过高、剧烈氧化而自行燃烧时的最低油温即为自燃点。

汽轮机油的闪点、燃点都反映了油品的燃烧性能。根据汽轮机油运用的实际设备和条件，通常用开口杯测定得到开口闪点。测定油品的闪点，可以防止发现是否混入轻质馏分的油品，以确保充油设备安全运行。同时它是一项安全指标，通常闪点愈高，挥发性愈小，愈安全。

5. 凝点、倾点和低温流动性

油品在低温下其流动性逐渐减小的特性，称为低温流动性。评价油品低温流动的质量指标是凝点和倾点。

凝点是指油样的规定冷却条件下，失去其流动性的最高温度；而倾点则是在规定条件下冷却，油品仍能流动的最低油温。油品的凝点和倾点测定的方法和条件不同，对一个油品所测定的结果也不同，而且两者之间不存在一定的对应关系，且随油品的性能和组成不同有明显的差别。倾点和凝点差值范围较宽，为$-1\sim+5℃$。

油品的凝点决定于其中石蜡含量，含石蜡愈多，油品的凝点就愈高，所以通过测定含蜡油品的凝固点，可以作为估计石蜡含量的指标，同时它也是一项质量监督指标。

6. 机械杂质

机械杂质是指油品中侵入的不溶于油的颗粒状物质，如焊渣、氧化铁、金属屑、纤维、灰尘等，统称为机械杂质。油中含有机械杂质，会影响汽轮机油的破乳化度，使油不合格。故机械杂质定为新油和运行中油的监督控制项目之一，质量指标是"无"。测定方法参见 GB/T 511—2010《石油和石油产品及添加剂机械杂质测定法》的定量方法。

7. 灰分

油品的灰分指一定量的油品在规定条件下挥发、灼烧后所剩的不燃烧物质，以重量百分数表示。灰分为油品中所含的矿物质，主要是环烷酸的钙、镁、钠盐等。测定新油的灰分，可评定油品的精制、洗涤净化是否达到要求，是新油的一项控制指标。对再生油作灰分可判断残留物和皂类是否已清除干净。

8. 界面张力

绝缘油界面张力是指测定油与不相溶的水之界面所产生的张力。张力用 δ 符号表示，单位为 N/m，实际中仍常用达因/厘米单位，即 1dyn/cm = 1mN/m。油水之间的界面张力测定是检查新油精制程度及运行绝缘油中含有老化产物——极性物质的一项间接有效方法。绝缘油是由多种烃类组成的混合物，在运行中由于受温度、空气和水分子以及电场强度的影响，使油逐渐老化，产生有机酸及醇类等极性物质，改变了原来的油水界面，常用来观察油质状况及氧化生成油泥的趋势。

9. 苯胺点

油品的苯胺点是试油与同体积的苯胺混合，加热至两者能互相溶解，成为单一液相的最低温度，用℃表示。由于油品中各种烃苯胺点的高低顺序是芳香烃<环烷烃<烷烃。多环环烷烃的苯胺点远较相应的单环环烷烃低。所以可以根据油品的苯胺点，判断油品中含哪种烃多少。通常油品中芳香烃含量越低，苯胺点就越高，因此新绝缘油把苯胺点定为控制指标之一，目的是控制芳香烃的含量，从而得到气稳定性较好的绝缘油。

10. 比色散

比色散（又称分散度）是在规定的温度下，试油对两种不同波长光的折射率的差（称为折射色散）除以该温度下试油的相对密度，通常将此值乘以 10^4 表示。由于油品的比色散值主要受油中芳香族化合物的含量和结构的影响，而油品的气稳定性与油中芳香烃含量有关，所以测定绝缘油的比色散值，是一种较为简便、快速评定油品气稳定性的间接方法之一，这个指标是超高压用绝缘油的一项质量指标。

（二）化学性能

油品的化学性能与其炼制工艺、精制深度，以及基础油的化学组成有关。油品的化学性能可随环境的影响而变化，或自身氧化而变质。

1. 水溶性酸或碱

水溶性酸或碱是指油中能溶于水的酸性及碱性物质。这些组分主要来源于油品的外界的污染和自身氧化。油中存在水溶性酸或碱会促进油品加速老化，故要求油品的水溶性酸或碱作为新油和运行油的监控指标之一。

2. 酸值

中和 1g 试油中含有酸性组分所需的氢氧化钾毫克数，称为油品的酸值，以 mgKOH/g 表示。从试油中所测得的酸值，为有机酸和无机酸的总和，故也称总酸值（Total Acid Number）。

酸值是评定新油品和判断运行中油质氧化程度的重要化学指标之一。一般来说，酸值愈高，油品中所含的酸性物质就愈多，新油中含酸性物质的数量，随原料与精制程度而变化。国产新油一般几乎不含酸性物质，其酸值常为 0.00。而运行中油因受运行条件的影响，油的酸值随油质的老化程度而增长，因而可从油的酸值判断油质的老化程度和对设备的危害性。

测定油品酸值的常用方法有两大类：一类是指示剂容量分析法，根据所用指示剂的不同又分为碱性蓝 6B 法（GB/T 264—1983《石油产品酸值测定法》）、溴麝香草酚兰法、萤光素法和对荼酸苯法。它们都是以颜色发生明显突变为滴定终点。另一类是电位滴定法，主要是将油样与溶剂混和，采用参比电极、指示电极的电位滴定仪器上，以 KOH 的有机溶液滴定。它是以电位突跃或以非水碱性缓冲溶液为滴定终点，适用于加入添加剂的润滑油和深色的石油产品。我国电力系统以前常用碱性蓝 6B 法，现在普遍推广采用溴麝香草酚兰法。

3. 水分

油品在出厂前一般含水分。油品中水分的来源，主要是外部侵入和内部自身氧化产生的。水在油品中存在三种形态，即游离水、溶解水和乳化水。它对汽轮机的危害是促进油品乳化，影响油品的润滑性能，对金属部件产生锈蚀，加速催化油品的老化速度。

4. 氢氧化钠试验

氢氧化钠试验是氢氧化钠抽出物酸化试验的简称，又称钠等级试验，是检查新油和再生油，由于碱处理后，洗涤不净，而残存的环烷酸及其皂类的一种定性试验。油品中如含有上述杂物，当油品与同体积的苛性钠溶液，在一定的温度下混合时，油中环烷酸与碱起化学反应而生成盐，溶于碱液中，再滴入浓盐酸酸化时，又变成难溶于水的环烷酸等物质，而出现浑浊现象。根据碱液浑浊程度可确定试油的等级。按试验规定，碱液浑浊等级分为四个等级。若等级愈高，表明环烷酸及其盐类含量愈多。

对运行中油，钠试验不作为控制项目，因油在运行中受温度、电场、金属催化等的影响，油是要老化的，油中有机酸含量就要增加，或会混进其他皂类，也会使钠等级增大，不合格，故钠试验只说明油在运行中变质的程度。

5. 液相锈蚀试验及坚膜实验

汽轮机在运行条件下，不可避免地有水侵入润滑系统中，这将使润滑和调速系统产生锈蚀。严重者使调速系统卡涩失灵，威胁设备安全运行。为此要求汽轮机油有一定的防锈性能，可通过液相锈蚀试验来鉴别汽轮机油防锈性能的好坏。

液相锈蚀试验及坚膜实验是鉴定汽轮机油与水混合时，防止金属部件锈蚀的能力，及评定添加防锈剂的防锈效果。如往汽轮机油中添加 T_{746}（十二烯基丁二酸）防锈剂，用液相锈蚀试验监督添加防锈剂的效果，控制 T_{746} 的补加时间和补加量，因此这是防止油系统金属部件锈蚀的重要检测项目之一。而坚膜试验是为了更进一步考察防锈剂的效果。做完液相锈蚀试验后，再作坚膜实验。

6. 破乳化时间

破乳化时间又称破乳化度，是评定油品抗乳化性能的质量指标。抗乳化性能通常是指油品在有水的情况下，抵抗油—水乳状液形成的能力。破乳化时间越短，表示油品抗乳化能力越强，其抗乳化性能越好。

破乳化时间是汽轮机油的一项重要的性能指标，因为汽轮机油在运行中，往往由于设备缺陷，或运行调节不当，使汽、水漏入油系统中。为了防止和抵制水对油引起的乳化作用造成的危害，所以要求汽轮机油必须具有良好的破乳化时间，以保证油质能在设备中长期使用。

7. 抗泡沫性质和空气释放性

抗泡沫性质（或称泡沫特性）是油品生成泡沫的倾向及泡沫的稳定性，以泡沫体积 mL 表示。空气释放性或称空气释放值，是指油品释放分散在其中的空气泡能力，以时间 min 表示。一般空气在矿物油中的溶解度为 10% 左右，如果汽轮机油的泡沫特性不好，则在运行中受强迫油循环搅拌，油面和油中均产生气泡，这将影响油系统中的油压稳定，并破坏油膜，使机组发动振动和磨损，同时也影响调节系统，对机组的安全生产不利，故汽轮机油必须具有良好的抗泡沫性能。

空气释放性或称空气释放值，是指油品释放分散在其中的空气泡的能力，以时间 min 表示。一般空气在矿物油中的溶解度为 10% 左右，如果汽轮机油的空气释放值较差，油在运行中溶解的空气就不易释放出来，而滞留于油中，会增加油的可缩性，影响调节系统的灵敏性，引起机组振动，降低泵的有效容量等不良后果。同时油中溶有空气，在运行中受温度、压力、金属催化等的影响，会加速油的老化，缩短油的运行寿命。故汽轮机油必须具有良好的空气释放性。

8. 氧化安定性

油品的氧化安定性是其最重要的化学性能之一。因油在使用和贮存过程中，不可避免地会与空气中的氧接触，在一定条件下，油与氧接触就会发生化学反应，则产生一些新的氧化产物，这些产物在油中会促进油质变坏。这个过程称为油品的氧化（或老化、劣化）。油品抵抗氧化作用的能力，称为油品的氧化安定性。影响油氧化安定性的因素主要有温度条件、氧气浓度、压力及氧化时间、金属及绝缘材料、电场、日光等的催化作用及油本身的化学组成。

油品的氧化过程十分复杂。一般分为三个时期，开始时期即所谓"诱导期"，新油温度不高时有之。在此时期内，油吸收少量的氧，氧化非常缓慢，油中生成也极少，这是因为油品内含有天然的抗氧化剂（芳香烃类），阻止其氧化的缘故。但如果温度升高（且在催化剂的影响下），诱导期便会迅速减短。第二个时期便是氧化的发展期，油内渐渐地开始生成稳定的氧化产物，氧化过程不断地进行并加剧，所有的氧化产物都可溶于油和水，并具有较强烈的腐蚀作用。如果再继续氧化，生成固体聚合物和结合物，它们在油中达到饱和状态，便从油中沉淀出来，即通常称之为油泥沉淀物。第三个时期即迟滞期，这时油的氧化反应有受到一定的阻碍，由树脂氧化生成的某些具有酚的特性氧化物，开始发生阻止氧化过程的负催化作用，氧化速度减慢、氧化产物也比前期减少。

9. 活性硫（硫腐蚀）

活性硫化物包括元素硫、硫化氢、低级硫（CH_3SH）、二氧化硫、三氧化硫、磺酸和酸性硫酸酯等，它能腐蚀金属。通常用一定规格和质量的铜片，在一定条件下，试验油品中是否含有活性硫。

绝缘油中不允许有活性硫，即使只有十万分之一，也会对导线绝缘发生腐蚀作用。因此对新绝缘油及硫酸白土再生后的再生油，必须进行活性硫试验，合格后方能使用。

（三）电气性能

表征绝缘油电气性能的参数较多，但通常主要的有击穿电压和介质损耗因数。近几年来随着电压等级的升高和电气设备容量的增大，对绝缘油的电气性能评定又增加了油的体积电阻率、析气性等参数，以保证充油电气设备的安全运行。

1. 击穿电压（绝缘强度）

将施加于绝缘油的电压逐渐升高，则当电压达到一定数值时，油的电阻几乎突然下降至零，即电流瞬间突增，并伴随有火花或电弧的形式通过介质（油），此时通常称为油被"击穿"，油被击穿时的临界电压，称为击穿电压，此时的电场强度，称为油的绝缘强度。这表征了绝缘油抵抗电场的能力。

绝缘油的击穿电压是评定其适应电场电压强度的程度，而不会导致电气设备损坏的重要绝缘性能之一。通常如绝缘油的击穿电压不合格是不允许使用的。

绝缘油的击穿机理主要是"小桥"理论、气泡理论及电击穿理论。

使用中的绝缘油总含有各种杂质，特别是极性杂质在强电场作用下会发生极化，并沿着电场方向排列起来，在电极间形成导电的"小桥"，从而导致油被击穿，这说是击穿的"小桥"理论。

运行绝缘油中存在的气泡，在高压电场作用下会首先电离，电离时产生的电子能量较大，碰撞时使部分油品分子离解成气体，从而形成更多的气泡，如此反复，直到气泡连通两极，形成气体"小桥"时，也导致绝缘油的击穿。这是气泡击穿理论。

油品电击穿理论是认为在高压电压作用下，阴极发射出的电子撞击发生电离，导致油中电子倍增，电导增大，最后被击穿。

2. 介质损耗因数

绝缘油是一种电介质，即能够耐受电应力的绝缘体。当对介质油施加交流电压时，所通过的电流与其两端的电位相差并不是90°角，而是比90°要小的一个δ角，此δ角称为油的介质损耗角，通常以油的介质损耗角δ的正切（即$\tan\delta$）来表示，即称为介质损耗因数。

在交流电压作用下，通过绝缘油的电流分为两部分：一是无能量损耗的无功电容电流（充放电）I_C；二是有能量损耗的有功电流 I_R；其合成电流为 I。

因绝缘油的损失功率与介质损耗角的正切值成正比，所以绝缘油的介质损耗通常不用损耗功率 P 表示，而用 $\tan\delta$ 即介质损耗因数表示。

测定油品的介质损耗因数对判断变压器绝缘特性的好坏有着重要的意义。$\tan\delta$ 增大，会严重引起变压器整体绝缘特性的恶化。介质损耗使绝缘内部产生热量，介质损耗愈大，则在绝缘内部产生的热量愈多，从而又促使介质损耗因数增加，如此继续下去，就会在绝缘缺陷处形成击穿，影响设备安全运行。

测定运行中油的介质损耗因数，可表明油在运行中的老化程度。因油的介质损耗因数是随油老化产物的增加而增大的，故将油的介质损耗因数作为运行监控指标之一。$\tan\delta$ 也能明显地反映油品精制的程度，正常精制的油品当温度升高时，$\tan\delta$ 升高不大，而对于精制过度与精制不够的油，当温度升高时，$\tan\delta$ 则升高很快。

3. 体积电阻率

绝缘油的体积电阻率是表示两电极间，绝缘单位体积内电阻的大小，通常以 ρ_v 表示，单位为 $\Omega\cdot cm$。ρ_v 值越大，表示绝缘油绝缘性越强，反之则弱。

测定绝缘油的体积电阻率，能很好地检测油品的绝缘性能。它同 $\tan\delta$ 一样，对判断变压器绝缘特性的好坏，有重要的意义，也在某种程度上能反映出油的老化程度和受污染的情况（一般来说，绝缘体积电阻率高，其介质损耗因数就小，击穿电压就高，否则反之），而电阻的测定比电压精确，比介质损耗因数简单，所以近几年愈来愈多的国家，开始应用测电阻率来评定绝缘油的质量。

4. 析气性（气稳定性）

绝缘油的析气性，又称气稳定性，是指油品在高电场作用下，烃分子发生物理、化学变化时，吸收气体或放出气体的特性。通常吸收气体以（一）表示，放出气体以（＋）表示。

绝缘油在高压电场作用下，是吸收气体还是放出气体，与它的化学组成成分有关。如一般芳香烃是吸收气体，而烷烃和环烷烃是放出气体的。

超高压用绝缘油在高压电场的作用下，要求不放出气体，还能溶解和吸收气体。否则油为放气性的，会形成气穴存于油，发生局部过热或放电，严重会导致击穿。故国外某些国家将析气性定为绝缘油的控制指标之一。

四、电力用油（气）

电力系统中所使用的油品，不但种类多、数量大，而且要求油品的质量也比较严格，否则使不能发挥其应有的作用。其主要类型和作用如下：

（一）汽轮机油

汽轮机油又称透平油，它在汽轮机的轴承中起润滑和冷却作用；在调速系统中起传压调速作用。在大型汽轮机中仅用于机组的油循环系统，而调速系统使用抗燃油。氢冷发电机中汽轮机油也作为密封介质，把发电机两侧的轴承密封好，不让氢气外漏，保证氢冷效果。汽轮机油除上述作用外，还同时起到冲洗作用，也起到了一定的减振作用；另外还起防锈、防尘等保护作用。

（二）绝缘油

按电器绝缘油的使用场合，绝缘油分为变压器油、断路器油、电容器油及电缆油等。绝缘油是电力系统中重要的矿物液体绝缘介质。如变压器、断路器、电流和电压互感器、套管等中大都充以绝缘油，以起绝缘、散热冷却和熄灭电弧作用。

因此要求绝缘油具有优良的理化性能及电气性能，特别对超高压用油，更有其特殊性能要求。该类油品的用量较大，例如，一台 300MVA 的主变压器约需 30～50t 变压器油。近几年来国内外某些充油电气设备，已采用性能较好的合成有机绝缘液和 SF_6 绝缘气体，其主要优点是安全，设备占地面积少。

（三）抗燃油

由于汽轮发电机组容量和参数的不断提高，使动力蒸汽温度已高达 600℃左右，压力一般在 140kg/cm² 以上，在这样高温、高压情况下，液压系统一旦泄漏，就有着火的危险。因此大型汽轮机调速系统广泛的采用抗燃油。

抗燃油目前有以下几种类型：

（1）合成型：如磷酸酯、酯肪酯酸、卤化物等。

（2）含水型：如水—乙二醇、乳化液（油包水和水包油型）高水基液等。

目前在汽轮发电机组高压调节系统中，广泛采用的是合成磷酸酯型抗燃液压油，其自燃点可达 800℃左右。

根据国际标准化组织（ISO）对抗燃液压油进行的分类，磷酸酯抗燃油属于 HF-D 类。抗燃油必须具备难燃性，但也要有良好的润滑性和氧化安定性，低挥发性和好的添加剂感受性。磷酸酯抗燃油的突出特点是比石油基液压油的蒸汽压低，没有易燃和维持燃烧的分解产物，而且不沿油流传递火焰，即在切断火源后，火焰会自动熄灭，甚至由分解产物构成的蒸汽燃烧后也不会引起整个液体着火。三芳基磷酸酯抗燃油是应用比较普遍的一种。

磷酸酯抗燃油密度大于 1，比重为 1.11～1.17。三芳基磷酸酯有低的挥发性，有侧链时则更低。三芳基磷酸酯的介电性能比矿物油要差得多，介电性能主要以电阻率来衡量。电阻率的变化与温度、酸值的大小、氯含量的多少和含水量等因素有关。补加了不合格的油以及污染物都对电阻率有影响，温度上升也使电阻率降低。磷酸酯本身就是很好的润滑材料，另外它还具有优良的抗磨性能，摩擦时对金属表面起化学抛光作用。其还具有很高的热氧化安定性，但随着侧链长度和数量的增多，热安定性就降低。三芳基磷酸酯的腐蚀性很小。中性酯不腐蚀黑色金属和有色金属。此外，酯在金属表面上形成的膜还能保护金属表面不受水的作用。但是，酯的热氧化分解产物对某些金属有腐蚀作用，特别是对铜和铜合金。油的酸值或氯离子含量高能引起油系统金属表面腐蚀，还能加速磷酸酯的水解。

三芳基磷酸酯对许多有机化合物和聚合材料有很强的溶解能力。在使用时要慎重选择与其接触的非金属材料，包括密封垫圈、油漆涂料、绝缘材料及过滤装置等。一般用于矿物油的橡胶、涂料等都不适用于磷酸酯。如选用不合适的材料将发生溶胀、腐蚀现象，而导致液体泄漏、部件卡涩或加速磷酸酯的老化。

磷酸酯还有一个溶剂效应。即能除去新的或残存于系统中的污垢。被溶解的部分留在液体中，未溶解的污染物则变松散，悬浮在整个系统中。因此，在使用磷酸酯做循环液的系统中要采用精滤装置，以除去不溶物。

（四）六氟化硫

电气设备传统的绝缘介质和灭弧介质是绝缘油，电力变压器几乎全采用绝缘油。但绝缘油的最大缺点是可燃性，而电气设备一旦发生损坏短路，都有可能出现电弧，电弧高温可使绝缘油燃烧而形成大火，一旦发生火灾，会造成重大社会损失。因此急需寻找不燃烧的绝缘介质和灭弧介质。

SF_6 气体具有不燃的特性，并具有良好的绝缘性能和灭弧性能，它首先被用于断路器中，接着扩大应用于变压器、电缆等各种电气设备。

（五）其他机械油

电厂中常用的机械油通常如磨煤机、引风机、送风机及各类水泵使用的润滑油等，包括齿轮油、液压油、压缩机油、润滑脂等。

工业齿轮油包括闭式齿轮油、重负荷开式齿轮油、中负荷开式齿轮油、重负荷蜗轮蜗杆油。工业闭式齿轮油适用于重负荷工业齿轮组及其他引起振动负荷的齿轮、循环系统及闭式齿轮传动装置的润滑。其具有良好的抗磨性能、防腐性能、抗氧化性能、抗泡性及抗乳化性能，能够保证齿轮运转顺畅、噪声低、摩擦性小。

液压油包括抗磨液压油、低温抗磨液压油、低凝抗磨液压油、高压抗磨液压油等适用于高温、高压、高速、高负荷的叶片泵和柱塞泵的液压系统。其具有较好的抗磨性和抗乳化性，有较好的氧化安定性及空气释放性，过滤性好，消泡性好，能够有效地延长设备系统运转寿命。

压缩机油适用于有油润滑和滴油回转式中负荷空气压缩机，其具有良好的氧化安定性和抗积炭倾向性，良好的防锈性和抗腐蚀性能，良好的消泡性和油水分离性，使用过程中不易产生有害沉淀，有效地保护设备正常运行。

第二节 变压器油的维护及防劣措施

油务监督是化学监督维护的重要组成部分，是保证发供电设备安全经济运行的有效手段。内容不仅指传统的汽轮机油、变压器油监督，还涵盖了抗燃油和 SF_6 绝缘气体介质的监督。

绝缘油适用于变压器、互感器、套管和断路器（开关）等充油电气设备。其中断路器用油较之其他电气设备用油，质量要求差异较大，质量标准单列。

绝缘油监督的目的，就是通过监督监测绝缘油的各项理化、电气性能指标，确保绝缘油满足充油电气设备的安全运行要求；通过油中溶解气体、糠醛等项目分析，掌控设备的健康水平，为状态检修提供依据。

一、变压器油的监督

监督检测变压器油的目的，是保证变压器的运行安全。而变压器的运行状况，除与变压器的设计、制造质量等因素有关外，还与新变压器油的质量及安装时变压器油的处理工艺密切相关。因此变压器油的监督应该从变压器设备的基建阶段起，进行全过程质量监督。

（1）变压器油新油标准。变压器油新油标准为 GB/T 2536—2011《电工流体 变压器和开关用的未使用过的矿物绝缘油》和 SH0040—1991《超高压变压器油》。验收时应注意使用的分析方法与所采用的油质验收标准相同。国产变压器油因油品的抗氧化安定性属保证项目，可以不测定，而其他项目则必须测定，尤其是介质损耗因数要予以特别关注，它是最容易出现不合格的一项指标。进口变压器油因其新油中一般不含抗氧化剂，其抗氧化安定性较差，可通过小型试验结果，在新油中添加适量的抗氧化剂加以改善。另外由于进口新油的精制程度相对较低，要注意硫腐蚀性试验。

（2）变压器基建安装阶段的油质监督。

1）大型电力变压器都是在充氮保护条件下运至现场的。设备到货后，需鉴定设备在运输过程中是否受潮。通常的做法是首先检查变压器本体的压力表是否是微正压，其次需测变压器本体中残油的水分。

2）变压器在出厂之前，在制造厂都做了耐压冲击、局部放电等各项电气试验。对新到的变压器取本体中的残油做气相色谱分析，以鉴定变压器的制造质量。现场做残油的色谱分析，可以在一定程度上确定变压器出厂时是否有缺陷。若无缺陷，则色谱分析中的烃类含量很低，且不会存在乙炔；若有缺陷，则烃类含量较高，并可能存在乙炔。

3）新油在注入设备前，应首先对其进行脱气、脱水处理。新油验收合格后，把桶装的新油用滤油机注入一个大的油罐中，然后用真空滤油机进行循环过滤，以脱除油中的水分、空气和其他机械杂质。注意滤油管路应用不锈钢蛇形管，不能用黑橡胶管，否则油品易受污染而使介质损耗因数增大。另外介质损耗因数不合格的油，除非是因水分高所致，否则用真空滤油机过滤是没有什么效果的。

在油品的过滤过程中，应定时对油品的击穿电压、水分、含气量和介质损耗因数进行检验，直至达到 GB/T 2536—2011《电工流体　变压器和开关用的未使用过的矿物绝缘油》所列变压器新油净化后的控制项目及标准（表 16-1）后，才能停止真空滤油。

表 16-1　　　　　　　　　超高压变压器新油净化后的标准

项目		质量指标		试验方法
牌号		25	45	
外观①		透明，无沉淀物和悬浮物		
色度，号码	不大于	1		GB/T 6540—1986《石油产品颜色测定法》
密度（20℃，kg/m³）	不大于	895		GB/T 1884—2000《原油和液体石油产品密度实验室测定法（密度计法）》、GB/T 1885—1988《石油计量表》
运动黏度（mm²/s）		报告		GB/T 265—1988《石油产品运动粘度测定法和动力粘度计算法》
100℃	不大于	12	12	
40℃	不大于			
0℃		报告		

续表

项目		质量指标		试验方法
牌号		25	45	
苯胺点（℃）		报告		GB/T 262—2010《石油产品和烃类溶剂苯胺点和混合苯胺点测定法》
凝点②（℃）	不高于	—	−45	GB/T 510—2018《石油产品凝点测定法》
倾点（℃）	不高于	−22	报告	GB/T 3535—2006《石油倾点测定法》
闪点（闭口，℃）	不低于	140	135	GB/T 261—2021《闪点的测定宾斯基-马丁闭口杯法》
中和值（mgKOH/g）	不大于	0.01		GB/T 4945—2002《石油产品和润滑剂酸值和碱值测定法》
腐蚀性硫		非金属蚀性		SH/T 0304—1999《电气绝缘油腐蚀性硫试验法》、SY2689
水溶性酸或碱		无		GB/T 259—1988《石油产品水溶性酸及碱测定法》
氧化安定性③				SH/T 0206—1992《变压器油氧化安定性测定法》、ZBE 38003
沉淀（%）	不大于	0.05		
总酸值（mgKOH/g）	不大于	0.3		
击穿电压④（间距 2.5mm，出厂，kV）	不小于	40		GB/T 507—2002《绝缘油击穿电压测定法》
介质损耗因数（90℃）	不大于	0.002		GB/T 5654—2007《液体绝缘材料相对电容率、介质损耗因数和直流电阻的测量》
界面张力（mN/m）	不小于	40		GB/T 6541—1986《石油产品对水界面张力测定法（圆环法）》
水分（出厂，mg/kg）	不大于	50		GB/T 7600—2014《运行中变压器油和汽轮机油水分含量测定方法（库仑法）》
析气性⑤（μL/min）	不大于	报告		GB/T 11142—1989《绝缘油充电场和电离作用下析气性测定法》
比色散		报告		SH/T 0205—1992《电气绝缘液体的折射率和比色散测定法》、ZBE38 001

①目测，100mL 量筒（10±5℃）下。

②以新疆原油和大港原油生产的变压器油测定时，允许用定性滤纸过滤。

③含氧化添加剂油（500h），120℃，每年至少 1 次。

④允许用定性滤纸过滤。

⑤为保证项目，每年至少 1 次。

4）新油注入设备后，为了对设备本身进行干燥、脱气，一般需进行热油循环处理，其热油循环后的控制项目及标准见表 16-2。净化脱气合格后的新油，经真空滤油机在真空状态下注入变压器本体，然后在真空滤油机和变压器本体之间进行热油循环。一般滤油机的出口接变压器油箱，滤油机的入口接变压器本体底部，控制滤油机出口油温为 60～80℃，以保持变压器本体油温在 60℃左右为宜。

热油循环的目的，一是通过油-纸水分平衡转移原理，对变压器运输、安装过程中绝缘材料表面吸收的水分进行脱水干燥；二是通过油品的加温和强制循环，增加绝缘材料的浸润性，消除变压器死角部位积存的气泡。

热油循环至少应保证变压器本体的油达到三个循环周期以上。在循环过程中，重点检测油中的水分含量和含气量。当热油循环的各项指标达到表 16-2 的标准后，可停止热油循环。

表 16-2　　　　　　　　　　　热油循环后的控制项目及标准

项　目	新油净化后检验指标			热油循环后油质检验指标		
	500kV	220～330kV	66～110kV	500kV	220～330kV	66～110kV
击穿电压（kV）	≥60	≥55	≥45	≥60	≥50	≥40
含水量（μL/L）	≤10	≤15	≤15	≤10	≤15	≤20
含气量（%，V/V）	≤1	≤1	—	≤1	≤1	—
介质损耗因数（90℃,%）	≤0.2	≤0.5	≤0.5	≤0.5	0.5	0.5

5）在变压器投用前应对其油品作一次全分析，作为交接试验数据。热油循环结束后，一般变压器油在设备中静置 72h 以后，应对变压器进行一次全面分析。由于新油已与绝缘材料充分接触，油中溶解了一定数量的杂质，这时的油品既不同于新油，也不同于运行油，它可称为投入运行前的油，其质量控制指标见 GB/T 7595—2017《运行中变压器油质量》。除了测定表 16-2 的项目分析之外，还应做气相色谱分析，以便与电气试验以后的气相色谱分析数据做比较，判断变压器的安装质量。

静置 72h 后的分析数据和电气试验后的色谱分析数据，可作为基建单位与生产单位的交接试验数据。

6）变压器和电抗器必须在投运后 24h 及 4 天、10 天、30 天各做一次气相色谱分析，如无异常，则转为定期检测。

（3）运行充油电气设备的监督。由于大型电力变压器本身都采取了许多行之有效的防止油质劣化的措施，如充氮保护、隔膜密封等。因此，对于运行变压器油而言，只要切实把好新油验收质量关，运行变压器油的质量标准、检测项目及周期原则上按照 GB/T 7595—2017《运行中变压器油质量》执行，变压器油的维护管理原则上按照 GB/T 14542—2017《变压器油维护管理导则》执行，一般不会因变压器的质量问题而危及设备的安全运行。

（4）运行变压器油的色谱、微水监督。

1）充油电气设备的色谱、微水取样，应通过专用密闭取样阀，用注射器采样。

2）充油电气设备的气相色谱分析检测周期按规定执行。

3）充油电器设备的微水测试周期，互感器和套管的微水检测周期与色谱的检测周期相同。

4）变压器和电抗器在投运前和大修后，应做一次色谱分析。

5）互感器和套管除制造厂明确规定不许取油样的全密封设备外，都应在投运前做一次色谱分析。

6）允许取样的互感器和套管在投运后第一次停电时，应做一次色谱分析，若无异常，可转为按周期检测。

7）当变压器发生气体继电器动作、变压器受大电流冲击、内部有异常声响、油温明显增高等异常情况时，都应立即采取油样，进行气相色谱分析。

8）对于确认有产气故障的变压器或电抗器，应视其具体情况，作出立即停电或进行跟踪分析的具体处理措施。

9）油中溶解气体的分析方法按 GB/T 17623—2017《绝缘油中溶解气体组分含量的气相色谱法测定法》执行。

10）充油电气设备的故障判断，按照 DL/T 722—2016《变压器油中溶解气体分析和判断导则》中确定的原则和方法执行。

11）对于互感器、套管等少油设备，其油中不应含乙炔，其他组分也应很低，若有乙炔，应查明原因，并采取适当的措施。

二、绝缘油中溶解气体组分含量分析

通过变压器油中溶解气体的组分含量分析，诊断充油电气设备内部的潜伏性故障，是绝缘油监督工作中的一项重要内容，也是电厂油务监督的一个显著特点。

目前，国内外测定充油电气设备油中溶解气体组分含量的测定方法主要是气相色谱法。经过多年的试验和完善，我国修改、制定了 GB/T 17623—2017《绝缘油中溶解气体组分含量的气相色谱法》标准，该标准实施以后，极大地促进了电力系统气相色谱监督检测水平的提高。

然而，由于油中溶解气体分析操作环节多，气相色谱仪型号繁杂，分析流程不统一及操作人员分析熟练的程度上的差异等因素，致使分析结果的重复性、可比性差，误判、漏判故障的情况时有发生，严重地影响了电力的生产安全。

应该说，在气相色谱仪硬件配置、分析流程、操作条件合理的情况下，按照标准方法进行检测分析，得到油中溶解气体的分析数据并不难，但是要保证分析数据的准确却不易，这需要做大量认真细致的工作。

（一）气相色谱分离原理及色谱流出曲线

气相色谱分离是依据流动相与固定相间的两相分配原理进行的。具体来一说，就是利用色谱柱中的固定相，对流动相中的样品组分吸附（或溶解）能力的不同，或者说组分瞬间留在流动相的比例与吸附（或溶解）在固定相的比例不同，即分配系数不同而达到分离的目的。

当样品被载气带入色谱柱中后，样品中的组分就在流动相与固定相间反复进行分配（吸附—解吸或溶解—释出），由于固定相对各组分的吸附或溶解能力不同（即分配系数不同），因而各组分在色谱柱中的运动速度就不同，分配系数小的组分较快地流出色谱柱，分配系数大的组分流出色谱柱的速度较慢，流出的组分顺序进入检测器，产生的电子信号被记录仪按时间顺序连续记录下来，就得到了反映组分性质和含量的色谱图，亦称色谱流出曲线。在气相色谱分析中，一般利用组分的保留时间定性，利用组分的峰面积定量。

（二）影响油中溶解气体分析结果的因素

1. 取样

要准确测定变压器油中溶解气体的组分含量，取样是重要的一环，在异常变压器的跟踪分析中，正确采样尤为重要。

采取油样的方法，原则上要按照 GB 7597—2017《运行中变压器油质量》中的有关规定进行。即用去 100mL 注射器，用专用的密封取样阀，在隔绝空气的条件下，在变压器油箱底部采样。采样时应注意注射器中不要存留空气泡，并排净取样阀门的死体积油。

在采取气体继电器中的气体时，也要用注射器，且在气体继电器动作后，应立即采取，马上分析。以防故障气体回溶到油中和气体组分在注射器存留过程中的扩散损失。

2. 脱气

目前，还不能将油样直接注入气相色谱仪进行其溶解气体的组分分析，而是在实验室中用脱气装置将油中的溶解气体脱出，再将脱出的气样注入气相色谱仪中进行分析。

溶解气体分析普遍存在分析数据重复性差，实验室之间的可比性不高的主要原因，是脱气这一环节造成的。

国内脱气装置种类型号很多，从脱气原理上大致可分为二类，即溶解平衡法和真空法。综合来看，以机械振荡法（溶解平衡法）和全自动脱气方法（变径活塞法）较好。

（1）机械振荡平衡法（溶解平衡法）。机械振荡平衡法是洗脱法的一种。该法利用亨利定律，在规定的条件下使气－液两相快速达到平衡，通过测定气相中的浓度，计算油中的溶解气体浓度。

这种方法，可直接使用取样所用的 100mL 注射器，操作简便，外来影响因素小，脱气的重复性好，适合低含气量油品的分析。但是由于该法属于不完全脱气方法，脱出气体的浓度相对较低，因而需要配备高灵敏度的气相色谱仪。

（2）变径活塞法全脱气装置。该方法自动化程度高，人为操作带来的误差小，与溶解平衡法相比，脱出气体的浓度较高，因而检测灵敏度较高。

3. 进样分析

气相色谱定量分析的理论依据是分析组分的含量（浓度）与检测器输出的响应信号（峰高或峰面积）成正比。

油中溶解气体分析是用外标法定量的，即用混合标准气求出每种组分单位峰面积的浓度；然后进样品，求出样品气中每个组分的峰面积，从而得到每个组分的浓度。用标准气标定求出校正因子，我们用一个已知浓度的标准样品，用注样器向色谱仪中准确的注入一定量，在记录仪或色谱数据工作站上，就会得到具有一定面积的色谱峰，当然也就求出了组分的校正因子值。校正因子在应用上有非常重要的意义：第一，它在一定程度上表示出了检测器灵敏度的高低，其数值越小，灵敏度越高；第二，它可以判断出仪器是否稳定，因为对于操作条件稳定的仪器来说，如不考虑人员的进样误差，校正因子是个常数，若其重现性差，则说明仪器稳定性差；第三，它可表示出仪器的工作状态是否最佳，指导仪器工作条件的选择，因为在最佳的工作条件下，校正因子符合碳数定律，即 C_1 的校正因子数值是 C_2 的二倍；第四，在仪器稳定的情况下，说明操作人员水平的高低，操作人员水平高，校正因子重复性、重现性好；第五，它可以判断所用标准气是否失效或标准气的各组分是否浓度准确，因为对油中溶解气体的六个含碳组分来说，甲烷、一氧化碳、二氧化碳三个组分的校正因子应近似相同，且应近似等于乙烯、乙烷、乙炔三个组分的二倍，若其中的某个或几个组分的校正因子明显不符合这个规律，则说明标准气有问题。

三、充油电气设备产气故障类型及其特征

油中溶解气体分析之所以能够用于诊断充油电气设备内部的潜伏性故障，一是因为设备有故障时，故障的异常能量会引起设备绝缘材料的裂解，产生特定种类及含量的低分子气体；二是因为产生的低分子气体会全部或部分溶解、分布在绝缘油中；三是因为低分子气体的种类、含量大小，反映了故障的类型和严重程度。

因此，要准确诊断充油电气设备内部的潜伏性故障，就必须掌握故障状况与绝缘材料的裂解产气间的特征关系。

（一）绝缘材料的裂解产生的气体

充油电气设备所用的绝缘材料有绝缘油、绝缘纸、白布带、树脂、绝缘漆等。故障条件下热裂解产生的气体主要来源于绝缘油和绝缘纸。

1. 绝缘油热裂解产生的气体

绝缘油是由烷烃、环烷烃、芳烃等碳氢化合物组成的混合物。热分解时，因分子链的断裂，产生低分子烃类气体。研究表明，绝缘油在 300℃ 左右就开始热分解，若延长加热时间或存在催化剂，则在 150～200℃ 也会产生热分解。

2. 绝缘纸热解产生的气体

绝缘纸的成分是纤维素，它是一种高分子碳水化合物，主要由糖和多糖类物质构成，其化学式为 $(C_6H_{10}O_8)_n \cdot H_2O$ 式中 n 为较大的整数，也称聚合度。

绝缘纸的热解温度也在 300℃ 左右，但如果长时间加热，在 120～150℃ 也会裂解，产生一氧化碳和二氧化碳气体，同时伴生少量低分子烃类气体。

3. 其他绝缘材料

白布带、树脂、绝缘漆等材料，在一定温度下也会发生热解产生气体。但其产气特征与绝缘油、绝缘纸有所不同，这些材料在相对较低温度条件下易于产生乙炔。

4. 绝缘材料热解产气规律

从上述模拟实验结果可发现，绝缘材料热解产气有如下规律：

（1）绝缘油热解产生的气体主要是低分子烃类，气体的不饱和度随热解温度的升高而增加，即低温下热解产生的气体以饱和烃为主，高温下产生的气体以烯烃、炔烃为主。随着热解温度的升高，烃类气体出现最大值的顺序依次为甲烷、乙烷、乙烯、乙炔。

（2）绝缘纸热解产生的气体以二氧化碳为主，随着热解温度的升高，出现一氧化碳，且 CO/CO_2 两组分的比值不断上升。当热解温度达到 800℃ 时，其 CO/CO_2 的比值达到 2.5 以上，并伴随产生少量的甲烷、乙烯等烃类气体。

（3）其他固体绝缘材料的热解气体主要是一氧化碳，且在相对低温的条件下易产生乙炔及其他烃类气体。

（二）充油电气设备产气故障的类型及特征

变压器等充油电气设备内部的故障一般可分为两大类：即过热和放电。过热故障按温度的高低可分低温、中温和高温过热三种情况；放电故障则可分为局部、火花和高能量（电弧）放电三种类型。

1. 过热故障

所谓过热指的是局部过热，它和变压器正常运行下的发热是有区别的。正常运行时，热源来自线圈绕组和铁芯，即所谓的铜损和铁损，由铜损和铁损转化而来的热量，使变压器油温升高，一般应不高于 85℃。

变压器的运行温度直接影响到绝缘材料的使用寿命。一般来说，运行温度比额定运行温度每升高 8℃，绝缘材料的使用寿命就会减少一半。所以可以说，变压器的使用寿命取决于绝缘材料的寿命。

过热性故障占变压器运行故障的比例很大，其危害性虽然不像放电性故障那样迅速、严重，但任其发展也会造成设备的严重损坏，酿成恶性事故。因为存在于固体绝缘的热点会引起绝缘材料的劣化与裂解，且热点往往会从低温逐步发展为高温，进而迅速发展为电弧性放电，从而造成设备的损坏事故。故此，对过热性故障决不能轻视，必要时必须采取适当的处理措施。

在变压器内产生过热性故障的原因和部位可归纳为三种：一是接点接触不良，如引线连接不好，分接开关接触不良，导体接头焊接有问题等；二是导体故障，如线圈不同电压比并列运行，引起循环电流发热，导体超负荷过流发热，导体绝缘膨胀堵塞油道而引起的散热不良等；三是磁路故障，如铁芯两点或多点接地，铁芯短路引起涡流发热，铁芯与穿芯螺钉短路，漏磁引起的夹件（压环）等局部过热。

过热故障产生的部位不同，能量不同，其产气特征也不相同。对于不涉及固体绝缘的裸金属过热故障，其气体的来源是变压器油的高温裂解，因此产生的气体主要是低分子烃类气体，其中以甲烷、乙烯为主，一般二者之和常占总烃的 80% 以上。当故障点温度较低时，甲烷占的比例大，随着热点温度的升高，乙烯、氢气组分急剧增加，比例增大。当发生严重过热，故障点温度达 800℃ 以上时，也会产生少量的乙炔。

对于涉及固体绝缘材料的过热故障，除了引起变压器油的裂解，产生上述低分子烃类气体外，由于固体绝缘材料的裂解，还会产生较多的一氧化碳和二氧化碳气体，且随着温度的升高，CO/CO_2 的值逐渐增大，对于只限于局部油道堵塞或散热不良的过热性故障，由于过热温度较低，且过热面积较大，对绝缘的热解作用不大，因而产生的低分子烃类气体也不多。总之，一氧化碳含量的高低，是反映过热性故障是否涉及绝缘和故障能量高低的重要指标。

2. 放电故障

放电性故障是在高电场应力作用下，造成变压器油和固体绝缘材料的裂化而产生气体。根据放电故障能量的不同，有高能、低能和局部放电之分。

（1）高能量放电。高能量放电亦称电弧放电。在变压器、套管、互感器内均会发生。引起电弧放电故障的原因，通常是绕组匝间绝缘击穿，过电压引起内部闪络，引线断裂引起电弧，分接开关飞弧和电容屏击穿等。

这种故障产气剧烈，产气量大，故障气体往往来不及溶解于油中的而迅速进入气体继电器内部，引发气体继电器动作。这类故障多是突发性的，从故障的产生到酿成事故，时间较短，预兆不明显，难以分析预测。

在目前情况下，多是在故障发生后，对油中溶解的气体和瓦斯气体进行分析，以判断故障的性质和严重程度。

这类故障的产气特征是乙炔、氢气的含量较高，其次是乙烯和甲烷。由于故障能量大，总烃含量很高。如果故障涉及固体绝缘材料，瓦斯气体和油的溶解气体中，一氧化碳的含量也较高。

（2）低能量放电。一般指火花放电，它是一种间歇性放电故障。在变压器、互感器、套管中均有发生。如铁芯钢片中间，铁芯接地不良造成的悬浮电位放电，分接开关拔叉悬浮电位放电；电流互感器内部引线对外壳放电；一次绕组支持螺帽松动，造成绕组屏蔽铝箔悬浮电位放电等。

火花放电产生的主要气体成分是乙炔和氢气；其次是甲烷和乙烯，但由于故障能量低，总烃不高。

（3）局部放电。是指液体和固体绝缘材料内部形成桥路的一种放电现象。一般可分为气隙形成的和油中气泡形成的局部放电。这种故障占电流互感器和电容套管的故障比例较大。由于设备受潮，制造工艺和安装维护质量差，都会造成局部放电隐患。

局部放电常发生在油浸纸绝缘中的气体空穴内或悬浮带电体的空间内。局部放电产生的气体主要是氢气；其次是甲烷。当放电能量高时，会产生少量乙炔。另外局部放电有时会使绝缘纸表面有明显可见的蜡状物或放电痕迹。

需要指出的是无论哪种放电，只要涉及固体绝缘材料，都会使油中的一氧化碳和二氧化碳的含量明显增加。另外，变压器油的组成对产气故障特征也有一定的影响。如在同样的电场作用下含芳烃较少的 45 号油，容易析出氢气和甲烷，而含芳香烃相对较多的 25 号油，则产生的氢气甲烷数量相对较少。

3. 受潮

充油电气设备内部进水受潮也是一种内部潜伏性故障，甚至造成设备的损坏。当设备的内部进水受潮时，油中的水分和杂质易形成导电"小桥"，或者固体绝缘中含有水分加上内部的气隙存在，均能引起局部放电，产生氢气。另外，水分在电场作用下，发生电解作用，水与铁发生化学反应，都产生大量的氢气。因此，充油电气设备受潮的产气特征是氢气含量很高，而其他组分很低。

需要特别指出的是，充油电气设备内发生的故障是非常复杂的，其故障类型并非是单一的，往往具有双重性或多重性，如过热兼火花放电、开始是过热继而发展为放电等。因此用特征气体法有时难以判断设备的故障类型。

四、断路器油

国内外，都单独制定了断路器油标准，以适应断路器对油品的特殊要求。概括起来说，断路器油除应具有优异的绝缘性能外，还应具有良好的低温流动性，即低黏度、低凝点。我国断路器油标准 SH0351—1992（1998 年确认），见表 16-3。从中可知，断路器油的最大特点是黏度低，其 40℃时的运动黏度比普通 45 号油低一倍以上，－30℃的运动黏度仅为 45 号油的 1/9。

表 16-3 断路器油标准

项 目		断路器油	试验方法
外观		透明、无悬浮物和沉淀	目测①
密度（20℃，kg/cm³）	不大于	895	GB/T 1884—2000《原油和液体石油产品密度实验室测定法（密度计法）》、GB/T 1885—1988《石油计量表》
运动黏度（mm²/s） 40℃ —30℃	不大于	5 200	GB/T 265—1988《石油产品运动粘度测定法和动力粘度计算法》
闪点（闭口，℃）	不低于	95	GB/T 261—2021《闪点的测定 宾斯基-马丁闭口杯法》
倾点（℃）②	不高于	－45	GB/T 3535—2006《石油倾点测定法》
酸值（mgKOH/g）	不大于	0.03	GB/T 264—1983《石油产品酸值测定法》
击穿电压（kV） （间距 2.5mm）交货时	不小于	40	GB/T 507—2002《绝缘油击穿电压测定法》
介质损耗因数	不大于	0.03(70℃)	GB/T 5654—2007《液体绝缘材料相对电容率、介质损耗因数和直流电阻率的测量》
界面张力（mN/m）	不小于	35	GB/T 6541—1986《石油产品对水界面张力测定法（圆环法）》
水分（mg/kg）③	不大于	35	GB/T 7600—2014《运行中变压器和汽轮机油水分含量测定方法（库仑法）》
铜片腐蚀（T₂ 铜片 100℃×3h）	不大于	1	GB/T 5096—2017《石油产品铜片腐蚀试验法》

①100mL 量筒 20±5℃下目测。

②根据生产和使用实际。

③运行中油样允许用滤纸过滤。

第三节 汽轮机油的维护和防劣措施

汽轮机油是润滑系统长期循环使用的一种工作介质。由于其使用在高温、搅动、含水、含金属颗粒和有氧的相对恶劣环境中，油品极易因老化劣化，使某些应用指标下降至难以接受的水平，所以汽轮机油的运行监督及维护是油务监督工作者的一项重要职责，也是确保机组安全经济运行的重要措施。

汽轮机油的运行监督及维护涵盖了新油入厂验收、润滑系统冲洗、运行监督检测、技术指标异常处理等各个方面。

一、汽轮机油的监督

1. 汽轮机油的新油验收

新油验收试验是把好汽轮机油质量的关键一环。若润滑系统中使用的新油有问题或不合格，则在运行使用中很难维护、处理和改善。

我国现行新汽轮机油有 GB 11120—2011《涡轮机油》标准，适用于精制矿物基础油调和而成的汽轮机油。在调合时只加入了 T501 抗氧化添加剂，属普通汽轮机油；除了添加抗氧化剂外，还添加 T746 防锈剂的，属抗氧、防锈汽轮机油。

购进的每批新油到货后，应进行到货验收检验，各项指标合格方可入库。在验收新汽轮机油时，用户尤其应注意破乳化度检测指标，一般非正规生产单位的油品，其破乳化度指标很难达到要求。要注意防止经销单位通过向新油中添加添加剂改善油品性能的做法。

2. 机组投产前润滑系统的冲洗

汽轮机油系统的安装和检修质量对运行油的理化性能有着重要的影响。因此，对于新建和大修后的机组，必须对润滑系统进行油的冲洗，必要时还需要进行碱洗或酸洗。

对于新建机组，在润滑系统的安装时，所有的充油腔室、阀门，都必须清理干净，呈现出金属本色。使用的连接管路，应进行酸洗、钝化。系统安装完毕后，要对系统中的各部位再次进行彻底清理，清除管道、油箱等部位的焊渣，安装过程中留下的各种杂质碎片以及金属表面的氧化皮等，以防止这些机械杂质在冲洗过程中，进入轴承或控制装置，造成部件的损害或影响其正常工作。

对大修后的机组，除对系统的各部位进行清理外，还需对系统进行碱洗，以除去系统中存留的油泥等老化产物。

（1）冲洗前的准备。在对油系统进行大流量冲洗前，应首先对润滑系统的管路进行适当的改装，如拆卸轴承的上半部分，从轴承的进油口连接临时旁路；拆下事故调闸装置，安装临时管路和阀门，接通事故截断管路；设置主油泵临时泄油间隙，以便冲洗主油泵；设置临时滤网及监视仪表等。改装目的是为了减少油系统的阻力，适合大流量冲洗。然后检查连接管路和有关设备的安装是否得当，消除泄漏。

（2）冲洗方法。在循环冲洗过程中，为了缩短冲洗时间和改善冲洗效果，一般采用大流量高速冲洗、变温（变温范围为 30～70℃）、变流速冲洗等办法。如在冲洗的同时，工作人员沿冲洗管路依次进行机械敲打，则冲洗效果更好。

大流量高速冲洗，能够将设备表面及拐角处的机械杂质冲刷下来；冷热交替的变温冲洗，会使设备随油温的高低变化，出现膨胀、收缩，氧化皮及附着物易于脱落；变流速冲洗，增加了对金属表面的冲刷力度，容易冲走剥落的机械杂质。

油冲洗一般分三个阶段进行：

第一阶段通常采用低温（30～40℃）大流量高速冲洗，主要去除较大的机械杂质。在冲洗 10～12h 后，将主油箱的冲洗油排入临时油罐。清理或清洗油箱进口滤网、主油箱、电动油泵或盘车油泵及进口滤网。注意在机械清理时，不能用纤维类织物擦拭，应用橡皮泥或面团沾吸；清洗时可用溶解性较强的乙醇、石油醚等溶剂。

第二阶段采用 30～40℃ 和 60～70℃ 两个温度范围内的变温冲洗。将第一阶段排入临时油罐的冲洗油，用装有 60～80 目的滤网滤油机过滤后，重新注入主油箱；然后交替进行 30～40℃ 和 60～70℃ 两个温度范围内的变温冲洗，冲洗的范围、次序和部位与第一阶段基本相同。在冲洗期间，应注意检查滤网前后的压差，及时清理和清洗滤网。当取样后，用肉眼观察不到颗粒状机械杂质时，停止冲洗。

冲洗完成后，将主油箱的冲洗油再次排入临时油罐；清理或清洗油箱、滤网等部位；恢复系统为冲洗而拆卸下的原轴承、阀门、节流孔板、滤网、检测元件、指示仪表等部件，并拆除临时旁路，恢复连接管路。

第三阶段是机组投运前的最后一次冲洗，此时系统已基本达到投运前的状态。该阶段一般不用前两次用过的冲洗油，而是采用经滤油机用 100 目滤网滤好的新油或运行油。冲洗前，在各油泵及轴承前，安装 100 目的滤网。先后投入盘车油泵、电动油泵，在 50～60℃的油温下，进行恒流、恒温冲洗，循环冲洗至油质达到 GB/T 7596—2017《电厂运行中矿物涡轮机油质量》中对颗粒度的要求。冲洗过程中，要注意检查滤网两侧的压差，及时清除滤网上的杂质。在油质颗粒杂质合格前，禁止盘动转子，以免损伤轴颈和轴瓦。

冲洗的目的是除去润滑系统中的机械杂质，保证油品的清洁度，防止运行中因颗粒杂质损伤润滑部件。

对于大修后的运行机组，其润滑系统的冲洗方法与新基建机组的处理方法基本相同。

3. 运行汽轮机油的监督

就国产汽轮机油的质量而言，只要把好新油验收关，润滑系统结构合理，冲洗清理合理得当，油品在运行中的主要理化指标，如黏度、酸值、闪点、倾点等一般不会有很大的变化。相对来说较易发生变化的主要有水分、破乳化度、泡沫特性及液相锈蚀等几个指标。因此，在汽轮机油的使用过程中，尤其是新投和大修后投运的机组，应加强这些项目的监督检测，其他项目的检测次数可适当减少。

（1）运行中汽轮机油的质量标准按 GB/T 7596—2017《电厂运行中矿物涡轮机油质量》执行。

（2）运行汽轮机油的维护管理原则上按照 GB/T 14541—2017《电厂用矿物涡轮机油维护管理导则》执行。

（3）运行汽轮机油颗粒度要求不大于 NAS1638 标准 8 级。200MW 及以上机组每季一次，200MW 以下机组每半年一次。

二、抗燃油的监督

1. 新油监督

（1）新油采样。抗燃油一般用量较少，新油以桶装形式到货后，应逐桶取样。试验油样应是从每个桶中所取油样均匀混合后的样品，以保证所取样品具有代表性。新油验收样品，每桶应取双份。一份用于验收试验；另一份用于贮存，以备需要时复查。

（2）新油验收标准。国产新抗燃油，按照原电力部 DL/T 571—2014《电厂用磷酸酯抗燃油运行维护导则》中表 1 的标准执行。进口新抗燃油，按抗燃油生产厂商或进口合同的技术标准验收，但原则上不应低于 DL/T 571—2014《电厂用磷酸酯抗燃油运行维护导则》要求。

2. 液压调节系统的冲洗

液压调节系统中，其抗燃油介质的工作压力一般在 10MPa 以上，有的高达 15MPa，其调节部件的节流孔径仅为 0.8mm，甚至更小。其抗燃油流量小而流速高，过大的固体粒子会使节流孔堵死，而大量的小粒子在高速油流作用下会使电液伺服阀的边缘刃口磨圆，最终导致阀的泄流量增加，致使油动机的动态响应差，使泵间歇期减少而工作期拉长，加剧泵的磨损，影响泵的使用寿命。

为了减少抗燃油中杂质粒子的含量，在系统安装时，应注意防范任何可能的污染源。所有的管件、部套均应封好。焊接采用氩弧焊，安装完成后应进行油冲洗。其具体冲洗工艺为：

（1）冲洗前应将所有 DEHC 系统中的节流孔拆除，电液伺服阀、电磁阀均应用冲洗管道代替，永久性过滤器用临时过滤器代替，以便于大流量冲洗。

（2）将验收合格的一部分抗燃油注入油箱，检查系统是否有泄漏，如有泄漏应进行检修。

（3）加热抗燃油，使其油温维持在 40～45℃ 范围。启动油泵进行大流量循环冲洗，其冲洗流量一般不应低于额定流量的 2 倍。在冲洗过程中，应用铜锤敲击管道、法兰及焊口弯头等部位，以加快冲洗速度和改善冲洗效果。

（4）在冲洗过程中，应注意观察过滤器的压差变化，当压差接近或超过极限时，则表明过滤器被赃物堵塞，应立即进行更换。

（5）在冲洗开始时，冲洗油不要流经旁路再生装置，在经过几个循环冲洗周期，颗粒度接近合格后，再投旁路再生装置。

（6）在冲洗一定的时间之后，每隔一定的时间用取样瓶从主回油管路取油样，做抗燃油的颗粒度分析，以检查油系统的循环冲洗效果。

现场检验方法是用 20 倍的读数显微镜，检查抗燃油样品滤纸上的杂质颗粒，当连续三次测定油样滤纸上没有大于 $100\mu m$ 的大颗粒之后，再用标准取样瓶采取油样，做全面的粒度分析。如颗粒污染度达到规定等级标准，则可停止油冲洗，否则需继续冲洗。

（7）在油冲洗结束后，应排尽系统内的全部冲洗油，并对油箱滤网等进行清理清洗，然后将系统的所有部件复位，使之恢复到正常的运行工况，最后再注入合格的清洁抗燃油。

注意：在恢复系统时，应尽量避免系统的二次污染。

（8）检查液—氮蓄能器的充氮压力是否正常；检查油箱顶部的空气过滤器，其所用干燥剂如受潮则需要更换。

（9）将旁路再生装置的阀门打开，以便开机时投用。抗燃油系统大修后，也应对系统进行循环冲洗，其冲洗方法与上述方法相似。

3. 运行抗燃油监督

（1）监督标准。国产抗燃油运行监督其主要技术指标参见 DL/T 571—2014《电厂用磷酸酯抗燃油运行维护导则》中的要求。

（2）运行抗燃油的取样。取样的代表性对分析结果有很大的影响。对于常规监督试验所用油样，一般从冷油器出口、旁路再生装置入口或油箱底部采集。常规取样方法是取样前首先将取样阀周围擦净，打开取样阀，排出阀中的死体积油，再打开取样瓶盖。对于测定颗粒度的样品，需用专用的取样瓶，在隔绝空气的条件下，从冷油器中采集。如发现抗燃油异常，则应根据引起异常项目可能的原因及部位，增加取样点数。

（3）抗燃油检测项目与周期。机组正常运行情况下，现场运行人员应注意运行油的外观、颜色变化，并记录油温、油位及泵出口过滤器和旁路再生装置的压差变化。实验室检测项目有酸值、含氯量、电阻率、水分、颗粒度、运动黏度、密度等。机组正常运行下，试验室的试验项目及检测周期应按照标准执行。

在新油合格的情况下，若系统运行正常稳定，抗燃油中除酸值、水分、电阻率、颜色等指标因油质的氧化劣化或水汽的影响易发生变化外，其他指标一般在短期内变化很少。因此，在抗燃油的监督中，可适当地缩短容易发生变化项目的检测周期，其他项目的检测周期，则可根据机组的运行工况作适当的延长。例如若抗燃油中混入了矿物油，则应增加闪点、自燃点和矿物油含量的测试；若机组的液压系统进行了检修，则应增加颗粒度的检测。总之，监督运行抗燃油的目的是为了确保机组液压系统的正常工作。

对于运行监督检测中所取得的分析数据，不能机械地套用标准规定的数值判定合格与不合格，而是应在某些指标发生明显变坏的趋势时，就应及时地采取措施，查明油质变坏的原因并加以消除。

（4）抗燃油使用过程中的注意事项：

1）合成抗燃油与矿物汽轮机油有着本质上的区别，严禁混合使用。

2）抗燃油具有很强的溶剂性特性，因而在检修及使用维护时，应注意其所用材料的相容性，以防止油品的污染。

3）抗燃油主要用于 300MW 及以上的大机组 DEHC 和高压旁路系统。因其系统部件的结构特点，对油品中杂质的颗粒度有特殊的要求。对新投产机组，冲洗完毕后，中压油系统冲洗油颗粒污染度必须达到 SAE749D5 级标准，高压油系统则达到 SAE749D3 级标准。冲洗合格后对冲洗油取样进行全分析，经化学监督人员按新油标准验收合格才能启动运行。

4）运行中的抗燃油，在一定的温度和水分存在的条件下会发生水解反应，导致其酸值增长较快，因此应提高安装及检修质量，以防止油系统的进水，从根本上解决油质的水解问题。

5）运行抗燃油因油质的氧化使其酸值增加是不可避免的，因此自机组投运起，就应不间断地投入旁路再生系统，并通过定期测试其出入口的酸值变化情况，及时更换吸附剂，以确保酸值合格。

6）对于正常运行的设备，要注意检查系统中精密过滤器的压差，以便及时更换和冲洗精密过滤器，防止油路的堵塞及确保抗燃油的清洁度合格。

4. 运行抗燃油维护

抗燃油的维护管理措施如下：

（1）使用相容性材料。抗燃油具有很强的溶剂性，它对汽轮机油系统使用的多数非金属材料是不相容的。因此，在抗燃油液压系统的安装、检修过程中，要特别注意材料的相容性问题，如使用了不相容的垫圈等密封材料，抗燃油就会短期内因材料的溶解，导致其颜色迅速变深，理化指标变差，甚至导致系统油品泄漏等问题。

使用体外滤油机时，也要注意滤油机上所用的材料的相容性问题，否则会出现油品越滤越差的状况。

（2）严格控制油品的清洁度和水分。一般来说，肉眼可看到的最小黑点约 $40\mu m$。所以抗燃油的颗粒污染是否合格，不能靠肉眼来判断，而应用专用的仪器进行监测。

（3）减少或防止空气的侵入。抗燃油携带过量的空气，一方面会加速抗燃油的老化，使油品的空气释放性和泡沫性变差；另一方面，溶于抗燃油的空气在系统的节流部件会释出，造成调节系统的响应缓慢及振动和压力的不稳。空气的存在，还会造成流体温度升高，因气蚀而使泵受损；如油中侵入大量空气，应主要检查泵入口处的密封是否正常。

（4）保持合适的运行油温。抗燃油的热稳定性、黏温性较差，油温过低（低于20℃），油品的黏度过大，会使系统中的油泵和电动机过载；油温过高，则会加速抗燃油的水解及老化。

要保持抗燃油运行温度在合适的范围内，除应注意调节冷油器冷却水阀门的开度外，还应注意在安装、检修时，采用合理适当的保温工艺，即应避免油管路与主蒸汽管路靠得太近，防止油系统中出现局部过热区。若保温不好，油品会因局部过热或热辐射而急剧劣化，严重时，会使管路内的抗燃油形成结块而堵塞滤网。

（5）加强过滤器、滤网的维护管理。油系统中采用的精密过滤器、滤网，应定期检查和维护。防止过滤元件堵塞，压力过大而使过滤器破损。

（6）使用旁路再生装置。目前用于抗燃油旁路再生的吸附剂主要有活性氧化铝、硅藻土、硅胶等。尽管硅藻土给我们带来了金属皂的问题，导致系统中出现胶质沉淀物，它仍是运行维护中常采用的措施。

（7）换油和补油的注意事项。运行中要补充抗燃油时，应补充化验合格的、相同牌号的油。对不同牌号的油，原则上不宜混合使用。必要时须进行混油的老化试验（DL/T 429.6—2015《运行油开口杯老化测定法》），无油泥析出方可补加。

抗燃油价格昂贵。只有当油质严重劣化，不能满足生产需要，且再生成本较高时才换油。换油工作最好结合大、小修进行。换油前应把劣化油彻底排净，并将系统中的过滤器、伺服阀、油箱等部位进行彻底清理。并用一部分新油对油系统进行冲洗过滤，待油中的颗粒度合格、酸值等其他技术指标达到或接近新油标准后，再补入足量的合格新油。

系统中因油品的损耗使油位较低，可向系统补油。禁止以降低酸值为目的而补加新油的做法。油系统中油品的酸值低于 $0.1mgKOH/g$，可直接向系统内补入同牌号的合格新油。若系统内抗燃油的酸值较高，首先应采取再生过滤措施，使酸值降至 $0.1mgKOH/g$ 以下，再补加同牌号的合格新油。

（8）添加油品添加剂。添加适当的抗氧化剂、抗腐剂、消泡剂，改善抗燃油的理化性能。

（9）废磷酸酯抗燃油的处理。由于磷酸酯抗燃油是人工合成的化学液体，对环境有污染，不应随意排放。对报废以及撒落的磷酸酯抗燃油应妥善进行以下处理：对于退出运行的磷酸酯抗燃油，应进行全面评价，应尽可能地再生利用。如果确实没有再生利用价值，采取制造厂回收或高温焚烧的方法处理。对于撒落的抗燃油应尽量收集，如果难以收集，用锯末或棉纱汲取收集，采取高温焚烧的措施处理。

三、运行中汽轮机油的维护

汽轮机油在生产上，常遇到补油、换油问题，净化处理及特效添加剂的使用问题。

1. 补油、换油问题

汽轮机油在生产使用中，因各种原因会导致油品的损耗，使油箱油位下降，当油位下降到一定的程度，就需向油箱中补油。目前我国的发电机组都采用的是 GB 11120—2011《涡轮机油》检验，因而补油问题主要是同牌号的国产新油与运行油的混合问题。

新油与已老化的运行油，对油泥的溶解能力是不同的，因为在向运行油中补加新油或接近新油标准的运行油时，有可能使原运行油中溶解的油泥析出，以致影响汽轮机油的润滑、散热性能。因此，在向油箱中补油之前，首先必须检验补加油和油箱运行油的质量，质量合格后，再按补加比例做混合油的油泥析出试验，确定无油泥析出时方可补加。

对于已严重老化至接近或超过运行标准的汽轮机油，一般结合机组的大修，应采取换油或体外再生处理。其换油方法是在从系统中排净运行油之后，首先对油系统进行彻底清理、清洗，然后再注入一定量的合格新油，进行整个油系统的循环冲洗过滤，待油品的各项技术指标合格后，停止冲洗，补入足量的合格油备用。

当需要向未加防锈剂的汽轮机油中补加含有 T746 防锈剂的汽轮机油时，一般应结合机组大修进行。以便对系统的机械杂质、金属表面的氧化产物等进行彻底清理、冲洗后，再行补加。防止因补加含 T746 防锈剂的汽轮机油所具有的酸性，使系统金属表面可能存在的氧化产物剥落，而影响机组的安全运行。

2. 水分的危害

运行中的汽轮机油中，水分的主要来源有汽封不严，蒸汽泄漏；冷却器冷却水泄漏；密封失效；油箱顶盖配置不当，空气冷凝等。

对汽轮机润滑油系统而言，水分的存在不仅会造成油品变质（如添加剂析出）、油品乳化、腐蚀，而且还会引起润滑油膜变薄，加速运动部件的磨损。正因为水分的危害如此之大，在 GB/T 7596—2017《电厂运行中汽轮机油质量》中，针对其有定量监测、控制水分的标准。

3. 运行油的净化处理问题

机组在运行过程中，如汽轮油的机械杂质、颗粒度不合格，可用具有精滤装置的滤油机对油品进行循环过滤，保持油系统的清洁度。如机组漏汽、漏水严重，则应增加油箱底部的排水次数或用离心式滤油机、真空滤油机除去水分。对于酸值较高、老化较为严重的油品，可用吸附再生处理设备，对油品进行旁路再生循环处理。注意对于用吸附再生处理过的汽轮机油，再次使用时，通常需要补加抗氧化剂和防锈剂，以确保油品的抗氧化性和防锈性能合格。

4. 特效添加剂的使用问题

为了改善运行汽轮机油中的某些特定指标，生产上常补加的添加剂主要有抗氧化剂、防锈剂、破乳化剂、消泡剂等。使用时应慎重，并注意其具体使用条件。向运行汽轮机油中补加（添加）添加剂的有关规定如下：

（1）T501 抗氧化剂的补加。向不含抗氧化剂的新油中添加 T501 抗氧化剂时，实验室必须做感受性试验，且其添加剂含量应控制在 0.3%～0.5% 之间。

添加有 T501 抗氧化剂的新汽轮机油，在运行使用过程中，由于油品不可避免的氧化劣化和运行工况的影响，抗氧化剂会逐渐消耗，其含量降低至一定的程度，其抗氧化作用就会明显的减弱，油品的老化劣化速度就会显著增加。因此，在运行中应定期检测油品的抗氧化剂含量，当其含量低于 0.15% 时，就应及时补加，以保持油品的抗氧化安定性不会显著的下降。

向运行油中补加 T501 时，则必须把其运行油的酸值、pH 值等指标处理至接近新油的标准后才进行。

在向运行油中补加 T501 抗氧化剂之前，应首先检测油品的酸值、pH 值、颜色、油泥等技术指标，若上述指标接近新油标准或处理后接近新油标准，才可向运行汽轮机油中补加。

T501 抗氧化剂的补加方法是从运行油箱中放出适量的运行油，将其加温至 50～60℃，称取计算出补加的 T501 添加剂量，边加药边搅拌，使之完全溶解，配成约 5%～10% 的浓溶液，待冷却至环境温度后，再用滤油机送入油箱。若油系统处在运行状态，靠其自身的循环，使药剂混合均匀。若油系统在停运状态，则需用滤油机循环过滤，而使添加剂混匀。

（2）T746 防锈剂的补加。在向普通新汽轮机油中添加 T746 时，其汽轮机油系统必须经过彻底冲洗，然后可按其总量的 0.02%～0.03% 的比例添加。

向运行油添加防锈剂，一般应结合大修进行。在添加 T746 前应做好下述准备工作：首先应用净油机去除运行油中的水分和杂质，并对运行油进行液相锈蚀试验和主要理化指标分析，通过锈蚀试验确定添加的剂量；其次，为了使 T746 防锈剂更好地在金属表面上形成牢固的保护膜，防止已经在设备表面形成的腐蚀产物在添加防锈剂后剥离沉积，在添加防锈剂前，应将油系统中的运行油全部排净，对系统的管路、油箱等各部位进行彻底的清洗和清扫，使油系统内无机械杂质，系统中的各部件表面露出洁净的金属面，并做好金属表面状况的详细记录，便于以后检修时，进行检查对比，考察防锈效果。

添加方法是将滤好的运行油重新注入机组的主油箱，根据运行油量计算出所需的防锈剂量；然后将防锈剂用运行油配成约 10% 的浓溶液。为加速 T746 的溶解，配制时可将油温加热至 60℃ 左右，最后将配成的浓溶液，用滤油机注入油箱内，并用滤油机循环搅拌，使药剂混合均匀。

T746 防锈剂在运行中，会因逐渐消耗而影响防锈效果，因此，应定期做液相锈蚀试验，如发现金属试棒上有锈斑，则应及时补加，补加量一般为 0.02% 左右。补加一般可在运行条件下进行，即配成浓溶液后，用滤油机注入油箱即可，毋需用滤油机循环搅拌，这项工作由系统自身循环来完成。

应该指出的是 T746 防锈剂本身是一种有机二元酸，因此，在汽轮机油中添加了 T746 后，其油品的酸值会相应增加，这种增加不会造成不良后果，但需要调整酸值的运行控制标准。

（3）破乳化剂的添加。通常新汽轮机油中都不应含有破乳化剂，新油的破乳化度必须合格，不能靠添加破乳化剂来改善其破乳化指标。起破乳化作用的表面活性剂种类很多。但能满足汽轮机油要求的却较少，一般汽轮机油要求破乳化剂应具有下述特性，即不需有机助溶剂可直接溶于油中，具有良好的化学稳定性和氧化安定性，具有显著的破乳化效果，且几乎不溶于水，以免消耗过快。

目前在生产上常用的破乳化剂有氧化烃聚合物（SP 或 BP 型）、聚氧化烯烃甘油硬脂酸脂（GPES 型）、聚氧乙烯聚氧丙烯甘油硬酸酯（GPE$_{15}$S-2 型）等，其添加含量在万分之一左右，就具有良好的破乳化效果。其中 GPE$_{15}$S-2 型破乳化剂应用较普遍。

在添加 GPE$_{15}$S-2 型破乳化剂前，首先用滤油机除去油中的水分和机械杂质，然后用运行油配成约含 0.1％左右的添加剂浓溶液，在实验室中进行不同比例的破乳化度小型试验，确定其最佳的添加剂量。根据实验结果，用运行油配成含 0.1％左右的 GPE$_{15}$S-2 型添加剂浓溶液，经滤油机注入汽轮机主油箱，利用油系统的自身循环或滤油机循环过滤，使破乳化剂混合均匀。

破乳化剂在运行中会逐渐消耗。需不定期补加，补加时间根据试验结果确定。一般当破乳化度大于 30min 时，就要进行补加。对于运行中汽轮机油破乳化度超标，破乳化剂的添加量约为 10mg/kg 左右。补加方法与添加方法基本相同。

（4）甲基硅油消泡剂的添加。汽轮机油在运行过程中，由于氧化劣化作用而产生一些环烷酸、皂等表面活性物质，这样在油系统的强迫循环时，油品与油面上的空气产生激烈的碰撞、搅动，就会在油中留有气泡。油面上形成泡沫。泡沫和气泡体积达到一定的程度，油泵因气蚀会使油压提不上去或不稳，影响油的循环，难以形成良好的润滑油膜，最终导致设备磨损，严重时甚至会酿成化瓦事故。另外，泡沫过多时，油会从油箱顶部溢出，造成跑油或油箱油位不清。为了有效地解决汽轮油产生泡沫的问题，通常的做法是在润滑油中添加消泡剂。实践证明消泡剂虽不能预防润滑油产生气泡，但它却能吸附在已形成的泡沫表面上，使泡沫膜表面张力下降，而使泡沫破裂。

应用于润滑油的消泡剂，主要有二甲基硅油、二甲基聚硅氧烷、二甲基硅酮和非硅型等添加剂，其中以二甲基硅油应用最为普遍。

用作汽轮机油消泡剂的二甲基硅油，其 25℃的运动黏度为 1000～10 000mm^2/s，添加量一般为 10mg/kg 左右。

二甲基硅油较好地分散在润滑油中，是取得良好消泡效果的前提。硅油的分散状态，对润滑油的消泡效果有很大的影响。实践证明，将硅油液滴分散至 10μm 以下，消泡效果最好。若硅油液滴过大，则会因硅油比重大，在油中产生重力沉降，难以与形成的泡沫充分接触，而达不到预期的消泡效果。

在实际应用中，一般只在产生泡沫的汽轮机油中添加硅油，切忌添加过量。为了使硅油能较好地与泡沫直接接触，并能良好分散，通常的做法是将 10 号柴油加温至 50～60℃，在高速机械搅拌下，配成 10％左右的硅油-柴油溶液。然后用喷雾器将其喷洒至汽轮机油箱的泡沫表面上。随着喷洒的进行，泡沫会迅速消失。

（5）新型添加剂。除上述四种汽轮机油常用添加剂外，在市场上，还推出了很多新型特效添加剂。它们虽确有抗磨、节能等效果，但对汽轮机油的乳化、空气释放值等指标也有不利的影响。若这类特效添加剂，还没有在大型发电机组长期使用的经验，建议用户慎用。

特效添加剂是改善汽轮机油某些性能指标的有效手段，但不是最根本的解决办法。最根本的解决办法是提高机组的安装、检修质量，提高机组的运行水平。向运行汽轮机油中添加特效添加剂，只是一种不得已而为之的辅助方法。

四、颗粒污染控制与监督检测

（一）固体颗粒污染物危害

汽轮机润滑系统中，油品的清洁度是保证发电机组安全经济运行的必要条件。运行汽轮机油中产生和侵入的各类污染杂质，有些会降低油品的理化性能指标（如老化产物、水分、空气等），间接影响机组的运行安全；有些虽不会明显影响油品的理化性能指标，如固体颗粒污染物，但会对运行系统中的装置、部件构成直接危害。

在润滑、液压调速共用的汽轮机油系统中，固体颗粒会使液压调速特性恶化，导致滑负荷、事故保安控制装置拒动等事故；汽轮机在盘车时油膜厚度非常小，约为 $4\mu m$，而在机组运行过程中，轴承、轴颈间油膜厚度在 $10\sim150\mu m$ 之间，因此，固体颗粒的存在，将会造成轴承、轴颈的表面磨损划伤，导致轴承承载能力降低和温度上升，严重时酿成化瓦事故。小于最小油膜厚度的固体颗粒，虽然不会直接造成摩擦副的损伤，但因其数量很大，高速流动时具有磨料的作用，会导致精密部件的磨蚀、磨损。

另外，微小的固体金属颗粒：对油品具有一定的催化裂解作用，会加速油品的老化，从而影响油品的理化性能指标。

（二）颗粒污染检测方法

在 DL/T 432—2018《电力用油中颗粒度测定方法》中规定了自动颗粒计数仪法和显微镜法测定磷酸酯抗燃油、涡轮机油、变压器油及其他辅机用油颗粒度的方法。也有称重法测定颗粒污染的方法，但其检测的是污染物的总量。这种方法虽然简便易行，但所测定的数据，对运行设备安全指导意义较差，因而电力系统很少采用。

1. 自动颗粒计数仪法

自动颗粒计数仪一般均采用激光作光源，当样品通过毛细管或检测池时，扫描的激光束的投过率、消光值、折射系数等参数会发生变化，其变化的幅度与样品中含有的颗粒大小成正比，连续记录、累计这种变化量，就得到了固体颗粒的粒径大小和数量。仪器能测定粒径的最小尺寸不大于 $5\mu m$（ISO 4402 校准）/$6\mu m$（ISO 11171 校准）。

激光束的投过率、消光值、折射系数等参数的变化量，与颗粒大小的比例关系，通过含有已知粒径的标准颗粒样品进行标定。当然，如前所述，标定的方法不同，其测量的结果也不同。

由于油品中不可避免含有一定量的空气。测定过程中，油中溶解的空气在进入毛细管或检测池时，会产生气泡，而影响激光束的参数，导致测定结果偏大。故在测定前，必须对样品进行脱气处理。

该方法的优点是仪器自动化程度高，检测操作简便，分析速度快；其缺点是仪器价格昂贵，水分、空气对测定结果有影响，且需要进行定期标定。

2. 显微镜法

该法是将 100mL 样品倒入装有 5μm 滤膜的赛氏漏斗，然后用清洁的玻璃片盖上，启动真空泵，使油滴滴入过滤瓶内。油滴过滤的快慢取决于油品的运动黏度和清洁度。过滤完成后，关闭真空泵，拆开赛氏过滤器，用镊子轻轻将滤膜夹放在清洁的玻璃片上，再在上面放上另一片清洁的玻璃压紧，放在单目双物镜的显微镜（左右光路放大倍率 50 倍和 150 倍）或投影仪下，计数一定面积内不同颗粒粒径（因颗粒不规则，按颗粒的最大直径作为颗粒粒径）的颗粒数，根据滤膜的面积分别计算不同粒径的颗粒总数。

该方法的优点是，颗粒粒径测量准确，仪器毋需校准，仪器价格相对低廉；缺点是人工计数颗粒困难，尤其是清洁度差的样品，因颗粒过多更难计数。

为了克服这种方法的缺点，目前现场多采用对比显微镜法（DL/T 432—2018《电力用油中颗粒度测定方法》），即仪器厂商按 ISO 标准、NAS 和 MOOG 标准的污染等级，做出相应等级的标准模板，部标按 SAE AS4059F 颗粒度分级标准定 8 级。测定时，在显微镜下把测量样品与标准模板进行对比，找出与样品清洁度接近的标准模板，该标准模板的污染等级就是样品的污染等级。

3. 称重法

该方法与显微镜法类似，需对样品进行过滤，其过滤方法也基本相同。不同的是在滤膜的孔径更小，过滤器上同时装两片滤膜，上面的滤膜称为检测滤膜 A，下面的滤膜称为校正滤膜 B。其操作步骤是，用已过滤合格（一般应达到 MOOG 标准 0 级）的石油醚冲洗漏斗，待溶剂抽干后，取出滤膜放在清洁的培养皿内，置于恒温 80℃的烘箱内 30min，取出滤膜置于干燥器内冷至室温，用分析天平称重至 0.1mg，记录两片滤膜的质量；将称重过的两片滤膜按相同的方法再次装到过滤器上，把 100mL 样品倒入漏斗过滤，样品滤完后用约 50mL 石油醚冲洗样品容器及漏斗，并淋洗到滤膜无油渍，再取出滤膜，按前述相同的方法烘干、称重，分别得到滤膜和截留杂质的质量。过滤后，滤膜质量的增加值即为样品所含固体颗粒污染物的质量。采用两片滤膜，是为了消除滤膜本身在过滤过程中可能发生的质量变化。

4. 测定颗粒污染应注意的几个问题

（1）采样的代表性，是分析测定中的首要问题。油品中的固体颗粒因重力沉积，易造成油品中颗粒分布的不均匀，所以样品必须在系统正常循环流动的状态下，从冷油器采集。静态采集的样品代表性较差。

（2）采取正确的方法采集样品，防止外界污染。颗粒的外界污染主要来自三个方面：一是环境空气的污染，因空气中悬浮着大量的固体尘埃，在没有采取空气隔离措施的情况下，采集的样品会受到空气中浮尘的污染，使样品的代表性变差；二是采样容器的污染，采样容器必须在试验室内，用经过滤合格的水或溶剂彻底清洗，密封保存，使用时再用样品油冲洗一次至二次；三是取样阀门的污染，采样前必须把取样阀门周围的灰尘擦净，开启阀门排放小量冲洗油后，再采集样品。

（3）测定前样品要摇匀。为防止容器内样品因颗粒沉积造成分布不均，进行测定前，必须把样品要摇匀，然后再取样检测。

（4）用自动颗粒计数仪进行测定时，要注意样品中溶解的空气和含有游离水带来的测定误差。

（三）油品颗粒污染控制和等级评定

1. 汽轮机油颗粒污染控制标准

理论上，应根据汽轮机油系统中最小油膜厚度的要求，滤除全部大于 $10\mu m$ 的固体颗粒。但由于固体颗粒形状的不规则性和系统的复杂性以及过滤技术的限制，要达到这一要求是不现实的。

为了最大限度地降低大直径的颗粒数量，多数发电公司在润滑系统轴承进油口前安装 $100\mu m$ 的滤网，而在推力轴承前安装 $50\mu m$ 的滤网加以保护。

依据 GB 7596—2017《电厂运行中矿物涡轮机油质量》中规定采用 SAE AS4059F 的分级标准，且颗粒污染等级≤8 级。

2. 油品颗粒污染的等级评定

在实际检测中，所检测的结果，不可能正好与表中所列的每个等级中的每个区间颗粒个数一一对应，所以就存在着如何根据检测结果正确的判定污染等级的问题。

一般的评定颗粒污染等级的原则是若测试数据在两个等级之间，按下一个污染等级定级；若测试数据，每个区间颗粒度数的污染等级不同，按照其中的最大等级定级。另外，油务监督检测人员除能正确地评定颗粒污染等级外，还应具有对检测数据的分析判断能力。一般来说，颗粒度的检测数据符合小颗粒个数多于大颗粒个数的规律，即小颗粒的污染等级高，大颗粒的污染等级低。因此，若检测数据出现大颗粒的污染等级高于小颗粒的污染等级的异常情况时，就应考虑采样容器是否洁净、取样方法是否得当、样品是否可能受到污染、检测方法是否正确等问题。

从取样量对检测结果进行修正，100mL 取样量时，测量值即为报告值；若样品量小于 100mL，如为 50、25、12.5mL 时，则测量值加上 1、2、3 级后作为报告值；若样品量大于 100mL，如为 200、400mL 时，则测量值减少 1、2 级后作为报告值。

第四节　油品净化与废油再生处理

所谓油的净化处理，就是通过简单的物理方法（如沉降、过滤等）除去油中的污染物，使油品的某些指标达到要求，如绝缘油的耐压、微水含量和 $\tan\delta$ 等。

一般来说，新油在运输、保存过程中或油品在运行中，不可避免地被污染，油中混入杂质和水分。使油品的某些性能变坏并加速油的氧化，为此，必须经过净化处理。油的净化方法很多，根据油品的污染程度和质量要求选择适当的净化方法。

一、沉降法净化油

该法亦称重力沉降法是利用在浊液中，固体或液体的颗粒受其本身的重力作用而沉降的原理，除去油中悬浮的混杂无和水分等。混杂无的密度通常都比油品大，当油品长时间处于静止状态时，利用重力作用的原理，可使大部分密度大的混杂无从油中自然沉降而分离。

液体中悬浮颗粒的沉降时间可根据斯托克斯定律，从公式可以看出浊液中悬浮颗粒的沉降时间是与颗粒大小/密度以及液体的密度和黏度有关。当悬浮颗粒的密度和直径愈大，液体的密度和黏度愈小时，沉降的时间愈短。如果颗粒直径小于 $100\mu m$ 时则成为胶体溶液，分子的布朗运动阻碍了颗粒的沉降。在该情况下，也可能生成较稳定的乳化液，此时就应加破乳化剂，否则无法沉降。

沉降与油的温度有关；绝缘油最好在 $25\sim35℃$，汽轮机油在 $40\sim50℃$ 的范围内；油的黏度适宜，有助于沉降。如果油品的黏度很大，沉降温度可高些，但不要太高，一方面能促使油品老化；另一方面因热对流厉害，不利沉降。

沉降的速度与油层的高度有关，油层高沉降需时间长。沉降槽直径与高度之比，最好为 $1.5\sim2$ 倍，但由于直径过大，占地面积大。一般采用直径与高度比为 $1:1$ 为好。沉降槽下部应作成锥形，以利排放污物。

沉降法净化油比较简单，但不彻底。只能除去油中大量水分和能自然沉降下来的悬浮物。一般先将油品沉降后，在选择其他净化方法。这样可省药剂，缩短净化时间，能保证净化质量，降低成本。

二、压力过滤净化油

利用油泵压力将油通过压力式过滤机的具有吸附及过滤作用的滤纸（或其他滤料），除去油中杂物，达到油净化之目的，称压力式过滤净化。

过滤材料有滤纸（粗孔、细孔和碱性）、致密的毛织物、钛板和树脂微孔膜等。这些过滤材料的毛细孔必须小于油中颗粒的直径。压力式滤油多采用滤纸作过滤材料，因为它不仅能除去机械杂质，而且吸水性强，能除去油中少量水分。若采用碱性滤纸还能中和油中微量酸性物质。

钛板和树脂微孔膜，是近几年发展起来的过滤材料。电力系统刚刚引用，对除去油中微细杂物（过滤精度为 $0.8\sim5\mu m$）和游离碳有明显效果。

滤油的工作原理是当油流经滤纸但油温过低时，由于油的黏度较大及水分在油内形成结晶分子，因此水分子不易被滤纸吸收。只能当油的温度增加时，使水的活性增加，水分才易被滤纸吸收。

滤纸一般采用工业用吸附纸。由于它的纤维结构组织稀松，形成纵横交错的多孔状，水分就可渗透入滤纸孔内。在不太高的压力下（$0.15\sim0.3MPa$），以毛细作用始终附着于孔内。经验表明为了使滤纸更好地滤去水分，油的加温预热度最好为 $35\sim45℃$（汽轮机油可高些）。滤纸的干燥程度也很关键，因为它决定滤油的工作效率和清除水分是否彻底。滤纸的干燥需在专用的烘干箱内进行的。当干燥温度为 $80℃$ 时，干燥时间为 $8\sim16h$；温度为 $100℃$ 时，时间为 $2\sim4h$。

如果油的预热温度达到 $80\sim100℃$，则由于水分活度特别加强，在油压的作用下，所能流动的力完全大于水分的毛细吸附力。油中的水分就可直接通过滤纸，而不被滤纸所吸附。

压力式滤油机的正常工作压力为 $0.1\sim0.4$ MPa（视油品与温度而异）。在过滤中，如果压力逐渐升高，甚至超过 $0.5\sim0.6$ MPa 时，说明油内污染物过多，填满了滤纸空隙的缘故。因此必须更换新鲜的干燥滤纸。

当油通过滤纸时，一方面滤掉了水分，又可滤出油中固体污染物，如机械杂质、游离碳、油泥等，从而提高绝缘油的绝缘强度。

滤纸的厚度通常是 $0.5\sim2.0$ mm。由于在滤纸和滤框之间一般放置 $2\sim4$ 张滤纸，所以在更换滤纸时，最好以滤框两侧的第一张换起，在层滤纸抽出一张的同时，可将更换的一张滤纸放入靠近滤板的一面。实践证明，这种更换方法，既可节省滤纸，有能收到良好效果（与每层滤纸同时更换相比）。

压力式滤油机主要用于滤去油中的水分和污染物，用来提高电气用油的绝缘强度，目前广为采用，效果很好。但随着高电压大容量设备的出现，对超高压用油的绝缘强度、微水含量、含气量和 $\tan\delta$ 有更高的要求，单靠压力式滤油机净化油，远不能满足要求，为此要与真空滤油配合使用，才能收到良好效果。

采用压力式滤油机净化油，提高电气用油绝缘强度，与空气湿度有关；湿度大，滤油效果不好，最好在晴天和湿度不大的情况下滤油。

三、真空过滤法净化油

此种方法借助于真空滤油机，油在高真空和不太高的温度下雾化，脱去油中微量水分和气体；因为真空滤油机也带滤网，所以亦能除去杂质污染物，如果与压力式滤油机串联使用，除杂效果更好。

这种净化处理适用范围很广；不仅能满足一般电气设备用油的净化需要，而且对高电压、大容量电气设备用油的净化效果尤其明显。对脱出油中气体（包括可燃气体），也同样具有明显效果。

真空滤油机系统是由一级滤器（粗滤网）、进油泵、加热器、真空罐、出油泵、二级滤器（精滤网）、真空泵和冷藏器等组成。真空罐由罐体、喷嘴、进出油管及填充物（瓷环）所组成。配有两个真空罐的真空滤油机，称二级真空滤油机，其脱水和脱气效果更好。

真空滤油机的工作原理是按油路流程，当热油流经真空罐的喷雾管，喷出极细的雾滴后，油中水分（包括气体）便在真空状态下因蒸发而不负压抽出，而油滴落下又回到下部油室由出油泵排出。油中水分的气化和气体脱除效果，取决于真空度和油的温度，真空度越高，水的气化温度越低，脱水效果越好。

目前国内生产的高真空滤油机，均采用两级真空，一般压强不超过 1.33×10^2 Pa（几乎全真空）；并且带有加热装置。油温可控制在 $30\sim80℃$，由于这些设备都具有加热和高真空的功能，所以对油中脱气，提高闪电和油中脱水都具有较好的效果。

目前还有分子净油机，主要系统中增加了吸附质过滤器。对超高压电气设备用油，只有采用真空净化处理，才能达到使用要求；采用一般净化处理是不行的。

四、离心分离法净化油

当油内含有过多水分，特别含有乳化水分时，利用压力式滤油机不能达到高效率的净化，必须采用离心分离法，离心分离净化油是通过离心分离机来实现的。

油的离心净化是基于油、水及固体杂质三者密度不同，在离心力的作用下，其运动速度和距离也各不相同的原理。油是最轻，聚集在旋转鼓的中心；水的密度稍大被甩在油质的外层；油中固体杂质最重被甩在最外层；并在鼓中不同分层处被抽出，从而达到净化油之目的。这种方法对含有乳化水的油品效果则更显著。

离心式过滤油机主要靠高速旋转的鼓体来工作；它是一些碗形的金属片，上下叠置，中间有薄层空隙，金属片装在一根主轴上。操作时，由电动机带动主轴，高速旋转（6000～10 000r/min），产生离心力，使油、水和杂质分开。在正常工作时，脏油从离心滤油机的顶部油盘进入（一般离心机有开口和闭口两种）。向下流到轴心四周，由于轴的高速旋转，产生离心力，混入油中的水分和杂质与油分离，向外飞出，油升入碗形金属片的空隙中经过各个薄层逐渐向上移动，如果这时杂质与油分离后，由不同出口排除，这样就达到净化目的。

离心分离主要用于汽轮机油的净化，一是含水多，二是乳化油。其特点有三：①方法简单，操作方便；②可以安装在油系统管路上，在汽轮机正常运行中使用；③离心分离旋转速度快，能甩掉油中大量的水分和固体污染物（包括氧化产物—油泥），因而延缓了油品的氧化。

五、联合方法净化油

以上介绍的几中净化油的方法，各有其特点。至于采用哪种方法净化油这一方面要看油的污染程度；另一方面还要考虑对处理后油质的要求。如大型变压器用绝缘油、对油中含水量、含气量要求较严格，在采用净化油的方法时，可采用压力过滤法（主要去掉杂质）和真空过滤或二级真空过滤法（去掉水分和气体）联合净化，才能达到满意的效果。又如汽轮机含水量较多时可采用离心分离净化法（先甩去大量水分）和压力过滤净化法联合净化，既经济又可以得到较好的效果。

六、油的净化指标

1. 绝缘油新油的净化指标

按 GB 2536—2011《电工流体 变压器和开关用的未使用过的矿物绝缘油》、SH 0040—1991（1998 年确认）《超高压变压器油》、GB 4624—1984（1998 年确认）《电容器油》、SH 0351—1992（1998 年确认）《断路器油》等标准，进行有关项目的净化验收。

按 GB/T 7595—2017《运行中变压器油质量》进行监督。

2. 汽轮机油的净化指标

（1）新油。按 SY 1230—1983《防锈汽轮机油》、GB 11120—2011《涡轮机油》等标

准进行有关项目的净化验收。

（2）运行油。按 GB 7596—2017《电厂运行中矿物涡轮机油质量》进行监督。

七、废油的再生处理

油在使用过程中，由于长期与空气接触，逐渐氧化变质，生成一系列的氧化产物，使其原来优良的理化性能和电气性能变坏，以致达到不能使用的地步，这种油称为废油。在废油中一般氧化产物所占比例很少，为 1%～25%，其余 75%～99% 都是理想成分。废油再生就是利用简单的工艺方法去掉油中的氧化产物，恢复油品的优良性能。

废油再生前一般要经过物理净化，可选沉降、过滤、离心分离和水洗等预处理方法。废油再生方法很多，按原理分为物理-化学法和化学再生法两类。需在再生前根据油的种类和劣化深度，以及对再生后油品的要求等，通过小型试验，选择单独或联合使用再生方法，提高经济效益，又有利于环境保护。

（一）物理-化学法

电厂中常用的是吸附剂再生法，主要包括凝聚、吸附等单元操作。此法是利用吸附剂有较大的活性表面积，对废油中的氧化产物如酸和水有较强的吸附能力，使吸附剂与废油充分接触，从而除去油中有害物质，达到净化再生的目的。

吸附再生法一般有接触法和过滤法两种方式。

1. 接触法

接触法主要采用粉末状吸附剂（如活性白土、801 吸附剂等）和油直接接触的再生方法。

2. 过滤法

过滤法主要采用粒状吸附剂，将吸附剂装入特制的罐体中，将废油通过吸附罐，达到净化再生的目的。此种方式多用于设备不停电的情况，带电过滤吸附处理油，热虹吸器和汽轮机油运行中再生均属此种类型。

（二）化学法

化学法主要包括硫酸-白土再生油和硫酸-碱-白土再生油。

1. 硫酸-白土再生油

此法是目前处理再生废油比较普遍的一种方法。作用机理是硫酸与油品中的某些成分极易发生反应，而在常温下不与烷烃、环烷烃起作用，与芳烃作用也很缓慢；因此酸处理如果条件控制的好，基本不会除去油中理想组分。硫酸的作用是对油中含氧、硫和氮起磺化、氧化、酯化和溶解作用生成沉淀的酸渣；对油中的沥青和胶质等氧化产物主要起溶解作用；对油中各种悬浮的固体杂质起凝聚作用；与不饱和烃发生酯化、叠合等反应。白土能吸附硫酸处理后残留于油中硫酸、磺酸、酚类、酸渣及其他悬浮的固体杂质等，并能脱色。

2. 硫酸-碱-白土再生油

此法适用于劣化特别严重的废油，酸值在 0.5mgKOH/g 以上，用以上的再生方法得不到满意的效果时，可采用这种方法再生。

碱的作用是一方面与油中环烷酸、低分子有机酸反应；另一方面与硫酸、磺酸和酸性硫酸酯反应，生成可溶性的盐和皂。

3. 油品的脱硫处理

（1）油中 H_2S 气体可用加热的方法或 5% 的苛性钠溶液碱洗除掉。

（2）油中的硫醇（RSH）可用 20% 以上的浓碱液除掉。

（3）油中硫醚（RSR）等，能溶于浓硫酸被除掉。

（4）元素硫可通过加热的方法除掉。

4. 低闪点绝缘油的处理

正常运行的绝缘油，其闪点不会降低。油品闪点降低的原因：一是油中混入轻质油；二是电气设备运行中内部产生故障。

低闪点一般采用减压蒸馏法或真空脱气法。因减压蒸馏法操作比较麻烦，所以一般多采用真空脱气法。

第五节　SF_6 及其监测

SF_6 气体具有优良的灭弧性能和绝缘性能以及良好的化学稳定性，从 20 世纪 50 年代末开始被用作高压断路器的灭弧介质，从 60 年代中期起，SF_6 被广泛用作高压电气设备的绝缘介质，也推广应用于配电网络如 SF_6 气体绝缘的开关柜和环网供电单元等。

一、SF_6 气体的基本特性

1. 物理性质

SF_6 是由卤族元素中最活泼的氟（F）原子与氧族元素硫（S）原子结合而成的。其分子结构是由六个氟原子处于顶点位置，而硫原子处于中心位置的正八面体，见图 16-1。

（1）SF_6 重要物理性质。SF_6 在常温、常压下为具有高稳定性、无色、无嗅、无毒、不燃的气体。其重要物理性质如表 16-4 所示，由于 SF_6 的密度为 $6.089mg/cm^3$（20℃），约是空气密度的 5 倍。由于 SF_6 比空气密度大得多，因此空气中的 SF_6 易于自然下沉，因而具有强烈的窒息性。SF_6 气

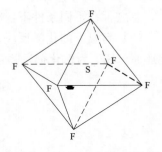

图 16-1　SF_6 分子结构示意图

体的导热系数虽然比空气小，热导能力较差，只有空气的 2/3，但是定压比热为空气的 3.4 倍，其对流散热能力比空气好，故其综合表面散热能力比空气更优越。

表 16-4　　　　　　　　　　　SF_6 重要物理性质

名称/单位	数值
熔点（℃）	−50.8
升华温度（1 个大气压下，℃）	−63.8
临界温度（℃）	45.6

续表

名称/单位		数值
临界压力（MPa）		3.76
相对介电常数（1atm，25℃）		1.002
导热系数（1个大气压下，30℃）/[W/(m·K)]		0.0147
密度	气态（1个大气压下，20℃）/mg/cm³	6.089
	液态（1个大气压下，−50℃）/g/cm³	1.880

（2）SF_6 在不同溶剂中的溶解度：

1）SF_6 气体在水中的溶解度。SF_6 气体在水中的溶解度很低，且随着温度的升高而降低，25℃时溶解度为 $5.44cm^3 SF_6/kg$ 水，50℃时溶解度为 $3.52cm^3 SF_6/kg$ 水。

2）SF_6 在极性和非极性溶剂中的溶解度。SF_6 气体微溶于水、醇及醚，可溶于氢氧化钾，易溶于变压器油和某些有机溶剂中。其在油中的溶解度也随着温度的升高而降低，27℃时溶解度为 $0.408cm^3 SF_6/cm^3$ 油，50℃时溶解度为 $0.344cm^3 SF_6/cm^3$ 油。

2. 化学性质

（1）热稳定性。由于 SF_6 分子呈正八面体结构，且键合距离小，键合能量高，故其稳定性在不太高的温度下，接近惰性气体的稳定性。纯 SF_6 在 $500\sim600℃$ 温度下亦不分解。

（2）高能粒子辐射下的化学反应。SF_6 在多种高能粒子辐射下，例如 γ 射线、红外线、紫外线以及低能量电子的轰击下，作为一种特殊的电子受体，会影响最终反应产物的组成。例如水中溶解了 SF_6 气体，在 γ 射线的辐射作用下，产生大量的氟离子；而 SF_6 与 NO_x 的混合物在红外线的照射下，则会产生 SOF_2；SF_6 在光子的作用下，又会产生 SF_6^+、SF_4^{2+}、F^- 等离子或原子。

总之，在不同条件下，SF_6 的辐射产物的组成同样复杂多变。

（3）高温下的化学反应。SF_6 在一定的温度下，可以与若干化学活性强的物质发生氧化还原（SF_6 为氧化剂）、置换或其他反应，例如：

$$SF_6 + nNa \xrightarrow{>250℃} SF_{6-n} + nNaF$$

$$SF_6 + H_2 \xrightarrow{加热} H_2S + F_2$$

$$SF_6 + UO_2 \xrightarrow{750\sim900℃} UF_6 + SO_2$$

用差热分析法发现，绝大多数金属在 $500\sim600℃$ 时，均可与 SF_6 反应，生成各类金属氟化物。

3. 电气性能

（1）绝缘性能。

1）电负性。SF_6 气体优异的电气性能是由 SF_6 的电负性决定的。所谓电负性就是分子或原子吸收自由电子形成负离子的特性。

SF_6 具有很强的电负性，容易与电子结合并形成负离子，削弱电子碰撞电离的能力，阻碍电离的形成和发展。SF_6 气体的分子量大，是空气的 5 倍，形成的 SF_6 离子的运动速度比空气中氮、氧离子的运动速度更小，正负离子间更容易发生复合作用。从而使 SF_6 气体中节电质点激活，阻碍了气体放电的形成和发展，绝缘介质不易被击穿。且由于 SF_6 的电子截面积极大，具有极强的吸附电子的能力，SF_6 的电子亲和力高达 3.4ev，所以 SF_6 具有优良的绝缘性能。

2）SF_6 气体的绝缘特点。电场均匀性对击穿电压的影响，在 0.1MPa 气压下远比空气的大，而在高气压下和空气的击穿特性相近。充 SF_6 气体的电气设备的冲击击穿特性是放电时延长，冲击系数大，击穿电压随冲击波波头时间的增加而减少，负极性击穿电压比正极性低。

在均匀、不均匀电场中，在 0.1MPa 压力下，空气的击穿电压和电极的表面状态及材料的关系不大。而在高压气下，击穿电压与电极表面状态有很大的关系，电极表面粗糙度对 SF_6 绝缘的击穿电压的影响，和电压、电压波形、极性等因数有关。气体中存在导电粒子也会显著的降低击穿电压，这成为了气体绝缘电气设备的一个故障因素。

（2）灭弧性能。SF_6 是优良的灭弧介质　在交流电弧的熄灭中起决定作用的是 SF_6 的电负性，以及 SF_6 独特的热特性和电特性。SF_6 的灭弧能力比空气、绝缘油等介质优越的原因主要表现在以下方面：

1）电负性强，容易发生复合。即使在电弧作用下 SF_6 发生分解，它也不会像绝缘油那样产生能导电的碳原子，而是产生电性能类似于 SF_6 的低氟化合物和氟原子。这些分解产物都具有较强的电负性，在电弧中能吸收大量的电子，从而减少了电子密度，降低了电导率，促使电弧熄灭。

另外，由于 SF_6 分子捕获电子后，形成的 SF_6^- 离子运动速度慢，SF_6^- 与 SF_6^+ 复合形成 SF_6 的概率增加，有利于电弧的熄灭。

2）电弧时间常数较小。电弧时间常数是指电弧突然消失后，电弧电阻增大到初始值 e 倍所需时间，它表示电导减小的速度，是反映灭弧速度的一个重要指标。电弧时间常数越小，表明弧柱温度或热量变化越小，灭弧能力越强。即使在静止状态下，SF_6 的电弧时间常数也是极小的，要比空气等介质的小两个数量及以上，加上 SF_6 分子在电弧作用下分解后的迅速复合能力（$10^{-5} \sim 10^{-4}$ s），使其具有强灭弧能力。

此外，SF_6 气体的负电性也是形成优异灭弧性能的另一因素。在弧焰区和弧后恢复阶段，负电性起很重要作用，它使弧隙自由电子减少，电导率下降，介质温度提高。

3）优良的热化学性能。SF_6 气体分解温度（2000K）比空气（占绝大多数的 N_2 的分解温度为 7000K）的低，所需的分解能（22.4eV）又比空气的（9.7eV）高，因此分子在分解时吸收的能量多，对弧柱的冷却作用强。而在相应的分解温度上，SF_6 气体热导率很高，有利于散热和灭弧。

二、SF_6 气体的质量与检测标准

1. SF_6 新气的质量监督

（1）检验出厂。工业 SF_6 出厂前应由生产厂的质量检验部门进行检验，应保证每批出厂的产品都符合国家标准的要求。每批出厂的 SF_6 都应附有一定格式的质量证明书，内容包括生产厂名称、产品名称、批号、气瓶编号、净重、生产日期和标准编号。气瓶应喷涂

油漆，漆色和字样应符合国家标准，气瓶标签应标明生产厂称、产品名称、批号、气瓶编号及商标。

（2）用户检验。使用单位在 SF_6 新气到货后，应检查气瓶漆色和字样、安全附件、分析报告和无毒合格证。在 SF_6 新气到货的一个月内，应按《SF_6 气瓶及气体使用安全技术管理规则》和 GB/T 12022—2014《工业六氟化硫》中的有关规定抽样分析复核主要技术指标。

取 SF_6 新气样时，可按 GB/T 12022—2014《工业六氟化硫》取样规程操作。由于 SF_6 在钢瓶中是呈液态贮存的，液面上可能有少量蒸汽，为能从液相取到有代表性的样品，通常将钢瓶斜置，以利于取样。现场生产通常中让钢瓶直立，从上部取样检测。

表 16-5 　　　　　　　　　　　　　　　SF_6 新气体质量标准

序号	项目	单位	指标	方法
1	四氟化碳（CF_4）	质量分数，%	≤0.05	DL/T 920—2019《六氟化硫气体中空气四氟化碳、六氟乙烷和八氟丙烷的测定气相色谱法》
2	空气（N_2+O_2）	质量分数，%	≤0.05	DL/T 920—2019《六氟化硫气体中空气四氟化碳、六氟乙烷和八氟丙烷的测定气相色谱法》
3	湿度（H_2O）（20℃）	μg/g	≤8	DL/T 915—2005《六氟化硫气体湿度测定法（电解法）》（DL/T 914—2005《六氟化硫气体湿度测量法（重量法）》）
4	酸度（用 HF 计）	μg/g	≤0.3	DL/T 916—2005《六氟化硫气体酸度测量法》
5	密度（20℃，10 1325Pa）	g/L	6.16	DL/T 917—2005《六氟化硫气体密度测量法》
6	纯度（SF_6）	质量分数，%	≥99.80%	GB/T 12022—2014《工业六氟化硫》
7	毒性	生物实验	无毒	DL/T 921—2005《六氟化硫气体毒性生物试验方法》
8	矿物油	μg/g	≤10	DL/T 919—2005《六氟化硫气体中矿物油含量测定法（红外光谱分析法）》
9	可水解氟化物（以 HF 计）	μg/g	<1.0	DL/T 918—2005《六氟化硫气体中可水解氟化物含量测定法》

注　引自 DL/T 941—2021《运行中变压器用六氟化硫质量标准》。

取样质量标准应符合表 16-5 的要求。如验收试验新 SF_6 气体的质量不合格时，应进行退货，或由生产厂家负责处理至合格。

（3）用户存贮。验收合格的 SF_6 新气，应存贮在带顶棚的库房中。存贮气瓶严禁曝晒，严禁靠近易燃、油污地点，库房应阴凉，通风良好。气瓶要直立存放。SF_6 气体在气瓶中存放半年以上时，使用前应复检其中的湿度和空气含量，指标应符合新气标准。

2. SF_6 气体的运行监督和管理

运行设备中 SF_6 气体的质量标准和检测周期。对新 SF_6 进行上述各项试验合格后，方能严格按照操作规程，往设备中充注 SF_6 新气。在充注过程中要严防外界杂质掺入，充气后应作水分和空气含量的检测，必要时进油含量的测定。运行中的 SF_6 气体必须按照有关规程和导则，如原水电部、机械委制定的《用于电气设备的 SF_6 气体质量监督与安全导则》等的规定和要求进行监督，维修和管理工作。

DL/T 941—2005《运行中变压器用六氟化硫质量标准》规定了 110kV 及以上的运行中变压器用 SF_6 气体的质量标准，见表 16-6，运行中的电流互感器用 SF_6 气体可参照执行。

表 16-6　　　　　　　　　　运行中变压器用六氟化硫质量标准

序号	项　　目	单位	指标
1	泄漏（年泄漏量）	%	≤0.1（可按照每个检测点泄漏量≤30μL/L）
2	湿度（H_2O）(20℃，1at)	℃	箱体和开关≤−35 电缆箱等其余部位≤−30
3	空气（N_2+O_2）	%	≤0.2
4	四氟化碳（CF_4）	%	比原始测定值大 0.01% 时应引起注意
5	六氟化硫（SF_6）纯度	%	≥97
6	矿物油	μg/g	≤10
7	可水解氟化物（以计）	μg/g	≤1.0
8	有关杂质组分（CO_2、CO、HF、SO_2、SF_4、SOF_2、SO_2F_2）	μg/g	报告（监督其增长情况）

运行变压器中 SF_6 检测项目和周期见表 16-7。

表 16-7　　　　　　　　　　运行变压器中 SF_6 检测项目和周期

序号	项目	周期	方法
1	泄漏（年泄漏率）	日常监督，必要时	GB/T 11023—2018
2	湿度（20℃）	1次/年	DL/T 506—2018 或 DL/T 915—2005
3	空气	1次/年	DL/T 920—2019
4	四氟化碳	1次/年	DL/T 920—2019
5	纯度（SF_6）	1次/年	GB/T 12022—2014
6	矿物油	必要时	DL/T 919—2005
7	可水解氟化物（以 HF 计）	必要时	DL/T 918—2005
8	有关杂质组分（CO_2、CO、HF、SO_2、SF_4、SOF_2、SO_2F_2）	必要时（建议有条件 1次/年）	报告

由表 16-6 可见所谓 SF_6 运行气体的质量管理，主要是 SF_6 气体中电弧分解气体和水分的管理，即降低和去除 SF_6 气体中的电弧产物和水分。因此对于 SF_6 气体的管理，一方面是要减少新气中带入的杂质，提高设备的安装、检修质量，即减少杂质气体的来源；另一方面，则是降低和去除 SF_6 设备中已存在的或运行中产生的杂质。

对于运行 SF_6 设备内气体的管理，目前的做法是在 SF_6 设备内装填吸附剂，用吸附剂对 SF_6 气体进行净化处理。目前国内外所用的吸附剂主要是分子筛和氧化铝。

SF_6 变压器交接时、大修后的 SF_6 的质量标准也应符合 DL/T 941—2005 的要求，见表 16-8。

表 16-8　　　　　　　SF₆ 变压器交接时、大修后的 SF₆ 的质量标准

序号	项目	单位	指标
1	泄漏（年泄漏率）	%	≤0.1（可按照每个检测点泄漏值不大于 $30\mu L/L$ 执行）
2	湿度（H_2O）（20℃，10 1325Pa）	℃	箱体和开关应≤－40 电缆箱等其余部位≤－35
3	空气（N_2+O_2）	%	≤0.1
4	四氟化碳（CF_4）	%	≤0.05
5	纯度（SF_6）	%	≥97
6	有关杂质组分（CO_2、CO、HF、SO_2、SF_4、SOF_2、SO_2F_2）	$\mu g/g$	有条件时报告（记录原始数值）

3. 运行气体的监督和管理

（1）SF₆ 气体的检漏和气体泄漏的测试。运行中的 SF₆ 为气态，运行时应经常检测设备的漏气情况，定期检测 SF₆ 中电弧分解产物的组成及含量，水分及可冷凝物的含量等。

SF₆ 设备发生大量泄漏的现象极少见。若隔室发出补充气报警后，又在 30min 内出现紧急隔离报警，或明显听到气体泄漏声音，说明隔室发生严重漏气，应采取紧急措施进行隔离。大多数的情况下，SF₆ 设备都是发生轻微泄漏的。因此，在进行补充气后应立即开展查漏工作。

（2）减少和控制 SF₆ 气体中的水分含量。有水分时一些活性杂质，如 HF 和 SO_2 等对气体绝缘设备中的各种构件会产生腐蚀作用，某些分解产物还具有毒性，一旦泄漏出来会污染环境，影响人的健康。过量的水分会使气体绝缘设备的绝缘强度下降，甚至会导致设备内部闪络事故。因此，首先应保证充入电气设备的 SF₆ 气体必须合格。

对充以 SF₆ 气体作为绝缘或灭弧的电气设备，为减少和控制其内部的水分含量，在产品装配前，除要将零部件放在相应的烘干间内进行烘干处理外，同时还要求在其内部装设吸附剂。

GB/T 8905—2012《六氟化硫电气设备中气体管理和检测导则》规定了在 20℃时 SF₆ 电器设备水分含量的允许值。

（3）监视密度及压力。目前，SF₆ 电气设备的气体监视多数采用带温度补偿、具有两级报警的压力表，也有一些采用密度监视继电器，少数只采用压力表。这三种监视手段当然首选具有报警功能的压力表。

（4）补充气。SF₆ 设备发生漏气是不可避免的。按有关规定，SF₆ 设备单个隔室的年泄漏量应小于 1%，以此泄漏量计算，该隔室第一级报警需补气的时间约为 7 年，若在 7 年内发生漏气报警，说明该隔室的密封程度不合格。当 SF₆ 设备发生气体泄漏时，应立即进行补充气，一般情况下，补充气不需 SF₆ 设备停电。

三、SF₆ 气体的回收处理及再利用技术

现行 GB/T 8905—2012《六氟化硫电气设备中气体管理和检测导则》主要是依据 IEC

480 制定的。IEC 480 在 2002 年修订成为 IEC 60480，名称为《六氟化硫电气设备中气体的检测处理导则及再利用规范》。与原标准相比，修订中关注了 SF_6 气体的温室效应对环境的影响，提出了气体再生、回收及再利用的概念，侧重于 SF_6 气体的回收再利用。认为对 SF_6 电气设备的维护和管理只有严格按有关导则及规范执行，SF_6 电气设备的使用对全球环境和生态的影响才是可以控制的。国内多年来已开展对 SF_6 气体的回收及处理工作，近几年已经关注对 SF_6 的再利用工作，对减少温室效应气体的排放和保护环境起到积极的促进作用。

第十七章　电厂环保化学分析

第一节　电厂环保监测的项目概述

火电厂作为废气重点排污行业之一，在生产工艺、产污环节、污染防治措施等方面具有自己的特点。国家能源局颁布了 DL/T 382—2010《火电厂环境监测管理规定》和 DL/T 414—2012《火电厂环境监测技术规范》等规范性文件。同时根据"十二五"环境统计业务系统，2015 年火电厂烟尘、二氧化硫以及氮氧化物的排放量分别是 381.7 万 t、660.7 万 t 和 646.5 万 t，占当年废气污染物总排放量的比例依次为 22.5%、38.9% 和 38.1%。因此环境保护部门重新编制了 HJ 819—2017《排污单位自行监测技术指南 总则》、HJ 820—2017《排污单位自行监测技术指南 火力发电及锅炉》和 HJ 75—2017《固定污染源烟气（SO_2、NO_x、颗粒物）排放连续监测技术规范》等标准，用于指导火力发电厂在生产运行阶段对其排放的水、气污染物，噪声及周边环境质量影响的自行监测。

一、监测内容概述

排污单位应查清本单位的污染源、污染物指标及潜在的环境影响，且应在投入生产或使用之前制定完成监测方案，设置和维护监测设施，按照指南推荐的监测方案开展自行监测，做好质量保证和质量控制，记录和保存监测数据，依法向社会公开监测结果。监测方案内容包括单位基本情况、监测点位及示意图、监测指标、执行标准及其限值、监测频次、采样和样品保存方法、监测分析方法和仪器、质量保证与质量控制等。

1. 废气排放监测

对于有组织废气排放，净烟气与原烟气混合排放的，应在锅炉或燃气轮机（内燃机）排气筒，或烟气汇合后的混合烟道上设置监测位点；净烟气直接排放的，应在净烟气烟道上设置监测位点，有旁路的旁路烟道也应设置监测位点。污染物排放标准中有污染物处理效果要求时，应在相应处理设备进出口设监测点位。14MW 或 20t/h 及以上燃煤锅炉，SO_2、NO_x、颗粒物自动监测，汞及其化合物、氨（有使用液氨的脱硝系统选测）、林格曼黑度以季度为监测频次，更换煤种时需增加汞及其化合物的监测频次。

无组织废气排放的监测，如煤、煤矸石等在厂界设监测点位每季度测颗粒物含量，油则在储油罐周边及厂界设监测点位每季度测非甲烷总烃含量，未封闭或未做降尘处理的堆场需增加监测频次。

2. 废水排放监测

涉 14MW 或 20t/h 及以上燃煤锅炉的排污单位，最低监测频次为企业废水总排放口每月监测 pH 值、化学需氧量、氨氮、悬浮物、总磷、石油类、氟化物、硫化物、挥发酚、溶解性总固体（全盐量）、流量；脱硫废水排放口每月监测 pH 值、总砷、总铅、总汞、总镉、流量；循环冷却水排放口每季度监测 pH 值、化学需氧量、总磷、流量。

3. 环境噪声监测

厂界环境噪声监测点位设置应遵循 HJ 819—2017《排污单位自行监测技术指南 总则》中的原则，使用燃煤锅炉的单位主要关注发电机、蒸汽轮机、引风机、冷却塔、脱硫塔、给水泵、灰渣泵房、碎煤机房、循环泵房等设备作为噪声源在厂区内的分布。厂界环境噪声监测每季度至少开展一次昼夜监测，监测指标为等效 A 声级。周边有敏感点的，应提高监测频次。

4. 周边环境质量影响监测

环境影响评价文件及其批复及其他环境管理政策有明确要求的，按要求执行。

二、排放标准

废气的在线连续监测和标准要遵循 GB/T 16157—1996《固定污染源排气中颗粒物和气态污染物采样方法》和 GB/T 13223—2011《火电厂大气污染物排放标准》、DL/T 362—2016《火力发电厂环保设施运行状况评价技术规范》等规定，废水的排放应遵循 DL/T 414—2012《火电厂环境监测技术规范》等规范，以及达到环境保护部和地方主管部门要求的标准进行排放。

三、信息记录及报告

（一）信息记录

1. 手工监测的记录

（1）采样记录：采样日期、采样时间、采样点位、混合取样的样品数量、采样器名称、采样人姓名等；

（2）样品保存和交接：样品保存方式、样品传输交接记录；

（3）样品分析记录：分析日期、样品处理方式、分析方法、质控措施、分析结果、分析人姓名等；

（4）质控记录：质控结果报告单。

2. 自动监测运维记录

自动监测运维记录包括自动监测系统运行状况、系统辅助设备运行状况、系统校准、校验工作等；仪器说明书及相关标准规范中规定的其他检查项目有校准、维护保养、维修记录等。

3. 生产和污染治理设施运行状况

（1）生产运行情况：按照发电机组（适用燃煤机组）记录每日的运行小时、用煤量、实际发电量、实际供热量、产灰量、产渣量。

（2）燃料分析结果：燃煤锅炉应每日记录煤质分析，包括收到基灰分、挥发分、含硫量和低位发热量等。

（3）废气处理设施运行情况：应记录脱硫、脱硝、除尘设备的工艺、投运时间等基本情况，按日记录脱硫剂使用量、脱硝还原剂使用量、脱硫副产物产生量、粉煤灰产生量等，记录脱硫、脱硝、除尘设施运行、故障及维护情况、布袋除尘器清灰周期及换袋情况等。

4. 工业固体废物记录要求

记录一般工业固体废物和危险废物的产生量、综合利用量、处置量、贮存量，危险废物还应详细记录其具体去向。

一般工业固体废物包括灰渣、脱硫石膏、袋式（电袋）除尘器产生的破旧布袋等。

危险废物包括催化还原脱硝工艺产生的废烟气脱硝催化剂（钒钛系），其他工艺可能产生的危险废物按照《国家危险废物名录》或国家规定的危险废物鉴别标准和鉴别方法认定。

（二）信息报告

排污单位应编写监测年度报告，至少应包含以下内容：

（1）监测方案的调整变化情况及变更原因。

（2）企业及各主要生产设施（至少涵盖废气主要污染源相关生产设施）全年运行天数、各监测点、各监测指标全年监测次数、超标情况、浓度分布情况。

（3）按要求开展的周边环境质量影响状况监测结果。

（4）自行监测开展的其他情况说明。

（5）排污单位实现达标排放所采取的主要措施。

（三）应急报告

监测结果出现超标的，排污单位应加密监测，并检查超标原因。短期内无法实现稳定达标排放的，应向环境保护主管部门提交事故分析报告，说明事故发生的原因，采取减轻或防止污染的措施，以及今后的预防及改进措施等；若因发生事故或者其他突发事件，排放的污水可能危及城镇排水与污水处理设施安全运行的，应当立即采取措施消除危害，并及时向城镇排水主管部门和环境保护主管部门等有关部门报告。

（四）信息公开

排污单位自行监测信息公开内容及方式按照国家相应规定执行，并对其公开内容的真实性、准确性、完整性负责。

第二节　环保相关化学分析方法

除排放的粉尘、水、气污染物和噪声等环境影响因素需进行监督，脱硫、脱硝系统还需要按照规范进行相应的工艺性能检测，如 DL/T 986—2016《湿法烟气脱硫工艺性能检测技术规范》，保证运行的安全和经济性。

一、石灰石化学分析

石灰样品必须具有代表性和均匀性，脱硫吸收剂监督主要是固相样品（石灰石或石灰粉）和液相样品（浆液）的采样分析，固相样品在运输车或输入粉仓的管道上和粉仓的下料管道上定期采集；液相样品在其新鲜浆液槽或其输送管道上定期采集。

1. 采样

根据 GB/T 15057.1—1994《化工用石灰石采样与样品制备方法》的采样方法，对于汽车、火车采样，一个车厢为一个采样单元，汽车车厢按图 17-1（a）由 5 点采取份样，火车车厢 30t 按图 17-1（b）由 8 点采取份样，50t 或 60t 按图 17-1（c）由 11 点采取份样。

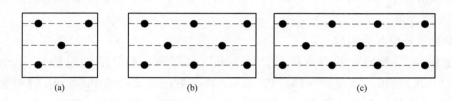

图 17-1　石灰石或石灰粉运输车辆上采样点分布
(a) 5 点采样；(b) 8 点采样；(c) 11 点采样

2. 制备

按批混合各份样为该批的样品，混合的样品需经破碎、粉碎、磨细等步骤，每步骤均应过筛、混匀并用四分法或缩分器缩分。每次缩分应按下式进行：

$$Q = Kd^2$$

式中：Q 为缩分出样品的最小可靠质量，kg；d 为样品颗粒的最大直径，mm；K 为矿石的均匀系数，石灰石为 0.1。

制备的样品全部通过 1mm 筛孔后，缩分至 0.2kg，磨细并全部通过 125μm 筛孔，再用四分法等量分取两份（一般缩分至 300～400g），装入清洁、干燥的磨口试样瓶中，一份供试验分析使用，一份作为原样保存备用。密封并注明生产单位名称、产品名称、等级、批次、采样人员及采样日期。分析项目少的情况下可根据上述公式减少取样量。样品保存期为两个月。

3. 分析

工业用石灰石的化学分析根据 GB/T 5762—2012《建材用石灰石、生石灰和熟石灰化学分析方法》进行。分析前，试样应于 105～110℃干燥 2h，然后置于干燥器中冷却至室温。分析时，必须同时作烧失量的测定，其他各项测定应同时进行空白实验，并对所测结果加以校正。

二、石膏化验方法

1. 石膏 40℃时残留水分的测量

称取大约 50g±0.1g 石膏放入已称重的表面皿中，在干燥箱中 40℃±5℃时达到恒重（至少 8h）。然后将其放入干燥器中冷却，重新称量。记录下数据，用下式计算石膏残留水分：

$$40℃ 残留水分(\%) = 减少的重量(g) × 100 / 取样时的重量(g)$$

有电子控制的具有天平的干燥装置，可以免去恒重步骤节约时间。

2. 石膏中附着氯的测定

称取 5g±0.0001g 石膏样品于 100mL 烧杯中，加除盐水 50mL，搅拌 5min，使石膏中的附着氯充分溶出，加入 5mL 的 30%的双氧水（防止亚硫酸盐干扰）加热搅拌放凉后，过滤取水样，再用 20mL 左右除盐水洗涤石膏后同样过滤收集水样，定容至 100mL。若溶液显酸性，需用氨水或氢氧化钠调节 pH 值至中性或弱碱性后再定容。取上部清液水样 1mL 除盐水稀释至 100mL 加入指示剂，用 1mg/mL AgNO₃ 标准溶液滴定至终点，记录数据计算 Cl⁻ 含量。

3. 石膏总硫酸盐的测定

取 2g 经 40℃ 干燥后的石膏样品，加 10mL 水湿润，充分摇动后静置 5min，加入 20ml(1+1)HCl 溶液，在电炉加热煮沸 3min，冷却后用滤纸过滤于 500mL 容量瓶中，冲洗滤纸后用水稀释至刻线，取 50mL 滤液，加入 15mL20%的 BaCl₂ 溶液，此时有 BaSO₄ 沉淀生成，在电炉上控制在 50℃ 加热 1～2h。然后过滤（慢速定量滤纸），用热水洗涤至无 Cl⁻（用 AgNO₃ 检验），将截留 BaSO₄ 沉淀的滤纸在 105℃ 烘箱中烘干后，放入已灼烧恒重的瓷坩埚中，在电炉上使滤纸缓慢炭化，然后盖上盖子，在 800℃ 高温炉中灼烧 1h，冷却后放入干燥器中冷至室温，称重。如此反复直至恒重。

4. 亚硫酸钙（CaSO₃·H₂O）的测定（以 SO₂ 计）

称量已在 40℃ 干燥恒重的石膏 0.5～1.0g，精确到 0.0001g，放入锥形瓶中，用 100mL 除盐水润湿，准确加入 10mL 的 0.05mol/L 碘溶液和大约 10mL 的 1∶1 盐酸，摇动锥形瓶 5min，固体应全部溶解。然后，用 0.1mol/L 的 Na₂S₂O₃ 溶液滴定过量的碘溶液，以电位法测定终点，记录消耗的 Na₂S₂O₃ 溶液体积，计算亚硫酸钙含量。

5. 碳酸钙（CaCO₃）的测定

称量约 1.0g 已在 40℃ 干燥恒重的石膏放入锥形瓶中，精确到 0.0001g，用除盐水稀释，并加入一定量的 H₂O₂（约 0.5～1mL），反应大约 5min 后，准确加入 10mL 的 0.1mol/L 盐酸，摇动溶液持续 5min，固体应全部溶解。然后用 0.1mol/L 的 NaOH 滴定过量的 HCl，记录消耗的 NaOH 体积，计算碳酸钙含量。

三、石灰石浆液的化学分析

吸收剂浆液的检测点为吸收塔循环氧化槽和循环管道的有效位置。液相部分的检测参数主要有 Ca^{2+}、Mg^{2+}、SO_4^{2-}、Cl^-、F^-、pH 值；固相部分的检测参数主要有 Ca^{2+}、Mg^{2+}、SO_4^{2-}。

人工取样时，采集浆液的容器必须是洁净的硬质玻璃瓶或塑料制品，采样前应用浆液冲洗 2～3 次，采样后迅速盖上瓶盖密封。流动样品需放掉 500～1000mL 后再采样，非流动在液面下 50cm 处取样，每次取样量不小于 500mL。每 1 个取样周期采集 5 份样品混合，采样时间根据采样周期调整。从充分混匀的混合样中取 100mL 用于测固体质量分数，取 500mL 浆液用定性滤纸过滤，滤液进行相应的检测。

1. pH 值的测定

pH 测量须在流动的浆液中进行，测量中须注意观察温度，比较手工 pH 值测定与在线 pH 值表示数。如有必要，应每天用 pH＝6.86 和 pH＝4.00 的缓冲液校准电极。在测定浆液后，应彻底地清洗电极并将其置于 3mol/L 的 KCl 溶液中。

2. 浆液密度的测定

将取样瓶中取回的吸收塔排液或石灰石浆液充分摇匀，在搅拌子不断搅拌下，用无尖嘴碱式滴定管（一个尖端已经磨制的 20mL 移液管）在底部吸取浆液，并移至已在天平上称重并除皮 50mL 的量筒中，移取浆液至 50mL 刻线处，记下此时浆液的重量为 W（g），则：

$$浆液密度＝石灰石浆液 / 吸收塔排液密度＝W/50$$

式中，浆液密度单位为 g/mL。

3. 浆液固体物含量的测定

将测定完密度的 100mL 吸收塔排液或石灰石浆液移至普通漏斗用定量滤纸过滤，用去离子水清洗量筒，并倒入漏斗内。预先对定量滤纸称重，记重量为 W_0，用乙醇（酒精）冲洗滤饼后，将滤饼和滤纸放置，然后放入 105℃ 的烘箱中烘干，直至恒重 W_1。则固体物含量（SS）计算式为

$$SS＝(W_1－W_0)/W×100\%$$

式中，W 为所取 100mL 吸收塔浆液或石灰石浆液质量，单位 g。

4. 石灰石浆液粒径的测定

取一定量的浆液，将筛子按筛孔孔径大小重叠放置（由大到小），将浆液倒入筛盘。用除盐水冲洗浆液过滤，注意少量多次（实验中注意防止下层筛漏水满，以免从边缘接口缝溢出）。分批冲洗完各层。将各筛上的残留物用水冲洗，于空抽的过滤装置截留后置于各自编号的器皿中，烘箱内于 40℃ 进行干燥直至恒重，然后称量，记录数据并计算。

5. 氯离子（Cl⁻）含量的测定

见前述石膏中 Cl⁻ 含量的测定。

6. 吸收塔排液总硫酸盐的测定

取 10mL 石灰石浆液，加入 20mL(1＋1)HCl 溶液，在电炉加热煮沸 3min，冷却后用滤纸过滤于 500mL 容量瓶中，冲洗滤纸后用水稀释至刻线，取 50mL 滤液，加入 15mL20％的 BaCl₂ 溶液，此时有 BaSO₄ 沉淀生成，在电炉上控制在 50℃ 加热 1～2h。然后过滤（慢速定量滤纸），用热水洗涤至无 Cl⁻（用 AgNO₃ 检验），将截留 BaSO₄ 沉淀的滤纸在 105℃ 烘箱中烘干后，放入已灼烧恒重的瓷坩埚中，在电炉上使滤纸缓慢炭化，然后盖上盖子，在 800℃ 高温炉中灼热 1h，冷却后防如入干燥器中冷至室温，称重。如此反复直至恒重。

7. 吸收塔排液总钙的测定

吸取 10mL 混合均匀的吸收塔浆液，注入一个已加入 150mL 除盐水的 500mL 烧杯中，加入 10mL(1＋1) 浓盐酸，溶解 5～10min 后在电炉上加热 4～5min，待冷却后用过滤漏斗过滤至 500mL 容量瓶中，充分清洗滤纸，并用水定容至刻度。

吸取 10mL 上述样品于锥形瓶中，加除盐水稀释至 100mL，加入 10mL 三乙醇胺（20％），加入 10mL NaOH(20％) 溶液摇匀，加 0.5g 钙红指示剂摇匀，用 0.1mol/L

的 EDTA 标准溶液滴定至溶液由橙色变为红色。即为终点，记下 EDTA 消耗的体积计算总钙浓度。

8. 吸收塔排液总钙镁的测定

样品的吸取同吸收塔排液总钙的测定，定容后 10mL 样品加除盐水稀释至 100mL，加入 10mL 三乙醇胺（20%），加入 10mL 氨-氯化铵缓冲溶液，摇匀，加 2~3 滴 1% 铬黑 T 指示剂摇匀，用 0.1mol/L 的 EDTA 标准溶液滴定至溶液由酒红色变为蓝色。即为终点，记下 EDTA 消耗的体积计算总钙镁浓度。

此外，还需进行脱硫副产物的分析，一般测其脱水后的固态产物，检测参数也主要是 Ca^{2+}、Mg^{2+}、SO_4^{2-}。排气的监测按照 GB/T 16157—1996《固定污染源排气中颗粒物和气态污染物采样方法》及 1990 年国家环保局印发的《空气和废气监测分析方法》中规定或推荐的方法进行。

四、脱硝系统监督分析

按照 GB/T 21509—2008《燃煤烟气脱硝技术装备》和 DL/T 296—2011《火电厂烟气脱硝技术导则》，脱硝系统性能考核指标主要包括脱硝效率和氮氧化物排放质量浓度、氨逃逸浓度、SO_2/SO_3 转化率、系统压力降、电能消耗、还原剂消耗等。其工艺检测指标在前面的章节内已经列出，此处不再赘述。氮氧化物的检测直接采样分析按 HJ/T43《固定污染源排气中氮氧化物的测定盐酸萘乙二胺分光光度法》或 HJ/T45《定电位电解法》进行，仪器监测则按 HJ/T75《固定污染源烟气排放连续监测技术规范》中化学发光法的相关检测分析方法进行。

需要注意的是，在烟气中测定氮氧化物浓度，无论测定的是 NO 或是 NO_2，都应统一折算到 NO_2 来表示，标准状态下，干烟气 NO 折算到 NO_2 的系数是 1.53，即 NO_2 = 1.53NO。

参 考 文 献

[1] 殷亚宁. 二次再热超超临界机组应用现状及发展 [J]. 电站系统工程，2013，29（2）：37-38.

[2] 谢冬梅. 热力发电厂 [M]. 北京：机械工业出版社，2018.

[3] 徐顺智，赵瑞彤，王孝全，等. 燃煤发电行业低碳化发展路径分析 [J/OL]. 洁净煤技术. https：//kns. cnki. net/kcms2/detail/11. 3676. td. 20230529. 1203. 002. html.

[4] 王淑勤. 现代电厂化学与监督技术 [M]. 北京：中国电力出版社，2022.

[5] 郭新茹，何铁祥. 1000MW 超超临界机组水化学工况及运行探讨 [J]. 湖南电力，2010，30（1）：102-105＋109.

[6] 张芳，李宇春，朱志平，等. 电厂水处理技术 [M]. 北京：中国电力出版社，2014.

[7] 陈翠仙，郭红霞，秦培勇. 膜分离 [M]. 2 版. 北京：化学工业出版社，2019.

[8] 周柏青. 全膜水处理技术 [M]. 北京：中国电力出版社，2005.

[9] 韩松，王飞迟，守平. 凝结水精处理系统再生单元高塔法和锥斗法比较 [J]. 中国新技术新产品，2012，23：197-198.

[10] 刘智安，赵巨东，刘建国. 工业循环冷却水处理 [M]. 北京：中国轻工业出版社，2017.

[11] 马双忱，马岚，刘畅等. 电厂循环冷却水处理技术研究与应用进展 [J]. 化学工业与工程，2019，36（1）：38-47.

[12] 姜琪，闫锟，许建学. 火电厂循环水处理水质稳定剂阻垢性能评价方法的研究 [J]. 热力发电，2004，33（6）：62-64.

[13] Deyab M A. The influence of different variables on the electrochemical behavior of mild steel in circulating cooling water containing aggressive anionic species [J]. Journal of Solid State Electrochemistry，2009，13（11）：1737-1742.

[14] 高华生. 工业循环冷却水旁流软化-净化处理技术进展 [J]. 工业水处理，2007，27（6）：1-5.

[15] 吴文英，陈凤生，叶志荣，等. 火力发电厂循环冷却水处理技术与运行监督 [J]. 能源研究与管理，2020（3）：17-22.

[16] 曹顺安，谢学军，汤海珠. 硫化物对铜合金、碳钢的加速腐蚀作用 [J]. 华北电力技术，2001（2）：17-18.

[17] 李宇春，龚润洁，周科朝. 材料腐蚀与防护技术 [M]. 北京：中国电力出版社，2004.

[18] 谢学军等. 电力设备腐蚀与防护 [M]. 北京：科学出版社，2019

[19] 熊谦逊. 锅炉烟气侧的积灰与腐蚀 [J]. 工业锅炉，2006（2）：54-55.

[20] 傅洁琦，王罗春，丁桓如. 核电机组和超超临界机组中的 SO_4^{2-} 问题 [J]. 上海电力学院学报，2010，26（6）：581-584.

[21] 齐慧滨，郭英倬，何业东，等. 燃煤火电厂锅炉"四管"的高温腐蚀 [J]. 腐蚀科学与防护技术，2002，14（2）：113-117.

[22] 席春燕. 锅炉水冷壁高温腐蚀的机理影响因素及预防措施 [J]. 装备制造技术，2007（10）：147-148.

[23] 秦人骥，揭念柱. 大容量汽轮机末级动叶片防水蚀工艺分析 [J]. 发电设备，2009，23（3）：198-200.

[24] 荆玲玲，朱志平，张辉，等．电厂用阳离子交换树脂高温分解特性研究［J］．热能动力工程，2012，27（1）：96-100，139.

[25] 葛红花，周国定．电厂热力设备防腐蚀技术研究进展［J］．腐蚀与防护，2009（9）：611-619.

[26] 杨道武，朱志平，李宇春．电化学与电力设备的腐蚀与防护［M］．北京：中国电力出版社，2004.

[27] 苏猛业，金万里．超（超）临界机组锅炉氧化皮监控及综合治理技术［J］．电力建设，2012，33（11）：49-53.

[28] 苏宁，曹雷，汪杰斌，等．超临界锅炉高温受热面蒸汽侧氧化皮剥落原因分析研究［J］．电力设备管理，2017（5）：35-39.

[29] 张广文，孙本达，张金升，等．给水加氧处理对过热器高温氧化皮生成影响的试验研究热力发电［J］．热力发电，2012，41（1）：31-33.

[30] 蔡晖，熊伟，唐丽英，等．锅炉给水加氧对奥氏体管汽侧氧化皮形成及剥落的影响［J］．华电技术，2015，37（5）：14-20，77.

[31] 杨兴富，杨晓秋，罗卫良．停用锅炉腐蚀及腐蚀控制方法选择［J］．工业锅炉，2007（2）：53-54.

[32] 高默劼，孙磊．停炉保护在新建1000MW超超临界机组中的应用［J］．电力建设，2010，31（3）：96-98.

[33] 朱志平，孙本达，李宇春．电站锅炉水化学工况及优化［M］．北京：中国电力出版社，2009.

[34] R. B. Dooley，K. Shields，A. Aschoff. etc. Cycle Chemistry Guidelines for Fossil Plants：Oxygenated Treatment［S］. EPRI，Palo Alto，CA：2005.

[35] 朱志平，周永言，孔胜杰．超临界火力发电机组化学技术［M］．北京：中国电力出版社，2012.

[36] 王娜娜，王锋涛，常亮，等．锅炉补给水中典型有机物分解规律及其对低压缸叶片腐蚀特性研究［J］．中国腐蚀与防护学报，2017，37（6）：597-604.

[37] 朱志平，陆海伟，汤雪颖．不同水工况下超临界机组水冷壁管材料的腐蚀特性研究［J］．中国腐蚀与防护学报，2014，34（3）：243-248.

[38] 马双忱，檀玉．高温高压水汽系统化学［M］．北京：中国水利水电出版社，2021.

[39] 黄兴德，游喆，赵泓，等．超（超）临界汽轮机通流部位腐蚀沉积特征及对策［J］．东北电力．2014，42（11）：2451-2456.

[40] 胡鹏飞，李勇，曹丽华，等．汽轮机变工况级内盐析颗粒沉积特性研究［J］．热力发电，2018，47（3）：26-31.

[41] 郭小翠，朱志平，赵永福，等．超临界汽轮机组的积盐和腐蚀特性研究［C］．上海：电厂化学2011学术年会论文集，2011.

[42] 张小霓，王琳，吴文龙，等．600MW超临界直流炉机组高沉积率分析及对策［J］．电力建设．2011，32（9）：78-80.

[43] 冯伟忠．论超临界机组蒸汽氧化及固体颗粒侵蚀的综合防治［C］．哈尔滨：第八届锅炉专业委员会第三次学术交流会议论文集，2006.

[44] 李培元．发电机冷却介质及其监督［M］．北京：中国电力出版社，2008.

[45] 西安热工研究院．火电厂SCR烟气脱硝技术［M］．北京：中国电力出版社，2013.

[46] 广东电网公司电力科学研究院．1000MW超超临界火电机组技术丛书 环境保护［M］．北京：中国电力出版社，2011.

[47] 陶莉．燃煤电厂烟气脱硝技术及典型案例［M］．北京：中国电力出版社，2019.

[48] 石利银．火电厂烟气脱硫脱硝一体化技术研究［J］．应用能源技术．2020，272（8）：36-38.

[49] 刘颖，谈建武．火电厂废水治理方法及脱硫废水处理工艺综述［J］．装备机械，2011（4）：38-44.

［50］梁凌，吕洲，许琦．火电厂废水处理与分质分量梯级利用研究［J］．水处理技术，2018，44（7）：119-122.

［51］刘春红，秦刚华，邹正伟，等．燃煤发电厂的深度节水与废水零排放［J］．水处理技术，2020，46（10）：128-132.

［52］肖婷，龚玲，渠巍．火电厂废水处理及循环利用技术应用［J］．资源节约与环保，2017（7）：22-23，30.

［53］武汉大学．分析化学［M］.5版．北京：高等教育出版社，2006.

［54］汪红梅，杨胜，廖冬梅．电厂化学水样垢样分析及诊断案例［M］．北京：中国电力出版社，2023.

［55］汪红梅，张敬生．电厂燃料［M］．北京：中国电力出版社，2012.

［56］杨明．煤质检测常见误差的类型与特点分析［J］．科技创新与应用，2014，3（6）：107-107.

［57］邢卫红．浅谈煤的工业分析准确度测定的影响因素［J］．本钢技术，2010（6）：41-42.

［58］韩丽丽，黄云秋，王武哲．浅析提高煤中全硫测定的准确度［J］．煤质技术，2013，0（2）：53-54.

［59］白文娟．关于煤的发热量测定过程注意事项及常见问题处理［J］．内蒙古煤炭经济，2018（23）：125-126，156.

［60］汪红梅．电力用油（气）［M］.2版．北京：中国电力出版社，2015.

［61］电力行业电厂化学标准化技术委员会．电力用油、气质量、试验方法及监督管理标准汇编［M］．北京：中国标准出版社，2001.

［62］孙厚林，吕涯．油水比对液压油抗乳化性能的影响研究［J］．上海化工，2016，41（9）：20-24.

［63］马晓娟，李德志，郭海云．电力用油（气）分析及实用技术［M］．北京：中国电力出版社，2021.

［64］电力行业电力用油、气分析检验人员考核委员会，西安热工研究院有限公司．电力用油分析监督与维护［M］．北京：中国电力出版社，2018.

［65］刘明亮．当前形势下电厂环保设施优化改造及节能思路［J］．环境与发展，2019，31（10）：213-214.

［66］最新火电厂烟气脱硫脱硝技术标准应用手册［M］．北京：中国环境科学技术出版社，2007.